山东黄河流域生态保护和高质量发展理论与实践

中共山东省委党校(山东行政学院) 编

山东大学出版社
SHANDONG UNIVERSITY PRESS
·济南·

图书在版编目(CIP)数据

山东黄河流域生态保护和高质量发展理论与实践/
中共山东省委党校(山东行政学院)编. —济南:山东
大学出版社,2022.10
ISBN 978-7-5607-7450-3

Ⅰ.①山… Ⅱ.①中… Ⅲ.①黄河流域–生态环境保
护–研究–山东 Ⅳ.①X321.252

中国版本图书馆 CIP 数据核字(2022)第 198731 号

策划编辑　刘　彤
责任编辑　邵淑君
封面设计　王秋忆

山东黄河流域生态保护和高质量发展理论与实践
SHANDONG HUANGHE LIUYU SHENGTAI BAOHU HE
GAOZHILIANG FAZHAN LILUN YU SHIJIAN

出版发行	山东大学出版社
社　　址	山东省济南市山大南路 20 号
邮政编码	250100
发行热线	(0531)88363008
经　　销	新华书店
印　　刷	山东和平商务有限公司
规　　格	720 毫米×1000 毫米　1/16
	33 印张　550 千字
版　　次	2022 年 10 月第 1 版
印　　次	2022 年 10 月第 1 次印刷
定　　价	120.00 元

前　言

　　黄河是中华民族的母亲河,孕育了古老而伟大的中华文明,保护黄河是事关中华民族伟大复兴的千秋大计。党的十八大以来,习近平总书记多次实地考察黄河流域生态保护和经济社会发展情况,多次就黄河流域生态保护和高质量发展发表重要讲话、作出重要指示。2021 年 10 月 22 日,习近平总书记在济南主持召开深入推动黄河流域生态保护和高质量发展座谈会并发表重要讲话,深刻阐述了一系列重大理论和实践问题,要求山东在推动黄河流域生态保护和高质量发展上走在前。① 总书记的殷殷嘱托为山东推动黄河流域生态保护和高质量发展指明了前进方向,提供了根本遵循,注入了强大动力。

　　近年来,山东按照习近平总书记的重要指示要求,扎实推进黄河国家战略,紧扣生态保护和高质量发展两个关键,把实现减污降碳协同增效作为促进经济社会发展全面绿色转型的重要抓手,取得了明显成效。2022 年 5 月 28 日至 6 月 1 日召开的山东省第十二次党代会紧紧围绕“走在前,开新局”,提出坚持全域推动黄河国家战略贯彻落实,充分发挥山东半岛城市群龙头作用,全面优化“一群两心三圈”格局,打造全国重要增长极和强劲动力源,为贯彻落实习近平总书记关于黄河流域生态保护和高质量发展重要论述和对山东工作的重要指示要求明确了重点和方向。

　　党校(行政学院)是培训党员领导干部的主渠道、主阵地,是党和国家的重要智库。为此,我们面向全省党校(行政学院)系统,组织开展黄河流域生

---

　　① 参见《习近平在深入推动黄河流域生态保护和高质量发展座谈会上强调 咬定目标脚踏实地埋头苦干久久为功 为黄河永远造福中华民族而不懈奋斗 韩正出席并讲话》,2021 年 10 月 22 日,http://www.news.cn/politics/2021-10/22/c_1127986188.htm。

态保护和高质量发展重大调研课题研究工作,深入研究山东贯彻落实黄河国家战略的重大理论和实践问题,总结典型案例的实践探索、主要做法和发展成效并探索研究其启迪意义。中国社会科学院生态文明研究智库—中共山东省委党校(山东行政学院)黄河研究院专家负责课题方案设计、调研报告评审、书稿内容编校等工作,并承担部分研究任务。现将研究成果按研究主题整理编辑,结集出版。这些调研报告紧紧围绕习近平总书记关于黄河流域生态保护和高质量发展的重要论述,尤其是在济南市主持召开的深入推动黄河流域生态保护和高质量发展座谈会精神,聚焦山东在推动黄河流域生态保护和高质量发展上走在前、黄河流域生态保护和治理、水资源节约集约利用、促进黄河流域高质量发展、黄河流域"两山"实践创新和乡村振兴、构建城乡发展新格局和黄河文化等重大问题,立足于山东省的做法、成效及经验启示,深刻分析面临的问题、原因及对策措施,对山东省沿黄市县坚持生态优先、绿色发展的实践案例进行了深入分析。

由于编者水平有限,书中难免有不足之处,恳请读者批评指正。

编 者

2022 年 7 月 15 日

目 录

第一编(总编)

在推动黄河流域生态保护和高质量发展上走在前

第二编

山东黄河流域生态保护和治理研究

第三编

加强水资源节约集约利用研究

第四编

山东黄河流域高质量发展研究

第五编

黄河流域"两山"实践创新和乡村振兴研究

第六编

黄河流域城乡发展新格局和黄河文化研究

第一编（总编）

在推动黄河流域生态保护
和高质量发展上走在前

准确把握黄河流域生态保护
和高质量发展若干问题

黄河是中华民族的母亲河,黄河流域是我国重要的文化发源地、生态屏障区和经济社会发展区域,在国家发展中具有十分重要的地位。黄河干流全长 5464 公里,东西跨越 23 个经度,南北相隔 10 个纬度,流域总面积 79.5 万平方公里(含内流区面积 4.2 万平方公里),流经青海、四川、甘肃、宁夏、内蒙古、陕西、山西、河南、山东九省区,是我国第二大河。

"黄河宁,天下平。"习近平总书记高度重视黄河流域生态保护和高质量发展,多次赴黄河流域考察,足迹遍布黄河上中下游。2019 年 9 月 18 日,习近平总书记在郑州主持召开黄河流域生态保护和高质量发展座谈会,黄河流域生态保护和高质量发展上升为重大国家战略,成为国家新一轮区域协调发展的重要战略支撑。2021 年 10 月 22 日,习近平总书记在济南主持召开深入推动黄河流域生态保护和高质量发展座谈会,再次对这一重大国家战略作出重要指示,提出新的要求。习近平总书记关于黄河流域生态保护和高质量发展的系列重要论述,既是马克思主义中国化的又一次生动体现,也是习近平生态文明思想在区域发展中的又一次重大实践,体现了辩证唯物主义和历史唯物主义的方法论原则。深入推动黄河流域生态保护和高质量发展,首先要准确把握黄河流域生态保护和高质量发展的若干重大问题,深刻认识其重大战略意义,深入理解战略形势,精准把握战略任务。

一、深刻认识黄河流域生态保护和高质量发展的战略意义

对黄河流域生态保护和高质量发展重大战略意义的理解要坚持系统观

念和全局观念,在"时间—空间—生态"的理论框架之下进行分析。习近平总书记指出:"生态文明是工业文明发展到一定阶段的产物,是实现人与自然和谐发展的新要求。"①生态文明的发展同时注重生产、生活和生态三个方面的内容,追求经济高质量发展、空间高质量发展和生态可持续发展,进而实现生产、生活和生态的动态平衡,从而达到人民福祉的最大化。

(一)从时间维度看是关系中华民族伟大复兴的千秋大计

从时间维度来理解和把握黄河流域生态保护和高质量发展国家战略(以下称"黄河国家战略")是历史思维的一种运用,运用历史思维能够知古鉴今,更好地总结历史经验、找准历史坐标、把握时间定位。黄河流域生态保护和高质量发展国家战略蕴含着习近平生态文明思想的历史观。习近平总书记多次强调"历史是最好的教科书",在对黄河流域调研的过程中,他多次从历史的角度强调这一战略,并指出,黄河流域在我国经济社会发展和生态安全方面具有十分重要的地位。② 黄河哺育着中华民族,孕育了中华文明。没有黄河流域的复兴,就没有中华民族的伟大复兴。

中华民族的起源,同黄河有着密切的关系。可以说,黄河是中华民族永续发展的源泉所系、血脉所依、根魂所在。在我国 5000 多年文明史上,黄河流域有 3000 多年是全国政治、经济、文化中心,孕育了灿烂的沿河文化,无论是上游的河湟文化、中游的关中文化,还是下游的河洛文化和齐鲁文化等,都为各区域的发展带来了丰富的精神食粮。九曲黄河,奔腾向前,以百折不挠的磅礴气势塑造了中华民族自强不息的民族品格,同时治理黄河的不屈精神也成为代代传承的重要品格。

历史上,黄河水与黄土地滋养了两岸人民,孕育了丰富的文明,也带来过深重的灾难。历史上的黄河治理有着正反两方面的经验和教训,回顾治河历史,既有汉武帝"瓠子堵口"和康熙帝把"河务、漕运"刻在宫廷的柱子上等统治者的重视,也有从大禹治水到潘季驯"束水攻沙"等能人良策,但是历史上,黄河屡治屡决的局面始终没有得到根本改观,即使在古代最强盛的时期,也无法保障黄河的防洪安全。老一辈革命家非常关注黄河的治理,从

---

① 中共中央宣传部编:《习近平总书记系列重要讲话读本》,学习出版社、人民出版社 2014 年版,第 121 页。

② 参见《习近平在黄河流域生态保护和高质量发展座谈会上的讲话》,2019 年 10 月 15 日,http://www.gov.cn/xinwen/2019-10/15/content_5440023.htm。

1946 年开启了人民治黄的历史新时代，1952 年毛泽东主席发出了"要把黄河的事情办好"的伟大号召①，黄河也由此实现了几十年的安澜。为此，习近平总书记指出，从某种意义上讲，中华民族治理黄河的历史也是一部治国史。那句俗语"黄河宁，天下平"也道尽了黄河安澜与国家民族命运息息相关。因此，注重黄河流域的生态安全和高质量发展与建设，真正把黄河的事情办好，不断推动黄河流域生态保护和高质量发展，一方面是中华民族的重大历史责任和担当，另一方面更是当代人的重要使命。

（二）从空间维度看是关系经济社会发展和生态安全的重要因素

黄河流域是我国重要的生态屏障区，黄河流域的保护和发展对促进国家区域生态安全发展意义重大。国家生态安全是指一个国家具有支撑国家生存发展的较为完整、不受威胁的生态系统以及应对内外重大生态问题的能力。按照"总体国家安全观"的战略要求，生态安全体系是国家安全体系的重要组成部分。"生态文明体系"这一概念的首次提出是在 2018 年的全国生态环境保护大会上。按照目前我国"三屏四带"国家生态屏障区分布区划，黄河流域是我国生态屏障体系中至关重要的组成部分。因此，面对黄河流域生态保护的现实问题和重大挑战，实施系统保护和治理势在必行。

黄河流域是我国重要的经济发展区，黄河流域的保护和发展有利于区域协同发展战略的进一步实施。黄河流域是我国重要的经济地带，农业和畜牧业基地地位重要，煤炭储量极为丰富，基础原材料和基础工业实力较强。流域内粮食和肉类产量占全国的 1/3 左右；煤炭、石油、天然气和有色金属资源丰富，煤炭储量占全国一半以上。但同时，沿黄河省区产业结构总体偏重。黄河流域高质量发展对缩小黄河流域与其他区域以及缩小东西部之间的发展差距，对构建以国内大循环为主体的新的发展格局具有重要意义。

黄河承担着向沿黄河省区和流域外供水的重要任务，有效保障人民群众生活和工农业生产，是我国西北、华北地区的生命线。水资源是经济社会发展的基础性资源，同时也是关系流域省区发展的经济资源和生态环境的控制性要素。黄河的水安全、水保护以及水利用等事宜，事关经济社会高质量发展和人民群众健康福祉。黄河流域水资源总量仅占全国的 2%，但是开发利用率已经接近甚至超过 80%，是所在区域的重要发展动力。黄河流域

---

① 参见《中共中央国务院印发〈黄河流域生态保护和高质量发展规划纲要〉》，2021 年 10 月 8 日，http://www.gov.cn/xinwen/2021-10/08/content_5641438.htm。

生态保护和高质量发展战略的实施以及《黄河流域生态保护和高质量发展规划纲要》的制定，对黄河水的治理提出了重大的战略部署思路，特别是"四水四定"等原则的提出，进一步彰显了黄河水在新发展阶段的重要地位和关键作用，为新时代做好水资源集约安全利用这篇大文章明确了任务，指明了方向。

因此，从黄河流域的生态安全屏障区、经济社会发展区和黄河水域的重要生命线这三个方面而言，黄河流域是我国关系经济社会发展和生态安全的重要因素，对我国的生态保护和高质量发展意义重大。

（三）从生态文明维度看是推进人与自然和谐共生现代化的历史必然

随着习近平生态文明思想的不断发展，其内涵也逐渐丰富。黄河流域生态保护和高质量发展战略是习近平生态文明思想在区域（流域）发展中的新实践。让黄河成为造福人民的幸福河的治理理念也是从生态文明的角度不断推动黄河流域生态保护和高质量发展、实现人与自然和谐共生的历史必然，因此黄河流域生态保护和高质量发展在成为一个极具实践意义的现实战略的同时，也成为一个极具重大理论意义的前沿课题。

从生态文明维度看，推进黄河流域生态保护和高质量发展战略特别强调了流域的自然生态、经济发展和空间布局等重要因素，致力于推动流域内的生态文明建设和可持续发展理念，是我国人与自然和谐共生现代化的历史必然。习近平总书记指出："我国现代化是人口规模巨大的现代化，是全体人民共同富裕的现代化，是物质文明和精神文明相协调的现代化，是人与自然和谐共生的现代化，是走和平发展道路的现代化。"[①]通过梳理习近平总书记在视察沿黄各地所发表的重要讲话，不难发现其中一直贯穿着"人与自然和谐共生"的治理理念。

黄河流域生态保护和高质量发展战略在习近平总书记的亲自擘画之下逐渐地形成与推进实施。黄河流域生态保护和高质量发展战略的正式提出以2019年9月习近平总书记在郑州主持召开黄河流域生态保护和高质量发展座谈会并发表重要讲话为标志。自此之后，黄河国家战略进入紧锣密鼓的实施阶段，其中，2020年8月，中共中央政治局会议审议通过了《黄河流域生态保护和高质量发展规划纲要》，该纲要于2021年10月正式发布实施。

---

① 习近平：《论把握新发展阶段、贯彻新发展理念、构建新发展格局》，中央文献出版社2021年版，第474页。

综合上述三方面的战略意义可以看出，把黄河流域生态保护和高质量发展确定为重大国家战略，充分体现了以习近平同志为核心的党中央对中华民族伟大复兴的战略考量，对子孙后代赓续发展的历史担当，对保障国家生态安全的深思熟虑，意义重大而深远。

二、深入理解黄河流域生态保护和高质量发展的战略形势

在黄河流域生态保护和高质量发展战略中，习近平总书记提出的"共同抓好大保护，协同推进大治理"是黄河流域生态保护和高质量发展的总体要求和发展主线。从本质上看，"大保护"的要求蕴含在广义的"大治理"之中。2021年10月，中共中央、国务院印发《黄河流域生态保护和高质量发展规划纲要》，开启了黄河保护治理的新篇章，对各地区、各部门贯彻落实"黄河流域生态保护和高质量发展"这一重大国家战略具有重要指导意义。同时，《黄河流域生态保护和高质量发展规划纲要》也提出了这一重大战略面临的严峻挑战。

黄河流域自然条件特殊，海拔落差很大，支流补水量不足。同时黄河流域开发利用率长期以来居高不下，黄河水流的利用率严重超出水资源开发利用的一般标准。黄河水污染严重，特别是泥沙含量过高以及水资源不足等现实问题成为困扰黄河发展的"老大难"问题。因此，"要保障黄河长久安澜，必须紧紧抓住水沙关系调节这个'牛鼻子'"，同时提出了"四水四定"原则，指出要将水资源作为最大约束条件，逐步实现水资源的节约集约利用。

（一）水资源保障形势依然严峻

黄河流域水资源保障形势一直以来非常严峻，从地理位置来看，黄河流域地处温带，年降水量有限，经常存在季节性不均衡等现实情况，用水量却大多为粗放式，节水型设施有限，因此，黄河水资源保障形势不容乐观。

黄河水基本上处于"喝干榨尽"的状态。无论是总体开发率，还是人均占有量，对比现行国际标准，黄河流域都相距甚远。黄河流域内人均水资源占有量仅为每人530立方米，而国际现行严重缺水标准为每人1000立方米。流域内水资源开发利用率已经高达80%，远远超过现行流域开发率40%的生态警戒线。除了沿黄区域使用黄河水之外，还有一些"引黄"工程也加大

了黄河水的利用率。

黄河水补充不够,节水潜力有限。出于"地上悬河"等地理原因和"水往低处流"的现实状况,与其他流域相比,黄河水的支流对干流的补充量远远不足。据分析,黄河流域极限节水潜力只有 25 亿~30 亿立方米,其中宁蒙灌区是节水的重点区域,但过度节水又会造成该地区湖泊湿地萎缩、土壤盐渍化、地下水位下降等一系列问题。个别地区超计划用水、极端方式取水现象时有存在,部分地区地下水超采严重。

在水环境方面,黄河流域内工业污废水排放和农业面源污染情况极为突出。随着污染治理力度的不断加大,黄河流域在水域污染、土壤污染以及大气污染等方面的治理有了很大进步,但是仍然存在较为严重的现实问题,急需进一步的治理。

(二)流域生态环境脆弱

黄河流域是典型的生态脆弱区和生态功能区并存的区域,区域面积分布宽广,种类多样。上游区域曾经一度生态系统退化,水源涵养能力降低,并且长期气候干旱,常年降水量偏少,存在植被稀疏的状态。中游区域黄土高原土质疏松,水土流失严重,成为水沙关系调节的关键因素。下游区域水污染治理问题凸显,特别是悬河问题一直悬而未决,严重威胁沿河居民的生命及财产安全。因此,深入推动黄河流域生态保护和高质量发展是提高生态系统质量、筑牢国家生态安全屏障的重要支撑。

黄河流域生态系统脆弱,既源于人为活动造成的损毁,也源于地理及自然资源和环境矛盾突出等尖锐问题,一旦破坏恢复难度极大,需要几代人的辛苦努力和付出,比起破坏的力度,进行生态修复需要付出几倍、几十倍的代价。因此,要将提升生态环境保护水平作为战略重点,对重要生态系统采取最严格的保护修复措施,要通过系统治理、综合治理、源头治理解决环境污染难题,筑牢生态安全根基。

(三)洪水风险依然是流域的最大威胁

中华人民共和国成立以来,黄河连续 70 余年实现了堤防不决口,但每当汛期到来,局部的水涝灾害时有发生,夏季的防汛和秋冬的防凌汛都是黄河治理中的重要内容,间或出现冰塞、冰坝等,严重时也会给周边居民造成威胁。因此黄河安澜的背后也潜伏着洪水的风险和危机。上游防洪防凌形势严峻，中游潼关高程居高不下，下游治河与滩区发展矛盾有待进一步解决。

黄河上游宁蒙河段形成新的悬河，黄河上游梯级水库建成后，大流量过程显著减少，汛期与非汛期来水比从天然状态下的4∶6转变为现在的6∶4，导致宁蒙200公里河段形成"新悬河"，防洪、防凌形势严峻。中游潼关高程居高不下，潼关高程是表征黄河中游泥沙淤积的重要指标。潼关泥沙淤积，将顶托渭河汛期洪水下泄，威胁渭河防洪安全。黄河下游滩区防洪治理策略与滩区可持续发展存在一定程度的不适应。随着上中游控制性水库的运用和水土保持建设，进入黄河下游的洪峰和泥沙逐渐减少，洪水漫滩概率大大降低，但目前黄河滩区的功能定位仍然更多的是放在滞洪沉沙上，治河与滩区发展矛盾仍然存在。

（四）水沙治理任务艰巨

黄河属于典型的水沙不同源的河流，水沙关系调节是黄河治理的"牛鼻子"，黄河流域水沙关系不协调具体表现为水少沙多，因为水沙关系的不协调，也造成了"地上悬河"的奇观。水沙关系不协调是黄河治理中的特殊性问题，也是黄河治理中最凸显的一个问题，成为黄河流域水域治理中的复杂难治的症结所在。黄河水害隐患像一把利剑悬在头上，要保障黄河长久安澜，必须调节好水沙关系。因此在治理过程中要做到系统治理，统筹兼顾地完善一系列防洪工程体系，坚持底线思维，不断推进水库加固和山洪灾害防治，提高防洪减灾能力。在完善水沙调控机制的过程中还要注重建立完善的治理体系，坚持系统观念，建构大局意识，解决流域治理中一度存在的"九龙治水，分头管理"的顽疾，采取切实可行并且具有针对性的一系列措施，开展河道改造和滩区综合治理提升等黄河治理工程，以便有效地减缓黄河下游淤积，保障黄河安澜。

（五）发展质量有待提高

黄河流域上中下游经济社会发展水平差距较大，与全国相比还处于相对落后的地位。第二产业占比偏高，工业中煤炭及相关产业占比偏高，整体质量不高。黄河流域发展不充分、不协调是其显著特征。黄河流经的9省区，经济社会发展差异较大，对标全国经济社会发展，黄河流域的经济社会发展水平也需要进一步提高。流域内石油、煤炭等资源丰富的同时，也造成了高污染、高耗能等传统产业较多的局面，后续发展动力需要进一步提升。

黄河流域 9 省区的人口城镇化比重也低于全国水平,流域内的多数省份倚能倚重现象严重,绿色产业发展水平偏低,绿色产业动力不足。由于黄河流域生态功能区和生态脆弱区并存,在经济发展中,黄河流域存在经济发达区域和成片经济欠发达区域并存的局面,整个黄河流域各个区域之间的经济发展关联度需要加强。为此,黄河流域在发展中必须走生态优先、绿色发展的现代化道路,要不断深入理解与准确把握生态保护和高质量发展之间的逻辑关系和重大实践问题,落实好黄河流域生态保护和高质量发展战略部署。

三、扎实推进黄河流域生态保护和高质量发展的战略任务

习近平总书记在黄河流域生态保护和高质量发展座谈会上强调,黄河流域生态保护和高质量发展的主要目标任务包括加强生态环境保护,保障黄河长治久安,推进水资源节约集约利用,推动黄河流域高质量发展,保护、传承、弘扬黄河文化。① 这五项目标任务的提出为黄河流域生态保护和高质量发展明确了战略思维,构建了系统发展格局,划定了发展底线红线,形成了新时代的治河方略,为黄河流域的发展明确了方向。为此,在扎实推进黄河流域生态保护和高质量发展的战略任务中,要注重辩证思维、系统思维、底线思维和法治思维的综合运用。

(一)运用辩证思维,正确处理发展和保护的关系

在黄河流域生态保护和高质量发展中,生态环境保护与经济发展的关系依然是我们面对的基本矛盾和核心问题,具体表现为生态保护与绿色发展之间的辩证关系。黄河流域生态保护和高质量发展要坚持生态优先的理念,而非"边保护,边破坏"的办法,对此,习近平总书记一再强调不能以牺牲生态环境为代价换取经济的一时发展。要做到这一点,需要以习近平生态文明思想为引领,对经济社会发展存在的问题进行前瞻性、全局性的思考和谋划,以尊重自然的科学态度,从黄河流域生态系统的整体性出发来加强顶层设计,实现整体性推进和关键性突破的有效结合。

黄河流域高质量发展,不局限于产业的转型升级、对高附加值的追求以及生态环境质量的改善等。黄河流域的高质量发展,是从生态文明的理论

---

① 参见《习近平在黄河流域生态保护和高质量发展座谈会上的讲话》,2019 年 10 月 15 日,http://www.gov.cn/xinwen/2019-10/15/content_5440023.htm。

背景观察、审视工业时代的发展方式，对发展进行重新思考和定义，在发展过程中，重塑绿色经济体系，实现黄河流域的高质量发展，展现"绿水青山就是金山银山"的全新图景。

（二）发展系统思维，注重整体推进和协同治理

习近平总书记多次指出，生态是统一的自然系统，山水林田湖草是一个生命共同体。黄河流域生态保护和高质量发展战略也要作为一个整体推进，注重协同治理，要以"幸福河"为目标引领黄河流域高质量发展。习近平总书记关于"幸福河"的重要论述将黄河看作是有生命的，这是黄河流域高质量发展的新理念，是大江大河保护发展理念的新境界，这一新理念的理论基础是"人与自然是生命共同体"。黄河流域生态保护和高质量发展"要完善水沙调控机制，解决九龙治水、分头管理问题""要在党中央集中统一领导下，发挥我国社会主义制度集中力量干大事的优越性""要完善流域管理体系，完善跨区域管理协调机制，完善河长制湖长制组织体系，加强流域内水生态环境保护修复联合防治、联合执法"。[①]

（三）强化底线思维，坚持走绿色低碳发展道路

习近平总书记高度关注黄河流域生态安全和保护底线，多次强调要建立底线思维。为此，在推动黄河流域生态保护和高质量发展的过程中要"高度重视水安全风险""加快构建抵御自然灾害防线"。针对黄河水的治理问题，《黄河流域生态保护和高质量发展规划纲要》中再次重申，要坚持"四水四定"原则，以水资源为最大刚性约束布局城市人口和产业发展。"水少"是制约黄河流域高质量发展的主要因素，这是黄河流域自然气象、水文条件所决定的。把水资源作为最大的刚性约束，不仅准确把握了黄河流域生态保护和经济社会发展的客观现实，抓住了治黄的主要矛盾，而且进一步在方向上明确了流域发展首要任务就是处理好人与水的关系，加强生态环境保护，维护河流生态健康。

此外，黄河流域生态保护和高质量发展还需要不断加强法治思维，注重法治的不断发展完善；不断以保护、传承、弘扬黄河的文化为助力，以传承黄河生态文化为统领积极践行绿色生活方式，实现黄河流域高质量发展，倡导

---

① 中共中央党史和文献研究院编：《十九大以来重要文献选编》（中），中央文献出版社 2021 年版，第 199、201 页。

健康绿色的生产和生活方式,不断展现"越保护,越发展"的黄河流域生态文明全新图景。作为中华民族的"母亲河",这一转型示范不仅具有实质意义,还具有象征意义和世界意义。

黄河流域是我国重点生态屏障和经济发展区,其治理与开发一直是国家关注的重点。山东省应该立足新时代历史契机,把握黄河流域高质量发展战略赋予的重大机遇,深化对国家顶层设计、流域联动规划等问题的策略研讨,实现黄河流域生态保护、经济增长与人民共享的高质量推进,奋力打造黄河流域生态保护和高质量发展的齐鲁画卷。

中共山东省委党校(山东行政学院)课题组负责人:王建美

深入推动山东黄河流域生态保护
和高质量发展研究

    黄河流域生态保护和高质量发展上升为重大国家战略以来,山东积极推动战略落地落实,着力激发山东半岛城市群龙头作用,在加强黄河流域生态环境保护、引导产业科技创新、培育壮大发展新动能、提高发展质量等方面取得了明显成效。2022 年 5 月 28 日,山东省第十二次党代会报告提出要以实施黄河重大国家战略为牵引,服务和推动各类国家战略落实,强调黄河国家战略对促进区域协调发展和服务推动各类国家战略落实的重要牵引作用。下一步,坚持全域推动黄河国家战略的贯彻落实,要在明确山东在黄河国家战略中的发展定位的基础上,分析挑战和问题,形成发展思路。

一、山东在黄河国家战略中的发展定位

    黄河从山东入海,在黄河流域生态系统中,黄河三角洲是世界上最年轻的湿地系统,是生物多样性保护的重要生态功能区,构成黄河流域重要生态屏障。习近平总书记明确提出要"发挥山东半岛城市群龙头作用,推动沿黄地区中心城市及城市群高质量发展"[①]。这是在对山东区位优势、开放优势和发展优势进行科学分析的基础上作出的重大判断,为山东贯彻落实黄河国家战略明确了定位、指明了方向,山东提出了"地处黄河下游,工作力争上游"的高质量发展目标。[②] 在传承、弘扬黄河文化方面,齐鲁文化是黄河文化的重要组成部分,山东是齐鲁文化的发源传承之地,肩负着讲好黄河故事,传承好、弘扬好黄河文化的重任。

---

① 徐锦庚、侯琳良:《山东奋力推进高质量发展》,《人民日报》2021 年 10 月 22 日。
② 参见刘家义:《地处黄河下游 工作力争上游》,《求是》2019 年第 21 期。

（一）黄河下游的重要生态功能区

山东沿黄地区湿地面积为 120 万公顷[①]，占全省的 70%；森林面积113 万公顷，占全省的 40%；拥有国家级、省级自然保护地 248 个，面积 9714 平方公里。[②] 黄河三角洲是由黄河携带的泥沙在入海口沉积而形成的冲积平原，是中国造陆速度最快的河口三角洲之一。黄河三角洲滨海湿地总面积约 33.7 万公顷，其中，自然滨海湿地面积 26.3 万公顷，占总面积的比例为 78.1%；人工湿地面积 7.3 万公顷，占总面积的比例为 21.9%。黄河三角洲自然保护区内有野生动物 1629 种、种子植物 685 种。鸟类种类由 1992 年的 187 种增加到 371 种。[③] 黄河三角洲为海陆交界、咸水和淡水交汇地带，在海洋和大陆的交互作用下，形成了滨海湿地、沼泽湿地、河流湿地、人工湿地、湖泊湿地等多种湿地类型。黄河三角洲湿地位于我国暖温带，拥有丰富的生物多样性，是不可替代的重要生态区域。湿地和自然保护地在抵御洪水、涵养水源、调节气候、降解污染物和保护生物多样性等方面发挥着重要作用，是黄河下游重要的生态功能区。

山东省内黄河流域水系丰富，较大的一级支流（流域面积 50 平方公里以上）有大汶河、金堤河、玉符河、北大沙河等 11 条，除金堤河为跨省河流外，其余支流均不跨省界，主要集中在泰安、聊城、济南境内。山东省黄河流域内的湖泊主要是东平湖，位于东平县境内，是黄河流域唯一的重点滞洪区。东平湖老湖区防洪库容 12.28 亿立方米、新湖区防洪库容 23.67 亿立方米，总蓄水面积 632 平方公里。近 10 年来，黄河干流每年为山东供水 70 亿立方米，占山东省供水总量的 30% 以上。其中，农业用水、工业和生活用水、生态用水所占比例分别为 69.1%、26.7%、4.2%。山东省设有 37 处城镇引黄水源地，在全省 16 市中，除枣庄、日照、临沂外的 13 个设区市 115 个县（市、区）使用黄河水，供水范围内人口超过 8000 万。作为山东最主要的客水资源，黄河在山东经济社会发展中体现出重要的生产生活价值和生态功能价值。

---

① 1 公顷＝10000 平方米＝0.01 平方公里。

② 参见《山东省黄河流域生态保护和高质量发展规划》，2022 年 2 月 15 日，http://www.shandong.gov.cn/art/2022/2/15/art_107851_117497.html。

③ 参见《俯瞰黄河三角洲湿地生态之美》，2021 年 2 月 4 日，https://huanghejg.mee.gov.cn/xxgk/jnyw/202102/t20210204_820383.html。

（二）黄河流域高质量发展增长极

山东省在黄河流域具有独特的地理区位和对外开放优势,近几年通过实施新旧动能转换和科技创新,在陆海统筹、海洋强省建设和乡村振兴等方面具备了新的优势。从主要经济发展指标分析,山东省地区生产总值、工业总产值、进出口总额等均居沿黄省区首位,对沿黄 9 省区的高质量发展辐射带动作用明显。

近年来,山东省人口规模稳定增长,成为全国唯一常住人口和户籍人口"双过亿"的省份,2019 年常住人口城镇化率达到 61.51%。2019 年,山东省经济总量在沿黄 9 省区经济总量中的占比达到 32%,常住人口占沿黄 9 省区人口总量的 24%,进出口总额占沿黄 9 省区进出口总额的 50% 以上。2020 年,山东省生产总值达到 7.3 万亿元,比 2019 年增长 3.6%,人均生产总值超过 1 万美元;三次产业结构由 2015 年的 8.9∶44.9∶46.2 调整为 2020 年的 7.3∶39.1∶53.6。① 山东沿黄地区资源能源丰富,分布有丰富的煤炭、石油资源。胜利油田是我国的第二大油田。沿黄地区在有色金属冶炼、稀土工业领域具有优势。山东省具有坚实的工业基础,工业门类齐全,是全国唯一一个拥有联合国所划分的全部 41 个工业大类的省份,是名副其实的工业大省和制造业大省。"古来黄河流,而今作耕地。"山东沿黄地区主要为农产区,是全国的"粮棉油之库、水果水产之乡"。山东省的小麦、棉花、花生、麻类、蔬菜、海产品、蚕茧和药材等生产在全国占有重要地位。4 个粮食总产量过 90 亿斤的市全部是沿黄地区。综上,丰富的能源、资源分布,坚实的产业发展基础和现代农业发展优势,为山东发挥黄河流域高质量发展增长极作用提供了基础保障。

（三）黄河文化的发源地、传承地、弘扬地

黄河文化是中华文明的源头性、代表性文化,承载着中华民族基因,流淌着中华民族精神。山东不仅是黄河下游的重要生态屏障、带动黄河流域高质量发展的龙头,而且是黄河文化中齐鲁文化的发源地、传承地和弘扬地。滔滔黄河哺育着齐鲁儿女,也孕育了齐鲁文化。山东是中华文明的重

---

① 参见《2020 年山东经济运行逆势上扬 高质量发展行稳致远》,2021 年 1 月 22 日,http://tjj.shandong.gov.cn/art/2021/1/22/art_6109_10284583.html。数据如无特殊说明,均来源于国家统计局和山东省统计局发布的各年度统计公报和统计年鉴。

15

要发源地之一,作为齐国故都、孔孟故里,素有"孔孟之乡""礼仪之邦"的美誉。山东省内分布着享誉世界的"一山一水一圣人",即东岳泰山、天下泉城和孔府孔庙等历史人文和风景名胜。千百年来,泰山文化、运河文化、泉水文化、儒家文化和海洋文化等在齐鲁大地融合发展,并不断被赋予新的时代内涵,是黄河文化的重要组成部分。在漫长的社会生产和发展中,齐鲁文化既通过黄河吸纳了中西部不同地域文化的有益成分,又借助黄河文化将自己融入中华文明之中。

二、山东黄河流域生态保护和高质量发展面临的挑战

目前,山东沿黄地市生态保护和高质量发展存在着产业发展水平不高、水资源刚性约束加剧、生态环境问题依然突出、黄河三角洲面临着生态退化风险和流域环境协同治理能力需要加强等问题。

(一)沿黄地区产业发展水平不高

山东沿黄 9 地市在推进高质量发展过程中还存在不少矛盾和制约,发展不平衡、不充分的问题较突出。一是工农业绿色发展中创新含量有待提高,科技创新能力不足,工业产业集聚度不高;产业结构中传统产业和重化工业占比偏高,经济发展对资源、能源依赖仍较大,产业转型发展任务较重;工业生产污染物排放消减困难,导致生态环境保护特别是区域大气污染防治压力较大。二是沿黄 9 地市中重工业占总产值的比重长期保持在 80% 以上,在经济增长贡献中重工业的占比较高,重投资的倾向比较明显。[1] 三是新产业、新经济增长动力不足,新兴产业尚未成为主导产业,科技创新能力不足,对现代经济增长的动力支撑不够,投资主体仍以国有企业投资为主,民间投资活力不足、效率不高。四是沿黄地区农业生产方式仍以传统生产方式为主,施用农药、化肥等化学投入品较多,生态农业发展不快,农业生态防控技术推广应用不足,限制了农业的绿色发展。生态农产品供应体系不健全、品牌影响力不足,沿黄地区省级农产品知名品牌数量仅占全省农产品知名品牌的 15% 左右。[2]

---

① 参见王韧:《黄河国家战略背景下山东半岛城市群"龙头作用"研究》,《山东干部函授大学学报》(理论学习)2021 年第 11 期。

② 参见高妍蕊:《"地处下游,力争上游":践行"黄河国家战略"的山东实践》,《中国发展观察》2020 年第 19 期。

（二）区域发展的水资源刚性约束加剧

山东省是北方缺水型省份，水资源总量是 308 亿立方米，人均水资源占有量为 344 立方米，仅为全国人均占有量的 13%。水资源供需矛盾和工程性缺水问题突出，水资源短缺日益成为山东高质量发展的"瓶颈"，沿黄 25 个县（市、区）的一般年份缺水量为 7.98 亿立方米。① 山东省发展的水资源约束主要表现为：一是引黄水量指标偏少，山东省节水水平在全国领先，但按照经济社会发展水平和经济总量，分配给山东省的引黄指标水量不能满足山东省生态文明建设和经济社会可持续发展的用水需求。二是生态用水短缺导致生态格局维持受限，黄河沿线各市无生态用水指标，导致各地难以对河湖进行有效生态补水，制约河湖水质的持续改善。大汶河及其支流河道缺乏生态用水，河道沿线为拦蓄河水设置多座闸坝，导致戴村坝下游河道断流，河流生态功能难以保障。黄河三角洲自然保护区的湿地恢复区 18 万亩②，需要补水量为 2.43 亿~3.05 亿立方米/年。三是黄河季节性缺水威胁生态多样性，2002 年以来，黄河每年 7 月进行调水调沙，黄河水量较大的只有伏汛，严重威胁到已经适应了"四汛"并利用汛期生存繁衍的黄河沿岸及河内生物物种，"河—海—陆"水文连通受阻，隔断了鱼类洄游，导致在河口近海产卵繁殖的物种减少，黄河三角洲湿地生物多样性和生态功能受到威胁。

（三）沿黄地区生态环境问题依然突出

第一，大气污染关键指标改善压力大。山东省黄河流域产业结构以资源能源消耗为主，传统产业结构比重大，污染物排放量大，转型发展任务重。2019 年，沿黄 9 地市 PM2.5 年均浓度为 56 微克/立方米，比全省平均浓度高 6 微克/立方米，超出国家二级标准 21 微克/立方米。2020 年全省优良天数比例达到 69.7%，压力主要集中在济宁、济南、淄博和德州。山东省处于全国 168 个重点城市后 20 位的淄博、济南、聊城均为沿黄城市。

第二，地表水环境质量提升难度大。"十四五"期间，山东省黄河流域国控考核断面增至 17 个，由于部分区域城镇基础设施欠账较多，畜禽养殖管理

---

① 参见高妍蕊：《"地处下游，力争上游"：践行"黄河国家战略"的山东实践》，《中国发展观察》2020 年第 19 期。

② 1 亩 = 666.67 平方米 = 0.00067 平方公里。

运营模式相对粗放,农业农村面源污染缺乏有效治理措施,部分国控断面水环境质量提升难度较大。东平湖总磷浓度一直处于达标边缘,北大沙河入黄河口处水质为劣Ⅴ类,大汶河泰安段水质长期处于Ⅳ类水平。近岸海域水质输入污染管控难,由于河流和海洋水质考核标准体系不同,河流水质不考核总氮指标,而海洋水质却考核无机氮,黄河中上游地区输入无机氮污染物,是造成近岸海域水质超标的主要因素。审计署在对环渤海地区生态环境保护情况进行审计时指出,"2018 年,经黄河排入渤海的无机氮达 14.04万吨"。2019 年,黄河入海口有 13 个站位集中出现无机氮超标问题,东营市近岸海域水质优良面积比例仅为 43.3%。

第三,农业面源污染防治任务繁重。山东黄河河道两岸河滩地上广泛种植农作物,化肥、农药、农膜、生长调节剂等普遍使用。2019 年,沿黄 25 个县(市、区)的化肥、农药施用量分别为 62 公斤/亩、0.40 公斤/亩。农作物不能充分利用的化肥、农药会造成土壤污染,大部分化学农药的分解周期很长,和化肥一起长期残留在土壤中将导致土壤板结和总氮富余。此外,沿黄地区农村生活污水治理设施还不完善,生活污水和黑臭水体整治等问题需要深入推进,全面治理任务依然繁重。

(四)黄河三角洲面临着生态退化风险

黄河三角洲是黄河下游生态环境相对比较脆弱的区域。近年来,受到黄河水位丰歉调节和黄河入海水沙减少等因素影响,黄河三角洲地区出现了不同程度的土壤盐碱化、土壤沙化、湿地退化和互花米草等外来有害生物入侵等生态问题,面临着湿地生态退化风险。存在的主要问题:一是黄河来水来沙量降低,影响黄河下游生态格局。黄河来水来沙量减少导致黄河三角洲区域海水倒灌和海岸带侵蚀,湿地生态需水严重不足,河口自然湿地近30 年减少约 52.8%①,盐地碱蓬等滨海湿地传统优势物种面积逐步萎缩。东营市湿地面积 2200 多平方公里,其中 1/3 以上的湿地由于淡水补充不足面临萎缩、退化。二是土壤缺水性盐碱化致使人工林地大面积退化。黄河水量不足导致黄河三角洲地下水水位下降,造成海水倒灌入侵,同时降低了河水泛滥淤泥压制沙碱的能力,黄河三角洲土壤盐碱化加剧。自 20 世纪 90 年代初以来,黄河三角洲的许多林场出现人工刺槐林枯梢或成片死亡的现象,

---

① 参见王金南:《黄河流域生态保护和高质量发展战略思考》,《环境保护》2020 年第 1 期。

人工林死亡面积已超过60%，面临整体崩溃式退化的风险。① 三是外来物种入侵及大量围海开发破坏了生态平衡。据海洋与渔业部门2016年统计，互花米草在东营沿海滩涂面积已达39.7平方公里，严重威胁滨海湿地的生物多样性；近几十年来黄河三角洲开展大规模的围填海工程，破坏了海、河、陆之间的良性水文交互和循环，造成盐沼湿地和滩涂湿地退化严重，盐地碱蓬、柽柳等黄河三角洲滨海湿地传统优势物种面积出现严重萎缩。

（五）流域环境协同治理能力需要加强

目前，黄河山东段仍面临着严峻的防洪减灾形势。习近平总书记强调："尽管黄河多年没出大的问题，但黄河水害隐患还像一把利剑悬在头上，丝毫不能放松警惕。"② 黄河山东段河道多高于两岸地面4~6米，设防水位高出两岸地面8~12米，是典型的"二级悬河"。③ 当前，山东黄河的洪水风险尚未完全破解。流域环境风险隐患较多。山东沿黄9地市分布了全省近60%的化工园区，各类危险化学品、危险废物生产储运给黄河沿线带来一定的风险；黄河滩区部分饮用水水源地存在管护机制不健全、水源地周边环境较差等问题，滩区内大面积的农业种植及居民生产生活对流域生态环境造成一定的影响。黄河流域生态环境保护河海统筹和上下游协同联动机制尚不完善，流域空间协同治理能力薄弱；黄河流域生态环境保护资金投入不足，财政奖补和生态补偿制度有待进一步完善；黄河流域生物多样性保护、生态补水等基础研究需要进一步深化；泰山生态区、黄河三角洲等重点区域的监测评估、生物多样性观测能力亟待提升。

三、推进山东黄河流域生态保护和高质量发展的建议

黄河宁，天下平。促进黄河流域生态保护和高质量发展，要准确把握黄河国家战略"生态优先、绿色发展"的总体要求，"共同抓好大保护，协同推进大治理"，处理好生态保护和高质量发展的辩证统一关系，聚焦解决山东黄河流域在生态保护和高质量发展中面临的突出问题，在推动沿黄地区产业

---

① 参见连煜、张建军、王新功：《黄河三角洲生态修复与栖息地保护》，《环境影响评价》2015年第3期。

② 中共中央党史和文献研究院编：《十九大以来重要文献选编》（中），中央文献出版社2021年版，第199页。

③ 参见《山东省黄河流域生态保护和高质量发展规划》，2022年2月15日，http://www.shandong.gov.cn/art/2022/2/15/art_107851_117497.html。

绿色转型、水资源保护和集约高效利用、系统开展污染防治、科学推进黄河三角洲生态保护修复、构建黄河流域协同治理机制和传承弘扬黄河文化等方面实现全面突破。

（一）加强科技创新，推动产业绿色转型

科技创新是促进绿色低碳发展的技术保障。"十四五"时期，科技创新在环境污染防治、传统产业转型升级、新产业新动能培育等领域将发挥决定性作用。2021年的《山东省政府工作报告》中指出，山东要"加快科技自立自强，全力建设高水平创新型省份"①，一是加快构建科技创新体系，完善多层次实验室体系，把握山东省委提出的大科学计划和大科学工程建设契机，推动大型工业企业成立服务于自身创新发展和行业高质量发展的研发机构；推动国家高新技术企业和科技型中小企业"双倍增"计划在山东落地落实。二是要加强创新平台支撑，通过综合性国家科学中心和中科院济南科创城的创建工作，促进重大项目、重大问题科技攻关。三是针对山东"十强"产业发展过程中的瓶颈问题，加强"卡脖子"核心技术研发，推动创新链、产业链、供应链互相融合。四是尊重企业创新主体地位，营造良好的发展环境，培育创新型领军企业和科技型中小企业，鼓励企业通过组建创新联合体推动相互间的产业合作。五是加强人才培育和引进，推动泰山产业领军人才工程，鼓励青岛探索建设院士创新特区，发挥高层次人才在产业创新发展中的核心作用。

加强科技创新，推动产业绿色转型，要把淘汰落后产能、培育壮大新动能和发展现代产业体系等相结合，深入推进资源节约集约利用。继续淘汰传统落后产能，分行业制定和实施落后产能淘汰方案，推动落后动能有序退出。培育新动能，要发挥科技创新对构建现代产业体系的支撑作用，支持新一代信息技术项目，加快工业互联网赋能。在传统产业转型发展方面，引导企业在现有基础上进行自动化、数字化和智能化改造，充分利用山东大数据优势，通过"数聚赋能"提升产业链和供应链现代化水平。

（二）推进水资源保护和集约、高效利用

作为我国第二大河，黄河水资源总量不足长江水资源总量的7%，黄河

---

① 《李干杰省长在省十三届人大五次会议上的政府工作报告》，2021年2月7日，http://www.shandong.gov.cn/art/2021/2/7/art_97560_399079.html。

流域人均水资源占有量仅为全国平均水平的27%。① 然而,黄河流域水资源利用方式还比较粗放,水资源开发利用率高达80%,远远超过40%的生态警戒线。面对尖锐的用水矛盾,习近平总书记强调,要坚持"有多少汤泡多少馍",要求我们牢牢把握"以水而定、量水而行"的原则要求。依水而定,就是要把节约和保护水资源放在优先位置,作为衡量战略实施成效的重要标尺。量水而行,就是要把维护河流健康、改善水生态环境、平衡水沙关系等作为重中之重。把水资源作为最大的刚性约束,牢牢把握水资源先导性、控制性和约束性的作用,统筹全流域生产、生活、生态用水,推进水资源节约、集约、高效利用。

水资源是当下和未来城市发展的最大刚性约束之一,实现水资源的可持续高效利用,也是经济高质量发展的必然要求。山东应着力推进水资源保护,重点实施饮用水水源地保护建设工程、健康水生态保护示范工程、地下水环境保护工程。系统优化水资源配置,重点完善水资源配置保障工程体系,加快非常规水源开发利用,创新水资源高效利用体制机制。全面建设节水型社会,重点推动农业领域节水,提升工农业水资源利用效率,加强城镇生活用水节约引导和监督。其一,推进农业节水增效,通过不断完善农业节水灌溉设施,进一步推广喷灌、滴灌等高效节水灌溉技术。其二,在工业生产领域,提升用水效能,对现有的工业节能设施进行改造,促进水资源循环利用,形成低投入、低消耗、低排放、高效率的"三低一高"型节约增长模式。其三,推进城镇生活节水,要以海绵城市建设试点为契机,全面推进节水型城市建设;深入开展公共领域节水,在公共建筑、行政事业单位推广节水应用技术和产品;控制高耗水型服务业用水和各行业用水定额,积极研发、推广水的循环利用技术。

(三)加强污染防治,精准科学依法治污

党的十八大以来,山东省持续开展污染防治攻坚行动,取得了明显成效。然而,随着生态环境治理的深入推进,一些深层次的难题与矛盾逐渐显现,生态文明体制改革进入深水区,生态环境治理难度不断增加。"十四五"时期推进生态环境持续改善,必须讲究方式方法,更加科学、更加系统地开展污染防治,确保取得更好的治理成效,特别是产业结构和能源结构较重的

---

① 参见陈耀、张可云、陈晓东等:《黄河流域生态保护和高质量发展》,《区域经济评论》2020年第1期。

沿黄地市,应坚持从源头进行污染防治,强化能源消费总量和消费强度"双控"。在地表水治理方面,以河湖排污口排查整治和黑臭水体治理为主,配合推进农业绿色发展,有效控制面源污染。

在生态环境治理方法上,应突出精准治污、科学治污和依法治污。精准治污,就是要抓住生态环境治理中的主要问题,精确识别污染源,明确治理对象,通过数据分析找出影响环境质量的主要因素。通过环境监测、污染源普查、环保督察、群众信访等方式,确定突出问题和薄弱环节。对问题特点和成因进行科学分析,根据企业的治污能力和环境信用情况,实行差别化管理。科学治污,要明确重点任务,创新治理模式,加强污染物生成转化规律研究,实施细颗粒物和臭氧协同治理。加快海洋大省到海洋强省建设,消劣、净滩、打造美丽海湾。加强地下水超采及污染治理、大宗固体废弃物处理、土壤生态修复和农村环境污染治理。支持第三方治理、环保管家等创新模式,提升治理效能。依法治污,要树立法治思维,坚持依法行政。避免生态环境治理过程中"拍脑袋"式决策,杜绝平时不作为、急时"一刀切"的工作方式。依法履职、严格执法,落实企业治污主体责任,逐步提高违法罚款上限,解决违法成本过低问题。规范自由裁量权,避免随意执法、任性处罚。

(四)实施黄河三角洲生态保护修复工程

黄河三角洲是黄河唯一入海口,附近海域是我国海洋经济种类重要产卵场、育成场。黄河三角洲生态保护和修复,重在解决由于生态流量缺失而造成的三角洲湿地退化和河口低盐萎缩、区域自然保护地体系混乱和生物多样性降低问题。要着力保障三角洲和河口的基本生态需水,遵循黄河口自然演变规律,实施黄河三角洲湿地生态系统修复工程,建立国家公园体系,严格保护河口新生湿地,重点保护河口淡水湿地,以自然修复为主,控制大规模人工生态重建,保护黄河口原生生态系统,建议采取以下具体措施。

一是创建黄河口国家公园。加快自然保护区功能区优化调整,合理划定核心保护区和一般控制区;加强黄河三角洲自然保护地建设,构建自然保护地分类分级管理体制;建设黄河三角洲自然保护区保护管理能力提升及公共服务设施提升工程,促进自然保育、巡护和监测的信息化、智能化。二是实施黄河三角洲湿地生态保护与修复工程。实施退耕还湿、退养还湿等生态治理项目,修复滩涂湿地和河口新生湿地;实施黄河入海清水沟流路生态补水工程,促进黄河三角洲湿地、河流生态系统的健康发展。三是实施黄河三角洲生物多样性保护工程。加强黄河沿岸湿地资源及植物、动物等生物多样性保护。强化自然保护区、种质资源保护区建设，重点对野大豆、罗布麻、天然柽柳等生境进行封闭式保护管理；实施互花米草治理工程，加强对外来入侵物种的治理。开展鸟类栖息地保护行动，保护好鸟类迁徙中转站、越冬地和繁殖地；严格执行海洋休渔政策，增加黄河、刁口河等入海淡水量，保持 5、6 月份月均 22 亿立方米的最低入海径流量，维持黄河口海域不低于 500 平方公里的低盐区，建设海洋生物综合保育区，促进黄河带鱼、小黄鱼、中国对虾等传统鱼虾蟹贝类的繁衍恢复。四是实施河口、海湾污染防治工程。开展入河入海排污口排查整治，对东营、滨州两市入河入海排污口进行规范化整治；开展海水养殖污染治理，加快河口区生态渔业工厂化养殖尾水处理、水产养殖废水循环利用等项目建设，推动海水池塘和工厂化养殖升级改造；开展入海河流和近岸海域垃圾综合治理和船舶污染治理，完善港口、船舶污水处理设施，禁止船舶向水体超标排放含油污水。

（五）构建沿黄地区协同治理和发展机制

加强黄河沿线城市建设与合作，建立跨省区和本省区城市合作机制，推动资源共享、优势互补，实现本地优势发展与区域之间协作发展有机结合，更好地发挥黄河流域高质量发展龙头作用。一是加强区域合作，推进山东沿黄 9 地市协调发展。提升济南、青岛、烟台等核心城市的竞争力，发挥其对沿黄地区的辐射带动作用，推动全省区域一体化发展。二是发挥沿海区位、海洋强省、开放通道等比较优势，在解决黄河流域城市群发展共性问题上发挥示范作用。推动黄河流域跨区域合作，探索城市群协同发展新机制，建设黄河科技创新大走廊，共建黄河现代产业合作示范带。三是聚焦要素配置，创新合作机制和合作渠道，建设黄河流域城市群与国家重点城市群互动合作的战略枢纽。深度融入京津冀协同发展，精准对接雄安新区规划和建设需求，掌握其产业布局情况，主动承接航空航天、教育医疗等高端产业转移，建设高端合作交流平台。

（六）传承弘扬黄河文化，讲好黄河故事

围绕建设新时代社会主义现代化强省目标，山东应积极推动黄河文化的研究和阐释，深挖黄河精神内涵，打造黄河文化标识，彰显黄河文化中儒家文化、齐鲁文化的时代价值，努力把黄河文化的优势转化为推进现代化强

省建设和迈向高质量发展阶段的精神动力。具体而言，一是打造黄河文化标识。打造黄河文化标识是延续历史文脉、讲好黄河故事的重要形式，是塑造山东省黄河文化的整体形象、凸显山东黄河文化地位的重要载体。重视对黄河文化精神的深入挖掘和提炼，着力塑造黄河入海的文化品牌形象，为打造黄河文化标识提供内在支撑。二是弘扬和彰显黄河精神的时代价值，宣传和弘扬黄河精神。深入挖掘黄河文化中蕴含的精神财富，全面融入现代化强省建设。黄河是一条承载着中华文明基因、传播民族力量的大动脉，黄河文化中蕴含的团结奋争、百折不挠、自强不息、无私奉献等优良精神基因，最终将演化为伟大的中华民族精神。三是推动黄河文化全面融入生产生活，以齐鲁优秀传统文化创新工程为引领，形成完善的黄河文化研究、教育、保护传承、传播交流体系，构建黄河文化保护、传承、弘扬的大格局，推动黄河文化进校园、进教材、进课堂。加强黄河文化展示、传播和推广，把黄河文化中蕴含的优秀思想理念、人文精神和道德规范转化为广大人民群众的价值认知、情感认同和行为习惯。

中共山东省委党校(山东行政学院)课题组负责人:张彦丽

发挥高技术服务业在黄河三角洲地区高质量发展中的引领带动作用

黄河流域生态保护和高质量发展，是事关中华民族伟大复兴和永续发展的千秋大计。习近平总书记多次深入实地考察沿黄省区，为新时期黄河保护治理、流域省区转型发展指明方向，为黄河流域生态保护和高质量发展重大国家战略擘画蓝图。黄河三角洲高效生态经济区地域范围包括东营和滨州两市全部以及与其相毗邻、自然环境条件相似的潍坊北部寒亭区、寿光市、昌邑市，德州乐陵市、庆云县，淄博高青县和烟台莱州市，共涉及6个设区市的19个县（市、区），陆地面积2.65万平方公里，占全省的1/6。经过多年的开发与保护，黄河三角洲地区经济社会发展取得巨大成就，生态建设和环境保护成效显著，已具备发展高效生态经济的良好基础。推动黄河三角洲地区高质量发展是实现黄河流域生态保护和高质量发展的重要一环，是山东省拓展空间以及保持持续快速健康发展的潜力所在、优势所在。

高技术服务业是高新技术产业的延伸产业，与第三产业相融合，它是为高新技术企业提供服务的新兴行业，属于现代服务业的一种，但又不同于传统服务业，其在技术性、专业化、创新性方面位于行业前沿，是推动制造业产业结构升级的重要力量。在2007年国家发展和改革委员会发布的《高技术产业发展"十一五"规划》中，高技术服务业已被明确列入八大高技术产业中，成为新经济增长点。2011年12月，国务院公告《国务院办公厅关于加快发展高技术服务业的指导意见》。高技术服务业是新兴服务业，多渠道加快高技术服务业发展对高技术产业和制造业发展有重要意义，一方面作为高新技术产业延伸的高技术服务业发展水平较高，就可以反过来推进高新技术产业的发展，从而促进产业结构优化升级；另一方面服务业是吸纳就业的重要力量,加快高技术服务业的发展对促进就业也有重要作用。我们在对黄河三角洲地区高技术服务业发展现状进行实地调研的基础上,采用SWOT①分析方法探析黄河三角洲地区高技术服务业发展的优势、劣势、机遇和威胁,并在此基础上探讨如何通过促进黄河三角洲地区高技术服务业的发展来实现高质量发展。

一、基本概念

(一)高技术服务业的概念

20世纪60年代初,全世界经济发展的中心开始转变,尤其体现在主要发达国家,经济重心由制造业逐渐转向服务业。服务业在国民生产总值中所占的比重不断加大,尤其体现在就业方面,在原有的产业结构体制下,就业主要集中在第一、二产业,随着科技的发展,制造业不再需要那么多的劳动力,各国的就业多转移到第三产业,服务业开始居于主要地位。与此同时,原来依靠资源和资本取胜的竞争时代也慢慢结束,各国的竞争力更多地取决于其科学技术发展和创新能力。高新技术产业在国民经济发展中有着越来越重要的地位。高技术服务业作为新兴的服务业,是高新技术产业的延伸行业。关于高技术服务业的提出经历了现代服务业、新兴服务业等历程,最终得到高技术服务业这个概念。国外主要用HTS(High Technology Services的简称),主要观点认为HTS是指具有高技术产业特征的服务业,是由高技术制造业的内涵延伸形成的新业态,其主要包括通信服务业、软件与计算机、研发与实验室测试以及相关服务业。

我国政府最早提出高技术服务业是在《2003年度科技型中小企业技术创新基金若干重点项目指南》中。高技术服务业是近年新提出来的概念,基于认识角度的不同,目前尚未有明确、完整和公认的界定。科技部曾在《2005年度科技型中小企业技术创新基金若干重点项目指南》中提过高技术服务业,但未给出定义。曾智泽认为:高技术服务业是指依靠高技术和高知识人才,在高科学研究与试验发展(Research and Development,R&D)投入和高专利申请活动的基础上,从高技术制造业价值链上延伸而成的高端服务

---

① SWOT即优势(Strengths)、劣势(Weaknesses)、机会(Opportunities)、威胁(Threats)的首字母缩写。

新业态。[①] 王仰东等认为：高技术服务业是在现代服务业发展进程中由高新技术产业不断延伸的新产物。它是以创新为核心，以中小企业为实施主体，围绕产业集群的发展，旨在促进传统产业升级、产业结构优化调整的进程中采用现代经营管理理念和商业模式，运用信息手段和高新技术，为生产和市场发展提供专业化增值服务的技术密集型新型产业。[②]

综上所述，高技术服务业是一个相对动态的概念，它既具有服务业的基本特征，又与传统服务业在高技术含量和技术密集方面有一定的区别。高技术服务业是在生产融合与产业细化的大趋势下，以现代传媒、网络和信息技术、生物技术等高新技术为支撑，在高专利申请活动和高 R&D 投入的基础上，以服务为表现形态，采用现代经营商业理念和管理模式，为生活消费和产品制造提供高技术含量和高附加值服务的新兴服务业。

（二）高技术服务业的特征

与传统服务业相比，高技术服务业具有创新性强、技术水平高、专业性强、高渗透性、高增值性、强辐射性和高智力性的特点。

其一，创新性强。这是高技术服务业的本质特征。伴随科学技术的发展，服务业获得了全面而强大的技术支持，技术创新的同时丰富了产品与服务的功能，使消费者能够得到全新的体验，获得更高的使用价值，而且，由于科学技术的发展，产品的生产工艺得到改善，生产工艺的改善一方面降低了原材料、能源等的消耗，另一方面从多个渠道提高了产品的生产效率；同时，由于服务业在具体的行业分类方面差异性较大，具体行业中客户的具体需求也是不同的，这种差异性直接决定了服务业产品必须具有独特性，产品的独特性其实就是服务业创新性的具体表现，服务的过程就是不断创新的过程，这种创新在高技术服务业的服务领域表现尤为突出。

其二，技术水平高。高技术服务业是高新技术产业和服务业结合的边缘产业，是为高新技术产业服务的服务业。高新技术产业本身就处于技术的高端水平，作为其延伸产业，高技术服务业要求其知识和科技水平都必须达到一定的高度，才能实现服务业的增值。

其三，专业性强。专业性强是高技术服务业的一个重要特征。高技术

---

① 参见曾智泽：《高技术服务业的特征与内涵》，《中国产业》2007 年第 5 期。
② 参见王仰东、杨跃承、赵志强：《高技术服务业的内涵特征及成因分析》，《科学学与科学技术管理》2007 年第 11 期。

服务业为高新技术产业服务,高新技术产业处于制造业的高级阶段,在整个产业的各个环节都具备高技术性和高增值性。高技术服务业在服务的各个环节都必须做到专业化,即专业化的队伍、专业化的人才、专业化的服务方式,这样才能做好高新技术产业的服务工作,提高效率,形成自身独特的竞争优势,同时也和高新技术产业之间建立稳固的合作关系,在提升高技术服务业发展水平的同时带动高新技术产业的发展。

其四,高渗透性。这是高技术服务业的外部特征。高新技术产业因为其高技术性和高创新性,从而渗透性较强,高技术服务业为高新技术产业服务,依托于高新技术产业,同样具有高渗透性。高新技术产业在发展过程中,专业化越来越强,由此衍生出来的一些后续的为其服务的工作慢慢剥离出来,形成高技术服务业,故高新技术产业本身的特性都融入高技术服务业中,高新技术产业的产业链得以延伸,高技术服务业也继承了高新技术产业的高渗透性的特征。

其五,高增值性。产品的市场价值可分解为使用价值和观念价值。使用价值体现为客观的具有一定使用功能的商品特性,观念价值是主观的体会和感受的无形附加物。使用价值是由科技创造而成的,是商品的物质基础;观念价值因服务渗透而产生,是附加的精神满足。传统服务业主要依靠人力资源、自然资源和资本的投入,在产品的市场价值上更倾向于使用价值。高技术服务业在依靠人力资源、自然资源和资本的同时更关注技术的投入,高新技术的投入给高技术服务业的发展带来高增值性。

其六,强辐射性。高技术服务业拥有高新技术产业所拥有的技术优势、客户关系及较强的市场竞争力,而且由于其具有服务业的特征,因此比高新技术产业的整合能力更强、更广。高技术服务业结合自身拥有的资源优势,采用高新技术,形成新的管理经营理念和商业模式,产生规模效应和集聚效应,位于产业链的高端或相对高端,有较大的影响力和辐射力。

其七,高智力性。高技术服务业由于其产业本身的特征,对知识、技术、人才的要求都较高。在知识和技术方面,高新技术产业一般处在科技的最前沿,知识理论处于最新水平,高技术服务业作为高新技术产业的服务行业,只有能够吸收先进的知识理论,才能采用新的管理模式和服务方式为高新技术产业服务。在人才方面,专业化的服务方式和高端的技术要求都必须以高智力的人才为依托,高技术服务企业在人才引进和人才培养方面都必须做到多渠道吸收高知识和高智力的人才资源。

二、黄河三角洲地区高技术服务业的发展现状

（一）黄河三角洲地区发展高技术服务业的优势

1.地理区位条件优越，交通便利

黄河三角洲位于京津冀都市圈与山东半岛的结合部，是山东"北大门"和黄河入海口的交汇区，与天津滨海新区最近距离仅 80 公里，和辽宁沿海经济带隔海相望，是环渤海地区的重要组成部分，向西可连接广阔的中西部腹地，向南可通达长江三角洲北翼，向东出海与东北亚各国邻近，具有深化国内国际区域合作、加快开放开发的有利条件。

随着黄河三角洲高效生态经济区上升为国家战略，作为环渤海经济圈发展的重要平台，黄河三角洲充分利用其独特的区位优势和地域特点进行大交通规划，构建公路、铁路、水路、航空多功能交通网络，打造海陆空现代化立体交通格局，夯实硬件基础，促进环渤海地区一体化发展。

2.丰富的土地资源及自然资源

黄河三角洲地区土地资源优势突出。土地后备资源得天独厚，目前区内拥有未利用的土地近 800 万亩，人均未利用地 0.81 亩，比我国东部沿海地区平均水平高近 45%。未利用地集中连片分布，其中盐碱地 270 万亩，荒草地 148 万亩，滩涂 212 万亩，另有浅海面积近 1500 万亩，黄河冲积年均造地 1.5 万亩。随着沿海风暴潮防护体系的建设和完善，土地后备资源还将逐步增加，具有吸引集聚发展的高技术服务业的独特优势。

另外，黄河三角洲地区自然资源也较为丰富。有已探明储量的矿产 40 多种，其中石油、天然气地质储量分别达 50 亿吨和 2300 亿立方米，是全国重要的能源基地。地下卤水静态储量约 135 亿立方米，岩盐储量 5900 亿吨，是全国最大的海盐和盐化工基地。海岸线近 900 公里。风能、地热、海洋等资源丰富，具有转化为经济优势的巨大潜力。

3.宽松的政策环境

黄河三角洲高效生态经济区和山东半岛蓝色经济区上升为国家战略，高技术服务业发展在全省逐步引起重视。深入贯彻落实党的十九大精神，以加快转变经济发展方式为主线，以市场需求为导向，立足我省科技和产业基础，强化载体建设，加强示范引导，创新体制机制，完善服务体系，拓展服

务领域,重点发展高技术的延伸服务和相关科技支撑服务,积极培育发展面向新材料、新一代信息技术、新能源、新医药和海洋开发等战略性新兴产业的高技术服务业,加快促进高技术服务业和制造业融合发展,不断提升高技术服务业的比重和水平,推动我省高技术服务业做大、做强。

4.城镇化的快速发展

确保某地区一定的人口数量是发展服务经济的重要保障,即发展服务业必须要有一定的空间载体,这就是城市,服务业的发展一定会伴随着城市化的发展而不断进步。近年来,黄河三角洲地区的城镇越来越多,经济发展越来越快,人民的生活水平也进一步得到改善,使得城乡交融、城乡一体化趋势明显加强。目前,黄河三角洲地区已经有了城乡一体化的服务体系,使得大城市、小城市和乡镇都形成了比较完善的基础设施和社会服务设施,再加上人口稠密,加大了对黄河三角洲地区高技术服务业的发展需求。

经济发展多样化,尤其是沾化冬枣、畜牧业、水产等三大特色产业的发展以及工业的发展,为黄河三角洲地区的服务业发展创造了有利条件。城镇化水平不断提升,为发展服务业提供了强大的空间载体。人民生活水平明显得到改善,社会保障体系也越来越健全,为提高当地居民的服务消费水平创造了物质保障。

(二)黄河三角洲地区发展高技术服务业的劣势

1.高技术服务业的发展与工业化要求不适应

目前,山东省尚未摆脱粗放型为主的经济发展方式,从黄河三角洲产业布局来看,主导产业没有依据本地区区情、产业规律和全国的劳动地域分工情况进行选择,企业多以重工业为主,未能带动其他产业的同步发展,服务也仍然显得相对薄弱。无论在规模还是质量上,服务业发展都与全省工业化、城市化、国际化加速推进的新形势不相协调,也与建设国家新型产业基地的新要求、新任务不相适应。

2.高技术服务业布局分散

大部分服务行业企业、项目分散不集中,难以实现规模经济和范围经济。特别是作为服务业发展重要主体的城区,普遍存在发展服务业财力弱、手段单一、动力不强等问题。"小、散、弱"现象突出,缺少支撑服务发展的领军企业和知名品牌。商贸、物流、服务外包、金融等行业的一些企业急需做大、做强。科技、旅游、咨询、会计、文化创意、会展等新兴业态中,黄河三角洲高效生态经济区内企业还没有形成规模,没有在全国位居前列的大企业或企业集团。

3.传统的生产模式和经济体制制约服务业发展

在黄河三角洲地区经济中占主导地位的依然是传统产业和产品,受竞争环境和自身素质的影响,技术进步、产品开发和产品升级的速度较慢。工业企业的生产链更侧重实体产品的生产,技术服务面有限,服务"外部化或市场化"严重不足。而且出于政策、体制等原因,较高的门槛和狭窄的市场准入范围弱化了竞争机制在产业发展中配置资源的基础性作用,导致创新性不足,制约了服务业的发展。

4.人力资源匮乏,成为高技术服务业发展的瓶颈

与工业生产的实物产品不同,服务业的产出是服务,服务是一个过程,是人力资本从事经济活动的过程。因此,对高技术服务业来说,人力资本至关重要。特别是为制造业提供配套服务的生产性服务业,如设计、研发、金融等,具有高智商、高技术含量、高附加值等特点,人力资源是其发展的关键因素。

黄河三角洲高技术服务业发展不足,根本原因就是人力资源匮乏。其中既缺乏具有作出服务业投资、经营决策和创新决策能力的企业家人力资本,也缺乏善于组织生产,懂英语和贸易知识,熟悉审计、会计、法律等业务以及掌握行业关键核心技术的企业管理和专业技术人员人力资本,还缺乏掌握实际操作技能的应用型人才资本等。正是这些不同层次的人力资本的短缺,导致黄河三角洲地区的服务业供给不足、创新乏力。

(三)黄河三角洲地区高技术服务业面临的机会

黄河三角洲地区的高技术服务业要发展,首先应该结合"十四五"规划的编制,提高对世界新兴产业发展规律的认识,明确产业发展的新思路,寻找服务产业发展的新对策。在高度重视农产品发展、保持农产品又稳又快协调发展的同时,把加快发展黄河三角洲地区的高技术服务业放到更加突出的位置。高技术服务业中的大多数行业资源消耗低、投入产出比高、环境污染小、发展前景良好,能够解决很多居民的就业问题,让更多人的就业得到保障,符合现代化社会建设的要求。推进高技术服务业的发展,有利于使得经济发展的需求弹性系数大大降低,实现少投高收,从根本上改变经济结构,提高第一、二产业的服务融合能力和发展水平,更进一步挖掘生产潜力,

促进黄河三角洲地区的经济发展。

1.我国服务业对内对外开放进一步加快

近年来,我国服务业的对外开放程度不断提高。结构不同的市场对外开放对我国服务业具有不同的影响。服务业要想打入国际市场,主要通过市场竞争、制度创新等促进对内开放,通过市场的调节控制抑制对内开放。总的来说,市场调查研究表明,目前我国服务业的对外开放还是促进了对内开放。因此,应从坚持对服务业的市场化改革、市场的进入和退出进行调节,加快行政审批制度改革等方面提高我国服务业的对内开放程度。同时,随着我国经济体制改革不断深化,电信、邮政等体制改革和市政公用事业市场化将凸显,服务业发展面临的体制环境将得到改善,非公经济将更容易进入服务业领域。

2.服务业国际转移逐渐加快

近几年,我国将促进服务业对外开放,特别是将全球服务外包摆在重要位置。一定的研究数据显示,服务业已成为中国增长最快的领域。国际产业正在发生新的转移,服务业国际转移已经成为新的焦点,它涉及的领域广、市场发展快、未来前景良好。在注重服务业对外承包的同时,必须综合考虑政策环境、市场环境和国际产业转移的趋势等各方面的因素,及时制定好发展国际物流业的相关产业政策。一些与国际公司有合作关系的服务企业为了给国际公司提供配套服务,都开始了服务业的直接投资活动。20世纪90年代以来,服务业国外商贸投资占投资总额的一半以上,目前已经超过了60%。

(四)黄河三角洲地区高技术服务业面临的威胁

随着市场竞争日趋激烈,市场需求对高技术服务的要求越来越高,已经向买方市场转变。顾客对高技术服务的要求将更为严格。传统的服务业已不能满足当今社会的需求。

1.临近区域的竞争和挑战

黄河三角洲地区经济的发展虽然加强了区域间的合作,同时也会让各区域间的竞争更加激烈。黄河三角洲北靠京津唐,这就使得京津唐地区的服务业发展对黄河三角洲的发展有着很大的影响。京津唐地区的技术水平和服务体系都比较有优势,这就制约了黄河三角洲地区的经济发展。

2.跨国企业的进入加剧了市场竞争

随着物流企业的发展，市场又进一步对外开放。国际上很多知名企业都向中国市场大量投资，加快我国的战略实施，主要是想在黄河三角洲这块肥沃的土地上获得利益。目前，我国的高技术服务业还处在初级发展阶段，与国际上先进的技术还存在很大的差距。由于资金、技术等一系列因素的影响，我国高技术服务业的竞争力还远远不够，其中有一部分甚至会被淘汰，使得黄河三角洲地区的高技术服务业受到一定的影响。这对黄河三角洲地区的服务业来说无疑是一个严峻的挑战，对高技术服务业也有了更高的要求。

三、高技术服务业助推黄河三角洲地区高质量发展的对策研究

在 SWOT 分析的基础上我们可以看出，黄河三角洲地区高技术服务业发展水平较低，发展基础还不均衡，因此，通过政策支撑、平台构建等措施来发挥高技术服务业在产业转型和区域发展中的引领作用，是实现黄河流域高质量发展的重要举措。

（一）培养高技术服务业成为主导产业

通常意义上的主导产业是指在经济发展过程中出现的一些影响全局的、在国民经济中居于主导地位的产业部门，由于这些产业部门在整个国民经济发展中具有较强的前后关联性，其发展能够波及国民经济的其他产业部门，从而带动整个经济的高速增长。服务业通过渗透工业部门，推动工业部门的 R&D 力度不断加大，促使企业的创新能力不断增强，有助于促进企业生产经营的可持续发展；服务业渗透到工业结构之中，将有利于促进工业结构高级化。提高工业产品的附加值，有可能导致新的工业部门出现；服务业还可以加速工业组织方式的变化，使工业由传统的生产型体系向生产服务综合型体系转化，更加符合知识经济时代的要求。将高技术服务业作为战略性新兴产业，以促进产业结构调整、转变经济发展方式为重点进行专项部署，培育新的经济增长点，按照突出自主创新、推进系统集成的思路，加强统筹协调，着力解决好制约高技术服务业发展的一些关键性问题。应重点打造"一轴多极辐射全省"的发展格局，加快发展高技术服务业，提高服务业在三次产业结构中的比重。尽快使服务业成为国民经济的主导产业，是推

进经济结构调整、加快转变经济增长方式的必由之路,是有效缓解能源资源短缺的瓶颈制约、提高资源利用效率的迫切需要,是适应对外开放新形势、实现综合国力整体跃升的有效途径。

(二)发挥区域产业集群优势

产业集群的发展模式是提高区域产业竞争力、促进区域产业持续发展的有效模式。对于高技术服务业而言,其不仅为其他产业部门提供不同的服务,而且其内部的产业之间也有着天然的服务关系。彼此间相互提供所需的服务,有着产业集群的组织特征,其内部结构能通过自我升级得到优化。因此,以产业集群的模式发展现代服务业可以形成规模效应和集群效应,最终形成适应国际经济发展的多层次服务体系。要制定和实施相应的产业政策和区域政策,促进专业化分工和相关现代服务企业在地域上的相对集中。依据黄河三角洲的优势产业和区域特色,发挥专业化服务对周边地区的较大辐射与影响力。提升自主创新能力和产业竞争力。打造优质产业集聚地、裂变发展地,建立现代产业示范区。要延伸服务业产业链,实现现代服务业的集群发展,一个产业的繁荣发展必定会带来与之相关的一系列行业的兴起与兴旺。政府通过科学的政策加强对产业链的引导,促进产业间的互动与渗透,因地制宜地选择一些具有优势地位的产业,创新优化服务业内部结构,重点培育一些基础好、关联度高、市场前景广阔的主导产业,促进产业集群的形成和发展,提升产业链的整体竞争力。

(三)优化发展环境,促进跨越式发展

良好的制度与政策环境是实现黄河三角洲现代服务业跨越式发展的重要条件,其中最根本的就是完善和推进"四化"的实现。

一是市场化,推进部分现代服务业资源配置由政府为主向市场为主转变。黄河三角洲总体上是一个市场化程度较高的地区。要实现现代服务业进一步发展,应当切实打破垄断、提高服务业的市场化程度;放松对现代服务业的管制,加快垄断行业的管理体制改革,降低准入标准,消除市场壁垒;使更多外资和民营主体参与现代服务业的发展。

二是产业化,培养一批具有国际竞争力、有信用、有知名品牌、有核心技术的现代服务业企业。明确产业定位,建好重点发展行业,利用产业政策导向功能,合理配置有限的城市资源。

三是社会化,引导工业企业将其核心竞争力以外的附属服务剥离成为社会化的专业服务。积极推进后勤服务、配套服务由内部自我服务为主向社会服务为主转变。

四是国际化,充分利用黄河三角洲外向经济的特色,大力吸引外商投资现代服务业,进一步引导和优化外资在黄河三角洲现代服务业的内部投向,提升国际化形象。伴随国际制造业向我国新一轮转移,特别是向黄河三角洲地区转移,国际现代服务业也必将大规模进入,这为黄河三角洲现代服务业的发展提供了机遇。

(四)注重人才培养,建设服务业人才的配套体系

高技术服务业的发展将会促进相关高新技术产业的共同发展,发展现代服务业的关键不仅依赖于先进的装备和技术,更重要的是依靠高智力的人才和专业化人才队伍。由于高技术服务业的价值主要来源于从业人员的高素质,因此与制造业相比,现代服务业特别是高技术服务业对劳动者素质的要求更为全面,对素质高、知识面广的人才,特别是对那些在解决疑难问题及沟通、协调和合作方面得到过特殊训练的人才的需求更为迫切。因此要高度重视人才的培养和引进,多渠道、多形式地吸引国内外现代服务业的优秀人才。另外,要加强教育培训工作,与服务业发达国家和地区进行合作,提高服务业从业人员的业务水平。随着关联产业的延伸,高技术服务业将有助于培养专业化的人才队伍,形成合理、有层次的专业化人才梯度,在产业结构调整中发挥吞吐劳动力的"蓄水池"功能,成为服务相关产业发展的人才基地,形成可持续发展的强劲动力。

(五)加强区域协作,错位发展

黄河三角洲地区经济一体化进程明显加快,同时出现了基础设施对接、市场融合、所有制结构趋同、行政管理同质的趋势。要在积极利用自身优势的基础上,加强与周边地区的协作,实现互利共赢。从目前的发展现状看,产业同构现象是制约黄河三角洲地区现代服务业发展的重要因素。由于城市功能定位不同,区域核心城市与二级城市在现代服务业发展上应该有区别。两类城市在产业定位、服务对象、发展重点及产业组织水平上可以实现十分清晰的错位发展。这样既能有效利用靠近中心城市的便利条件,又尽量不受或少受大都市阴影效应影响。要真正实现现代服务业的错位发展,

关键是要实现区域内的协调与合作,建立区域内的协调机制,与周边城市加强人才、技术等方面的交流,吸引现代服务业发展的人才向黄河三角洲区域集聚,在现代服务业内部着重发展具有比较优势的重点行业,将不具备比较优势和不符合城市功能定位的现代服务行业逐渐向周边城市转移,以提升现代服务业的服务功能,形成与周边城市的错位发展模式。山东省可以凭已有的高技术服务业良好基础和地缘优势,加快发展金融高技术服务、港口物流服务、科技文化创意产业、总部经济。劳动密集型生产企业是经济的主导力量,可以以发展商务服务、服务外包等为主。

(六)推进城市化进程,拓展服务空间

强化以先进的基础设施和完善的服务体系为支撑的现代城市功能,进一步拓宽服务业发展空间。黄河三角洲正处于工业化、城镇化、市场化、国际化加速发展时期,已初步具备支撑经济又好又快发展的诸多条件。把加快发展现代服务业与实施城镇化战略结合起来,积极稳妥地推进城镇化。调整城镇规模结构,扩大城市服务消费群体。逐步消除制约城镇化进程的体制与政策因素。加快农村人口向城镇转移的步伐,为现代服务业的扩张提供更广阔的需求空间。加快发展现代服务业,可以形成较为完备的服务业体系,提供满足人民群众物质文化生活需要的丰富产品,并成为吸纳城乡新增就业的主要渠道,这也是解决民生问题、促进社会和谐的内在要求。

中共山东省委党校(山东行政学院)课题组负责人:张娟

第 二 编

山东黄河流域生态保护和治理研究

黄河三角洲湿地保护修复的
实践探索与未来思考

黄河三角洲湿地在山东省、在黄河流域乃至全国都处于十分重要的位置。黄河流域九省区湿地面积 206289 平方公里,占全国湿地面积的 38.48%。山东省湿地总面积 17375 平方公里,约占黄河流域九省区湿地面积的 8.4%。而黄河三角洲湿地占山东省湿地面积的 1/4 以上,且主要集中于东营市,湿地面积达 4581 平方公里,占东营市土地面积的 55.57%。2021 年 10 月,习近平总书记考察黄河入海口时强调,"要把保护黄河口湿地作为一项崇高事业,让生态文明理念在实现第二个百年奋斗目标新征程上发扬光大,为实现社会主义现代化增光增色"①,为黄河三角洲湿地保护修复相关工作指明了方向目标、提供了根本遵循。

一、黄河三角洲湿地基本情况

(一)湿地的概念

湿地是黄河三角洲最具特色的生态资源。依据《拉姆萨尔公约》,湿地是指天然的或人工的、永久的或暂时的沼泽地、泥炭地及水域地带,带有静止或流动的淡水、半咸水及咸水水体,包含低潮时水深不超过 6 米的水域。其包括河流、湖泊、沼泽、近海与海岸等自然湿地以及水库、稻田等人工湿地。

---

① 《大河奔涌,奏响新时代澎湃乐章——习近平总书记考察黄河入海口并主持召开深入推动黄河流域生态保护和高质量发展座谈会纪实》,2021 年 10 月 23 日,http://www.gov.cn/xinwen/2021-10/23/content_5644512.htm。

（二）黄河三角洲湿地的形成

黄河三角洲因黄河与渤海的交互作用而形成,依据成陆时间先后,分为古代、近代和现代三角洲。西汉以前,黄河流经今河北省于天津附近入海,黄河三角洲地域均在海水之中。自王莽新朝始建国三年(11 年),黄河来东营境内入海,至唐景福二年(893 年),黄河在利津城以东的渤海湾边淤积出大片陆地,形成了面积约 6000 平方公里的古代千乘黄河三角洲。清咸丰五年(1855 年),黄河在兰阳铜瓦厢(今河南省兰考县境内)决口后,再次由东营境内入海,形成了以宁海为顶点,西起套尔河口,南抵支脉沟口,面积约 5400 平方公里的近代黄河三角洲。现代黄河三角洲是 1934 年以来,至今仍在继续形成的以垦利渔洼为顶点的扇面,西起挑河,南到宋春荣沟,陆上面积约为 2400 平方公里。我们通常所说的黄河三角洲主要指近代黄河三角洲,总面积约 5400 平方公里,其中,5200 平方公里属于东营市,占总面积的 96%。

泥沙是黄河三角洲形成的物质基础,河流是输送泥沙的重要动力,黄河尾闾流路的行水与摆动则是三角洲的"生产工艺过程"。河、海、陆的交互作用形成了世界上独一无二的河口三角洲,孕育了中国典型的河口湿地生态系统。这里人为干扰少,湿地被很好地保存下来,尤其是在新老黄河入海口处及相连的沿海岸带,纵横交错的芦苇荡、低地、河汊、潮沟与数千平方公里的浅海共同形成了中国暖温带极其珍贵的滨海湿地生态区。

（三）黄河三角洲湿地的特征

黄河三角洲地理位置特殊,使得这里的湿地独具特色。

1.范围广

近半个多世纪以来,中国湿地面积大幅缩减。2010 年《全国水资源综合规划》数据显示,面积大于 1000 公顷(即 10 平方公里)的 635 个湖泊中,有231 个湖泊发生不同程度的萎缩。滨海滩涂湿地的破坏更为严重,大规模围填海、临港工业和码头建设、水产养殖和盐田开发造成我国滨海湿地不断萎缩。2012 年近海海洋综合专项调查结果显示,与 20 世纪 50 年代相比,我国滨海湿地累计丧失 57%。与之形成鲜明对比的是,20 世纪 80 年代才建立的东营市,有较超前的生态保护意识,建市之初即提出"油洲加绿洲"的战略构想,既要金山银山又要绿水青山,使黄河三角洲生态资源得以幸存,保存了中国暖温带最广阔、最完整的湿地生态系统。

2.类型多

黄河三角洲湿地类型多样,以天然湿地为主。根据第二次全国湿地资源调查,黄河三角洲现有湿地5大类14种类型。5大类湿地分别是近海与海岸湿地、河流湿地、湖泊湿地、沼泽湿地、人工湿地。14种类型分别是浅海水域、淤泥质海滩、潮间盐水沼泽、河口水域、三角洲/沙洲/沙岛、永久性河流、洪泛平原湿地、永久性淡水湖、草本沼泽、灌丛沼泽、库塘、运河或输水河、水产养殖场、盐田等。河、海、陆交汇的复杂环境滋养着众多生物种类,黄河三角洲丰富的鸟类资源正是得益于多样的湿地类型。

3.原生性

黄河三角洲湿地人为干扰少,最大限度地保存了自然状态。因成陆时间短,又以盐碱地为主,早期不适合大规模农业开垦,常住人口密度较低,被称为山东的"北大荒"。"大孤岛,人烟少,年年洪水撵着跑,人过不停步,鸟来不搭巢"是昔日黄河三角洲的真实写照,所以人类活动没有对湿地构成大的影响。自20世纪60年代石油和农业大开发以来,黄河三角洲在经历自然演化的同时,受到了人类活动的影响。有关资料报道,20世纪五六十年代,黄河三角洲湿地仅鱼类就有149种,到1980年减少为86种,人与自然的矛盾有所激化。所幸1992年建立了国家级自然保护区,大片湿地在经济开发建设的高峰期被珍藏起来,使生态系统受到有效保护,湿地的发展和演替基本在自然状态下进行。

4.脆弱性

黄河三角洲形成演化时间短、地质环境稳定性差、黄河水沙通量变化、渤海海动力以及近海水质条件,都会影响黄河三角洲湿地生态系统的稳定性。在一定意义上,黄河三角洲是反映黄河流域及邻近海域生态系统健康程度的晴雨表。

5.重要性

黄河三角洲湿地是全球新生河口湿地的典型代表,是世界范围内河口湿地生态系统形成、发育和演化的"天然记录器",保持了河口湿地生态系统的原真性、完整性、典型性。黄河三角洲湿地为各类生物提供了重要的栖息地与繁殖区。以鸟类为例,目前全球共有9大候鸟迁徙路线,黄河三角洲横跨东亚—澳大利西亚和环太平洋两条迁徙路线,是候鸟迁徙的咽喉要道。其中,东亚—澳大利西亚迁徙路线是鸟类最丰富、濒危物种最多、受威胁程度最高的迁徙路线。它跨越了22个国家,有250余种水鸟,数量超过5000

万只,其中28种鸟类被列入全球濒危物种。黄渤海是这条迁徙路线上最重要的区域,是迁飞路线上鸟类的重要中转站,黄河三角洲又是黄渤海的一颗"珍珠",每年超过200余种候鸟在此越冬、繁殖、停歇,种群数量超过600万只,38种水鸟种群数量超过全球或其迁徙路线种群总数的1%。黄河三角洲湿地的资源禀赋和生态功能具有全球性保护价值,已被列入国际重要湿地名录,并被列为中国黄(渤)海候鸟栖息地(二期)世界自然遗产提名地。

(四)黄河三角洲湿地生态系统保护历程

黄河三角洲湿地生态系统保护大致可分为四个阶段。

第一阶段,从1983年东营市成立到20世纪末。东营市提出"油洲加绿洲"的发展思路,在发展经济时不忘保护环境,尤其是划出新老黄河口保存完好的大片湿地建立国家级自然保护区,设置生态屏障,给生态资源"上锁",为黄河三角洲湿地生态系统保护打下了良好的基础。但这一时期,由于淡水资源严重不足,造成湿地大面积退化。

第二阶段,从21世纪初到2012年党的十八大之前。东营市贯彻可持续发展战略,提出"建设生态文明典范城市"等目标思路,对黄河三角洲湿地采取了一定的保护和修复措施。从2002年淡水供给有所改善后,逐步探索进行湿地修复,引黄河水入湿地,筑堤蓄水、冲盐压碱,同时利用堤坝防止海潮侵蚀,湿地保护修复取得明显成效。但区域内港口海堤建设、石油开采、海水养殖等高强度人类活动对湿地构成多重威胁,导致湿地面积缩减。

第三阶段,从2012年党的十八大到2019年。生态文明建设被列入国家"五位一体"总体布局后,东营市结合地域特色,聚焦湿地生态系统保护修复,进行了卓有成效的探索,尤其是"十三五"期间,加快了退耕还湿、退养还滩、退油还绿的步伐。从2016年开始,对位于自然保护区核心区、缓冲区内的胜利油田生产设施全部关停,制定退出及生态恢复规划。对位于自然保护区实验区内的油田生产设施进行生态环境影响评价,完善相关手续,制定生态环境综合整治方案,严禁擅自扩大规模和破坏生态环境。对其中已停产或废弃的油田生产设施全部进行拆除,并实施生态恢复,退出及生态恢复投入1.2亿元。

第四阶段,2019年习近平总书记在河南郑州主持召开黄河流域生态保护和高质量发展座谈会并发表重要讲话,黄河流域生态保护和高质量发展上升为国家战略以来,东营市推行的保护举措更加全面、更加系统、更加深入、更可持续。两年以来,国家规划纲要和全省规划中分别吸收了 58 项和 130 多项东营事项,东营获得国家重大事项支持 61 项,获扶持资金 16.37 亿元;获得省级层面重大事项支持 74 项,获扶持资金 39.45 亿元。这些事项的列入和重大项目的支持,大部分都与黄河三角洲湿地生态系统保护有关。2021 年 10 月 8 日,中共中央、国务院发布《黄河流域生态保护和高质量发展规划纲要》,搭建起黄河保护与治理的"四梁八柱",其中有 8 处明确提及黄河三角洲生态保护。10 月 20 日,习近平总书记亲临黄河入海口,对湿地保护提出新要求。这些部署给黄河三角洲湿地保护注入新能量,对湿地的重视程度达到前所未有的新高度。

二、黄河三角洲湿地保护修复的实践探索

对湿地的保护与修复是一项系统性工程,东营市在此方面进行了积极有效的探索。

(一)发挥规划引领作用

东营市先后编制了《黄河三角洲生态保护和高质量发展实施规划》《黄河三角洲生态保护和修复规划》《黄河三角洲生态补水规划》《东营湿地城市总体设计》以及《山东黄河三角洲国家级自然保护区总体规划(2013~2022 年)》《山东黄河三角洲国家级自然保护区详细规划(2014~2020 年)》《黄河三角洲自然保护区生态保护与修复专项规划》等规划方案,部分规划内容被纳入中共中央、国务院公布的《黄河流域生态保护和高质量发展规划纲要》、国家林草局负责编制的《黄河流域湿地保护与修复规划纲要》和《黄河三角洲湿地保护与修复专项规划》,有效指引了黄河三角洲湿地保护修复工作的实施。

(二)坚持系统观念

按照生态系统的整体性和内在规律,统筹考虑自然生态要素,兼顾地上与地下、陆地与海洋以及流域上下游各要素。把水、林、田、湖、草、湿地、盐碱地、海岸线、滩涂视为一个整体,进行整体保护、系统修复,实施河口治理、湿地修复、生态水系构建、海洋生态修复、有害生物综合治理等措施。推动构建以国家公园、沿黄生态带、沿海生态带和多条入海河流生态廊道为一体的"一园、两带、多廊道"生态保护大格局。

（三）进行科学保护与修复

坚持用生态的办法治理生态,因地制宜、循序渐进地保护和修复湿地。通过连通水系、生态补水、工程修复、生态治理、野生鸟类保护等举措,积极营造湿地内生态系统良性循环。通过协调湿地与经济、湿地与能源、湿地与河海、湿地与城市、湿地与文化的关系,稳定湿地生态系统大环境,构建良性大循环。仅 2020 年以来,就组织实施了湿地生态保护修复、互花米草治理等9 个生态修复项目,生态补水 3 亿多立方米,退耕还湿、退养还滩 7.25 万亩(即48.33 平方公里),修复各类湿地 15.9 万亩(即 106 平方公里),初步构建起河、陆、滩、海连通体系,巩固陆海统筹、河海共治格局。建设鸟类栖息繁殖岛36 个、鱼类栖息地 10 处、植物生态岛 29 个,使得生物多样性更加丰富。

（四）坚持科技支撑

与中国科学院等 30 余家国家级科研机构合作,成立 8 家野外监测和科研教学平台,建设黄河三角洲生态监测中心,联合开展湿地修复模式、外来有害物种防治等科研攻关,形成了 20 余项可复制推广的科研成果,为湿地生态保护修复提供技术支撑。互花米草的爆发式扩张,对黄河三角洲本土物种的生存构成很大威胁。2020 年,中国科学院黄河三角洲滨海湿地生态试验站通过生态围堰、机耕船旋耕等物理方法治理互花米草 3800 亩(即 2.53平方公里),成果被称"达到国际领先水平"。

（五）提供法治保障

东营市相继制定出台了《东营市湿地保护条例》《山东黄河三角洲国家级自然保护区条例》《东营市湿地城市建设条例》《东营市海岸带保护条例》《东营市重要湿地和一般湿地认定办法》等一系列法律法规。其中,《东营市湿地城市建设条例》作为全国首个湿地城市建设地方性法规,填补了国内立法空白。2019 年 11 月,在全国率先制定出台了《关于全面建立森林湿地长制的实施意见》,将湿地保护纳入林长制改革内容。《东营市黄河三角洲生态保护与修复条例》于 2022 年 1 月 1 日正式实施,为湿地保护与修复提供强有力的法治保障。

三、黄河三角洲湿地保护修复面临的问题

尽管黄河三角洲湿地保护工作卓有成效,但未来如何正确处理保护与

发展的关系,促进生态系统健康,提高生物多样性,还有很多挑战。

(一)水沙通量变化

近年来,在水利工程、水土保持措施、气候变化、取水用水等因素综合作用下,黄河水沙量呈减少趋势。黄河花园口断面实测数据显示,20世纪50年代、70年代和90年代,年均径流量分别为486亿立方米、382亿立方米和257亿立方米,2010年以来为287亿立方米;年均输沙量分别为15.61亿吨、12.36亿吨和6.83亿吨,2010年以来为0.62亿吨。水沙量的减少使得黄河三角洲整体由淤积向侵蚀方向发展,引发河口新生湿地蚀退、土壤盐碱化加速等问题,对河口三角洲生态系统发育、演替和鸟类栖息等造成影响。

(二)生态空间总体减少

多年遥感影像数据表明,受城镇扩张、围垦、养殖、海岸开发、园区建设等人类活动干扰,湿地面积有所减少。近20年来,黄河三角洲生态空间占比减少17.19个百分点,生产空间的布局由陆向海持续推进,尤其是北部沿海区域的生态空间,被生产空间分割成斑块状,破碎化指数持续走高。能源开发与生态保护之间也存在明显矛盾,历史遗留问题较多。以黄河三角洲国家级自然保护区为例,胜利油田探矿权与自然保护区重叠面积933平方公里,采矿权重叠面积577平方公里,其中核心区及缓冲区重叠面积8.8平方公里。保护区内还存有油井等生产设施2000余处,生态环境保护压力较大。

(三)生态补水稳定性不足,水系网络不健全

淡水资源是黄河三角洲湿地生态系统中最重要的生态要素,湿地健康演化的需水量有一定的阈值范围。最小生态需水量是湿地所需最低水量,一旦低于该水量,湿地将发生破碎、退化。适宜需水量可以满足湿地恢复并在一定程度上促进湿地正向演化。最大需水量是湿地生态功能得到充分发挥、植被多样性达到最满意的程度、动物种类和数量达到可以承载的最大丰富度时所需要的最佳水量,此时生态系统处于良好的稳定状态。东营是严重缺水城市,黄河是三角洲湿地最主要的客水来源,但有严格的用水指标限制,生态补水缺乏平衡和稳定性。过去几十年,湿地基本处于长期缺水状态,直至近几年,生态补水才明显增多,2020年黄河三角洲国家级自然保护区首次实现漫滩式补水。此外,湿地与黄河的联通性不足影响了生态补水

的效果,水系网络不健全使黄河淡水生态效益难以完全释放。主要原因在于:一是取水能力难以满足湿地保护修复要求;二是缺少有效的沉沙手段,引水渠堵塞、淤积情况严重;三是黄河现行入海流路单一,黄河主河槽、滩地和整个三角洲缺少连通。

(四)保护地管理体制机制尚不完善

目前,东营市虽已建立功能多样的各级各类自然保护地,但仍存在重叠设置、多头管理、边界不清、权责不明、保护与发展矛盾突出等问题,未达到一体化管理。湿地保护管理模式以"政府投入、行政干预"为主,社会融资、个人投入等渠道欠缺,因此,现有被纳入保护范围的湿地在管理方式、管理水平以及技术措施等方面尚需进一步提升。

(五)生态价值核算与研究不足

湿地是经济—生态—社会效益的综合体,在所有生态系统中生态价值最高。黄河三角洲湿地生态功能突出,有成陆造地、物种栖息地、蓄水调洪、净化水质、物质循环、储碳固碳、局部气候调节、物质生产等十余项生态系统服务功能。但是,由于相关的理论研究不足,对湿地的生态服务功能缺乏可量化和数据化的指标衡量体系,导致从政府到群众普遍关注湿地显性的物质生产价值,对其维持环境质量、影响环境容量的功能还缺乏足够的认知与肯定。这样的结果,一方面会影响社会公众对黄河三角洲湿地保护的自觉性和主动性,对从中央到地方围绕黄河流域生态保护和高质量发展国家战略推行的一些政策措施缺乏充分的理解;另一方面,也会对政府决策造成一定的影响。比如湿地生态系统有较强的储碳固碳功能,但目前东营市在此方面的研究刚刚起步,缺乏翔实、客观、全面的研究数据,难以为东营市"碳达峰、碳中和"相关决策提供有效参考。

四、黄河三角洲湿地保护修复的未来思考

全面贯彻落实习近平总书记在深入推动黄河流域生态保护和高质量发展座谈会上重要讲话精神和视察东营市重要指示要求,是当前和今后一个时期的重大政治任务。山东省尤其是东营市需要结合实际,全面落实习近平总书记关于"抓紧谋划创建黄河口国家公园""提高河口三角洲生物多样性"等重要指示要求,确保党中央决策部署落到实处,取得实效,将黄河三角

洲打造成中国特色社会主义新时代背景下生态文明建设成果的展示区,让黄河三角洲湿地成为全国乃至世界亮丽的生态名片。

(一)进一步加大湿地保护力度

一是构建现代化湿地保护管理体系。当前,黄河口国家公园已进入创建实施阶段,可以充分发挥国家公园的生态资源优势,实行最严格的环境保护制度,统领黄河口区域生态保护,承担维护国际生物多样性的重要湿地功能。依托黄河和滨海湿地分别打造沿黄生态带和沿海生态带,构建生态安全屏障。结合三级自然保护地及重要湿地保护要求,形成"一园""两带""多廊""多点"的湿地保护,建立"横向覆盖全面,纵向层级明确"的湿地保护管理体系,构建以黄河口国家公园为主体、多种湿地为补充的现代化湿地保护管理体系。二是秉持系统观念。黄河三角洲尤其是河口原生湿地,与河流、海洋形成相互影响、相互依存的"生命共同体",要坚持水、林、田、湖、草、湿地、盐碱地、海岸线、滩涂一体保护,系统修复、综合治理。三是坚持生态方法,开展湿地修复,采取近自然措施,增强湿地生态系统自然修复能力,用生态的办法治理生态、用自然的方法保护自然。四是实现生态补水保障。黄河三角洲湿地因水而生、因水而兴,并且因为水资源总量和地下水资源量极为短缺,高度仰赖黄河客水,需要各部门协同在生态补水方面作出系统规划,实现生态用水的平衡与稳定,以满足生物多样性需求。五是构建河—陆—滩—海连通体系。需要对黄河口湿地水文连通性进行整体评价,识别连通的不良区域和阻隔节点,确定水网连通优化路径。研究实施主河槽、滩地及整个三角洲横向连通机制,实现整个三角洲与黄河的大水系连通,保证湿地生态系统的良性维持,解决海水倒灌引起的陆域生态系统退化问题。六是生态空间、农业空间和城镇空间优化布局,划定并严守生态保护红线,实施湿地分区保护,在湿地范围内划定水产养殖禁养区、限养区和养殖区,严格控制新增水产养殖项目,禁止擅自扩大养殖规模,科学确定养殖密度。七是预估新的保护风险点。随着黄河流域生态系统出现的新变化,水沙关系进入历史上少见的"水少沙少"时期,给黄河三角洲带来的风险挑战和未知影响需要提前估算,制定预案,并采取有效措施及时缓解、补救。

(二)实施全方位生态修复

黄河三角洲地理位置和自然禀赋得天独厚,地处我国三个海洋与海岸生物多样性保护优先区域之一的黄渤海区,是海洋生物的重要种质资源库、环西太平洋和东亚—澳大利西亚两条鸟类迁徙路线上的"中转站",以及水生生物重要的产卵场、索饵场、越冬场和洄游通道,需要全面进行生态修复,保护生物多样性。一是加强河流沼泽湿地修复,建设湿地深水区、浅水区、鸟类繁殖区和生态岛,形成不同水深梯度的空间格局,提升湿地生态功能,提高湿地生境多样性。二是实施湿地微地形塑造,水文连通、生物连通调控,种子散播和移植,系统修复退化的盐地碱蓬、柽柳、海草床,实现一次修复、自然演替。三是持续改善和优化鸟类栖息地、繁殖地,形成丰富多样的鸟类生境,满足鸟类栖息、繁殖需求,提高鸟类的种类和种群数量。开展野生鸟类监测,提升高致病性禽流感等野生动物疫病监测预警水平。四是以保护野大豆、天然柳林等原生植物群落及其生境为目标,科学划定生态保育区,实行封闭管理,消除人为因素干扰。五是实施文蛤、蛏等原生物种增殖放流,恢复黄河口原生贝类,建设优质贝类原种场。六是建设半滑舌鳎、中国对虾、三疣梭子蟹、中华绒螯蟹等综合保育区,加快鱼虾蟹渔业资源修复。七是启动构建牡蛎礁生态岸线试验,减缓岸线侵蚀,改善近海水环境、促进海洋生物繁衍生息。

(三)做好"国家公园"文章

国家公园是"国家所有、全民共享、世代传承",创建黄河口国家公园需要树立超越地方和局部的"大系统"思维和全局观念,将黄河三角洲打造成为全球大江大河治理的标杆、新时代生态文明建设的高地、国际自然文化的珍贵遗产。黄河三角洲湿地保护可以以黄河口国家公园建设为突破口,理顺保护体制机制上的堵点、痛点,全面改善管理方式、提升管理水平和改善技术措施。一是建立统一高效的管理体制机制,明确各级政府及相关部门的权责划分,实现自然资源资产统一管理,制定资源保护、管控分区、科研监测、特许经营等管理制度,建立健全生态保护和资源管理监督机制。二是做到河海统筹,对海域湿地与陆域湿地进行统一规划、统筹治理和管理,促进两个系统的良性互动交流,形成健康的海、陆湿地复合生态系统。三是加强重点工程建设,实施珍稀濒危鸟类栖息地保护、贝类原种场保护恢复、湿地生态系统修复、外来有害物种防治等工程。四是处理好保护与发展的关系,科学合理地制定资源使用管理办法,妥善处理产业受限群众生产生活问题,尽可能消除矛盾隐患。五是推进候鸟栖息地世界自然遗产申遗工作,依据

《黄河流域生态保护和高质量发展规划纲要》"支持黄河三角洲湿地与重要鸟类栖息地、湿地联合申遗"要求以及第43届世界遗产大会决议要求,部署开展申遗工作,目前东营市已与辽宁、河北、天津、上海等省(市)的11个提名地协调联动,推进黄河口申报中国黄(渤)海候鸟栖息地(第二期)世界自然遗产工作。

(四)加快理论研究与应用步伐

一是开展湿地生态系统价值评估。黄河三角洲湿地生态系统显性物质生产价值仅占总价值很小的一部分,需要对生态产品价值进行全面、科学的评估,加深社会公众对湿地价值的认识与理解,提高生态保护意识,增强全民保护生态环境的自觉性。二是开展基础研究。整合各类野外观测站,开展系统性综合监测、调查,摸清自然资源家底。通过大数据分析,研究动植物资源种类、数量、分布等变化情况,制定有针对性的保护措施。加强湿地退化机制及恢复重建基础研究,厘清湿地演变规律与退化机制,探索攻关湿地生态修复关键技术。三是加快研究成果推广应用,启动一批创新、试点、示范项目,运用最新技术成果提升修复效果,并探索攻关以湿地微生境改造、互花米草防治、盐地碱蓬和海草床恢复为主要内容的黄河三角洲湿地综合恢复技术。

(五)以生态保护倒逼绿色发展

一是加强能源结构调整力度。能源既是黄河三角洲经济发展的血脉,也是生态治理的关键,更是实现"双碳"目标的题中应有之义,需要持之以恒地进行能源结构绿色调整,减少污染源和碳排放,继续开发碳捕集、利用与封存技术,构建以新能源为主体的新型电力系统。二是深入研究东营市湿地碳汇格局,摸清碳汇本底,通过湿地保护修复增加碳汇储量。三是把生态优势转化为产业优势。立足自身特色的创新之道,继续发挥沿黄、沿海、盐碱地三大特色优势,发展盐碱地生态农业,努力打造黄河流域生态农业的样板区;加快工业绿色化转型,把新材料、生物医药、新能源等优势高新技术产业作为新的优选项目;高标准发展生态旅游,推动高品质生态产品价值实现。

中共东营市委党校课题组负责人:毛金香

课题组成员:周新芳 张文凯 李彩月 李芳

筑起东平湖发挥更多战略性功能的新平台

黄河流域生态保护和高质量发展确立为重大国家战略,东平湖作为山东第二大淡水湖、黄河全流域唯一重要蓄滞洪区、山东黄河流域的关键部位,迎来了千载难逢的发展机遇。如何深入学习和贯彻落实好习近平生态文明思想,习近平总书记在郑州、济南座谈会上的重要讲话精神和一系列相关论述、指示、批示精神,借助融入国家战略之机,将东平湖区域打造成黄河流域绿色发展的样板区,发挥其更多战略性功能,已经成为迫切需要深入研究的重要理论和重大实践问题。

为此,中共泰安市委党校高度重视这一重大课题的研究,组织成立了由党校长期关注此类问题的科研骨干牵头和包括东平县、山东黄河河务局东平湖管理局等多家单位参加的联合调研组,通过广泛深入地收集资料、现场调查、听取汇报、座谈研讨等方式,全面了解涉及东平湖区域的地方和相关系统、部门、单位等在区域保护和发展方面的工作成效,查找分析影响整个区域生态保护和高质量发展的因素,并在综合各方意见、建议和要求的基础上进一步深入学习和研究,立足更高站位、着眼更大范围,持续跟踪研究,提出了一些新的综合性、战略性对策建议。

一、东平湖基本情况和保护与发展的主要工作成效

(一)东平湖概况

东平湖是历史上八百里水泊的唯一遗存水域。东平湖蓄滞洪区①是在自然存续水域的基础上于 1958 年开始建设的,位于黄河下游由宽河道转为窄河道的过渡段,是保证窄河段防洪安全的关键工程,总面积 626 平方公里,由大堤分隔为老湖区(也称"一级湖",为常年水面区,面积为 208 平方公里,设计防洪运用水位 44.72 米,蓄滞洪能力 12 亿立方米)、新湖区(也称"二级湖",面积 418 平方公里,设计防洪运用水位 43.72 米,蓄滞洪能力 24 亿立方米)两部分。东平湖蓄滞洪区大部分区域(62%)在东平县境内,其中常年保持水面的老湖区全部为东平县所辖。

东平湖承担着分滞黄河洪水和调蓄汶河洪水双重任务,2009 年被国家调整确定为黄河全流域唯一的"重要蓄滞洪区"(黄河流域另一蓄滞洪区为北金堤,但明确为"蓄滞洪保留区"),其任务是控制黄河艾山站下泄流量不超过 10000 立方米/秒,以确保济南、津浦铁路、胜利油田及其沿黄广大地区的防洪安全。东平湖水库兴建以来,新湖区除 1960 年试行蓄洪外没再运用。

---

① 蓄滞洪区是针对我国主要江河的洪水季节性强、峰高量大,而河道泄洪能力相对不足的现状,在安排修建水库、堤防和整治河道的同时,需利用沿江河两岸湖泊、洼地和部分农田作为临时的行洪、滞洪区域,以缓解水库、河道蓄泄不足的矛盾,并作为防御大洪水或特大洪水的重要措施。蓄滞洪区分为三类:重要蓄滞洪区、一般蓄滞洪区和蓄滞洪保留区。重要蓄滞洪区是指涉及省际防洪安全,保护的地区和设施极为重要,运用概率较高,由国务院、国家防汛抗旱总指挥部或流域防汛抗旱总指挥部调度的蓄滞洪区;一般蓄滞洪区是指保护局部地区,由流域防汛抗旱总指挥部或省级防汛抗旱指挥机构调度的蓄滞洪区;蓄滞洪保留区是指运用概率较低但暂时还不能取消的蓄滞洪区。参见《水利部负责人就〈国务院办公厅转发水利部等部门关于加强蓄滞洪区建设与管理若干意见的通知〉有关问题答中国政府网记者问》,2006 年 8 月 26 日,http://www.gov.cn/ztzl/2006-08/26/content_479498.htm。

东平湖还是国家南水北调东线工程①的最高位调蓄湖泊和供水枢纽地。从江苏扬州引来的长江水，经泵站逐级提水进入东平湖后分为两路：一路向北穿过黄河后自流到鲁北、河北和天津，另一路则向胶东地区供水。

东平湖现已成为京杭大运河已经通航的最北端和影响全线贯通的关键地段。根据《泰安港总体规划》，泰安港东平港区由银山、老湖、彭集三个作业区组成，京杭运河东平湖区段航道、大清河航道、八里湾船闸共同构筑起泰安港的全貌。2020 年 11 月，泰安港东平港区老湖作业区进入试运营阶段，首艘货船在此启航。

东平湖积水主要来源于大汶河。大汶河古称汶水，是黄河下游最大的支流，齐鲁名川之一，属季节性山洪河道，孕育了举世闻名的"大汶口文化"，被泰莱地区人民亲切地称为"母亲河"，汇源沂莱，承脉泰蒙，东源西流；过戴村坝，进东平湖，经黄河河道入海，干流河道长 239 公里，流域面积 9098 平方公里，以泰安大汶口和东平县戴村坝为上、中、下游的分界点。"川有都江堰，鲁有戴村坝"。戴村坝是中国水利史上的一个杰作，有"北方都江堰"之美誉，今虽已无济运功能，但仍具有固槽拦沙、缓流杀势的功能。

（二）东平湖区域生态保护和高质量发展取得阶段性成效

近年来，东平湖区域主要所在地泰安市、东平县在省委、省政府的正确领导下和黄河管理等系统的配合支持下，认真践行习近平生态文明思想，全面贯彻习近平总书记在深入推动黄河流域生态保护和高质量发展座谈会上的重要讲话精神，按照省委、省政府对东平湖保护、治理和发展的要求，聚焦东平湖，做大水文章，奋力推进东平湖区域生态保护和高质量发展，取得了阶段性成效。

---

① 南水北调东线工程即国家战略东线工程，是指从江苏扬州江都水利枢纽提水，途经江苏、山东、河北三省，向华北地区输送生产生活用水的国家级跨省界区域工程。东线工程利用京杭大运河以及与其平行的河道输水，连通洪泽湖、骆马湖、南四湖、东平湖，并作为调蓄水库，经泵站逐级提水进入东平湖后，分为两路：一路向北穿过黄河后自流到天津，另一路则向东经新辟的胶东地区输水干线接引黄济青渠道，向胶东地区供水。主要供水目标是解决调水线路沿线和胶东地区的城市及工业用水问题，改善淮北地区的农业供水条件，并在北方需要时提供生态和农业用水。工程分三期实施。第一期工程：主要向江苏和山东两省供水（一期北延应急供水工程已经向河北、天津供水）；第二期工程：供水范围扩大至河北、天津；第三期工程：增加北调水量，以满足供水范围内 2030 年水平国民经济发展对水的需求。如今，南水北调东线工程在山东实现了长江水、黄河水和当地水的联合调度，每年增加净供水量 13.53 亿立方米，供水范围覆盖 61 县（市、区）。

1.统一思想认识

泰安市在深入学习和充分调研的基础上确立了东平县"生态立县、绿色发展"战略。东平县委、县政府坚持不断提升广大党员干部对东平湖生态保护和高质量发展重要性的认识,把习近平生态文明思想作为县委和各部门、单位党委中心组学习的重要内容并纳入全县领导干部培训中深入学习研讨,邀请山东省委党校社会和生态文明教研部魏东教授对全县主要领导干部进行辅导。在强化理论武装的基础上,分期分批组织党员干部赴河北省雄安新区和浙江省淳安县、安吉县等地考察学习,学习白洋淀,对标千岛湖,将全县党员干部群众的思想和行动统一到"生态立县"战略上。

2.注重规划衔接

按照省委、省政府的要求,泰安市、东平县积极主动并全面配合高层次规划的制定工作,锚定"打造黄河流域生态建设先行区"目标,学习借鉴雄安新区、千岛湖发展理念和模式,委托中国城市规划设计研究院编制《东平湖生态保护和高质量发展专项规划(2020~2035年)》[①],与《泰安市城乡一体空间发展战略规划》相互衔接,对东平湖及其周边开发建设进行顶层设计,构建"山水湖城"协同一体的空间发展格局。

3.开展综合整治

为保护东平湖生态环境,确保东平湖水质常年稳定达标,泰安市推动东平县制定出台了一系列文件,并立足实际,针对环湖环境脏乱、违章建筑、乱开乱挖、乱栽乱种、侵蚀湖边等违法违规行为,开展了村庄搬迁、清障拆违、菹草清理等九大攻坚行动。以泰山区域山水林田湖草生态保护修复工程为统领,规划实施了总投资 32.29 亿元的 61 个东平湖生态项目,实施了沿湖 74 公里生态隔离带,建设了 27 公里环湖道路,对东平县的老湖、旧县、银山、戴庙等乡镇沿湖荒山进行全面绿化,完成荒山绿化 1.5 万亩(即 10 平方公里),采取削坡减载、清理危岩、砌垒挡墙、栽植草坪树木等方式,实施了沿湖矿山生态修复工程(涉及 5 个乡镇 20 个项目),修复废弃矿山 4.5 平方公里。

4.发展绿色产业

泰安市坚持绿色发展不动摇,依托东平湖生态资源优势,大力培植东平湖衍生产业:围绕"吃、住、玩"等要素,培育文旅产业,在泰安旅游整体布局

---

① 2021 年 3 月 29 日,《东平湖生态保护和高质量发展专项规划(2020~2035 年)》已经山东省人民政府批复,并由省自然资源厅印发实施。

上,规划建设王台"影视小镇"和老湖"旅游小镇",环湖科学布局"田园综合体",致力于把东平湖打造成旅游目的地和度假区;发展水产养殖,突出"湖内""湖外"两个区域,湖内加大增殖放流力度,强化人放天养、生态养殖;湖外积极探索大水面生态渔业发展模式,发展池塘养殖,特色种植、特色养殖;大力发展农产品深加工、湖产品加工以及环保节能劳动密集型产业,带动更多的群众增收致富;与兖矿集团①、山东海洋集团等合作,规划建设兖矿泰安港公铁水联运物流园、老湖作业区和银山作业区。目前,泰安港老湖作业区已通航,千吨级货船可通过港口直达江浙沪,彻底结束了有湖有河不通航的历史。

二、东平湖区生态保护和高质量发展面临的困境与问题

东平湖区生态保护和高质量发展工作虽然取得了初步成效,但在水生态保护、水环境改善、水灾害防控、水资源利用等各个方面,仍面临一系列急需解决的问题。

(一)湖区众多功能难以协调发挥

随着时间的推移,人们对东平湖的期待越来越高,其功能定位越来越多。但东平湖作为国务院批准的"以防洪为主"的蓄滞洪区的基本功能没有发生变化,且处于各类功能定位的首位。虽然有水利专家认为黄河下游已是世界上最安全的大河②,但东平湖蓄滞洪区分洪运用概率仅从 10 年一遇提升为 30 年一遇,东平湖蓄滞洪区仍是黄河下游分滞黄河超常洪水的关键工程,同时还要防御大汶河 20 年一遇洪水。因此,整个湖区所在的省、市、县各级党政组织和广大民众仍然经常处在既要全力防洪又要准备蓄洪的高度紧张状态,消耗了大量可用于推动其他方面发展的人力、物力、财力、精力和时间,严重制约和影响整个区域推进实现高质量发展的正常进程。作为黄河、大汶河的蓄滞洪区,东平湖又与周边民众的生产生活息息相关,且是常年调水的调蓄湖泊,还要求进一步将其建设成为实现高质量发展的示范区,

---

① 山东省委、省政府于 2020 年 7 月联合重组兖矿集团、山东能源集团,组建成立山东能源集团有限公司。

② 参见《水利专家:黄河宽河治理规划应该尽早重新修订》,2018 年 5 月 14 日,https://www.zhonghongwang.com/show-94-93314-1.html。

如果作为生态区域对其过度保护,必然使东平湖的各种功能相互冲突。同时,一旦蓄洪,原有湖区生态势必会受到严重冲击,前期生态保护和修复的所有投入及其成果会遭到严重折损。

另外,为了给蓄洪腾库容,东平湖常将大量湖水在汛前放走。近年来排出最多的一年是 2019 年的 7 亿多立方米。2021 年严重秋汛期间,本该承担黄河和大汶河汛水的东平湖老湖区,却在黄河水位很高的情况下,因自身存在更加严重的险情而被迫"调洪"6.17 亿立方米、"分洪"8.48 亿立方米入黄入南四湖,一方面是地方防洪压力大且持续时间长;另一方面既加重了黄河的汛情,又浪费了大量的水资源。

(二)南水北调工程双向影响湖区生态

南水北调工程是迄今世界上规模最大的跨流域调水工程,对我国社会经济发展和生态安全等具有积极作用。2020 年 8 月公布的中国科学院水生生物研究所最新研究显示,调水工程改善了我国北方受水区湖泊的缺水状态,潜在地提高了整体水环境质量,但加速了污染物在调水系统中的扩散,使受水区水体水质存在污染风险。同时,跨流域调水工程连通了原本彼此相对独立的湖泊,打破了原有的生物地理屏障。沿线湖泊鱼类的丰度和生物量存在从南部输水区湖泊向北部受水区湖泊降低的趋势,下游区湖泊间鱼类群落存在同质化现象;调水为外来河口性鱼类提供了在内陆湖泊中扩散的便利。

(三)保护区范围和用地定性不够合理

根据省自然保护地调查评估名录,东平湖流域内现有各级各类自然保护地 10 处(山东东平滨湖国家湿地公园、东平湖市级湿地自然保护区、山东腊山国家森林公园、东平腊山市级自然保护区、东平湖省级地质公园、东平湖省级风景名胜区、东平湖洪水调蓄省级生态功能保护区、东平湖日本沼虾国家级水产种质资源保护区、稻屯洼国家城市湿地公园、水利风景名胜区——戴村坝)。自然保护地类型过多,功能定位重复,划定范围普遍偏大,管理协商困难,且保护区内存有大量城镇建成区、村庄、耕地等,生态保护效果不佳。最大的问题是,自然保护区内不允许建设大型工业项目和永久性基础设施,制约了产业发展,影响了水利、交通、电力等公共基础设施建设。①比如,泰安至东平高速公路及兖矿泰安港公铁水联运物流园项目现仍无法办理相关手续。

(四)生态治理和发展建设资金短缺

东平湖所在地东平县曾是全省 20 个扶贫工作重点县之一,工业基础薄弱,经济欠发达,县乡治理任务繁重,财力严重不足,与生态环保资金需求的矛盾凸显。泰山山水林田湖草项目中,上级下达到东平湖区域的财政专项补助资金只有 4.3 亿元,而为确保项目顺利推进,泰安市和东平县多渠道筹措资金,各施工单位也已垫付资金 5 亿元,但仍存在很大缺口,后续项目施工所需资金保障压力持续增大。据统计,为保证清水北送东输,仅清理东平湖菹草一项就需要年投入 1500 余万元,加上其他方面的污染防治,地方财力已经难以承担。

(五)湖区产业比较薄弱

区域内的农业结构优化不足,农产品产量大但优质产品少、精品更少,大而不强;农产品精深加工产业链不长,附加值不高,农业综合效益不高,竞争力不强;农业品牌建设相对滞后,缺少"阳澄湖大闸蟹"、千岛湖"淳"牌有机鱼这样的知名品牌,优势主导养殖品种不突出,市场竞争力弱小。

(六)管理体制机制难以理顺

东平湖区域管理涉及层级高、部门多,体制机制运行中面临诸多难题。作为蓄滞洪区的东平湖水库,共涉及泰安、济宁两市的东平县 11 个、梁山县 8 个、汶上县 1 个共 20 个乡镇街道的 300 多个村庄。分属不同层级和领域的环保、水利、黄河管理、调水、旅游、资源规划、农林、水产渔业的职能履行难以协调配合。注入东平湖的大汶河是黄河下游最重要的支流,流经济南、

---

① 《中华人民共和国自然保护区条例》:第十八条 自然保护区可以分为核心区、缓冲区和实验区。自然保护区内保存完好的天然状态的生态系统以及珍稀、濒危动植物的集中分布地,应当划为核心区,禁止任何单位和个人进入;除依照本条例第二十七条的规定经批准外,也不允许进入从事科学研究活动。核心区外围可以划定一定面积的缓冲区,只准进入从事科学研究观测活动。缓冲区外围划为实验区,可以进入从事科学试验、教学实习、参观考察、旅游以及驯化、繁殖珍稀、濒危野生动植物等活动。原批准建立自然保护区的人民政府认为必要时,可以在自然保护区的外围划定一定面积的外围保护地带。第二十六条 禁止在自然保护区内进行砍伐、放牧、狩猎、捕捞、采药、开垦、烧荒、开矿、采石、挖沙等活动;但是,法律、行政法规另有规定的除外。

淄博、泰安、济宁四市 10 个县(市、区),下游的水资源管理和监督职责属于黄河流域部门,在工程建设、蓄水调水、防汛避险、管理维护等方面需要跨多部门、多市县协商,管理上相互"掣肘"。特别是由于东平湖水资源管理权属于水利部黄河水利委员会,山东省、泰安市和东平县"守护有责、取用无权",造成了严重的责权错位、责益失衡问题。

三、加快东平湖区生态保护和高质量发展的对策建议

为贯彻落实好国家发展战略和省委、省政府的要求,各级党委、政府和相关系统、部门与科研机构都提出了很好的意见和建议,例如规划先行、生态补偿、调整红线、清淤扩容、文化传承、旅游康养、特色景观、依法治理等。在这些建议和要求的基础上,要践行好习近平生态文明思想和习近平总书记关于黄河国家战略的一系列重要讲话、指示、批示精神,全面贯彻落实好黄河国家战略与省委、省政府及主要领导的一系列要求,把东平湖区域打造成绿色发展先行区、示范区,必须以更宽的眼界、更高的站位、更深的考量进行更远的战略谋划。困境的突破与走出,既要有思路战略的更换,又要有体制机制的跟进,还要有政策措施的配套。要通过搭建综合性发展平台,实施一系列水利建设、生态保护、现代农渔、文旅康养等重大工程项目,并通过科学保护与治理和综合运用与利用,使东平湖区域成为黄河安澜的"王牌"、生态文明的示范、绿色发展的典范,有效破解现实中防洪蓄洪高安全保障、生态环境高水平保护与经济社会高质量发展难以协同推进的困境。

(一)强化思想引领,厘清工作思路

习近平生态文明思想和习近平总书记关于黄河流域生态保护和高质量发展的一系列重要论述和指示精神,为我们做好相关研究、工作和推进事业指明了方向。特别是习近平总书记 2021 年 10 月 22 日在济南主持召开深入推动黄河流域生态保护和高质量发展座谈会并发表重要讲话,具有非常强的战略性和针对性,更是我们做好东平湖区域生态保护和高质量发展必须认真贯彻和抓紧落实的根本遵循。

习近平总书记在考察东营黄河入海口时强调:"要强化综合性防洪减灾体系建设,加强水生态空间管控,提升水旱灾害应急处置能力,确保黄河沿

岸安全。"①习近平总书记在深入推动黄河流域生态保护和高质量发展座谈会上强调:"要统筹发展和安全两件大事,提高风险防范和应对能力。""要高度重视全球气候变化的复杂深刻影响,从安全角度积极应对,全面提高灾害防控水平,守护人民生命安全。""要把握好当前和长远的关系,放眼长远认真研究,克服急功近利、急于求成的思想。""要立足防大汛、抗大灾,针对防汛救灾暴露出的薄弱环节,迅速查漏补缺,补好灾害预警监测短板,补好防灾基础设施短板。"②

为此,我们应紧紧抓住国家实施黄河流域生态保护和高质量发展战略的大好时机,努力遵循在构建新发展格局中善于运用改革思维和改革办法的要求,更加注重统筹各项目标任务和政策措施的系统性、整体性、协同性,切实将生态保护和高质量发展融为一体,在保护中治理、在治理中保护,在保护治理中求发展、在高质量发展中促进保护治理,努力使东平湖区域在"推动黄河流域生态保护和高质量发展上走在前"。

(二)实施扩水战略,调优功能定位

习近平总书记在郑州座谈会上强调,洪水风险依然是流域的最大威胁。尽管黄河多年没出大的问题,但黄河水害隐患还像一把利剑悬在头上,丝毫不能放松警惕。另据郑州 2021 年 7 月特大暴雨后《中国新闻周刊》报道,中科院大气物理研究所研究员高守亭分析说,与过去 20 年相比,华北降水已经出现慢慢回升的趋势,今后会越来越多。北京师范大学地理科学学部张强教授也指出:"1950 年以来,我国气候总体维持'北旱南涝'的时空格局,但存在由'北旱南涝'向'北涝南旱'系统转变的可能。"③

因此,作为唯一重要蓄滞洪区的东平湖必须继续把确保黄河下游长久安澜当成第一位功能来要求。同时,根据山东作为全国经济强省发展目标

---

① 《情满黄河心系海岱——习近平总书记在山东考察回访记》,2021 年 10 月 23 日,http://sd.people.com.cn/n2/2021/1023/c166192-34970493.html。

② 《习近平在深入推动黄河流域生态保护和高质量发展座谈会上强调 咬定目标脚踏实地埋头苦干久久为功 为黄河永远造福中华民族而不懈奋斗 韩正出席并讲话》,2021 年 10 月 22 日,http://www.news.cn/politics/2021-10/22/c_1127986188.htm。

③ 张强:《我国水治理现状分析、规律认识及对策建议》,《国家治理》2021 年第 37 期。

和水资源严重缺乏的基本省情①，无论从加大生态保护力度、集约节约利用水资源、加快新旧动能转换和高质量发展方面来讲，还是从科学推进城乡融合发展、提升沿黄沿湖民众获得感安全感和幸福感、实现共同富裕方面来看，即从生态与发展、城市化与现代化、消除贫困与共同富裕等各方面考虑，山东都宜将整个东平湖蓄滞洪区和邻湖具有蓄滞大汶河洪水功能的大型湿地稻屯洼，作为一个水利、生态、绿色产业融合发展的特殊区域，通过大规模的扩建、强化水利设施，达到功能的调整、优化和进一步提升。通过大力扶持、稳妥推进城市化进程，使区域内受蓄滞洪水威胁的村镇、居民自觉自愿、稳定有序地全部迁出，将整个蓄滞洪区全面改造成高效连片的水域、湿地、水田或水绕区域。由此可变被动蓄洪为一定程度的主动纳洪，把库区的蓄洪损害降到最低，从容地大量地接纳黄河与大汶河的汛期之水，变大害为大利。同时，减少汛前腾库容量。再发生像2021年黄汶同时大水的严重秋汛，甚至南四湖汛情同时紧急而无法南排的更严重的问题时，也能有效"揽水"而大幅降低防汛抢险的紧张程度，同时，将会一定程度地缓解山东省水资源严重短缺问题。

在小农经济为主、城镇化停滞、资源利用单一的时代，大规模移民特别困难且极易反复。而在当前市场经济的海洋、城市化水平和农业现代化水平迅速提升、重视生态文明和资源能够进行综合利用的时代，大规模移民变得比较顺利，即快速的市场化、城市化进程自然性地迅速化解了移民难题。相信只要我们政策得当、工作到位，采取切实有效的鼓励措施，必定会相对容易地让空心化、老龄化比较严重的湖区、滩区民众数量只减不增，加快离开蓄滞洪区，自愿、满意地搬迁到无洪水威胁的乡镇、城市安居乐业或颐养天年。

实施东平湖蓄滞洪区扩大战略，调升功能定位，更加有利于确保黄河下游的安澜，更加有利于湖区生态保护和特色产业发展，更加有利于山东的长

---

① 2016年9月19日，山东省政府新闻办在召开的新闻发布会上介绍，山东节水水平已在全国领先，但水资源总量严重不足。全省人均水资源占有量仅315立方米，属于联合国确定的人均占有量小于500立方米的严重缺水地区，全省多年平均当地水资源总量仅占全国水资源总量的1.1%，人均水资源占有量为全国人均占有量的1/6，在全国省级排名倒数第3位。水资源短缺问题依然是山东经济社会健康发展的最大瓶颈。除了水资源短缺外，水资源分布也十分不均，地下水资源地区分布差异也很大。年际年内变化剧烈，丰水年、枯水年交替变化，连丰、连枯是山东水资源年际变化的主要特征。对调水依赖程度高，外调水量占全省当地水资源可利用量的41.4%。参见王宗阳：《山东节水水平全国领先 但人均水资源占有量不足1/6》，2016年9月19日，http://www.dzwww.com/shandong/sdnews/201609/t20160919_14925378.htm。

远发展,这是东平湖今后作为新的国家重大水利工程的重要支撑,也是实施好黄河国家战略和山东省《东平湖生态保护和高质量发展专项规划(2020~2035年)》的重要途径。

(三)贯通六大水系,实现资源互补

作为黄河流域内唯一的重要蓄滞洪区和季节性很强的大汶河的汇入地,为了防洪安全,东平湖的水位常是人为干预的结果,十分不利于其生态维系、安全保护和经济发展。所以,稳定东平湖水位就成了基础性举措。为此,建议全面打通湖域各个水系,使东平湖及附近区域内的黄河、南水北调的长江和南四(微山)湖、大汶河、稻屯洼有效贯通,使湖、河、江、微、汶、洼的"六水"实现有机相连。同时,充分运用大数据等各种科学手段全面调控各相关流域,及时以黄补湖、以江济湖、以汶充湖、以洼保湖,既确保东平湖的生态水位,又实现各方的资源互补,可有效化解功能定位中的冲突因素,为整个区域的生态保护与经济社会发展奠定良好的基础。同时,在对防洪工程全面除险加固的基础上,全面提升完善整个湖区的进水、补水、蓄水、净水、退水、排水系统,通过扩围、增高、清淤来提高水位、增加水深、扩大水面,从而大幅度提高整个区域的蓄水量,及早做好应对渐涝趋势和极端气候变化的基础性准备工作。

(四)改延傍湖渠道,兼顾保护利用

习近平总书记在郑州座谈会上指出,黄河生态系统是一个有机整体,要充分考虑上中下游的差异。[①] 东平湖作为黄河下游的淡水湖泊和重要湿地,在维系区域生态环境和生物多样性方面具有重要作用。在高度重视并跟踪研究南水北调工程来水对湖区生物品种严重影响的同时,从原有生态更好维系与保护的角度,建议省政府提请国家相关部门在南水北调工程上采取进一步完善措施,结合京杭大运河的全线贯通项目,宜将现有的南水北调渠由直接进入东平湖改建为可以相互贯通的傍湖渠道(利用现有的梁济运河,其北端连接到穿黄隧道仅仅约20公里),使南水与湖水必要时相通、正常时隔离。这样既可以发挥东平湖的调蓄、航运功能,又能减轻南水的生物生态影响,还能使东平湖具有相对独立性和运用上的灵活性,可以采取更加有效

---

① 参见《习近平在黄河流域生态保护和高质量发展座谈会上的讲话》,2019年10月15日,http://www.gov.cn/xinwen/2019-10/15/content_5440023.htm。

的举措来提升功能。例如,通过培高加固堤防、清淤扩容,进一步提高蓄水滞洪能力;通过吹填造岛,进一步改善优化生态环境,提高生物多样性,更加有利于生态渔业和文旅康养业的发展。

另外,南水北调改道也有利于水质的保持,避免水草腐烂和蓄滞洪水影响调水水质或加大湖水保持和清理负担,十分有利于全天候供水、调水,减少汛前腾容放水。

从生态保护方面来说,必须将东平湖区域的生态保护范围、强度、等级的确定,与其承担的蓄滞洪区第一功能和调水调蓄常年功能、生物多样性及其珍稀程度、区域经济社会高质量发展项目的条件与要求协调起来,既不能弱化、轻视,也不能过度、加重。

鉴于南水北调工程的实施和整个湖区生态保护力度的不断加大,东平湖水质改善后的利用应该更加科学与充分。为此,要按照产业生态化、生态产业化的要求,努力发展现代生态渔业,将东平湖打造成北方高品质淡水产品的重要生产和加工基地。

(五)设立综合试验区,统筹协调大治理

为了管好、用好、发展好东平湖,多年来,各级党委、政府一直高度重视东平湖的管理、使用和发展,不断根据形势需要,持续采取各种区划调整、机构设置、重构等一系列改革举措,取得了显著的成效。但鉴于东平湖功能的调升、作用的巨大和面临众多困难和复杂问题的当下,现有的管理体制机制已经显示出政出多门、各自为战、任务冲突、管控不力、财力分散、信息孤岛、协调困难的局面,已经难以实现整个区域的生态保护和高质量发展互动促进的目标。东平湖的问题及其利用与发展的独特性、综合性、长期性和复杂性决定了构建试验区平台的必要性、高端性、紧迫性和重要性。为此,根据习近平总书记在郑州座谈会上"着力创新体制机制""完善跨区域管理协调机制"的要求和《黄河流域生态保护和高质量发展规划纲要》《山东省黄河流域生态保护和高质量发展实施规划》与省委、省政府主要领导的相关讲话精神,建议成立国家级东平湖防洪安全、资源利用、生态保护、文化传承与高质量发展综合试验区。

试验区可分主体区和扩展区两部分。主体区为《东平湖生态保护和高质量发展专项规划(2020~2035年)》涉及的围绕老湖的区域,扩展区为主体区之外的东平县其他乡镇街和整个蓄滞洪区所涉及的梁山县全境和汶上县

的相关乡镇。从省级层面加强整体性管理、协调战略性行动来看,最有力的是进行相应的区划调整,将济宁市的梁山县划归泰安市所辖。这样既可以着力解决突出问题从而重点推进,又能着眼长远发展、协调行动。试验区组织形成的协调机构,可以跳出部门、系统、区域和短期利益的局限,站在全局、长远和战略高度进行科学谋划,营造出体制机制优势,协调实施蓄滞洪区、战略水源地、南水北调等长期受益区向东平湖区域进行安全性、生态性和限建性的长期综合补偿,以水利设施建设提升和完善、生态修复保护监测、湖心岛扩建与综合开发、调水改道与完善、高效现代农渔基地建设、航运功能配套提升、京杭大运河穿黄贯通、康养文旅名地综合体建设、库区移民迁安等工程项目为抓手,以更加得力的有效举措实施更高发展要求,发挥制度创新和政策集成效应,及时化解突出难题,大力强化协同配合,真正变绿水青山为金山银山,探索出一条在众多功能约束要求下的大保护、大治理和高质量大发展互动促进的新路子,切实做好黄河流域中东平湖防洪安全、资源利用、生态保护、文化传承和绿色发展这篇水的大文章,打造出黄河流域的一颗让人民更加幸福安康的明珠。

中共泰安市委党校课题组负责人:牛兰春
课题组成员:张建勇　崔伟华　刘洋

淄博市高青县黄河流域生态保护和治理调研报告

为贯彻落实习近平总书记在深入推动黄河流域生态保护和高质量发展座谈会上的重要讲话精神,扎实推动我省黄河流域生态保护和高质量发展,我们对淄博市高青县黄河流域生态保护和治理进行了专题调研,对一些好的做法和经验进行了总结。同时,坚持问题导向,围绕湿地保护修复、绿色生态廊道建设及环境污染综合治理等进行了认真调查研究,为推进黄河流域生态保护和治理提出合理化对策建议。

一、淄博市高青县基本情况和比较优势

高青县地处淄博市北部,西面、北面靠黄河,南邻小清河,面积 831 平方公里,人口 37 万,辖 7 个镇、2 个街道、1 个省级经济开发区和 1 个省级化工产业园,有 309 个行政村,是淄博市唯一纳入黄三角高效生态经济区的区县。2020 年全县实现地区生产总值 181.5 亿元,实现一般公共预算收入 15.4 亿元。

第一,区位优势。地处黄河三角洲腹地,是济南省会都市圈、山东半岛城市群和环渤海经济带的重要节点,是淄博市融入黄河流域生态保护和高质量发展的重要组成部分,该河段是黄河流入黄河三角洲前的重要河段。

第二,水资源优势。黄河过境 47 公里,小清河过境 42.8 公里,拥有黄河带来的水资源、湿地资源优势,多年平均降水量 563.6 毫米,水资源量 14700 万立方米,地表水天然径流量 5318.6 万立方米,高青县引黄用水指标 17000 万立方米/年,有一座引黄调蓄水库——大芦湖水库,总库容 3028 万立方米。黄河水资源不但为工农发展提供了充足的水资源保障,也为文旅业发展提

供了有利条件。

第三,自然资源丰富。境内拥有较丰富的石油、天然气、温泉地热等自然资源,是胜利油田采油区的组成部分。高青县境内地热资源丰富,三分之一面积探明存储地热资源,且出水量大、温度高,温泉中锶元素浓度达到国家级"锶水"标准,属于海洋性碳酸质富锶温泉,2016 年 5 月被正式命名为"中国温泉之城"。

第四,生态环境良好。三面环水,气候温和,生态优良,林地面积 6 万亩,城市森林覆盖率达 45%,万亩湿地公园"天鹅湖湿地慢城"被认定为黄河流域第一个国际慢城,拥有百里黄河绿色长廊,是国家园林县城、全国绿化模范县、国家卫生县城。

第五,人文历史悠久。高青县是早期齐文化的发祥地,境内有衮龙桥、扳倒井、文昌阁等历史人文遗迹,陈庄西周古城遗址被列入 2009 年中国十大考古新发现,沿黄河岸的以早齐文化为代表的文旅产业呈现良好发展势头。

第六,产业特色鲜明。地处北纬 37 度黄金纬度线,有 19 件国家地理标志商标认证农产品,以高青黑牛、高青大米、高青西瓜等为代表的"五彩农业"远近闻名,高青黑牛肉被选为 G20 杭州峰会、上海合作组织青岛峰会国宴食材,高青县被评为"中国黑牛城"。

二、高青县黄河流域生态保护和治理主要做法及成效

高青县按照山东省推进黄河流域生态保护和高质量发展战略部署要求,坚持生态优先,因地制宜,积极开展黄河流域生态保护和治理工作。

(一)做好黄河湿地生态保护修复

高青县湿地资源丰富,境内河流主要有黄河、小清河、支脉河、北支新河。第三次全国国土调查数据显示,高青县境内河流水面面积 9.69 平方公里,坑塘水面面积 14.14 平方公里,水库水面面积 4.54 平方公里,内陆滩涂面积 0.20 平方公里。全县共有 2 个自然保护地,天鹅湖湿地和千乘湖湿地均为省级湿地公园,总面积 3.89 平方公里。下面以高青天鹅湖湿地为例,总结高青在黄河湿地修复保护方面的主要做法。

天鹅湖湿地位于高青县北部,面积 2.40 平方公里,原为灌区引水沉沙池,由于常年引水,湿地淤积严重,清淤沙土大量堆积极易形成扬尘,给周边环境带来很大影响。为做好黄河流域湿地修复保护工作,高青县坚持"保护

与开发并重"的发展理念,以保护湿地原风貌和景观资源为前提,2017 年以来启动了规划面积 12 平方公里的天鹅湖湿地慢城项目,引进两家企业参与湿地的修复和开发。

首先,加大生态修复,打造湿地修复样板。一是围绕湿地慢城建设,全面推进植被修复、土壤修复、水土保持、防沙治沙与扬尘治理工作。在原来荒芜的土地上造林绿化,工程固沙。由原来的土地裸露,无任何绿化,如今完成绿化 200 万平方米;由原来的无任何乔木,现在拥有银杏、美国红松等树木 100 余种 30000 多株;由原来的绿化率几乎为 0,现在绿化率 85%以上,每立方厘米的负氧离子含量常年达 10000 个以上,成为天然氧吧。二是涵养水源,保护环境。以纯生态、近自然的建设宗旨保留湿地自然形态,两年的时间,河道疏浚治理 3000 米,恢复湿地 2.67 平方公里,常态保持核心区水面面积近 6.67 平方公里,水质全部达到Ⅲ类水质标准。三是保护生物多样性,出现百鸟栖息景象。良好的生态环境给鸟类提供了栖息和生存空间,由原来的无鸟影、无鸟鸣,转变为现在百鸟飞翔,有震旦鸦雀、天鹅、中华秋沙鸭等 100 多种鸟类驻足,是黄河之畔鸟类最丰富的湿地之一,展现着人与生物和谐相处的动人画面。四是景观规划,突出黄河文化。在湿地慢城中心位置,建设了以黄河文化为主,融合本土早齐文化的田横文化、农耕文化的漫修堂、风情慢岛、非遗展厅、荷园书屋等,给湿地慢城注入文化的灵魂。天鹅湖国际慢城景区实现了对黄河外滩盐碱涝洼湿地的生态修复,已成为整合黄河湿地、温泉、民俗等资源打造的一处集生态宜居、观光旅游、休闲度假、研学科普、康体养生等于一体的综合文化旅游产业园区。2019 年 6 月 22 日,被国际慢城联盟认定为黄河流域的第一座国际慢城,被纳入"全省黄河文化遗产系统保护工程"。

其次,净化美化环境,构建黄河观光带。针对湿地旅游发展的需要及安澜湾区域的脏乱无序现状,高青县强化"有解思维",积极与各级河务部门对接,将防洪、生态、景观有机结合,科学施工,以环境整治、美化绿化景观化为目标,坚持修复与保护为先,在不破坏任何防汛功能的前提下,修复植被面积 0.2 平方公里,绿化面积 20 多万平方米,通过在淤背区构建生态停车场等方式加固堤坝 3000 多米,安装高标准、高质量弧形护栏 5000 多米,标志牌 200 多块,成立专门的管理服务队伍,保证引水区水质达到地表水Ⅲ类水标准。同时建设沿河公园,建成五大休闲广场的带状观光体系,实现了险工区与景区文化传承载体的结合。通过加强源头环境治理,把脏乱差的黄河险工区建设成为安澜湾景区,此处已成为吸引省内外游客前来参观游览、欣赏黄河风景的打卡地。

最后,实施产业带动,助力乡村振兴。良好的生态成为高青最耀眼的名片,湿地慢城项目带动了周边综合发展。一是实现区域辐射效应,形成了以慢城为中心的乡村旅游集聚区。该集聚区充分利用湿地慢城的影响力,刘春、沙李、前胡、后胡等10余个村庄按照"一村一品""一园一业"格局,各自打造了独特水城乡村风光,整体上形成了以"湿地绿心乡村聚落—主题农庄—特色民宿"为特色的乡村旅游集聚区。二是实现全域旅游带动效应。湿地慢城成为高青旅游的龙头品牌,带动了刘春黄河鱼馆街、龙虾小镇、黑牛小镇、得益农牧观光小镇等一批特色产业龙头。吸引了大芦湖、山东溪悦等文化旅游公司和农户开办农家乐等产业实体,助力了乡村振兴。以湿地慢城为主导旅游产品,打造了"慢城温泉湿地康养游""慢城—黄河观光休闲游""慢城陈庄西周遗址研学游""慢城—蓑衣樊—田园现代农业乡村体验游"等精品线路,还融入了黄河号子、黄河大鼓、快板等民间艺术,草编、核雕、剪纸、糖人等民俗技艺。多样的文化资源成为文旅产业的活水源泉,激活了全域旅游市场,高青县文化和旅游局获得2019年度"全省文化旅游系统先进集体"荣誉称号。三是实现了乡村振兴效应。湿地慢城及周边沿黄河贫困村由原来的"圣人不到处"转变为"今日万众来",人流带来了信息流和财富流,促进了群众解放思想,促进了特色农产品向旅游商品的转化,为广大沿黄群众拓宽了增收渠道。例如,围绕湿地慢城,刘春村形成了鱼馆一条街,郑家村制作了桑葚酒、桑葚茶特色旅游产品,道堂李村建起了清水龙虾小镇,菜园村建设了火龙果特色采摘基地等。湿地慢城及周边乡村每年可接待游客150万人次,带动5000余人就业,人均增收过万元。原有的周边6个省定贫困村蓑衣樊、刘春村等全部成功脱贫,成了远近闻名的旅游明星村。全县从事旅游的农家乐业户达到700多户,整建制发展乡村旅游的村庄达到5个,拥有省级农业旅游示范点9个、省级旅游特色村9个、省级乡村旅游"开心农场"16家、省级精品采摘园14家。

(二)建设黄河绿色生态长廊

一是建设黄河淤背区百里绿色长廊。黄河河道高青段长47公里,堤防46.92公里,现有的淤背区土地面积4.06平方公里,通过栽植杨树、国槐、桑树、栾树、丝棉木法桐、红枫、皂角、果树等树种,总计约50万株,已成为集富民兴县、观光旅游于一体的休闲景观经济林带。同时,实施沿黄道路绿化,全县高速公路、省道等道路宜林地绿化率达到95%以上,其他道路达到90%以上。目前,区域内林木种质33科58属78种树种,其中裸子植物3科5属8种、被子植物30科53属70种。绵延的黄河从西到东守护着高青大地,沿黄两段大堤建成浓密的防护林带,形成了百里绿色长廊。

二是保护生物多样性。在积极打造黄河生态长廊的同时,高青县积极保护沿河生物种类多样性。北部沿黄一线为湿地,因地制宜,打造鱼米之乡;南部土色金黄,有"金岭"之称,盛产粮食;中部土色泛白,号称"银岭",盛产棉花;大芦湖是全省最大的淡水湖之一,是引黄济淄工程的重要水源地,水质清澈无污染,湖区周边盛产鱼虾、蒲苇和莲藕。据统计,目前辖区内有野生动物415种,包括无脊椎动物222种,脊椎动物5纲28目61科193种。更有有"鸟中熊猫"之称的震旦鸦雀,有国家二级保护野生动物15种,山东省重点保护野生动物24种。

三是推进滩区生态修复。高青县针对4.69平方公里黄河内陆滩涂实施了土地整理,实行田、水、路、林等综合开发整治,提高了土地质量,改善了滩区农业生产条件和生态环境。积极开展黄河滩区脱贫迁建工程,全县涉及3个镇17个村,共1443户5275人,全部采用外迁方式进行安置,共建设3处外迁安置社区,总投资6.67亿元,建设住宅楼55栋1848套。工程完成后高青县将实现黄河滩内无常住人口居住,通过实施旧村址复垦极大地改善了黄河滩区生态环境,建成的安澜湾景区成为全国黄河流域险工区唯一一个国家AAA级旅游景区。

(三)加强生态环境治理

为实现黄河流域生态的整体性改变,高青县对区域环境进行了整体性治理,实现了空气、水、土壤等资源质量的明显提升。

1.加强污水处理能力

高青县建有污水处理厂2家,分别为淄博绿环水务有限公司和淄博南岳水务有限公司。淄博绿环水务有限公司每天处理8万吨,2020年度每天处理4.5万吨,出水水质稳定达到《城镇污水处理厂污染物排放标准》(GB18918—2002)一级A类排放标准。淄博南岳水务有限公司每天处理2万吨,2020年每天处理0.45万吨,出水水质稳定达到《城镇污水处理厂污染物排放标准》(GB18918—2002)一级A类排放标准。高青县现有污水收集管网的长度为44.635公里,城市污水管网的收集率为97.83%,2020年度完成新建或改建的污水处理管网的长度为7.2公里,水减排化学需氧量(COD)228.66吨/年、氨氮25.08吨/年。高青县全面落实河长制湖长制,骨干河道清违清障工作实现全面"清零"。开展化工聚集区和企业周边地下水监测整治,7家排水量较大的企业在厂区排口处安装了在线监控设施,主要河流断面水质达到Ⅲ类水标准。深入开展固废、危废和废弃坑塘排查整治,养殖废弃物及病死畜禽无害化处理中心建成投用,畜禽养殖污染综合治理和疫病防控成效明显。

2.加大空气污染防治

全县重点排污单位共36家,其中涉及大气14家、水18家、土壤7家、其他类2家。涉气重点排污单位涉及火电、陶瓷、化工、肥料制造行业,废气主要污染物为SO_2、NO_x、VOCs、颗粒物等。近年来,高青县以生态环保督察及"回头看"反馈问题整改为契机,深入开展扬尘污染防治等专项行动,对重点区域实施"点穴式"精准治理。分别通过脱销、脱硫、除尘及冷凝、吸附等末端治理设施处理后达标排放。2020年度减排SO_2 726.816吨、NO_x 340.133吨。连续三年超额完成了上级下达的总量减排任务。

(四)促进生态农业发展

高青县地处北纬37°黄金纬度线,境内地势平坦,土壤肥沃,耕地面积78.5万亩,建有2处引黄闸口,水资源丰富,被认定为国家农业综合标准化示范县、山东省出口农产品质量安全示范区,是一个正在推进生态农业的大县。全县高标准农田面积达到60.53万亩,占耕地总面积的77.1%,测土配方施肥技术应用面积达到90%以上,良种覆盖率100%,全县秸秆还田面积占80%以上,秸秆综合利用率达93%。区域内主要以种植粮食作物、蔬菜、经济作物和林业资源为主。

1.大力发展绿色农业

高青县以山东黑牛、奶牛养殖为重点,大力发展饲草型畜牧业,着力构建"秸秆养牛—过腹还田"的循环模式,加快推动农业绿色标准化基地建设,建成瓜、菜、菌绿色标准化生产基地133个。落实农业"一控两减三基本"行动计划,实施粮食绿色高质高效创建项目,实施测土配方施肥面积96万亩,实施耕地质量提升项目3万亩,实施农作物病虫害专业化统防统治,推广小麦"一喷三防"技术21万亩。规划和落实畜禽禁养区,建成县级养殖废弃物集中处理中心 1 处,完成奶牛、猪、禽类规模养殖场粪污处理设施设备 93 家,其粪污处理设施装备配套率达到 87.7%。全县创建标准化养殖示范场 46 家,其中国家级标准化示范场 5 家、省级标准化示范场 12 家;创建市级养殖废弃物资源化利用示范场 3 家,37 家养殖场通过无公害产地认证,8 家牧场上榜"食安山东放心奶源示范牧场"。目前,通过生态农业建设,全县市级以上知名农产品企业品牌 11 个,省级知名农产品品牌 1 个,国家地理标志商标认证 19 个,绿色农产品 33 个。

2.推进产业融合发展

大力推动一、二、三产业融合发展,壮大农业龙头企业,发展农产品加工、冷链物流产业,农旅融合迈出新步伐。截至 2020 年底,高青县规模以上农产品加工企业达到 25 家,实现年产值 43 亿元左右。得益乳业成功创建省级现代农业产业园,一、二、三产业融合发展生态畜牧示范基地项目完成投资约 5 亿元,建成 4 处标准化示范牧场;新天地黑牛与盒马鲜生达成合作,完成养殖区、屠宰精深加工车间改造提升,冷链物流初具规模。依托正茂农业产业园,抓好农产品物流骨干网络和冷链物流体系建设,交易中心已完成主体建设。依托中化现代农业(高青)MAP 技术服务中心,健全社会化服务体系,加快土地流转和规模化经营,中化 MAP 全程社会化服务小麦、玉米面积达 15 万亩。

三、高青县黄河流域生态保护和治理面临的主要问题

黄河流域生态保护和治理是一篇大文章,虽然前期做了大量工作,当前仍有一些突出问题存在,从专题调研情况看,主要表现在以下几个方面。

(一)对生态保护缺乏系统思维和统筹谋划

从调研情况看,地方党委、政府和各有关部门对黄河保护治理十分重视,融入国家战略、抢占发展机遇的愿望也十分强烈。但是,对习近平总书记在深入推动黄河流域生态保护和高质量发展座谈会上的讲话要求,学习还不够深入,理解还不够全面,没有站到永续发展的高度科学分析当前黄河流域生态保护和高质量发展形势。一谈到黄河流域生态保护和高质量发展,地方的积极性侧重于争取重点项目,加大土地和资金要素支持等,对黄河流域的资源环境承载力和生态保护研究较少,对黄河流域生态保护和高质量发展缺少前瞻性统筹谋划。在区域联动上,很多时候只考虑自身的保

护和发展,没有把本地区放到黄河大治理中去谋划。黄河高青段处于济南段和黄河三角洲的重要位置,在统筹规划和保护治理上要积极融入"黄河大合唱",不能自弹自唱,影响黄河流域的整体性保护和治理。

(二)生态保护和开发整体性不强

水生态保护问题和短板依然存在,虽然对天鹅湖湿地、千乘湖湿地等进行了保护和修复,但是仍然属于点上的局部改造,没有对面上的湿地进行全范围的保护和修复,缺乏系统性的全局改造。部分湿地的水质还不是很好,生物种类比较少,植被覆盖率也比较低,生态环境没有得到根本性改善。黄河绿色长廊建设的精致化程度还不高,树的种类偏少,观赏性不强,缺少公园式的绿化带,观赏性、游玩性较差。生态乡村游的发展还处于初级阶段,在品质和品牌上还有很大的提升空间,尤其在整体性规划、服务设施配置上偏弱,没有形成完整的生态游产业链。

(三)环境治理协同性不强,精细化程度不高

黄河流域环境治理涉及多个方面,需要市、县两级的河务、水利、环保、国土、公安等多个部门协同工作。从协同性上看,部门之间的联动机制还没有形成,很多时候是各自为战,没有形成一方主导、多方联动的工作模式,治理起来难度较大。例如,对于向河流违法排污的企业,黄河河务局水政执法人员到现场执法难度较大,需要公安部门配合,才能大大提高执法的效力。黄河河务部门与环保、水利等部门的信息交流少,对同一问题很难及时达到信息共享。在精细化治理方面,高青县土壤多为沙土,土质松软,易起扬尘,农业生产作业粗放,对颗粒物浓度影响较大,治理过程中精细化程度不高,移动污染源管控有待加强。农业面源污染影响较大,农村生活污水目前未得到全覆盖的有效治理,农业生产中化肥、农药的使用对水质和土壤有一定的影响。

(四)现代农业发展层次不高

高青县作为农业产粮大县,近些年虽然在新技术应用上有所推广,但是农业向智能、智慧、数字方向演进的步伐偏慢,没有很好地集成应用物联网、人工智能等信息技术来强化益农信息服务,在数字农业和智慧农业方面还有待进一步加强,急需打造一批智慧农业应用示范基地和创新发展样板,形

成一套可复制、可推广的发展模式。在农业品牌方面,高青农产品已初具品牌效应,高青西瓜、高青大米、高青黑牛已有一定的影响力,但是还存在知名度范围小、影响力偏低的问题。在品牌建设上,品牌保护、发展和评价、考核体系还不够完善,涉农商标注册、运用、保护和管理水平偏低,没有形成高青农产品整体品牌形象。农业标准化建设还有待提高,农产品追溯、农资监管与监测数据三大平台和畜牧业安全监管信息系统还不完善。绿色有机农产品占有率还不够高,在 19 个产品的基础上,无公害农产品、绿色食品、有机食品和农产品地理标志产品认证工作需要进一步加强,要积极创建农产品质量安全县、省级农产品质量安全标准化生产基地。

四、推动高青黄河流域生态保护和治理的对策及建议

推动黄河流域生态保护和高质量发展是千载难逢的重大历史机遇,高青必须主动服务和融入黄河国家战略,统筹谋划,勇于担当,为黄河流域生态保护和高质量发展作出经验探索和贡献。

(一)准确把握习近平总书记重要讲话精神,坚持系统观念和统筹谋划

习近平总书记在深入推动黄河流域生态保护和高质量发展座谈会上发表重要讲话,从事关中华民族伟大复兴和永续发展的高度深刻阐释了一系列重大理论和实践问题,体现了对发展规律的深刻洞察和科学把握,体现了高瞻远瞩的战略谋划。高青在深入学习贯彻中要重点处理好三个方面的关系。

1.把握好保护和发展的关系

习近平总书记指出,治理黄河,重在保护,要在治理。① 要坚定不移走生态优先、绿色发展的现代化道路。要坚持正确的政绩观,准确把握保护和发展的关系,把大保护作为关键任务,通过打好环境问题整治、深度节水控水、生态保护修复攻坚战,明显改善黄河流域生态面貌。淄博市要持续实施生态赋能行动,坚持"绿水青山就是金山银山"的理念,把发展经济和保护生态环境有机统一起来。坚持发展以不破坏生态环境为底线。比如,要强化湿地保护和恢复,确保现有湿地面积不减少,实行湿地保护目标责任制,严格湿地用途监管,编制湿地保护修复工程规划等。要加快构筑尊崇自然、绿色

---

① 参见《习近平在黄河流域生态保护和高质量发展座谈会上的讲话》,2019 年 10 月 15 日,http://www.gov.cn/xinwen/2019-10/15/content_5440023.htm。

低碳循环发展的经济体系,积极探索以生态优先、绿色发展为导向的高质量发展新路子。比如,以环保产业高质量发展引领节能减碳,抢占"绿色"科技最前沿,使绿水青山更好地发挥生态效益和经济社会效益。

2.把握好全局和局部的关系

习近平总书记强调,要增强一盘棋意识,在重大问题上以全局利益为重。[①] 要增强大局意识,共同抓好大保护,协同推进大治理,为黄河永远造福中华民族而不懈奋斗。特别是要坚持山水林田湖草综合治理、系统治理、源头治理,统筹推进各项工作,加强协同配合。要围绕黄河流域生态保护和高质量发展的主要目标任务具体施策。淄博市作为老工业城市,工业门类丰富,工业基础雄厚,更需要综合考虑城市发展的布局结构,分门别类地制定不同的发展规划。在生态保护和高质量发展中,要严格划定并"守住"生态保护、基本农田、城镇开发三条控制线,有效监管,形成与之相配套的管理机制和监督政策。同时,强化精细化、高效化管理,由于"三线"涉及面广,需要考虑与土地开发、政府考核等各项政策的综合性和协同性,做好各项政策的统筹。

3.把握好当前和长远的关系

习近平总书记强调,要放眼长远认真研究,克服急功近利、急于求成的思想。[②] 在工作指导上做好长期作战的思想准备,既要立足当前,增强紧迫感,找准短板弱项,因地制宜,分类施策,推动解决突出问题;又要着眼长远,搞好顶层设计,严格按照上级规划实施,循序渐进。淄博市作为老工业城市,又是全国110座严重缺水的城市之一,人民群众对美好河湖生态环境的需要十分迫切。既要考虑当前淄博高质量发展的需要,又要深谋远虑,考虑后代的发展空间,严守生态红线,转变发展方式,补齐生态短板,为深入推动黄河流域生态保护和高质量发展持续贡献"淄博力量"。

(二)大力推动黄河生态绿色走廊建设

1.打造黄河两岸生态防护林带

防护林对于防洪护岸、水源涵养、生物栖息、微气候调节具有重要作用。

---

① 参见《习近平在深入推动黄河流域生态保护和高质量发展座谈会上强调 咬定目标脚踏实地埋头苦干久久为功 为黄河永远造福中华民族而不懈奋斗 韩正出席并讲话》,2021 年 10 月 22 日,http://www.news.cn/politics/2021-10/22/c_1127986188.htm。

② 参见《习近平在深入推动黄河流域生态保护和高质量发展座谈会上强调 咬定目标脚踏实地埋头苦干久久为功 为黄河永远造福中华民族而不懈奋斗 韩正出席并讲话》,2021 年 10 月 22 日,http://www.news.cn/politics/2021-10/22/c_1127986188.htm。

要大力实施黄河沿岸防护林带提升行动,丰富植物种类,优化群落结构,建设一批沿黄郊野公园,构建以堤顶行道林、临河防浪林、淤背区适生林和经济林、背河护堤林为主的黄河防护林体系。完善提升黄河百里生态森林休闲观光长廊,统筹河道水域、岸线和滩区生态建设,建设集多种功能于一体的滨河生态系统,提升黄河堤岸生态和景观功能。

2.加大湿地群修复开发力度

按照"天鹅湖温泉国际慢城"治理模式,继续加大对黄河湿地的生态保护和修复。将黄河和小清河重点生态功能区、重要饮用水源地等区域湿地纳入保护范围,开展退渔还湖、退耕(养)还泽(滩),实施人工湿地水质净化工程,修复湿地水环境,改善生态水网水质,恢复湿地自然属性,营造良好的生物栖息环境和湿地景观。同时,加强湿地资源保护管理,落实湿地面积总量管控措施,完善湿地监测网络和分级管理体系。

3.推动黄河生态旅游示范区建设

用好黄河湿地、温泉等资源优势,积极争取将天鹅湖温泉旅游度假区、慢享乡村集聚区、黄河田园农牧小镇、天鹅湖湿地慢城、高青陈庄唐口西周遗址博物馆等5个项目纳入《山东省黄河文化保护传承弘扬规划》,加快黄河百里绿色长廊带、天鹅湖湿地慢城度假区"一带一区"建设,重点打造安澜湾、翡骊汤泉等特色文旅项目,打响"温泉慢城、黄河高青"旅游品牌。打造黄河文化展示传承基地,融入黄河文化、田横文化、早齐文化,促进黄河流域文化产业保护、传承与开发。依托得益田园牧业小镇建设高效农牧业发展区,将休闲观光、亲子体验、加工制作等植入整个产业链条,打造江北水乡生态田园观光牧场。加快黑牛小镇文旅体验中心建设,积极推进农旅融合发展。

(三)全面推进环境污染综合治理

实行严格的生态环境保护制度,实施科学、精准、依法治污,纵深推进蓝天、碧水、净土保卫战,推动减污降碳协同增效。

1.深度治理水污染

完善和落实河长制、湖长制,抓好涉水企业监管、地下水水质监测,全力保障水环境安全。开展黄河流域干支流排污口排查整治工作,将合法合规的纳入监管,对违法违规的进行封堵。在主要支流入河口建设在线监测设施,实现实时水质全面感知、动态监控。实施农村污水综合治理、老支脉河生态修复等重点项目,推进水源地保护提升工程。在引黄灌区开展农田退水污染综合治理,建设生态沟道、污水净塘、人工湿地等氮、磷高效生态拦截净化设施,推进农田退水循环利用。开展重点河流生态护岸改造及底泥清淤疏浚,有效控制河道内源污染,增强水体环境容量和自净能力。

2.开展大气污染治理

排查整治"散乱污"企业,实现"散乱污"动态清零。开展企业清洁生产领跑行动,依法实行强制性清洁生产,实施 VOCs 和工业炉窑深度治理。深入开展路域环境、裸露土地、建筑工地、重型柴油车等专项治理,严格落实防尘抑尘措施,抓好大气污染防治。强化区域联防联控,有效应对重污染天气,减少主要大气污染物排放,逐步提高空气质量优良天数比率,进一步减少重污染天数。

3.实施土壤污染防治

完善土壤环境质量监测网络,实现土壤环境质量监测点区县全覆盖。以农用地土壤超筛选值、农产品质量超标集中区为重点,全面开展土壤污染来源排查整治。实施保护性耕作,开展农药、化肥使用减量计划,推行秸秆综合利用、增施有机肥、农膜减量与回收利用等措施,巩固耕地安全利用成果。同时,开展重点行业土壤详查,规范危固废处置,推进规模畜禽养殖污染治理,确保土壤环境安全。

(四)做优做强黄河流域现代化农业

1.打造沿黄乡村振兴齐鲁样板示范县

持续放大高青农业的基础优势,努力把农业特色资源转化为特色产业,把比较优势打造成发展胜势。加快正茂农业产业园建设,打造地标农产品线上线下区域交易中心,补齐高青县缺乏农产品有形交易市场、深加工和冷链物流的短板,建设绿色智慧冷链物流基地。依托中化现代农业(高青)MAP 技术服务中心,健全社会化服务体系,大力培育新型农业经营主体,鼓励土地流转,提高农业规模化、标准化、现代化水平,稳定提升粮食产能。全面推进农村产权制度改革,深入开展"三资"清理,提升农村规范化管理水平。

2.打造黄河流域生态畜牧示范区

依托新天地黑牛、得益乳业、正茂农业等重点企业,打造立足鲁中、辐射华北、南达江浙沪的有机农产品供应基地,建设黄河流域特色鲜明的生态畜牧强县。黑牛产业方面,落实扶持黑牛产业发展10条措施、促进黑牛产业高质量发展实施方案,支持新天地黑牛集团加强与盒马鲜生的合作、远航牧业与澳大利亚方面的合作,着力做大产业规模,打造国家级黑牛产业集群示范区。实施数字赋能,用大数据嫁接改造黑牛繁育、养殖、屠宰、加工、销售等全过程,链接用好阿里数字农业、阿里云、盒马等高端平台,完善黑牛产业供应链和生态圈,为农业增效、农民增收提供有力的平台支撑。奶牛产业方面,抓好得益田园牧业小镇建设,实施10万亩饲草种植、观光牧场、奶制品深加工等一、二、三产业融合发展项目,打造江北地区最大的优质奶源基地。

3.推进滩区生态综合整治

统筹黄河滩区生态和农业空间,推进土地利用结构调整,实行滩区国土空间差别化用途管制。实施滩区土地综合整治和生态保护修复工程,因地制宜地推进滩区退地还湿,打造滩河林草综合生态系统,建设耕地、林草、水系多位一体的黄河滩区生态涵养带。

中共淄博市委党校课题组负责人:于清波

课题组成员:张要登　孙学海　邵巍　宋香君　于琳　顾晋

淄博桓台县"江北水乡"的
生态嬗变之路及启示

　　历史上的桓台县马踏湖素有"北国江南、江北水乡"之美誉。20世纪30年代以来，因种种历史和社会因素的影响，县域内湖区水面开始萎缩，湖泊生态功能严重退化，逐步失去历史自然风貌。自2003年以来，桓台县积极贯彻落实习近平生态文明思想，坚持全流域综合治理思路，一体化布局水生态修复工程，探索实践出全领域治理、全流域修复的水生态建设"桓台样本"，重现"江北水乡"自然风貌。

一、"江北水乡"的生态困境

　　桓台因水而兴。桓台县地处鲁中平原，河流均属小清河水系，多发源于鲁中山区，由南而北汇集于马踏湖周边，后注入小清河。域内有小清河、孝妇河、杏花河等11条主要河流，孝妇河二支流以东、乌河以西、南干渠以北、小清河以南的地带称为湖区。宫荆路以南、刘家船道以西称锦秋湖，以北、以东称马踏湖。青沙湖位于桓台县的西北角，北以小清河为界、南以杏花河为界，胜利河南北穿越湖中心，河西属邹平县、河东属桓台县。湖区内有2100余条河道，全长400余公里，纵横相连，交织成网，形成了我国北方独具特色的"村村靠湖、家家连水、户户通船"的水乡风貌。

　　在20世纪三四十年代，湖区水面面积达到96平方公里，水源充足，湖中产鲤、鲢、鲫、鳝、蟹等水生生物数十种，野生鸟类70多种，植物资源也十分丰富。湖区沟汊纵横，河道交织；岸边绿杨垂柳，婀娜多姿；水面荷叶高擎，亭亭玉立；水中鱼虾河蟹，互相竞游。50年代以来，由于湖区开始进行大面积围湖造田，湖区和湿地面积逐步萎缩。

20世纪八九十年代,随着工业化进程的加快和经济社会的快速发展,工农业用水量激增,桓台县境内水资源日趋紧张,以水为核心的生态问题日益突出,水资源和水环境面临着"不能承受之重"。马踏湖生态功能严重退化,锦秋湖变成高产稳产良田,失去原有的湿地功能,青沙湖区内已建成工业区,也不能蓄滞洪水。远近闻名的"鱼米之乡"失去了历史自然风貌。

以马踏湖为例,曾经的马踏湖湖区面积达96平方公里,是湖区群众饮用、灌溉、养殖用水的主要来源。随着工业化的发展和城镇化进程的加快,3条主要入湖河流——孝妇河、猪龙河、乌河遭到严重污染,入湖河流被截流改道,直接汇入小清河。缺少水源补给和围湖造田使马踏湖湿地面积逐步萎缩至不足原面积的20%,湖泊生态功能开始退化,湖水中化学需氧量最高时达到1000毫克每升左右,是地表水Ⅴ类标准的25倍,湖水水质相当糟糕。

桓台县水生态环境的保护和修复迫在眉睫。在发展生产和生态修复的关系上,习近平总书记指出:"过去由于生产力水平低,为了多产粮食不得不毁林开荒、毁草开荒、填湖造地,现在温饱问题稳定解决了,保护生态环境就应该而且必须成为发展的题中应有之义。"[1]在经济社会发展中,不能只讲索取不讲投入,不能只讲发展不讲保护,不能只讲利用不讲修复。

桓台县委、县政府认识到,要实现经济社会的高质量发展,在生态环境保护上就要算大账、算长远账、算整体账、算综合账,不能因小失大、顾此失彼、寅吃卯粮、急功近利。

二、"治理+修复",打造生态"江北水乡"

在近20年的水生态治理实践中,桓台县逐步形成了全流域综合治理的总体思路和"治理+修复"的水生态治理模式,逐步再现"草长莺飞""碧水连天"的历史自然风貌。

(一)总体思路:全流域综合治理

桓台县水生态建设的总体思路是全流域综合治理:在空间上,全县水域"一盘棋",河湖连通,全方位、全地域、全过程开展,形成城乡河流水系一揽子治理方案;在措施上,"治、用、保"相结合,综合施策、统筹兼顾、多措并举,增强生态系统循环能力,维护生态平衡。全流域综合治理的思路充分体现了习近平总书记关于"山水林田湖草是一个生命共同体"的论断。

---

[1]　习近平:《习近平谈治国理政》(第二卷),外文出版社2017年版,第392页。

全流域综合治理的思路经历了一个在实践中探索完善的过程。

为恢复马踏湖的生态环境,自 2003 年开始,桓台县推进实施生态立县、环境立县战略,加快产业结构转型升级和节能减排,实施碧水蓝天行动计划,全力打造生态、和谐、人文桓台。2008 年,启动城乡河流水系综合治理工程,建设环城水系、生态湿地、引黄蓄水补源、河道治理和水系绿化等工程,对全县主要河道和马踏湖湖区进行综合整治。2009 年,将马踏湖生态保护区列为全县城乡统筹发展规划中以生态建设为主的片区,定位为限制开发的生态文化旅游示范区。通过这种土地空间的主体功能规划,保住蓝天碧水,护住绿水青山。

习近平总书记关于"山水林田湖草是一个生命共同体"的论断为桓台县推进生态水系建设指明了方向。桓台县立足马踏湖流域沟汊纵横、河道交织的特点,把县域水系作为一个整体,以生态治河、还清水质为重点,坚持河湖连通,疏通水乡动脉,形成全流域综合治理的水生态建设思路。

2016 年,桓台县将流域内所有河流、湖泊综合治理工程打包到一张图上,开工建设生态水系修复提升工程,形成了打造"三横五纵两湖六湿地"的生态水系总体规划布局。2017 年,提出"打造发展质量更高创新活力更强的宜业宜居新桓台"发展目标,并在生态文明建设中提出了"全域生态文明"理念,在生态水系治理上坚持算大账、算长远账、算整体账、算综合账,以治水为契机和手段,使全域水质达到Ⅲ类水标准,促进县域整体生态环境质量明显改善。

2020 年,桓台县启动市级生态文明研学实践基地创建工作,通过治理一条河流、修复一处湿地、开发一片湖泊、建设一处景点,统筹谋划治理与开发,精心完善湿地公园文旅业态,打造水网相通、人水相亲、近悦远来的"北国明珠",逐步勾画出"水系环城、城在水中,人在河畔走、船在湖中行"的良好生态环境。

(二)生态水系建设模式:"治理+修复"

遵循生态系统修复规律,桓台县启动城乡河流水系综合治理工程,坚持"治、用、保"结合,以"治"控源,以"用"减排,以"保"促净,形成了"治理+修复"的全域生态水系建设模式。

1.坚持治理先行,实施全领域综合治理

实施全过程、全领域水污染防治,以"治"控源,持续改善水质,实现水资源节约和循环利用。

一是实施工业点源污染防治。实施废水治理再提高工程,对所有直排企业实施提标改造,建成总磷、总氮在线监控设施。开展东岳集团、唐山热电氟化物达标治理工作,并完成氟化物在线设施安装。汇丰石化投资建设高盐水处理设施,博汇集团建设高盐水治理项目,进一步提高中水回用效率。

二是开展农业农村污染防治。严控农业化学投入品监管,在关键环节农资经营门店进行拉网式检查,定期抽检农业投入品,实现了对全县肥料、种子、农药等农业投入品百分百日常监管。推广水肥一体化,水肥损耗降低50%左右。扩大滴灌、喷灌面积,最大限度地减少了化肥等对水体的污染。全省首批实现旱厕改造整建制、全覆盖,有效地解决了厕污对地下水污染的问题。

三是推进水资源综合利用。开展工业集中区、居住聚集区的污水处理设施及管网配套建设。建设环科污水处理提升改造工程,出水水质达到一级 A 类排放标准,实现水资源循环利用。全县三大工业园区实现污水集中处理、在线监测全覆盖,中水循环利用率显著提升。再生水资源的循环利用减少了废水排放,实现以"用"减排。

2.坚持"一盘棋"推进,实施全流域生态修复

自 2016 年开始,启动生态水系修复提升工程,按照"三横五纵两湖六湿地"布局对县域内水系进行综合整治,为水生态修复提供一揽子解决方案。

一是实施"引黄入桓"工程和生态河道治理工程。实施引黄供水工程,构建起两条引黄补源线路,有效地化解了水资源供需矛盾。完善"三横五纵"水系网络,对县域内"三横五纵"主要河道实施清淤疏浚和除险加固等工程,全县行洪能力得到明显提升。

二是突出生态湖泊保护重点,打造"两湖"生态高地。自 2010 年起,实施马踏湖湿地生态环境保护工程,坚持以"保"促净。通过实施马踏湖湿地生态修复蓄水、退耕还湖复绿等项目,对马踏湖流域进行综合治理,提高湖区防洪蓄水、补给水源、净化水质的能力,恢复湖泊湿地原貌。自 2012 年起,在"农业学大寨"时开通疏浚的一条老河道的基础上实施红莲湖建设工程,通过中水回用及"引黄补源",真正做到了中水生态循环利用。

三是发挥湿地综合效益,建设"六湿地"修复体系。自 2012 年起,桓台县将所争取的环保资金全部用于湿地建设,在马踏湖入湖口自然河道沼泽

的基础上修复建设乌河入湖口湿地、猪龙河入湖口湿地等六大人工湿地,对河道水质实现有效净化,使水质达到《地表水环境质量标准》Ⅲ类标准。桓台县人工湿地建设无论是在建设规模、建设投资,还是在湿地的实际环境效益上,均位于全省前列。

3.坚持水环境改造提升,打造桓台特色水乡风貌

立足润城惠民,把水景观融入城市景观,着力打造亮点水系景观,让群众望得见林、看得见水,享受自然生态的宁静、和谐、美丽。

一是打造红莲湖生态景观公园。在对大寨沟进行综合整治以及"引黄补源"的同时,利用大寨沟原河道滩地和废弃的窑湾,聘请设计杭州西溪湿地的杭州园林设计院设计,糅合自然资源与人文资源,充分挖掘桓台县人文历史,建成生态环境优美、人文气息浓厚的红莲湖,形成一处集自然休闲、商业休闲、文化休闲及康体休闲于一体的生态型城市湿地休闲空间。

二是打造马踏湖生态旅游度假区。在对马踏湖清淤治污的基础上,充分挖掘马踏湖湿地综合效益,加快文化旅游融合发展,以建设江北最佳湿地度假休闲地为目标,将马踏湖打造成为集生态修复、科普教育、湿地体验、人文艺术传播、养生农耕于一体的复合型湿地度假区,最终打造为国内一流的人文湿地度假区。目前,核心景区道路、绿化、桥梁等基本完成,建成了马踏湖湿地体验馆、一苇渡江桥等标志性建筑。

三是打造生态水系林业生态带。在沿河两侧、沿湖周围营造水源涵养林、水土保护林、生态景观林,进一步保护水质,改善区域生态环境。目前,全县16条主要河流已全部实现绿化,建立起了以公共绿地为基础、亲水生态带为链接、各种林带水网为脉络的城市生态系统。

三、桓台县水生态建设的成效及启示

习近平总书记"绿水青山就是金山银山"的理论在桓台县水生态治理中得到了切实的体现。县委、县政府依托"三横五纵两湖六湿地"生态资源,努力做大做强生态大文章。随着生态环境的改善,经济和社会效益也逐渐突显。

(一)建设成效

经过十多年坚持不懈的努力,桓台县生态水系建设取得了扎实的成效,已经在生态、经济、社会等方面见到了实实在在的效益。

首先,生态效益。桓台县境内城镇污水处理厂外排水全部再次经过人工湿地深度处理,确保有助于实现下游水质的稳定达标,降低了马踏湖及小清河的污染负荷,修复了破损的水生态环境。目前湿地日处理污水能力达到10万立方米,污水处理厂外排水经湿地深度处理后,使达标排放标准由地表水V类提升为地表水Ⅲ类标准。通过水系综合治理,地下水埋深提升1.76米,地面水主要污染物大大减少,实现年度减排化学需氧量900吨、氨氮70吨,重点河流断面主要指标全部达到地表水Ⅳ类标准,全县水生态环境质量显著提升。乌河、猪龙河出现了多年未见的苲草,标志着全流域水生态实现重大转折。

其次,经济效益。建成的近2平方公里湿地的运行费用仅为传统污水处理工艺的1/4,每年可节省2000余万元。同时湿地净化水成为县域马踏湖、红莲湖等湖泊的持续补给来水,有效地降低了引水费用,每年可节省数百万元。2016~2020年桓台县引水情况如表1所示。

表1 2016~2020年桓台县引水情况

年份	引水量/万立方米	费用/万元
2016	1400	644.00
2017	1836	844.56
2018	1776	816.96
2019	1525	701.50
2020	328	150.80

最后,社会效益。通过对主要河道实施清淤疏浚和除险加固等工程,进行河道清违清障整治,使主要河道排涝标准由10年一遇提升到50年一遇。2020年,实施了总投资16.68亿元的小清河防洪综合治理工程,主要包括小清河干流治理分洪道、孝妇河下游分洪河道、杏花河、预备河、马踏湖蓄滞洪区治理、淄东铁路以东应争排水工程等6项建设内容,使过境的小清河、人字河、杏花河、胜利河行洪标准提升至50年一遇。同时,因地制宜,以水造景,把水系景观融入城市景观,提升了景观效果,有效地改善了周围居民的生活环境,提升了人民群众的幸福感和获得感。

目前,全县已经形成了一张覆盖全域的生态水网,马踏湖湖区蓄水能力达2500万立方米,年均蓄水量1100万立方米,主体水面水质达到地表水Ⅲ

类标准,野生动植物特别是湿地鸟类物种和数量明显增加。调查统计显示,现有野生动植物共100科246种,大天鹅、白腹鹞、苍鹭、震旦鸦雀、野大豆等珍稀动植物常现湖区,逐步再现了"草长莺飞""碧水连天"的历史自然风貌。

(二)桓台县水生态建设的启示

桓台县水生态建设的成功实践证明,走生产发展、生活富裕、生态良好的文明发展道路,必须坚持以习近平生态文明思想为指导,进一步解放思想,落实"绿水青山就是金山银山"的绿色发展理念。

1.改善生态环境就是发展生产力

生态环境问题归根结底是发展方式和生活方式问题。经济增长与生态环境保护不是非此即彼的关系,二者是可以兼顾的。习近平总书记反复强调,发展经济不能对资源和生态环境竭泽而渔,生态环境保护也不是舍弃经济发展而缘木求鱼。[①] 要坚持在发展中保护、在保护中发展,实现经济社会发展与人口、资源、环境相协调。我们要坚持把新发展理念落到实处,正确处理经济发展和生态环境保护的关系,坚决摒弃损害甚至破坏生态环境的发展模式,牢固树立保护生态环境就是保护生产力、改善生态环境就是发展生产力的理念。

桓台县大力抓生态建设,在实现环境质量持续改善的同时,促进、倒逼产业结构转型升级,加快新旧动能转换步伐,实现经济社会高质量发展。一批高能耗、高排放、高污染的产业被淘汰或压减产能,为优势产能腾出要素资源和发展空间。随着生态环境的改善,不仅天蓝了、地绿了、水清了,而且经济效益也逐渐凸显,生态湿地文化旅游形成整体效应,成为县域经济新的增长极。

2.保护生态环境就是造福人类

生态环境是人类生存和发展的根基。生态环境直接关乎人民群众生活质量,没有替代品,用之不觉,失之难存。保护生态环境的目的和发展经济是一样的,都是造福人类。良好的生态环境是最普惠的民生福祉,绿水青山既是自然财富、生态财富,又是社会财富、经济财富,是人民幸福生活的重要内容,是金钱不能代替的。坚持生态优先、绿色发展,保护好生态空间,自觉把生态纳入民生福祉,才能为人们提供干净的水、清新的空气、安全的食品、

---

① 参见《习近平:发展经济不能对资源和生态环境竭泽而渔,生态环境保护也不是舍弃经济发展而缘木求鱼》,2022年1月17日,http://politics.people.com.cn/n1/2022/0117/c1024-32333458.html。

优美的环境等优质生态产品。

"两湖"生态高地和"六大人工湿地"项目的实施,修复了破损的水生态环境,提升了景观效果,有效地改善了周围居民的生活环境,提升了人民群众的幸福感和获得感。红莲湖生态景观公园深受广大市民和游客的欢迎,辐射周边区县居民,每到周末和节假日,红莲湖游人如织,平均日接待游客数万人次以上,成了淄博市最受欢迎的休闲旅游目的地之一。

3.建设生态文明就是实现人与自然和谐共生

人与自然是生命共同体。绿色发展就是要确保人与自然和谐共生,把经济活动、人的行为限制在自然资源和生态环境能够承受的范围内,给自然生态留下休养生息的时间和空间。习近平总书记指出:"人因自然而生,人与自然是一种共生关系,对自然的伤害最终会伤及人类自身"。① 当人类合理利用、友好保护自然时,自然的回报常常是慷慨的;当人类无序开发、粗暴掠夺时,自然的惩罚必然是无情的。建设生态文明不是要放弃工业文明,回到原始的生产生活方式,而是以资源环境承载能力为基础,以自然规律为准则,以可持续发展、人与自然和谐为目标,建设生产发展、生活富裕、生态良好的文明社会。

桓台县以湿地修复为重点,坚定不移地改善生态环境,重现生物"天堂"。如今的马踏湖绿树成荫,鸟语花香,能观赏到香蒲、菰、水葱、芦苇、莲、芡实等30余种水生植物,雪松、垂柳、白蜡、紫叶李等20余种乔灌木,已发现水鸭、白鹭、白鹤、苍鹭等10余种野生保护鸟类在湿地栖息。红莲湖内鱼类达十几种,野鸭等水禽也在湖中安家落户。在其他人工湿地也有数十种禽类栖息活动,展现了人与自然的和谐共生。

中共桓台县委党校课题组负责人:张延明

课题组成员:张国梁

---

① 中共中央党史和文献研究院编:《习近平新时代中国特色社会主义思想学习论丛》(第三辑),中央文献出版社2020年版,第66页。

多维立体打造河流湿地公园齐鲁样板

——以青州市弥河国家湿地公园为例

从实践中萌发并不断发展丰富的习近平生态文明思想为我国湿地保护修复工作指明了方向。2016年国务院办公厅印发《湿地保护修复制度方案》，标志着我国湿地保护从"抢救性保护"转向"全面保护"。2021年10月22日，习近平总书记在山东省济南市主持召开深入推动黄河流域生态保护和高质量发展座谈会并发表重要讲话，明确强调全方位贯彻"四水四定"原则。要坚决落实以水定城、以水定地、以水定人、以水定产，走好水安全有效保障、水资源高效利用、水生态明显改善的集约节约发展之路。这再次表明了生态建设中水资源保护、水生态治理的重要性。

青州弥河国家湿地公园位于山东省潍坊市青州市，是我国华东地区非常典型的河流湿地。2016年8月获批"青州弥河国家湿地公园"，2016年12月获"山东最美湿地"，2018年2月获"潍坊市级环境教育基地"，2018年6月获"山东省中小学生研学实践教育活动行走齐鲁资源单位"，2019年6月获"山东省科普教育基地"称号，2020年5月29日国家林业和草原局正式将弥河湿地列入国家重要湿地名录（山东省首个）。研究该案例既可以为青州市乃至潍坊市湿地建设提供可行性建议和参考，进一步推进弥河国家湿地公园建设；又可以形成可复制、可推广的经验，为全省甚至更大范围内湿地的修复、开发和建设提供一个好的样板。

一、青州弥河国家湿地公园建设的背景

青州弥河国家湿地公园作为国家生态湿地的一部分，它的修复和建设

符合时代要求,既具有自身的优势和特点,也有利于城市内生的发展,具有重要的意义。

(一)公园建设的自然区位优势明显

青州市属暖温带半湿润季风气候区,四季分明,降水中等,雨热同步,对作物生长有利。年平均气温为 13.1℃,年均降水量 641.1 毫米,无霜期 200天。年均日照数 2532.3 小时,日照百分率58%。冬季盛行西北风,夏季多东南风,降水多集中于夏季。而弥河古称巨洋水,发源于临朐沂山西麓的天齐湾,顺坡蜿蜒西流,至临朐九山附近折向东北流,途径临朐、青州、寿光三个县市,最后在寿光市广陵乡南半截河村三分泄洪入海。青州弥河国家湿地公园所在河流属于弥河中游,最宽河道可达 500 米,总长度为 18 公里。公园距青州市政府所在地 8 公里,途经弥河镇和黄楼街道。南起弥河镇石河入河口,北至黄楼街道马家庄,总面积为 15.03 平方公里。主要包括东南岭、石家楼、东南营、迟家庄、大刘家庄、马家庄等地域,地理坐标为北纬 36°33′41″~36°41′52″,东经 118°33′10″~118°37′03″,是我国华东地区典型的河流湿地。弥河是周边农业生产的重要水源地和地下水补给河道,在为湿地内野生动植物提供栖息地、维持生物多样性的同时产出丰富的动植物产品,也为周边民众提供休闲、教育和科研场所。

(二)公园建设有利于保障区域生态安全

多年来不合理的利用致使弥河沿岸的河流湿地遭到极大的破坏。河流湿地边缘生态的破坏使得湿地缺少与陆缘的自然联系,大面积的河流湿地被沿岸居民用于种植瓜果与蔬菜,破坏了原有的河流湿地的形态特征。而河道内大量、无序地挖沙对河流湿地的破坏尤为严重。临近城区和居民建筑用地扩张也占用河流湿地,不但破坏了河流中生物生存的环境,而且对河流防洪和河中生物链造成很大的威胁。因此,加强弥河湿地的保护与恢复,有利于保障青州市民以及弥河周边村民的生命和财产安全,对弥河流域尤其是下游渤海湾的生态安全具有重要意义。

(三)公园建设有利于开展湿地科普宣教和科研监测

青州过去没有开展以湿地为主题的科普宣教和科研监测活动,导致周边群众保护湿地的意识薄弱,对湿地生态系统的功能认识不足,破坏湿地的行为长期持续发生。因此,通过湿地公园的建设,广泛开展湿地科普宣教和科研监测工作,可以更好地保护湿地,提高周边群众对湿地生态系统的认识和生态保护意识。

(四)公园建设有利于丰富青州旅游资源类型和完善旅游布局

弥河国家湿地公园以弥河原生态为基质,做足、做活"水"的文章,深度挖掘其丰富的文化内涵,体现"百里弥河水,湿岸花滩路"的水墨画卷,将弥河打造成生态文化之河、休闲旅游之河。弥河国家湿地公园的创建不仅可以丰富青州现有的旅游资源类型,而且还可以形成西南郊区森林生态旅游和东南部湿地生态旅游的格局,进一步完善青州旅游布局。

(五)公园建设有利于促进区域生态环境和经济协调发展

弥河国家湿地公园的建设一方面可以有效地保护和恢复以河流湿地为主体的生态系统,提高湿地生态系统功能,在保护生物多样性、防洪蓄水、保持水土、调节区域气候等方面发挥更重要的作用;另一方面在保护湿地生态系统完整的前提下,还可以合理利用其资源,带动地方生态旅游产业发展,促进区域社会经济发展。

(六)公园建设得到青州市委、市政府的高度重视和支持

青州市委、市政府历来高度重视城市水资源管理、水生态建设,尤其是非常重视弥河湿地对当地环境保护、经济发展和人民安居产生的影响,大力支持湿地生态保护恢复。为彻底修复、科学保护、合理利用弥河,早在 2009 年青州市政府委托山东省旅游规划设计院对弥河生态治理修复进行了概念性规划,在此基础上,2010 年,委托上海市政工程设计研究总院对一期自弥河镇小张冀漫水桥向北至黄楼街道北霍陵漫水桥全长约 12 公里进行了详细规划及工程施工设计。2010 年 8 月 31 日,成立青州市弥河生态建设工程指挥部,弥河生态修复工程正式拉开序幕,修建日处理污水 3 万吨的弥河污水处理厂 1 座,安装截污管道 1.5 万米,铺设给排水管道 6 万米,将生活污水和工业废水集中收纳、集中处理,彻底改善了弥河水质。同时,整理土方 576 万立方米、地形 360 万平方米,形成水系 21 公里,安装驳岸石 14 万余吨;硬化道路完成 36 公里;建设拦蓄水工程 6 处、桥涵 7 座,通过河岸带植被恢复减少径流冲刷和土壤流失,并通过生物系统拦截净化农田径流污染。这些工作为

弥河国家湿地公园的建设打下根基。

二、青州弥河国家湿地公园建设的主要路径及成效

（一）青州弥河国家湿地公园建设的主要路径

公园自建设以来，因地制宜地采用多维立体的方法和手段保护、恢复弥河原生态，增加湿地面积，不露痕迹地营造自然生态，使之与弥河的自然环境相吻合，实施基础设施建设、水系整理、景观绿化、辅助设施建设等湿地保护和恢复工程。

1.因地制宜地搞好规划，绘制建设蓝图

2013 年 8 月聘请国家林业局调查规划设计院编制《山东青州弥河国家湿地公园总体规划》，对项目的区域范围、主要建设内容、建设资金额、技术经济指标、自然地理条件、社会经济条件、历史沿革、湿地类型分布、公园建设现状、生物多样性、自然景观与文化资源、湿地面积的总体布局、规划原则、建设目标、科普宣教、科研监测、防御灾害、区域协调与社区的科学性及前沿性等进行了规划，为青州弥河国家湿地公园建设提供了依据、绘制了蓝图。

2.组建专业管理团队，着力提升管理能力

2013 年弥河国家湿地公园被批准为国家湿地公园试点单位。2016 年 8 月顺利通过国家林业局验收，正式成为"国家湿地公园"。为加强公园建设与管理，青州市人民政府于 2016 年将青州市弥河生态林场更名为青州市弥河国家湿地公园管理服务中心，作为决策和日常管理机构。服务中心配备事业编制人员 22 名，外聘专业技术人员 6 名，合同制管理人员 79 名，聘用安保人员 40 名、环卫工人 68 名、园林工人 160 名，各项管理制度健全，安防、警示、监测等保障设施完善，符合《山东青州弥河国家湿地公园总体规划》要求，完全满足保护和管理的需要。为提高湿地公园工作人员的建设管理能力，先后到杭州西溪湿地、江苏太湖湿地公园、沙家浜湿地公园、潍坊白浪河湿地公园、寿光滨海国家湿地公园学习湿地的建设管理经验；邀请南京大学教授、国家林业和草原局湿地管理司专家、省林业厅和潍坊市林业局领导来弥河国家湿地公园授课、检查并指导湿地建设工作。

3.坚持自然、生态理念，开展保护与恢复建设

弥河国家湿地公园以前堤岸裸露，植被稀少，生态脆弱。自公园建设以

来,本着自然、生态理念,大力推进生态建设,保护与恢复弥河原生态,实现人与自然和谐相处。围绕农田面源污染治理、水质保护、恢复生态、打造景观,重点实施了 8 项湿地保护与恢复工程,水系沟通 3 公里、水系清淤 12 公里、水系梳理 3 平方公里,安装截污管道 17.5 公里、铺设排水管道 5.99 公里、生态驳岸 15 公里、砂石巡护路 13 公里以及 2.3 平方公里水库 1 处、桥涵 11 座、野生动物救助站 2 处、土壤监测点 2 处、水质监测点 3 处、水文监测点 1 处、隔离绿化带 1.2 平方公里,投放人工鸟巢 200 个,恢复以芦苇、香蒲为主的沼泽湿地 1.8 平方公里,人工栽植湿地适生树种 20 多万株、水生植物 1.3 平方公里,总投资 6 亿元,完成规划投资的 93.8%。各项恢复和保护措施严格按照《山东青州弥河国家湿地公园总体规划》进行,恢复和保护湿地工程科学合理,植被恢复突出内陆河流湿地特色,实现生态配置,无外来有害物种入侵。生态系统得到有效改善,水岸及景观逐步呈现稳定和自然状态。弥河国家湿地公园主要补给水源为弥河上游的冶源水库,主体水质达到国家Ⅲ类水质标准,水质达标率 100%。

4. 挖掘人文历史资源,做好科普教育工作

弥河国家湿地公园地处古九州之一的青州市,是东夷文化的发源地,也是郦道元幼时生活的区域,是中国水文化的启蒙地。从东夷部落至今,一直是人口密集区域,人文历史文化非常丰富。青州充分挖掘这些历史文化资源,建成占地 1.1 万平方米的银杏林与诗经文化融为一体的"诗经·文化园",同时在科普宣教区内新设宣传栏、标牌、科普宣教牌等 11 组 33 块,通过图示、声像、展板、标本、导游解说等形式向公众展示青州弥河湿地独特的湿地文化、花卉文化、历史文化遗产和生态伦理知识,向公众展示湿地作为生命之源、地球之肾的生态功能,让人们认识、了解青州弥河湿地的演变和发展。让人们在吸收知识的同时,尽享弥河湿地的独特景观,领略湿地保护及历史文化内涵。同时利用特殊宣传日以及网站、微信、微博等信息平台普及湿地科学知识,提高公众保护湿地的意识,努力形成全社会保护湿地的良好氛围。目前已为 10000 余人次中小学师生进行了科普授课。2019 年 6 月 27 日,被山东省科学技术协会命名为 2019 年度"山东省科普教育基地"。

5. 注重科研监测,推进监测体系建设

弥河国家湿地公园注重科研监测体系和监测能力建设,设立了鸟类、土壤、水质、水文、气象等生态监测站点 15 个,鸟类监测样线 2 条,配备了必要的监测设备,制定了相关的监测制度和严密的动植物保护措施。定期与农业、林业、环保、水利、气象等部门联合开展对湿地生态的监测,发布监测报告20个。对湿地资源开展了详细调查,全面掌握了湿地本底情况,建立起了完善的监测台账和湿地资源档案,为制定湿地保护与恢复措施提供了科学依据。

以弥河国家湿地公园为平台开展了弥河湿地鸟类观测、湿地水文规律、土壤养分循环等方面的研究。特别是对标志着湿地环境变化的鸟类进行了调查研究,鸟类种类有了明显增加,截至2021年,鸟类有181种,其中有国家Ⅰ级重点保护鸟类东方白鹳,国家Ⅱ级重点保护鸟类红隼、鹗、大天鹅、疣鼻天鹅、长耳鸮、黑翅鸢、白琵鹭等17种,山东省重点保护野生动物36种。对各种鸟类的逗留时间、种群数量进行了详细的记录,工作人员对留鸟和夏候鸟的繁殖习性、活动区域进行了观察,并为109种鸟类留下了活动影像记录。弥河国家湿地公园成为名副其实的鸟类乐园,吸引了众多专家和鸟类爱好者前来观鸟、摄影。通过鸟类观测研究掌握了鸟类的生活习性,栖息地得到有效保护,对湿地恢复与保护起到了明显的促进作用。

6.合理利用湿地,协调与社区的关系

在充分考虑湿地保护及可持续性发展的前提下,利用弥河国家湿地公园丰富的自然景观和动植物资源,开发了绿色果蔬、蜂蜜、弥河银瓜、鱼等湿地特色产品,开展了生态观光、湿地科普和人文体验等休闲互动活动,建设了荷塘清趣黄楼湾、海岱云影弥水园、山水相依花都湖、银瓜飘香巨弥滩景观,丰富了其文化内涵,提升了弥河国家湿地公园的社会影响力。弥河国家湿地公园每年吸纳周边社区(村)居民40多万人次从事湿地建设和管理活动,实现了公园与社区(村)关系的协调发展。

(二)青州弥河国家湿地公园建设取得的成效

经过适度的修复与开发,青州弥河国家湿地公园已形成独具特色、丰富多彩的湿地景观,实现了人工与自然的结合,是我国北方地区河流湿地类型的典型代表,规划建设后湿地面积为10.08平方公里,湿地率为67.03%。独特的生态环境孕育了丰富的生物资源。弥河国家湿地公园内现有动物399种、植物215种。植物种类比建园前增加了130种,弥河国家湿地公园内植物种类明显增多,环境明显改善,植被覆盖度显著提高。

弥河国家湿地公园经过科学建设,在充分保护和恢复湿地资源的前提下,结合自身特点,大力弘扬湿地文化,合理利用湿地资源,努力彰显湿地

"悠悠弥河水,湿岸花滩路""科学保护,合理利用""生命之源,自然之肾"三大特色功能,实现了湿地三大效益同步提升。

首先,社会效益。进一步提升了弥河湿地的生态景观,增强了湿地的观赏性。同时,也深入宣传了湿地保护理念,提升了民众保护湿地、爱护湿地的意识,使其更深刻地认识"湿地与未来:可持续的生计"这个重要主题,具有重要的社会效益。

其次,生态效益。促进湿地面积及功能的恢复、改善鸟类栖息地环境、增加生物多样性等成效显著,同时维持和保护了重要湿地内自然景观。湿地面积的增加大大增加了 CO_2 吸收量和 O_2 的释放量,有利于保持环境的碳氧平衡;释放出有益于人体健康的物质;大幅减少大气悬浮颗粒物含量,改善周边空气质量。公园建设带来的经验及效果也将为山东省乃至更大范围内河流湿地生态恢复提供理论基础和技术支持,有利于创造更大的生态效益。

最后,经济效益。为当地工农业生产的稳定、高产和社会发展等提供更加优良的环境条件,也可以解决当地闲置劳动力就业问题,增加农民的收入,从而大大提高人们的物质和文化生活水平。社会稳定和人民安居乐业必将促进区域内生态景观资源的开发与利用。同时公园建设的经验及效果也可在山东省河流湿地及周边地区的湿地管理中得到推广和转化,提高湿地生产力,由此带来的直接和间接效益将是巨大的。

三、多维立体打造青州弥河国家湿地公园的经验启示

(一)要因地制宜,规划先行

湿地公园的建设管理是一个有机的整体,要因地制宜地从湿地现状出发,立足本地资源优势,下好一盘棋,用一张蓝图绘到底,进行规划设计。自2013 年批准开展国家湿地公园试点建设以来,公园整体建设严格按照《山东青州弥河国家湿地公园总体规划》要求进行。通过规划引领提升了建设水平,推进各项建设有序向好发展。

(二)要政府重视,政策支持

湿地公园生态系统地域管辖属性明显,当地政府重视和政策支持是其建设的重要依托与基石。青州市委、市政府高度重视湿地建设,把湿地公园

建设作为全市生态文明建设的重点工作,提供政策和资金支持。每年投入资金 1000 余万元,从设施的维修维护、植被的养护与病虫害防治、公园的安全保卫及卫生清洁等各方面着手加强了湿地公园的管理。另外,还不断加大投入修建人工湿地,处理生活污水,使湿地公园水质安全得到有效保障。

(三)要健全管理,强化担当

有了蓝图,有了政策,还要有蓝图的把关者、维护者。在湿地公园建设中组建专业管理团队,不断外出学习和自我提升,完善配套管理制度及相关法规,是湿地公园建设的践行力量和体制保障。青州市弥河国家湿地公园管理服务中心作为决策和日常管理机构,建立了强有力的管理团队和监管体系。管理团队履职尽责,为公园建设提供了强有力的支撑。湿地公园还健全各项管理制度,满足了保护和管理的需要。

(四)要生态优先,原则明确

湿地公园建设要从尊重自然、顺应自然、保护自然出发,坚持保护优先原则,正确处理保护和利用、整体和局部、长远利益和当前利益的关系,实现湿地资源可持续发展。坚持可操作性原则,利用先进的科学手段,根据各保护对象的特性和科学管理的技术规定,采取适宜可行的保护与恢复措施。突出水资源保护原则,合理利用和调度补水水源,满足重要湿地的生态用水需求。遵循"自然修复为主,人工修复为辅"的原则,促进湿地水系连通,保护生物多样性,增强湿地生态系统稳定性。坚持湿地公益性原则,强化湿地的保护、管护和科普宣教等公益性建设。

(五)要社会共治,生态共享

社会共治与生态共享是辩证统一的。只有积极探索湿地公园保护新模式,提高民众湿地保护意识,努力形成全民参与、齐抓共管保护湿地新格局,才能更好地实现湿地公园健康良性发展,让民众共享蓝天白云、繁星闪烁、清水绿岸、鱼翔浅底的生态画卷。

中共青州市委党校课题组负责人:王立红

课题组成员:傅冬华　王海燕　韩红霞

垃圾治理"小切口" 多方效益"大丰收"

——荣成市城乡生活垃圾综合治理的实践探索

一、荣成市城乡生活垃圾治理背景

随着城市化和经济的高速发展,荣成市城乡生活垃圾量与日俱增。全市生活垃圾量约 800 吨每天、30 万吨每年(其中农村占 63%)。同时,传统的垃圾处理模式落后、处理效率低,由此带来的资源浪费和环境污染问题日益严重,影响市民生活和公共利益,影响经济社会可持续发展。尤其在农村,垃圾被随地倾倒、堆放,污水横流,环境普遍脏乱差。垃圾治理问题日益成为制约城乡和谐美丽发展的瓶颈。

2013 年 7 月,习近平总书记在湖北考察时强调:"变废为宝、循环利用是朝阳产业。垃圾是放错位置的资源,使垃圾资源化,化腐朽为神奇,既是科学,也是艺术。"①2018 年 11 月 6 日,习近平总书记在上海考察时提出"垃圾分类工作就是新时尚"。垃圾治理是习近平生态文明思想的重要内容,是"两山"理念的具体体现。生活垃圾治理看似是小事,实则是民生大事,是改善人居环境、提高人民生活品质的必解之题。

二、荣成市城乡生活垃圾治理的主要做法

为破解垃圾治理难题,荣成市把生态优先、绿色发展作为主攻方向,构建了城乡环卫一体化、垃圾资源化处理、垃圾分类全链条"三位一体"的发展

---

① 《化腐朽为神奇,既是科学,也是艺术——来自格林美的答卷》,2021 年 6 月 29 日,http://www.xinhuanet.com/fortune/2021-06/29/c_1127607854.htm。

战略,不断提升垃圾减量化、资源化、无害化水平,初步探索出城乡生活垃圾综合治理的"荣成模式"。

(一)城乡环卫一体化,农村旧貌换新颜

针对广大群众反映强烈的"垃圾围村"问题,荣成市首先聚焦农村垃圾治理。2009年3月起,在全省县级市率先启动城乡环卫一体化先行区建设,先后出台三个城乡一体化实施意见(2011年、2014年、2016年),建立起"户集中、村收集、镇转运、市处理"的城乡生活垃圾一体化收集处理模式,农村垃圾日产日清,全市生活垃圾收运率和无害化处理率均达到100%,实现城乡环境卫生质量一体化提升。

1.构建一体化清运保洁体系

首先,配套高效设备设施。按照"收集实用、转运便捷、处理高效"的原则,先后投资4.8亿元提升城镇环卫基础设施,建成2处市级垃圾处理场、26处镇级垃圾转运站,布设地埋式垃圾箱600多个,配备专用车辆近200台,实现城乡生活垃圾密闭化收运率、集中入站率、无害化处理率"三个百分百"。其次,配备专职保洁队伍。组建4300多人的专职环卫队伍,建立"月初拨付、月末审核"的村居保洁员工资管理制度,以每人每年10000元为基数,按沿海镇街30%、内陆镇街70%的标准统筹农村保洁员工资。实行全天保洁制,落实定人、定岗、定责的保洁管理。最后,加大资金保障力度。将城乡环卫一体化管理工作作为财政支出的重点,予以优先保障,全市每年安排1.1亿元作为城乡环卫一体化管理运行经费。创新实行垃圾量"以奖代补"(俗称"政府花钱买垃圾"),按内陆镇街60元每吨、沿海镇街40元每吨的标准予以补贴,鼓励镇街、村居将垃圾应收尽收,避免乱堆、乱倒现象。

2.构建一体化联管联治体系

首先,建立联动管理机制。市级层面,成立由市委书记、市长任组长,市委副书记、分管副市长任副组长的领导小组,每月对各镇街进行监督、考核,考核成绩作为市级补助资金核发和评先选优的重要依据。镇街层面,各镇街成立专门的环卫所,负责本辖区环卫管理的日常监督和考核。村居层面,各村居选出1名两委班子成员作为环卫专管员,负责本村居环卫保洁和垃圾清运监督检查工作,构建自上而下、层层负责、高效运转的监管体系。其次,完善督导考核方式。加强日常考核,将考核系统融入环卫数字化调度中心监控平台,对发现的问题进行拍照取证、上传,确保考核的时效性和公平性。

强化绩效考核，采取"月度常态化考核、季度差异化验收、半年逐村验收"的方式进行量化考核通报，把扣减后进的补贴全部用于奖励先进，做到"奖前罚后"。强化信用考核，出台《农村居民信用管理实施办法》，将落实"庭院三包"制度写进村规民约并纳入全市诚信体系管理，充分调动广大村民自觉维护村居环境的积极性。

3.创新"环卫+"管理模式

创新推行城乡环卫一揽子管理机制，将市域内所有涉及环境卫生的工作全部纳入环卫部门管理。城区方面，将27万平方米城铁站区域的物业管理、100多个建筑工地的施工扬尘管理、15个商砼预拌站的扬尘治理、180座公交候车亭的日常维护、渣土运输车辆沿街撒漏以及冬季除雪、夏季防汛等工作纳入统一监管，构建"五分钟巡查圈、半小时响应机制"，切实提高城区环境卫生精细化管理水平。镇村方面，市城乡环卫一体办在负责945个村居环境卫生考核监管的基础上，对22个镇街驻地综合整治、460公里干线公路环卫保洁、512公里河道流域卫生监管、10个海湾和78个渔港码头环境治理、19公里铁路沿线及3000多个公交站牌管护情况进行统一考核，全面推进农村环境卫生管理扩面延伸、整体提升。2017年，中国城市环境卫生协会在荣成市召开了"城乡环卫一体化典型推介会"，推广荣成"环卫+"经验。这是中国城市环境卫生协会第一次在县级市组织开会，全国各地与会代表500多人，荣成市为全国城乡环卫一体化工作发挥了头雁作用。

（二）垃圾资源化处理，再生增值无污染

城乡垃圾处理过去以填埋方式为主，既占用大量的土地，浪费可回收资源，又存在环境污染风险。随着经济的发展，垃圾量逐年增加，垃圾处理方式亟待升级。2016年，荣成市引进固废产业园PPP项目，利用先进的处理方式对垃圾进行减量化、资源化、无害化处理，垃圾治理取得突破性进展。同年，该项目入选山东省首批PPP推介项目，并获得国家专项补贴800万元。

1.整体打包

固废产业园总投资20多亿元，占地49.7万平方米，包括生活垃圾焚烧发电、飞灰处理、渗滤液处理及深度处理、炉渣处理、炉渣应用、生活垃圾卫生填埋场及产业园配套、低温循环水供热等13个子项目。固废处理是一个讲求集群效应的产业，最好是将全市所有的污染源都集中起来。与其他飞灰、废水、固体废物以分散方式进行处理的城市相比，荣成对所有形态的污

染源进行整体打包处理。整体打包不会增加项目管理的难度,反而可以使各个项目共享公共设施,互相借力,产生协同作用。

2.变废为宝

产业园秉持创新、绿色、循环的固废处置理念,采用高新技术,按照行业最高标准对全市的生活垃圾等固体废弃物及所有的污染源进行打包集中处理,并生产转化为电能、热能、中水、建材和金属返回城市,广泛用于居民生活和建设,实现变废为宝。通过对生活垃圾进行 7~10 天自然发酵、系统分类,然后对垃圾进行焚烧发电。通过专业技术,充分利用垃圾焚烧处理产生蒸汽的便利条件,将焚烧产生的炉渣生产成加气砌块和标砖。渗滤液处理产生的中水及其浓缩液经过深度处理后,作为产业园生产、绿化用水,产生的污泥利用蒸汽干化后进入炉膛焚烧发电,产生的沼气经脱水提纯后送至炉膛进行焚烧发电。垃圾焚烧发电的余热蒸汽用于企业生产,低温循环水用于居民供暖。目前,产业园日处理垃圾 1000 多吨,日均发电 25 万 $kW \cdot h$、生产加气砖 800 余立方米,最大供热能力 300 万平方米,年供汽能力 50 万吨。

3.严格排放

经产业园处理后固体减量 95%、液体"零排放"、气体近零排放。例如烟气方面,垃圾焚烧后的烟气国家标准是 AA,但荣成固废产业园执行最严格的环保标准,在细节方面进一步优化,采取"半干法+干法+碱喷淋+活性炭喷射+布袋除尘"处理工艺,按照国际最严标准——欧盟 2010 标准,即国内最高的 AAA 级标准排放。渗滤液处理方面,由于其水质成分复杂,以 400 吨为例,普通工艺仅能处理 300 吨渗滤液,余下 100 吨无法处理,仍回填填埋区,产生大量二次污染物。为攻克难关,2018 年荣成市自主创新、联合开发,投资 1.8 亿元建设垃圾渗滤液深度处理项目,对渗滤液处理过程中产生的各种产物进一步实行深度处理:清液经膜深度过滤除盐,可替代自来水用于园区生产,回用率达 85%;浓缩液经蒸发处理后产生的结晶盐及稳定固化后的母液送到卫生填埋场填埋;污泥采用蒸汽干化工艺进行脱水处理,含水率可降至 30%,送至垃圾焚烧发电厂焚烧;沼气、臭气送入焚烧炉内燃烧实现资源化利用,渗滤液处理水平实现了产物不出园区、近零排放。

(三)垃圾分类全链条,引领生活新时尚

垃圾混置是垃圾,垃圾分类是资源。原有的焚烧处理方式前端不解决垃圾产生问题,依靠末端处理,非常被动。垃圾分类可以提高资源回收利用

率,提高经济效益,也可以从源头上减少垃圾处理量,降低后续处理中的能源消耗。自 2019 年起,荣成市按照以乡促城、以城带乡、城乡一体的思路,依托完善的城乡环卫一体化运转体系,高标准打造"全链条"式城乡生活垃圾分类一体化运转体系(见图 1),从根本上破解"垃圾围城"之困。

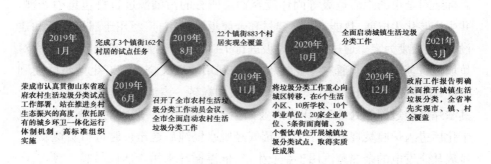

图 1 荣成市"全链条"式城乡生活垃圾分类一体化运转体系

1.前端分类投放,源头减量

多措并举,把好垃圾分类的第一道关口。分类标准方面,2019 年,根据滨海城市生活垃圾成分中海鲜贝壳类占比较多和末端处置实施等实际情况,因地制宜地创新"4+1"垃圾分类标准:有害垃圾、可回收物、厨余垃圾、其他垃圾(可燃垃圾、不可燃垃圾)+大件垃圾。将不可燃垃圾分出来,可有效提高垃圾焚烧热值和发电量,节省助燃费,降低处理成本。宣传引导方面,采取"组建百人宣讲团、编制教育读本、15 分钟入户讲解、线上线下联动"宣传法,坚持与基层党建活动、机关干部集中学习、新时代文明实践活动结合等,累计发布宣传报道 380 篇,开展业务培训及志愿活动 2000 多场次,发放宣传资料 18 万份,营造"户外有图、电视有影、广播有声、网络有言、报刊有文、入户有人"的垃圾分类氛围,群众知晓率达到 99%。激励机制方面,创新"信用+"管理模式,发挥信用抓手作用。村居将垃圾分类情况与信用管理挂钩,作为评比"先进户"和发放福利待遇的主要依据。市信用服务中心制定垃圾分类征信考核办法,各职能部门本着"管行业就要管垃圾分类"的原则,将分管领域内所有企事业单位、生活小区、沿街商铺开展垃圾分类情况与征信紧密挂钩,强化惩戒兑现。

2.中端分类收运,提供保障

为避免"前分后混",对设施和管理进行提档升级。分类收集方面,投资

1.9亿元,配备垃圾分类桶27.2万个,新建垃圾分类房1410个,取消城乡公共部位所有垃圾桶,实行"退桶进房进院"管理,将垃圾收集由多点分散式改为定点集中式,落实定时、定点投放和定人现场监督垃圾分类质量的"三定一督"监管措施,提高垃圾分类准确率。分类转运方面,投资5000万元,新购垃圾分类车145辆,根据各类生活垃圾产生量制定分类运输路线图和时间表,将城镇垃圾分类运输时间调整到早8点以后,彻底解决清运作业噪声扰民问题。建立清运车辆识别体系,统一车辆型号、统一车体颜色、统一分类标识,提高车辆分类识别度,防止混装混运。对全市26处垃圾中转站进行升级改造,日均转运能力达到600吨。运行管理方面,搭建垃圾分类智慧化管理平台,每辆运输车都安装定位、评价、监控及称重系统,每个垃圾收集点设置电子标签,每天对村居落实垃圾分类情况自动统计数量、判断异常、评价质量。采用每周联席会调度、媒体跟踪曝光、纳入目标责任制考核等方式,强化垃圾分类质量长效监管。

3.末端分类处理,物尽其用

在原有固废产业园的基础上,2020年又投资2000多万元新建不可燃垃圾分拣中心、大件垃圾处置中心、再生资源回收利用中心各1处,完善垃圾分类终端处置体系。可燃垃圾统一运至固废产业园焚烧发电。经测算,前端分类后,可燃垃圾焚烧每年可增加经济效益2300多万元:每吨焚烧发电量增加73 kW·h,年增加收入1365万元;每年垃圾减量3.1万吨,减少焚烧处理费550万元;分类后可燃成分占比高,冬季不需要掺加助燃剂,每年减少助燃费450万元。不可燃垃圾统一运至不可燃垃圾分拣中心进行筛分,砖瓦、石块、陶瓷等纳入建筑垃圾加工成建材,废弃炉渣、沙土等纳入弃土消纳场填埋,海鲜贝壳类加工成饲料。可回收物运至再生资源综合回收利用中心进行回收再利用,实现价值变现。推进生活垃圾收运网络和再生资源回收网络"两网融合",商务部门负责指定废旧回收企业对城区进行"分片管理",定期上门回收,提升收集效率,促进末端处理减量化、再生资源回收增量化。厨余垃圾采取"就地就近+分片集中"处理模式,邀请4家拥有不同处理工艺的相关企业,免费提供设备开展厨余垃圾处理试点,通过试点对比分析环保效益、经济效益等情况,择优选定处理工艺。有害垃圾按照每户每年20元的标准,安排约500万元奖励资金,鼓励村民对有害垃圾应收尽收,统一收运至寻山转运站有害垃圾集中暂存点,由专业化公司进行无害化处理。由居民自行或委托物业企业将废旧家具等大件垃圾运至处理中心进行拆分破碎,可燃部分运至固废产业园焚烧发电,可回收物出售给再生资源回收企业再利用。

三、荣成市城乡生活垃圾治理取得的成效

垃圾治理功在当代、利在千秋。荣成市通过"三位一体"城乡生活垃圾综合治理,在生态效益、经济效益、社会效益等方面取得阶段性成效。2020 年被住建部评为农村生活垃圾分类和资源化利用示范县,山东省政府推介经验做法。

(一)生态效益:"美丽荣成"颜值不断刷新

通过城乡环卫一体化抓整治、全覆盖,垃圾资源化处理抓环保、控污染,垃圾分类全链条抓精细、补短板,逐步从源头上实现垃圾"无害化、资源化、减量化",年处理生活垃圾 35 万吨。城乡垃圾分类实施以来,处置有害垃圾 6.7 吨,减少了空气污染、水体污染和土壤污染等。乡间小道干干净净,农村不再"灰头土脸",就连犄角旮旯也难觅垃圾踪迹,城市更加清洁,生态文明建设步入快车道。2019 年,荣成市被国务院办公厅督察激励通报为"开展农村人居环境整治成效明显的地方",奖励 2000 万元。累计已有 50 多个省内外考察团队 300 多人次前来交流经验做法。

(二)经济效益:"垃圾山"变身"金山银山"

2020 年,全市垃圾回收利用率达到 35%以上,节省了大量资源。垃圾焚烧处理实现经济效益 1.35 亿元:发电 1.02 亿 kW·h,经济效益 6700 万元;城区西南区域冬季供暖 100 多万平方米,经济效益 1440 万元;为工业园企业供应蒸汽 5.70 万吨,经济效益 1254 万元;炉渣制砖 20 万立方米,经济效益 4000 万元;处理渗滤液 20.97 万吨,废水用于园区生产,近零排放,节约水资源 24 万吨,节约开支 80 万元。

(三)社会效益:城乡劲吹"文明风"

打赢垃圾治理攻坚战,是优良生态环境的保障,更是人民群众日益增长的美好生活需要。垃圾治理提高了市民环境意识、文明意识,村村爱干净、人人讲卫生的社会风气逐步形成,"垃圾分类工作就是新时尚"日益成为社会共识,有力地助推"全国文明城市"建设,群众的幸福感、获得感不断提升。

2013年以来,荣成市在全省城乡环卫一体化农村群众满意度电话调查中始终名列前茅,并三次夺冠。

环境是荣成最大的优势,也是荣成最强劲的发展动力源泉。荣成市在打造美丽家园的同时实现了产业振兴,经济运行质量不断提升,民生保障持续改善,"自由呼吸·自在荣成"的内涵与深度日益拓展,品牌形象日益深入人心,城市综合竞争力和吸引力与日俱增。

四、荣成市城乡生活垃圾治理的经验启示

垃圾治理既是一场革命,也是一场持久战,需要因地制宜地制定合理的方案、全面加强科学管理、动员全社会广泛参与。

(一)统筹谋划,精准施策,循序渐进

垃圾治理是一个完整的系统链条,包含诸多相互联系的环节,需要统筹谋划,系统建设。荣成市坚持三位一体整体谋划,全域统筹推进,不留空白和盲区,坚持上下左右联动,促进部门间协同合作,推动制度建设、资金投入、多元参与、市场运作等多要素结合,从而形成巨大的治理合力。同时,垃圾治理也是一项长期工程,不能一蹴而就。荣成市坚持短期目标与长远规划相结合,坚持环境效益和社会效益、经济效益相统一的原则,综合考虑各个环节、各个项目的不同特点和自身区域条件,因地制宜、精准施策,先点后面、梯次推进,带动整体提升。

(二)政府主导,党建引领,社会支持

垃圾科学治理是撬动基层社会治理的重要杠杆,是基层践行群众路线的重要领域。荣成市坚持发挥政府主导作用,将城乡环卫管理工作列入党政"一把手"工程,在全省范围内首推"双组长"责任制(市委书记担任"领导小组"组长、市长担任"工作专班"组长),采用政府财政全额支出模式,保障资金投入、升级基础设施,充分发挥党建引领和党员示范带头作用,有序推进垃圾治理不断取得新进展和新成效。同时积极推动公民、企业、社会组织、媒体、社区等多元主体共同参与,注重与社会资本深度合作,集成运用互联网、大数据、物联网等现代信息技术,全面构建共建、共治、共享的现代垃圾治理体系。

（三）有效监督，双重激励，长效管护

强制与引导并重，激励与惩戒并用，刚柔并济，是确保垃圾治理取得成效的必要之举。荣成市建立市、镇、村三级监督考核机制，坚持标准化、智能化、常态化管理，以"人防+技防"实行全方位、多角度精准监督，如采用"村村考""三定一督"等多项措施，利用信息化智慧平台加强监督考核，保证垃圾分类质量。在农村通过信用管理进行奖惩激励，使村民参与垃圾分类的自觉性和积极性空前高涨。在市区建立垃圾分类工作红黑榜曝光机制，每周曝光两期，对垃圾分类质量好的单位、社区、街道、村居予以"红榜"表扬，对做得不到位的进行"黑榜"表态，为垃圾分类工作的顺利开展发挥了很好的激励和监督作用。

（四）立体宣教，创新形式，营造氛围

垃圾治理事关千家万户，离不开每个社会成员的努力。要转变广大社会成员的传统生活方式和思想认识，长期、持续、多途径的宣传教育必不可少。荣成市在垃圾治理中始终注重教育和宣传，加强价值观引领、舆论引导和知识普及。例如从教育普及入手，将垃圾分类纳入农村干部冬训、夏训范畴，分期分批对机关事业单位、企业单位、餐饮单位、学校等进行集中培训，发挥"小手拉大手"效应，将垃圾分类纳入教育教学体系。媒体平台常年宣传垃圾分类有关内容，社区和志愿者经常进行入户宣传与培训，社会组织积极开展垃圾分类公益活动。多渠道宣传使居民对为什么进行垃圾分类、怎样进行垃圾分类有充分的了解，最终理解并主动参与，自觉养成低碳生活方式，从源头上达到垃圾减量化目标。

中共荣成市委党校课题组负责人：刘玲玲

课题组成员：宋美媛　王红晶　江鹏伟　赵紫涵

山东招金集团绿色矿山建设的探索与实践

　　山东招金集团有限公司(以下称"山东招金集团")是一家集聚"黄金矿业、非金矿业、黄金交易及深加工业、高新技术产业、房地产业、金融业"六大产业的大型综合性集团公司,总资产达到 600 亿元。公司下属矿山企业 22 个,其中招远市 9 个、莱州市 1 个、栖霞市 1 个、新疆 3 个、甘肃省 4 个、内蒙古 1 个、河北省 2 个、辽宁省 1 个。目前,公司黄金勘探、采选、氰冶、精炼、金制品加工、销售配套成龙,形成了完善的黄金上下游产业链条。多年来,公司高度重视矿山环保问题,积极创建绿色矿山。目前,山东招金集团已有 14 家企业通过"国家级绿色矿山"验收。

一、山东招金集团绿色矿山建设背景

　　招远市是一座因金而生、因金而兴的城市。黄金产业是招远市的支柱产业,也是招远市的最大特色、最大优势。然而,黄金产业在给招远市带来巨大财富的同时,开采、选冶过程中产生的工业"三废"也随之猛增。

(一)矿山废气污染日益加重

　　矿山生产过程中由于大量使用炸药、柴油机作为设备的动力等,不可避免地产生大量粉尘和有毒气体,这也是矿区大气污染的重要因素。此外,尾矿堆积产生的扬尘对矿区及周围环境产生严重影响,大风天气还易形成沙尘暴。废气和粉尘对农业生态环境也造成一定的破坏,影响植物光合作用,引起土壤板结。

(二)矿山废水污染十分严重

　　矿山生产过程中产生的废水主要有选矿废水、矿坑水、废石场淋水以及尾矿池废水等。矿山废水含有大量的重金属离子、酸碱、固体悬浮物及各种选矿药剂,个别矿山废水中还含有放射性物质,危害人体健康和其他动植物的生存。

(三)矿山废渣污染形势严峻

矿山废渣(尾矿)大致可以分为开采废渣(毛石)、选矿废渣(尾矿)和精炼废渣(氰化尾渣)三大类。这些尾矿不仅占用了大量土地资源,而且极易产生扬尘,尤其还是具有高势能的人造泥石流危险源,一旦失事,将会给下游群众的生命财产带来极大的伤害。

要解决矿山"三废"问题,必须将绿色矿山建设提上重要日程。在政府有关部门的规划、监管、引导下,作为招远市黄金产业发展重要支柱的山东招金集团积极投入到绿色矿山创建活动之中,义不容辞地担负起绿色矿山创建任务。

山东招金集团下属公司夏甸金矿、金翅岭金矿为 2011 年首批入选国家级绿色矿山试点单位;旱子沟金矿、岷县天昊、肃北金鹰为 2012 年第二批入选国家级绿色矿山试点单位;大尹格庄金矿、河东金矿、招金白云为 2013 年第三批入选国家级绿色矿山试点单位;金亭岭矿业、蚕庄金矿、招金北疆为 2014 年第四批入选国家级绿色矿山试点单位。另外,2019 年,公司下属的圆通矿业、铜辉矿业、丰宁金龙入选全国绿色矿山名录。截至 2021 年,包括四批入选国家级绿色矿山试点单位在内的公司所属 14 家金矿入选全国绿色矿山名录。

二、山东招金集团绿色矿山建设的主要做法

(一)文化引"创",全面打造绿色企业文化,引领绿色矿山创建工作

一是培育绿色矿山文化意识。近年来,山东招金集团教育干部及员工改变以往矿产资源只是一种资源的观念,牢固树立"矿山生命体"观念,积极履行企业社会责任,坚持资源开发的经济效益、生态效益、环境效益、社会效益并重原则,实现综合效益最大化。公司通过组织绿色矿山建设知识竞赛、绿色矿山建设演讲比赛、绿色矿山建设大家谈、我为绿色矿山建设提建议等活动,积极推进绿色矿山文化建设,引导公司干部及员工强化绿色矿山文化意识。

二是提高绿色矿山建设技能。公司组织危化品企业环保管理人员到中国黄金冶炼厂和恒邦冶炼厂等单位现场参观，学习先进的环保经验。组织全公司危化品企业相关负责人到内蒙古包头学习"黄金行业氰渣污染控制技术规范"。邀请烟台危化品管理专家对所属危化品企业管理人员进行危化品管理以及环保管理理论知识培训。委托烟台黄金学院对公司所有生产企业的管理人员进行环保封闭培训。通过一系列有针对性的环保培训，提高了企业环保管理人员的业务水平。

三是打造绿色矿山文化氛围。公司把绿色矿山文化建设作为铸魂、育人、塑形的战略措施，并将其贯穿于矿山企业生产经营的每个环节。每个矿山都打造了绿色矿山文化墙，定期进行绿色矿山文化广播，在微信公众号、微信群、微博定期推送绿色矿山文化信息，全面营造环保视觉和听觉文化氛围，让环保理念口号在矿区、车间都能被听得到、看得清，让公司干部、员工处在绿色矿山文化的包围之中，时刻牢记绿色矿山建设要求，积极践行绿色矿山建设理念。

（二）责任推"创"，严格落实环保责任制度，推动绿色矿山创建工作

一是确定环保目标。保护环境，决不能把污染留给社会、留给子孙后代，这是山东招金集团自上而下达成的共识。公司始终坚持"先要绿水青山，再要金山银山"的环保理念，确定了"污染物达标排放、杜绝重大环境污染事故、复垦绿化率不低于80%、可利用废物回收率90%以上"的环境保护目标，并用这一目标引领各项具体环保工作。

二是建立责任制度。山东招金集团实行"一把手"亲自抓、负总责的环保责任制度。每年公司与各企业层层签订"环保责任状"，并将环保目标纳入各级生产经济责任制考核之中，实行月检查、月考核制度，形成了一级抓一级、一级保一级的环保工作格局。公司坚持每季度召开一次环保工作会议，分析情况，解决问题，纠正不足，以保证各级环保责任制不折不扣地得到执行。

三是切实履行责任。山东招金集团作为国有企业，时刻不忘履行环保责任，切实解决企业周边的环境与发展问题。近年来，公司狠抓尾矿库、塌陷区、采空区的综合治理工作，采取压土植被、回填夯实、植树造林等有效措施，恢复生态平衡，改善环境质量。2016 年以来，山东招金集团已投入资金6 亿元，治理历史遗留塌陷区 16 个、回填采空区 120 万立方米、绿化植被

100万平方米,不但美化了矿山环境,而且实现了"蓝天、碧水、绿地"的环保目标,取得了良好的社会效益。

(三)管理促"创",积极强化环保管理措施,促进绿色矿山创建工作

一是依法依规治理企业。山东招金集团所属矿山依法取得各类环保手续批复和证照,扩建、改建项目均进行备案审批,依法取得排污许可证或排污备案登记,并按照排污许可要求定时缴纳排污税。危险废物经营企业依法取得危险废物经营许可证,并严格对危险废物进行管理。各企业按照环保部门要求开展清洁生产工作,并全部通过了清洁生产验收。积极响应国家碳达峰碳中和部署,切实降低电能消耗。实施电机系统节能改造,更换落后、低效电力变压器,安装电网降损节电器,实行电网经济运行控制。提升机采用变频自动化改造方式,节电量达到30%以上。

二是不断强化环保监管。山东招金集团及所属企业全部成立环境保护委员会,设置环境保护管理机构,并配置一批专职环保管理人员,设置环保总监,专职分管环保工作。同时,公司制定了环保责任制和环境监测、"三废"管理、环保现场管理等14项管理制度,并定期对各企业落实情况进行考核。各金矿都与环保服务企业签订了"环保管家"服务协议,公司针对环保管家发现的问题,每月组织对危化品企业现场进行环保整治,及时查处各类环保隐患。公司积极接受政府部门监管,针对政府有关部门在环保检查中发现的具体问题,建立专门的整改领导组织及环保问题台账,严格按照政府部门规定的时限与要求进行整改。

三是主动公示环保信息。山东招金集团严格按照项目环评及排污许可要求,定期对企业内部涉及的污染物、地表水、地下水、土壤、噪声等项目,委托有资质的检测机构进行取样检测。公司主动对环评、污染物排放情况、土壤检测、废水检测、废气检测、环境质量检测等环境信息定期进行公示,自觉接受群众和社会监督。

四是建立应急救援体系。山东招金集团根据国家颁布的《突发环境事件应急管理办法》要求,结合实际情况编制了符合其生产经营发展的《突发环境事件应急预案》,建立突发环境事件应急救援体系,落实各项风险防范措施,配足应急救援人员及物资。每年按照演练计划组织人员进行演练,提高企业应对突发环境事件的能力。

（四）科技助"创"，不断加大科技创新力度，助力绿色矿山创建工作

一是提升资源综合利用率。山东招金集团把提升资源综合利用率作为突破企业发展瓶颈的落脚点，先后实施了"低品位资源开发利用示范工程""高温高压环境下安全高效开采示范工程""氰化尾渣资源综合利用工程"三大工程，盘活低品位金金属量、深部资源金金属量，实现综合利用氰化尾渣66万吨/年。在将氰化尾渣有价元素"吃干榨净"的基础上，致力于打造无尾矿山建设。目前，已在河东金矿开展技术攻关，通过"粗尾砂制建材+细尾砂胶结充填"创新项目，实现了选矿尾砂"零排放"，为其他黄金矿山提供了成功范例，并在不少黄金矿山得到了推广应用。

二是建设现代化智慧矿山。近年来，山东招金集团积极建设现代化智慧矿山。自2018年开始，在大尹格庄金矿试点开展智能化矿山建设项目，现已完成"矿井无人化智能装备研制与工程示范""无人值守智能选矿及尾矿回填关键技术研究与开发示范""基于物联网的井下环境感知与安全健康生产研究与示范"及"面向智慧矿山的安全生产集成与监管平台"四个课题的攻关。投入资金1.36亿元，完成了覆盖116个数据场景、15个系统的矿山大数据及远程控制平台建设，为公司其他企业"智慧矿山"建设提供了经验。

三是探索粉尘治理新办法。近年来，山东招金集团与芬兰柏美迪康环保科技有限公司合作，在金翅岭金矿选矿厂二段破碎机前后、大尹格庄金矿井下破碎处安装了生物纳米抑尘系统，运用当今最先进的纳米级的生物材料，将抑尘纳膜制剂喷附在矿石表面，最大限度地抑制矿石在生产加工过程中产生粉尘。该技术使用纯生物制剂，对人体没有任何危害，并且使用成本低，不产生二次污染。该系统的使用使扬尘点的粉尘得到了有效控制，粉尘的总抑制率可达95%以上，在距离设备5米处基本无粉尘飘扬，操作工人在95%的时间内可以不用佩戴防尘口罩。

三、山东招金集团绿色矿山建设取得的初步成效

（一）打造优美的矿区环境

近三年来，山东招金集团投入环保资金2.6亿元用于生态恢复治理、烟气治理、污水处理、固废堆存治理等，持续多年开展"打造优美的环境"竞赛活动，促进绿色矿山建设。三年来，各金矿充分利用矿区自然资源，因地制

宜地建设"花园式"矿山,新增绿化面积100多万平方米,各矿山还不断地对矿区进行整体美化、绿化和地面硬化,修建了绿地、花园、长廊、喷泉和雕塑等,矿区植被覆盖率达到80%以上,使企业真正实现了山清、水秀、景美。公司先后获得了山东省循环经济示范企业、山东省环境友好企业称号。

(二)提高资源利用效率

近年来,公司所属矿山对尾矿、废石等固体废物进行分类处理,实现了资源综合合理利用。在保证不产生二次污染的前提下,将矿山固体废物用于充填采空区、治理塌陷区、作为建筑材料等。在矿山生产过程中从源头上减少废水产生,实施清污分流,充分利用矿井水,循环利用选矿水,选矿废水重复利用率达到85%以上。矿坑涌水在矿区自用的前提下,余水作为生态、农田等用水;生活废水达标处置,充分用于场区绿化等。

(三)树立良好的企业形象

近年来,山东招金集团坚持企地共建、利益共享、共同发展的办矿理念,积极履行社会责任,加大对矿区群众的教育、就业、交通、生活、环保等支持力度,改善群众生活质量,促进社区、矿区和谐,实现办矿一处、造福一方。公司下属蚕庄金矿上庄矿区积极回应周边群众诉求,投入500余万元资金,用于周边村庄修路、打井、建设文化活动场所等,帮助村民改善生产生活条件,提升群众幸福指数。通过开展村企共建活动,既造福了地方百姓,也树立了良好的企业形象。

四、山东招金集团绿色矿山建设的重要启示

(一)政府监管不可缺位

矿山企业为了追求自身的经济利益,往往容易忽视生态环保问题,结果使"高投入、高消耗、高污染"的生产方式膨胀,导致资源锐减、环境污染、生态失衡等一系列严重问题。为此,政府有关部门必须发挥好绿色矿山建设的规划、引导和监管作用。加大矿业权行政审批支持力度,开采指标、矿业权投放等优先向绿色矿山安排。在土地利用年度计划中优先保障新建、改建、扩建绿色矿山等合理的新增建设用地需求。财政资金应向绿色矿山建设倾斜,统筹安排用于矿山生态环境治理、重金属污染防治、土地复垦等方

面。自然资源、财政、环境保护、应急管理、水利、公安等部门要建立健全上下联动、横向互通的执法机制,加强对绿色矿山建设的监管工作。

(二)文化建设不可忽视

文化有强大的渗透性、自觉性,它可以渗透到社会各领域和人的内心,成为信仰、观念等,使人们发自内心地主动保护生态环境。在矿山企业生产建设过程中,生态破坏行为的发生与人们普遍缺乏自觉的矿山环境保护意识,缺乏稳固的生态环境保护理念,即缺乏绿色矿山文化有关系。理念是行动的先导,只有从文化的层面帮助人们调整观念,并构建一种与之相适应的文化支撑系统,才能从根本上提高人们保护矿山环境的自觉性。生态文化是人与自然协调发展的文化,是矿山环境保护的基石。矿山企业进行生态文化建设是绿色矿山建设的重要方面,加强矿山生态文化建设就是要让保护环境、维护生态平衡成为矿山企业的精神风范,成为矿山企业的价值观念,并渗透到矿山企业的生产经营全过程中,达到经济发展和环境保护协调统一。

(三)环保责任不可推卸

保护环境是全人类共同的责任,更是每个国家、每个企业、每个员工必须承担的、不可推卸的重大责任。习近平总书记强调,"要牢固树立生态红线的观念""在生态环境保护问题上,就是要不能越雷池一步,否则就应该受到惩罚"①。绿色矿山建设是企业主动适应国家生态文明建设和经济高质量发展的必然选择。矿山企业要千方百计、不折不扣地落实主体责任,重点抓好矿山设计、建设、采矿、选矿、地质环境恢复治理、闭坑等关键环节绿色矿山建设要求的落实,实现资源节约集约利用,落实节能减排目标,改善生态环境,促进矿地和谐,实现绿色发展。矿山企业应采用绿色开采方式,尽量减少对地质环境的破坏。在开采过程中,做到边开采、边治理,严格执行矿山地质环境恢复治理相关制度,积极履行矿山地质环境恢复治理义务,最大限度地预防和减少矿业活动对生态环境造成的污染和破坏。

---

① 中共中央宣传部编:《习近平总书记系列重要讲话读本》,学习出版社、人民出版社 2014 年版,第 127 页。

（四）科技作用不可替代

当前，环境科技已成为世界各国促进可持续发展最为重要的手段之一，众多环境问题的解决更加依赖于科学技术的发展。绿色矿山建设离不开科技创新。要重视应用技术研究，支持环保技术综合、技术集成和成果转化，同时加强应用基础研究，真正发挥科技在环保工作中的支撑和引领作用，促进绿色矿业的可持续发展。目前，污染防治技术的研究重点要从末端治理向全防全控转变。要把绿色科技融入各个领域，从环境问题产生的根源上采取措施，寻求可持续的生产和经营方式，从而使环境与发展相协调。矿山企业要加快绿色生产技术的研发速度，形成具有自主知识产权的核心技术、关键技术，促进环境问题的根本解决。要大力开展采选冶新工艺、新技术、新方法的科技攻关，加强共伴生矿产的勘查、开采和综合回收利用，提高矿产资源勘查、开采水平和资源利用效率。

中共招远市委党校课题组负责人：郭利

课题组成员：王志国　付晶

金山绿山共生共存 人与自然和谐发展

——山东黄金归来庄矿业有限公司建设绿色矿山典型案例

习近平总书记在深入推动黄河流域生态保护和高质量发展座谈会上强调,要坚定不移走生态优先、绿色发展的现代化道路。加强矿山自然生态环境的保护与治理,是促进资源开发利用和生态环境保护相协调的必然要求,是生态区建设的重要内容。对于矿业行业来说,发展绿色矿业、建设绿色矿山正是落实习近平生态文明思想的重要举措。

一、归来庄矿业绿色矿山建设背景

(一)国家重视绿色矿山建设

2010 年国土资源部下发《关于贯彻落实全国矿产资源规划发展绿色矿业建设绿色矿山的指导意见》(国土资发〔2010〕119 号),随文附带了《国家级绿色矿山基本条件》。这是第一份以官方文件的形式提出的建设"绿色矿山"的明确要求,也是后来绿色矿山发展的指导性文件,此后我国绿色矿山建设进入发展的快车道。2018 年,自然资源部发布了九大行业绿色矿山建设规范,标志着我国矿业行业的绿色矿山建设进入了"有法可依"的新阶段,对我国矿业行业的绿色发展起到有力的支撑和保障作用。

(二)平邑县绿色矿山建设走在前列

平邑县为矿产资源大县,矿种较多,储量大。境内已发现 35 种(含亚矿种)矿产。特别是金(银)、石膏、花岗岩、石灰岩四种矿产,储量大、矿石品质好,并有良好的找矿前景和巨大的资源潜力。但是在很长一段时间内,平邑县矿山开采存在数量多、规模小、产能低、粗放式等问题,给当地生态造成一定程度的破坏。近年来,平邑县将原来的200余家矿山整合为20家,基本实现国有资本对矿山的控股,并逐步形成了以大型矿山企业为主导,各类矿山企业安全协调发展的新格局,推动矿产资源开发利用逐步走上科技含量高、经济效益好、环境污染少的新路子。2020年10月,平邑县在全市率先、超额完成绿色矿山建设任务,夺取了全市绿色矿山建设的"红旗"。其中,山东黄金归来庄矿业有限公司迈步在前,积极探索,成为平邑县绿色矿山建设中金山与绿山共生共存、人与自然和谐发展的一大亮点。

(三)在绿色发展中前行的归来庄矿业

山东黄金归来庄矿业有限公司的前身系山东省平邑归来庄金矿,始建于1992年,于2009年加入山东黄金集团,是一座集采、选、冶于一体的现代化黄金矿山,也是山东黄金集团的骨干企业和平邑县的支柱企业。

归来庄金矿建矿初期,采用露天方式进行开采。近20年的大规模露天开采对地质环境产生了明显的影响,甚至造成突出的环境地质问题:露天开采形成的深达160米、长550米、宽380米的大采坑,在开采方式转入地下开采后,逐渐出现边坡失稳情况;采矿时剥离的围岩都运往废石场堆放,累计堆放废石达3000万吨,形成垂直高度一般为40~50米,最高达到70米,占地总面积达30万平方米的废石山。久而久之,采矿引发的环境问题越来越明显,一遇到刮风,矿区便漫天黄土,且尾矿含有剧毒,很容易污染环境,同时存在滑塌及渣石流地质灾害隐患,制约了矿区生态地质环境的良性发展,并成为公司可持续开发建设的绊脚石。

为对矿区生态进行修复,公司自1997年开始进行调研,制定研究方案、实施计划和开展各种试验研究工作,并一直按照计划和方案进行综合治理。2006年,归来庄金矿开始筹建地质矿山公园,对废石山进行覆土绿化,对矿坑进行无害化处理,利用矿床属蚀变角砾岩型具有很高的研究价值和观赏价值的特点,打造中心广场公园、宝坑、奇石一条街、黄金广场、尾矿库、石魂阁等十数个景点,建成以展示黄金生产、工作场景、地质地貌、生态恢复为主的黄金矿山公园,为矿区增添一抹绿色,为周边群众提供一处休闲景点,既维护了良好的生态环境,又促进了矿地和谐。

2009年归来庄金矿加入山东黄金集团,成立山东黄金归来庄矿业有限公司(以下简称"归来庄矿业")后,坚持资源开发与环境保护并重的原则,倡导以最彻底的末端治理还原和再造绿色矿区生态环境,最终实现矿山发展与生态环境优化共进,用实际行动践行了"山东黄金、生态矿业"发展理念。公司连续4年顺利通过了"质量、环境、职业健康安全"三个体系认证工作;先后荣获山东省科学管理资源节约型十佳典范企业、全国矿山环境保护优秀企业、中华(宝钢)环境优秀奖、国家级绿色矿山、国家级矿山公园、全国工业旅游示范点、全国安全文化建设示范企业、国家黄金协会"明星企业"、山东省高新技术企业、沂蒙功勋企业等荣誉称号,实现了矿山环境保护与经济发展的双赢。

二、归来庄矿业绿色矿山建设的重要举措

山东黄金归来庄矿业有限公司在矿山开采伊始就开展了创建绿色矿山的尝试,探索出一条资源开发和环境保护协调发展的矿业开发新路子,发展矿业循环经济,科学合理利用资源,全面保护矿区自然生态环境的现状,实现矿山与自然生态环境的和谐。

(一)明规划:科学制定绿色矿山建设规划方案

2011年6月,山东黄金归来庄矿业有限公司委托山东省地质环境监测总站牵头编制《山东平邑归来庄金矿国家级绿色矿山发展建设规划(2011~2020)》。其按照国土资源部(现自然资源部)"国土资发〔2010〕119号"文件和《国家级绿色矿山建设规划技术要点和编写提纲》编制,并按要求于2011年11月12日分别报送省国土资源厅规划处及中国矿业联合会绿色矿业办公室备案。

2019年1月,山东莱德矿产资源技术咨询服务有限公司编制了《山东黄金归来庄矿业有限公司归来庄金矿绿色矿山建设实施方案》并通过矿协组织的专家评审。2019年10月,公司重新对规划进行了修编,编制了《山东黄金归来庄矿业有限公司归来庄金矿绿色矿山规划方案(2019~2021)》,以全面落实山东黄金集团绿色矿山建设规划要求。

(二)重生态:大力推进矿区生态环境修复治理

组织实施"三无"矿山绿色工程研究,进行矿山生态环境治理和恢复。将选矿的尾渣作为隔水材料覆盖在原来露天开采剥离的废石山上面,覆土

后种植刺槐、马尾松、塔松等树木 160 多万株。对废石山中央形成的洼地进行有效的防渗处理,利用天然降雨形成人工湖泊。如今,里面盛长着芦苇,栖息着野鸭、青蛙等,成为矿区一大特色景观。

按照创建工业旅游示范点标准进行工业旅游开发,开展绿化、硬化、美化、亮化工程,打造"井下是工厂、井上是花园"的环保型矿山。先后进行环露天采场游览道路和多条通往矿山景区的道路硬化,硬化里程达 8000 多米,硬化面积 90000 多平方米,建设景点 12 处,布设奇石 1000 多块,形成了四季草青树绿、三季鸟语花香的和谐自然之美,营造了良好的生态小气候,实现了矿区与周边环境的和谐共融,提高了公司作为绿色生态矿山在社会上的品牌效应。

(三)强科技:注重依靠科技创新建设数字化矿山

大力实施"科技兴矿、科技兴安"战略,依靠科技进步实现矿山绿色发展。自 2010 年至今累计投入科技资金 1 亿多元。

加强产学研结合,设立采、选、冶、水、电等课题组,与北京科技大学、东北大学、长沙设计院等多家院所合作,开展技术研究和项目攻关。先后完成科研、技改项目 100 余项,9 项获黄金系统科技进步奖,6 项通过了省部级鉴定,并获国家级、省部级奖项。其中"全泥氰化尾矿处理新工艺"获得国家科技进步三等奖、国家环保局科技进步三等奖;"硬岩高应力灾害孕育过程的机制、预警与动态调控关键技术"获得国家科学技术进步二等奖;公司新研发的"光电式智能松绳保护装置"等 23 项成果,有 5 项取得国家发明专利权,18 项取得实用新型专利权。2013 年公司被评为"山东省高新技术企业"。以上成果不仅很好地解决了全泥氰化的"三废"问题,而且年增效益 8000 多万元。

积极采用新工艺、新技术和新设备,"三率"指标在国内同类矿山中处于先进水平。积极开展矿山数字化、标准化、信息化建设,实现选矿生产流程、井下排水系统自动化远程操控;提升系统、井下变配电系统无人值守;露天边坡实现24 小时实时监测。2012 年,投资 1000 多万元建设完成高标准应急指挥中心,搭建了向实现数字化矿山、本质安全化矿山发展的平台。该中心可以24 小时对公司采、选、冶、变电、排水、通风等重要工作面及重要生产场所、设备进行监控,现场画面可在应急中心 DLP 大屏上实时显示;可对井下作业人员进行定位,通过井下应急广播指挥系统,一旦发生险情,调度员可通过声、光等方式立即通知井下作业人员及时撤离。新技术、新设备的投入使用,对提升安全工作管理水平、安全质量标准化达标起到了积极作用,目前公司为安全质量标准化二级企业。

(四)研细节:积极促进节能减排与资源高效开发利用

进行节能项目建设。先后投资 2600 多万元,购进地源热泵新型技术,利用地下水资源进行地热空调的开发利用,年节电 20 万 kW·h。新建 35kV 供电站一座,对不合理的供电线路进行调整,年节电 230 万 kW·h。积极推广应用绿色照明灯具,选矿车间改用无极灯照明,井下更换为 LED 灯照明,投资 120 多万元建成太阳能浴池及太阳能路灯,年节约电耗 30 万 kW·h。投资 1000 多万元,对矿区排水系统进行改造,年节电 250 万 kW·h,节约排水费用 1300 多万元。

科学处置含氰废水。采用"全泥氰化炭浆吸附提金新工艺",通过尾矿压滤,滤液返回流程循环再利用,真正实现了选矿生产含氰废水零排放,生产废水循环利用率达 100%。与长春黄金研究院合作,对"尾矿浆 OOT (Ozone Oxidation Technology,臭氧氧化技术)直接破氰"进行研究并确定最终方案,含氰尾矿浆经无害化处理后,含氰尾矿可达一般工业固体废物Ⅱ类标准。自 2010 年 10 月开始累计投入资金 2100 多万元,完成尾矿库综合防渗治理等工作。

按规定处理污水及危险废物并减尘降噪。投资 100 多万元建设一座 500 立方米每天处理量的污水处理站,生活废水均经处理达标后回用,厂区实现雨污分流、清污分流。井下对凿岩、装运过程中产生的粉尘进行喷雾洒水;选矿工艺采用振旋栅洗涤除尘器;运输道路、尾矿库定时洒水降尘,空气质量满足《环境空气质量标准》的规定。对空压机、风机、破碎机、球磨机等设备采取减振、隔音和设置操作隔离间等措施,大大降低噪声污染。生活垃圾分类收集,生产中产生的废矿物油、废油桶、铅酸电池等危险废物,统一转移至有资质的单位处置。

提高资源利用率。积极开展"进路式采矿和胶结充填工艺"等技术研究,矿石损失率与贫化率分别为 1.43% 和 5.52%,采矿回采率达 95% 以上。实施选矿工艺技术改造,改造后磨矿细度由原来的 84% 提高到现在的 95% 以上,综合回收率由原来的 86% 提高到 91% 以上,取得了明显的经济效益和环境效益。

解决废石及边帮矿处理难题。井下产生的废石作为井下充填材料的骨料和尾矿干堆场的筑坝材料,减少了充填量,节约了充填成本。对露天边帮难回采的矿体,与东北大学合作研究,对边帮矿开采运用混凝土置换的方式,既保证了边坡的稳定性,又充分回采了边角矿石。"边帮矿回采技术研究"解决了露天边帮矿的难题,使得两帮的矿石回采变得可能,仅这一项研究就将为公司带来上亿元的利润。

(五)促和谐:努力提升企业软实力及建设和谐矿区

把企业文化建设融入企业管理,从思想领域引领公司员工在精神上实现崛起。每年开展职工运动会、联欢晚会、猜灯谜、书画展、演讲比赛等系列文体娱乐活动,丰富职工的业余文化生活。每年为公司员工免费进行健康查体,对特困职工进行帮扶救助。为改善职工生产生活环境,扩建更衣室、浴室,对职工家属院进行暖气改造,新建设施齐全的职工餐厅,每月给员工补助一定的餐费,实现了让劳动者"体面劳动、尊严生活"的愿景,公司凝聚力不断增强。

努力追求企业发展、社会责任的有机统一。与地方政府和周边群众密切配合,同甘共苦、互相支持,共同为发展当地经济添砖加瓦,建立了良好的协作格局。先后投资 200 多万元,为周边村庄进行水、电、路工程改造。免费为驻地周边村庄 5000 人提供农田生产灌溉用水。每年援助周边村庄的学校建设、文教事业等,构建了"企地和谐"的良好发展格局。

三、归来庄矿业绿色矿山建设的启示

绿色矿山建设是生态文明建设在矿业领域的具体体现,是矿山企业实现绿色可持续发展的必由之路。山东黄金归来庄矿业有限公司现有员工 1100 余人,固定资产 10.82 亿元。截至 2020 年,累计生产黄金 36.85 吨,实现利税 25.5 亿元。在国内所有的露天黄金矿山中,归来庄矿业是生态修复最完整、绿化植被覆盖率最高、地质地貌保持最好的矿山之一,也是全国黄金矿山中唯一的国家级工业旅游示范点。归来庄矿业始终秉承"既要金山银山,更要绿水青山"的发展理念,怀着"不给环境生负担,只为人类作贡献"的强烈的社会责任感,长期规划和短期目标相结合,经济效益和生态效益相补充,走出了一条人与自然和谐发展的绿色矿山建设新路子,也给绿色矿山建设实践带来很多有益的启示。

(一)牢固树立新发展理念

从历史上看,人类对于绿色矿山的认识经历了一个逐步深化的过程,从最初的矿区植被保护和环境美化到强调对矿产资源的综合利用,再到注重科学、和谐发展,绿色矿山被赋予越来越丰富的内涵。对于矿山建设者来说,深刻理解绿色矿山的内涵,深入贯彻落实习近平生态文明思想,打破传统思维模式,牢固树立新发展理念,对于绿色矿山的建设至关重要。

正是归来庄矿业上下统一思想,坚持"绿水青山就是金山银山"的绿色发展观,积极贯彻落实创新、协调、绿色、开放、共享的新发展理念,才使公司在发展过程中能够始终坚持正确的发展道路,不是以牺牲环境为代价盲目扩大产能,而是围绕生态矿山建设,统筹资源开发与生态环境协调发展,扎实推进绿色矿山建设。

(二)坚持依靠科技创新

科技创新是高质量发展的根本动力,也是绿色矿山的底色。绿色矿山建设是一项复杂的系统工程,在科学、合理、有序地开发利用矿山资源的过程中,尾矿处理、节能减排、循环利用、安全环保等方方面面的改进都需要科技力量的支撑。

从归来庄矿业的发展历程看,早期虽然有保护矿山环境的意愿,但是受当时的技术装备、生产工艺、资金规模等条件制约,只能在有限的范围内进行低水平的生态修复。加入山东黄金集团后,归来庄矿业逐渐加大科研资金投入,加强与科研院所和大专院校的合作及项目来往,建立长期的科技研发平台,为矿山生产工艺和技术的研发升级提供技术支撑。归来庄矿业依靠科技进步,降低生产成本,集约利用资源,提高科技研发在矿山开发中的比重,通过使用新技术、新工艺、新设备提高资源综合利用率,使矿山获得了良好的资源效益、环境效益、经济效益和社会效益。可见,只有提高科技在矿业领域的赋能作用,绿色矿山建设才能持久。

(三)始终秉持以人为本的原则

矿山企业不能脱离社会独立存在,不是单纯追求经济利益的经营主体。作为国家矿产资源开发的支柱,矿山企业不仅要为行业和国家作贡献,而且要承担起社会责任,体现出企业的社会价值。如果只有企业发展,而没有员工和当地居民经济条件等的相应改善,那么企业在当地也无法长久持续地做下去。

绿色矿山建设要始终秉持以人为本的原则,就要重视矿区自然环境和人文环境的和谐发展,妥善处理好企业发展和员工发展的关系、矿业开发和当地环境的关系以及企业和周围居民的关系。履行社会责任,积极参与社会公益活动,通过扎实的工作和持续的改进树立更加优秀的企业形象。密切配合地方政府,构建村企和谐沟通机制;加大对周边社区的扶持力度,通过村企合作项目实现企地共建、企地双赢。按照企地双方自愿、优势互补的原则,完善与周边村结对机制,努力形成活动经常化、合作项目化、形式多样化的工作格局。

(四)统筹算好生态账和社会、经济效益账

保护生态环境就是保护生产力,改善生态环境就是发展生产力。绿色矿山建设过程中,不可避免地会遇到投资和成本收益的问题。要经济效益还是要绿色生态? 习近平总书记早就对此作出了明确回答:保护生态环境就是保护自然价值和增值自然资本,就是保护经济社会发展潜力和后劲,使绿水青山持续发挥生态效益和经济社会效益。①

归来庄矿业在绿色矿山建设过程中,深刻理解"绿水青山就是金山银山"这个重要理念的精神内涵,统筹算好生态账和社会效益、经济效益账,在生态投资面前不含糊,在绿色发展方面不讲价钱,不计较一时的利益得失,看长远、谋大局。对有利于绿色矿山建设的项目,坚决给予支持和保障;对有利于当地社会发展的工程,想方设法推进。采矿活动与生态环境保护相协调,生态效益和经济、社会效益共提升,脚踏"绿水青山",肩扛社会责任,归来庄矿业的绿色发展道路越走越宽阔。

中共平邑县委党校课题组负责人:耿玉东

课题组成员:左守兵　王芳

---

① 参见黄守宏:《生态文明建设是关乎中华民族永续发展的根本大计(深入学习贯彻党的十九届六中全会精神)》,《人民日报》2021 年 12 月 14 日。

邹城市以采煤塌陷地治理助力绿色发展

邹城市境内煤炭资源十分丰富,煤炭开采给地方带来丰厚的经济效益的同时,也带来了生态环境的破坏。邹城市委、市政府从维护人民群众根本利益的高度出发,坚持"绿水青山就是金山银山"的理念,倾全市之力快速推进采煤塌陷地治理工程,将采煤塌陷区修复为提供生态产品、促进经济发展的自然生态系统,加速"黑色经济"向"绿色经济"转型,走出了一条颇具特色的生态治理及生态产品价值实现之路。

一、邹城市推进采煤塌陷地治理的背景

2012年11月,生态文明建设作为"五位一体"总体布局的一个重要部分写入党的十八大报告,我国生态文明建设步入"快车道"。如今,习近平总书记提出的"绿水青山就是金山银山"发展理念已经成为全社会共识,邹城市对采煤塌陷地的有效治理正是习近平生态文明思想的生动实践。邹城市位于山东省西南部,是孟子故里、国家级历史文化名城,境内煤炭资源十分丰富,年产原煤近1883万吨。太平镇位于邹城市西部,辖区内有鲍店煤矿、横河煤矿、太平煤矿、里彦煤矿4座煤矿,年产原煤1000万吨,占邹城市年产量的53%以上。煤炭开采给地方带来丰厚的经济效益的同时,也形成了大量的采煤塌陷地,破坏了生态环境,影响了群众生活和社会稳定,制约了城市发展和经济社会可持续发展。

首先,土地资源遭到破坏。太平镇原来是以农业为主的平原地区,随着塌陷区的不断扩展,大量优质农田成为塌陷积水区和沼泽地,土壤酸化,营养流失,农田水利设施遭到破坏,高产农田退变为低产田乃至绝产田,昔日的鲁西南粮仓变为鲁西南粮荒。

其次,社会矛盾不断激化。地面塌陷导致33个村庄发生房屋垮塌、河堤和道路进裂,11个村庄沉陷,严重威胁区域内3.6万人的生命和财产安全。由于地面塌陷,农民失去赖以生存的土地,生活来源没有保障,产生恐慌和不安。群众到各级政府上访事件频繁发生,社会不安定因素增加,地方政府背上了沉重的财政和社会包袱,经济社会可持续发展面临严峻挑战。

最后,生态环境不断恶化。泗河从治理区西侧流过,白马河横穿其中,最后往南汇入我国北方最大的淡水湖、山东省省级自然保护区、中国重要湿地——微山湖。多年的煤矿开采造成了土地的破坏和压占、塌陷区积水,不仅破坏了植被资源,还污染了环境。尤其是废弃的煤矸石已成为治理区和微山湖的水污染源之一,对周边生态环境产生了严重的影响。

近年来,邹城市从维护人民群众根本利益的高度出发,牢固树立创新、协调、绿色、开放、共享的发展理念,坚持高起点规划、多元化投入、高水平施工,倾全市之力快速推进采煤塌陷地治理工程,取得了较为显著的经济效益、社会效益和生态效益。太平国家湿地公园2013年12月被国家林业局纳入国家湿地公园建设试点,2018年12月通过验收,正式成为"国家湿地公园"。

二、邹城市推进采煤塌陷地治理的主要做法

邹城市委、市政府坚持"绿水青山就是金山银山"的理念,立足于本地区域特点、资源优势、开发现状以及经济技术基础等,积极与区域内采煤龙头企业兖矿集团(现山东能源集团)协商,按照政府主导与企业实施的"双管齐下"治理模式,政企协作的"双重保障"机制,生态修复与产业发展的"价值实现"路径,在太平镇实施以采煤塌陷地治理、地质灾害搬迁、生态产业发展为核心的"绿心"工程,将采煤塌陷区修复为提供生态产品、促进经济发展的自然生态系统。2020年11月6日被自然资源部纳入"生态产品价值实现典型案例",成为山东省唯一一个县级市被纳入该案例的项目,大大提高了湿地公园在全国的知名度。

(一)坚持政治为舵,做好规划先行的顶层设计

规划是发展的先导,高标准规划引领高质量发展。邹城市坚持全面保护、生态优先、突出重点、合理利用、持续发展的原则,聘请山东省城乡规划设计研究院、中国美术学院、重庆大学等科研院所编制了《邹城市采煤塌陷

地综合治理规划》和《山东邹城太平国家湿地公园总体规划》，拍摄太平湿地公园申报国家湿地公园专题片。积极对上协调沟通，努力申请将采煤塌陷地治理项目纳入省级、国家级项目盘子，获得中央专项扶持资金 3.6 亿元，为采煤塌陷地初步治理奠定了资金基础。此外还编制了《太平国家湿地公园修建性详细规划》《邹城市太平镇湿地公园+新六产乡村振兴滨河示范区规划》和《都市区绿心项目规划》，使采煤塌陷地生态修复治理既有"规划图"，又有"施工图"，实现了控制性详细规划全覆盖。将治理区域分为"非沉降区、稳定沉降区、正在沉降区和待沉降区"四类，统筹规划居民搬迁安置区、生态修复区和特色产业发展区，建设集生态旅游、绿色产业、高精化工产业和高新技术产业于一体的"产城融合发展新高地"，为采煤塌陷地治理指明了方向、明确了路径。

（二）坚持生态为基，做好科学环保的生态修复

习近平总书记强调，生态是资源和财富，是我们的宝藏。多年的开发通常会给资源型城市留下生态后遗症，生态修复是摆在资源型城市面前的"必答题"。邹城市对采煤塌陷地生态修复进行了有效探索。首先，按照"政府主导、企业参与、市场运作、合作开发"的生态修复和产业发展思路，以"谁治理、谁受益"和修复项目建设权、运营权、收益权"打包"确定实施主体等方式，积极引导山东能源集团、社会资本中电建路桥集团有限公司和博天环境集团股份有限公司、本地企业圣城公司等开展太平国家湿地公园等项目建设，实施塌陷地地质灾害治理和压煤村庄搬迁等工程。其次，区分浅水、深水和稳沉三类塌陷区，开展分类治理，有机衔接湖泊、湿地、森林、农田四大生态系统，建立以湿地为核心的自然生态系统。以固氮植物为主，采用"夏—冬"交替、"挺水—浮水—漂浮—沉水"层次错落的立体绿化模式，构建水生植物群落和完整的"草—鱼—鸟"水生生物链，丰富区域生物多样性。最后，通过造林绿化奖补、土地流转补贴等政策，鼓励承包荒山、荒沟开展集中连片植树造林，推行工程造林、专业队造林模式，实现"线上"生态廊道多层添绿，"面上"统筹城乡多元覆绿。

（三）坚持发展为要，做好富民惠民的特色产业

依托采煤塌陷地治理后形成的独特的自然生态系统，发展"农林渔文旅"生态产业，增加农民收入，满足人民对美好生活的向往。首先，对塌陷程

度较轻、满足农业复垦条件的,采取"分层剥离、交错回填、土壤重构"技术手段,治理和恢复耕地。充分利用修复后的耕地发展高端苗木花卉种植产业,不断有苗木花卉种植基地落户太平。例如横河彩叶树基地、胜邦花卉苗木基地、莱太花卉基地等,苗木花卉产业逐渐成为太平镇经济新增长极。发展高效食用菌产业,创建采煤塌陷区食用菌工厂化生产基地,依托工厂化栽培,发展食用菌精深加工、商贸物流及食用菌研发等上下游环节,形成了食用菌"良种繁育—工厂化栽培—功能性食品开发—菌渣综合利用—农作物种植—农业废弃物利用"的生态循环经济产业链条。其次,对塌陷严重、积水深的区域,在将其改造成鱼塘的基础上,2019 年 9 月引入浙江清湖控股集团发展"靶向珍珠养殖"产业,利用专有技术在塌陷水域中培养藻类和菌类共生体,模仿自然界水生态的自我修复功能,将污染源转换成食物链源头的有机营养,并通过贝类、螺类、鱼类的定期循环捕放,建立稳定的纯生态食物链系统和有机营养物排出系统,最终实现塌陷水域的水质净化和珍珠养殖。最后,深度挖掘邹城历史文化底蕴,配合太平国家湿地公园独有的自然风光,发展生态旅游产业,打造生态+文旅创新示范区。在湿地公园内规划建设观澜书院、古塔禅林、汤家花园、柳澳渔村等文化旅游项目,积极发掘当地民俗文化,通过观光采摘、农耕体验、捕鱼观赏、休闲垂钓等活动,让游客在观赏美景的同时体验当地特色文化。

(四)坚持民生为本,做好殷实安康的民生保障

民生是为政之要,必须时刻放在心头、扛在肩上。邹城市在治理采煤塌陷地的过程中始终坚持以人为本,积极联系企业开展"安居工程"。投资约 20 亿元,在北临孟子大道、东临鲍太路、西临幸福河路建设了 75 万平方米的新民居。对湿地公园范围内的黄厂、前鲍、中鲍、后鲍、平阳寺等 10 个村庄及原平阳寺镇驻地各企事业单位进行整体搬迁,涉及群众 5000 余户共 17000 余人。新区配套建设了自来水厂、污水处理厂、垃圾处理站,各村分别建设文化大院、健身广场,配套建设大型文化休闲娱乐社区绿地公园以及农资集贸市场、大型购物商场、幼儿园、中小学、卫生院、社区服务中心等,实现水、电、路、燃气、暖气、宽带、闭路电视等"八通",基础设施达到城镇化水平,居民生活环境取得极大改善。

三、邹城市推进采煤塌陷地有效治理取得的成效

（一）"黑色"变"绿色"，生态效益突显

经过综合的生态修复治理，生态"伤疤"成为生态景观，生态效益日益凸显。首先，通过栽树植草、植树造林，湿地内植物生长茂盛，水生动植物种类十分丰富，各类乔灌木达到 10 万余株，维管植物增至 400 多种，鸟类由原来的75 种增至 167 种。其中国家级保护珍稀鸟类 14 种、国际濒危鸟类 7 种，被誉为"鸟中大熊猫"的震旦鸦雀和世界极度濒危物种青头潜鸭纷纷现身。太平国家湿地公园 2017 年获评"山东最美湿地"，2019 年获得"山东省湿地科普教育基地"。其次，通过靶向珍珠养殖和生物链治水技术，每万亩每年可处理 50 万头猪等量级规模的畜禽养殖排泄物，生态公园内的水质由劣 V 类提高为地表 III 类，化学需氧量、氨氮等指标大幅下降，园内环境越来越美，成为全国煤矿塌陷区新生湿地生态修复的示范区。

（二）治理兼发展，经济效益显现

通过挖掘生态经济价值，昔日的"生态包袱"逐渐成为邹城高质量发展的"生态名片"，经济效益逐渐显现。首先，通过利用修复后的耕地发展高端苗木花卉种植产业。目前苗木花卉种植面积达到 211 万平方米，年销售各类成品苗木花卉 90.65 万株，年销售收入 1.36 亿元。食用菌种植面积不断扩大，全镇相继建成了常生源、友和、福禾、福友等多家大型食用菌种植加工企业，从事食用菌行业工作的群众近 3 万名，平均年产各类食用菌 30 万吨，产值30 亿元。生产的金针菇、秀珍菇、茶树菇等通过 ISO 9001 质量管理体系认证和 HACCP 质量控制体系认证，产品出口俄罗斯、德国、西班牙等十多个国家和地区，邹城蘑菇因此入选中国农业品牌目录、2019 农产品区域公用品牌。其次，靶向珍珠养殖项目从落地以来，规模逐步扩大，目前投资近 2 亿元，已完成 31 个采煤塌陷地池塘建设，挂养河蚌 150 万只，每年的直接经济效益达 5800 万元，净利润率为 58.1%。同时，通过水质的不断改善，珍珠产品产业链条也在不断延伸，昔日的采煤塌陷地被打造成具有"珠光宝气"产业特色的珍珠岛。最后，生态环境的改善、生态产品的推广吸引了国内外大量游客来邹城观光旅游。公园年接待游客达到 567 万人次，带动旅游消费85.2 亿元。经过 10 年的建设，公园已经成为集生态保护、科普教育、文化展

示、观光旅游、湿地产业等多功能于一体的、人与自然和谐共生的湿地公园。

(三)安居亦乐业,示范效应强劲

营造安居乐业的美丽家园是采煤塌陷地治理的根本目的。首先,通过实施"幸福新城"小城镇建设,完善生活设施,居民生活环境得到极大改善,社区面貌发生了翻天覆地的变化,人民群众生活更方便、更舒心、更美好。其次,以靶向珍珠养殖项目为核心,建设"渔樵耕读"田园综合体和济宁都市区"绿心"项目。发展带动1200名周边村民实现"家门口"就业,每年各类劳务收入超过5000万元,带动了周边5000户村民发展设施农业、养殖等产业,每年实现直接经济效益6800万元,人均增收3000余元,使采煤塌陷地每亩每年创收近3万元,居民收入持续较快增长,人民生活质量不断提高,人民群众的安全感、获得感和幸福感大幅提升。

四、邹城市推进采煤塌陷地有效治理的启示

(一)必须把习近平生态文明思想作为根本遵循

习近平总书记指出:"建设生态文明是关系人民福祉、关乎民族未来的大计,是实现中华民族伟大复兴中国梦的重要内容。"[1]要把生态环境保护放在更加突出的位置,像保护眼睛一样保护生态环境,像对待生命一样对待生态环境。习近平总书记的重要论述为我们做好生态环境保护和采煤塌陷地治理提供了根本遵循和根本方向。邹城采煤塌陷地的有效治理实践,生动地诠释了习近平生态文明思想的科学性和正确性,彰显了"两山"理论的强大生命力。实践证明,良好的生态环境既是自然产品、生态产品,也是经济财富、社会财富,能够带来实实在在的环境效益、经济效益和社会效益。经济发展不能以破坏生态为代价,要坚决摒弃以牺牲生态环境换取一时一地经济增长的做法。在生态环境保护上一定要算大账、算长远账、算整体账、算综合账。多谋打基础、利长远的善事,多干保护自然、修复生态的实事,多做治山利水、显山露水的好事。让良好的生态环境成为人民生活改善的增长点,成为经济社会持续健康发展的支撑。

---

① 中共中央宣传部编:《习近平总书记系列重要讲话读本》,学习出版社、人民出版社2014年版,第120页。

（二）必须把系统观念贯穿到生态保护和高质量发展的全过程

在深入推动黄河流域生态保护和高质量发展座谈会上，习近平总书记强调，要提高战略思维能力，把系统观念贯穿到生态保护和高质量发展全过程。① 坚持系统观念，就是要用全面的、联系的、发展的观点来想问题、作决策、办事情。在采煤塌陷地治理过程中，邹城市坚持系统观念，统筹山水林田湖草的综合治理、系统治理、源头治理，有机衔接湖泊、湿地、森林、农田四大生态系统，构建稳定、完整的自然生态系统，探索出一条兼顾生态效益和经济效益的道路。首先，始终遵循系统观念，加强整体谋划，立足邹城实际，固根基、扬优势、补短板、强弱项，谋求全市全面发展。其次，加快生产生活方式绿色变革，因地制宜地建设有地域特色的现代化产业体系，增强经济发展的绿色动能和包容韧性，持续提升基本公共服务均等化水平，构建人与自然和谐发展的现代化建设新格局，实现人与自然和谐共生，让绿色成为高质量发展的鲜明底色。最后，重点突破与整体推进相统一，以重要领域和关键环节的突破带动全局，实现全局和局部相配套、治本和治标相结合、渐进和突破相衔接。

（三）必须坚持以人民为中心的发展思想

人民是历史的创造者，是真正的英雄，是创造历史伟业的根本依靠。进入新时代，我国社会主要矛盾已经转化为人民日益增长的美好生活需要和不平衡不充分的发展之间的矛盾，人民对优美生态环境的需要成为这一矛盾的重要方面。应实现生态为民、生态惠民、生态利民、生态安民。首先，要重点解决损害群众健康的突出的环境问题，不断满足人民日益增长的优美生态环境需要。邹城市委、市政府谋划推进采煤塌陷地治理，正是因为采煤塌陷地造成道路迸裂、房屋垮塌、村庄沉陷，危及了人民群众的生命财产安全。邹城市委、市政府从保护人民生命财产安全的角度出发谋划采煤塌陷地治理，着力解决群众的操心事、烦心事。其次，在采煤塌陷地治理的过程中，邹城市委、市政府更是自觉同人民想在一起、干在一起，超前谋划，高标准建设幸福新城，完善各种配套设施，整体搬迁采煤塌陷区内的 10 个村庄及

---

① 参见《习近平在深入推动黄河流域生态保护和高质量发展座谈会上强调 咬定目标脚踏实地埋头苦干久久为功 为黄河永远造福中华民族而不懈奋斗 韩正出席并讲话》，2021 年 10 月 22 日，http://www.news.cn/politics/2021-10/22/c_1127986188.htm。

原平阳寺镇驻地各企事业单位,大大提高了人民群众的幸福感、安全感、获得感。最后,对采煤塌陷地的有效治理使园内环境越来越美,生态"伤疤"转换成为生态景观,为人民群众提供了良好的生态产品。在改善生态环境的同时积极发展生态产业,人民群众的收入持续增长,生活质量不断提高,人民对优美生态环境的需要不断得到满足。

(四)地方党委、政府必须勇于担当

生态兴则文明兴,生态衰则文明衰。绿水青山是人民美好生活的重要内容,也是各级党员干部的奋斗目标。邹城市推进绿色转型以来,经济下行的压力不断加大,产业结构调整较为缓慢,社会稳定的成本有所提高,干部群众促进经济社会发展的压力较大。但是,他们勇于担当,以"功成不必在我,功成必定有我"的情怀,一任接着一任干,一年接着一年干,一锤接着一锤敲,不急一时之功,不计一己之利,持续奋斗,久久为功,最终摸索出一条兼顾生态效益和经济效益的采煤塌陷地治理道路。实践证明,幸福都是奋斗出来的。只有保持坚韧不拔的毅力,敢挑最重的担子,敢啃最硬的骨头,敢打硬仗涉险滩,坚持不动摇不懈怠,苦干实干持续奋斗,才能不负时代重托和人民希望,赢得最后的胜利。

中共邹城市委党校课题组负责人:赵文青
课题组成员:程伟萍　张庆柏　张悦

聊城市黄河流域生态保护和高质量发展报告

2021 年 10 月 8 日,中共中央、国务院印发了《黄河流域生态保护和高质量发展规划纲要》,从水资源、污染防治、产业、交通、文化、民生等各个方面,对黄河流域生态保护和高质量发展作出全面系统的部署,搭建起黄河保护治理的"四梁八柱"。作为一座因黄河而筑的城市,聊城应当抓住这一千载难逢的历史机遇,积极落实国家战略,奋力书写黄河流域高质量发展的"聊城答卷",这既是兴聊建设的必然选择,也是时代赋予的义不容辞的责任。

一、建立生态补偿的长效机制

生态环境具有较强的外部性,黄河流经九省区,各省区在生态环境问题上不可能独善其身,只有将黄河流域生态环境作为一个有机整体来看,切实推动黄河全流域生态协作,才能保障黄河生态安全。目前由于我国地区之间经济发展不均衡,如果单纯采取"污染者付费"的原则,明显不利于缩小地区间经济发展的差距。而如果采取"污染者付费"和"受益者补偿"相结合的原则,不但要求污染者为污染环境的行为付出代价,而且要求对作为环境保护的受益方进行生态补偿,则可以构建起改善黄河流域生态环境的激励机制。

(一)生态补偿机制运行中存在的问题分析

总体来看,黄河流域生态补偿机制建设还有很大的政策空间,补偿范围较窄、补偿标准偏低、补偿规模偏小、补偿保障不足等问题仍然较为突出。

首先,黄河流域生态补偿缺乏完备的法律法规依据。法律法规制度是开展生态补偿的重要依据,是推动生态补偿落实到位的重要保障。但是从现有的法律法规来看,我国还没有建立一套完备的黄河流域生态补偿规章制度。部分地方发布和实施的黄河流域生态补偿政策大多是以规章或规范性文件的形式发布的,其内容主要是黄河流域生态补偿的原则、标准和指导措施等方面的规定,实践指导性不强,无法有效地指导具体的生态补偿工作,生态补偿的制度建设滞后于现实的要求。

其次,黄河流域生态补偿方式单一。在生态环境部、财政部等的推动及引导下以及地方基于需求的自发探索下,黄河流域生态补偿在三江源水源涵养区、陕甘渭河跨省流域上下游、沿黄九省区重点生态功能区以及省内流域等开展了一些实践。但从补偿方式来看,存在生态补偿方式单一的问题。财政转移支付是目前实施生态补偿的最主要和最重要的方式,市场机制的作用在黄河流域生态补偿中没有充分发挥,民间资本缺位,社会参与度低。资金筹集渠道过窄造成政府财政压力较大,有限的政府财政支出资金被分散在不同的流域单元中,造成生态补偿资金的利用率较低,难以达到有效治理环境的目的。

再次,生态补偿标准设置不够科学。黄河流域生态补偿机制是以保护生态环境、促进人与自然和谐为目的,根据生态系统的服务价值、生态保护和发展的机会成本,综合运用行政和市场手段,调整参与黄河流域生态环境保护和建设的各方利益关系的一种制度安排。生态补偿标准能否有效涵盖生态系统的服务价值、生态保护和发展的机会成本等方面,决定了生态补偿能否切实在黄河流域生态保护和高质量发展中发挥作用。从目前的情况来看,我国流域生态补偿仍局限于水质目标的考核,尚未充分体现"水环境—水资源—水生态"统筹的流域管理新理念,这对部分地区维护水生态、保障生态水量的激励作用不足,导致生态补偿的作用发挥不足。

最后,公众参与程度不够。生态环境的治理涉及广大社会公众的利益,离不开广大社会公众的支持,社会公众在环境治理和环保立法中发挥着十分重要的作用。但是,环境在较短的时间内变化较小,环境破坏和污染短期内也显现不出来,这导致公众尚未形成正确的生态环境价值观念,对生态补偿专业知识的了解不多,对其重要性和作用更是知之甚少。因此,在生态补偿实践中,全民参与环保治理的观念还没有形成,广大社会公众参与黄河流域水环境治理的积极性不高。

（二）生态补偿长效机制的策略选择

第一,树立黄河流域生态补偿的理念。2020年4月,财政部、生态环境部、水利部、国家林草局出台了《支持引导黄河全流域建立横向生态补偿机制试点实施方案》,探索建立黄河全流域生态补偿机制,加快构建上中下游齐治、干支流共治、左右岸同治的格局,推动黄河流域各省(区)共抓黄河大保护,协同推进大治理。树立黄河流域生态补偿理念,加紧构建黄河流域生态补偿长效机制是贯彻中央部署的必然要求。这就要求黄河流域流经地区坚持以习近平生态文明思想为指导,坚持成本共担、效益共享、合作共治,研究和借鉴发达国家进行生态保护补偿的基本理念、测算方法和补偿手段;学习和考察国内生态补偿工作取得良好效果的地区,为黄河流域生态补偿机制的确立提供实践遵循。

第二,完善黄河流域生态补偿制度机制建设。尤其是要加快在具有重要生态功能、水资源供需矛盾突出、受各种污染危害或威胁严重的典型区域建立流域上下游生态保护补偿的制度机制建设,进一步完善有关水生态补偿的政策法规,尽快出台水生态补偿条例和实施细则,为水生态补偿的规范化运作提供保障。一是在开展试点、总结经验的基础上,尽快推动出台生态补偿条例等专项法律法规,包括对现有法律法规的修订,从根本上解决我国黄河流域生态补偿实践法律依据不足的问题,确保政策的延续性。二是进一步完善水资源有偿使用制度,充分反映水生态系统功能价值。比如要进一步规范水土保持补偿费的征收使用管理,区分不同地区和项目类型,明确计征方式和收费标准等关键问题,促进水土流失防治工作,改善生态环境;根据水能资源对水生态环境的影响,从水电站电费中计提一定比例的资金作为水生态补偿资金等,不断完善生态补偿的标准设置。三是尽快开展水资源税费改革的有关问题研究,明确征收主体、计征方式、征税标准和管理办法等内容,根据条件通过税收来调节有关主体的行为。

第三,多元筹集黄河流域生态补偿资金。生态补偿需要投入大量资金。目前,我国对黄河流域的生态补偿资金主要来源于财政转移支付和专项基金,保障力度有限。因此,可以探索构建政府引导、市场化运作相结合的多元生态补偿体系。在政府引导的基础上,进一步发挥市场机制的作用,探索发行黄河流域绿色债券,建立黄河流域生态银行,或者引入大型企业,吸引更多的社会资金参与到生态保护工作中,增强生态补偿的适应性、灵活性和针对性,为黄河流域生态补偿提质增效。

第四,强化公众参与。1984年,罗伯特·爱德华·弗里曼(Robert Edward Freeman)出版了《战略管理:利益相关者方法》一书,提出了利益相关者理论,其核心思想是利益相关者的自身利益受到某种决策直接或间接影响,其应该及时、有效地参与到决策制定过程中。国外很多国家都相当重视社会公众参与环保工作,并将其作为环境保护和治理的关键因素,公众与政府共同解决环境污染问题,实现资源开发利用效益的最大化。因此,一方面,要广泛开展环境宣传教育,帮助公众了解流域水环境管理的相关知识,营造全民参与流域水环境治理的良好氛围;另一方面,政府部门要通过政府网站、宣传栏、网络平台等及时发布流域水质、流域水环境治理规划和流域生态补偿实施进展等信息,增强信息透明度,推行环境信息公开化,健全环境保护的公众举报制度和公众听证制度,畅通公众参与途径,如座谈会、信访、民意调查等,保障公众的环境知情权、参与权和监督检举权。同时,鼓励社会环保组织的建立和发展,并提供资金支持,确定其法律地位和权利,有效引导和动员其参与环境治理工作。

二、发展黄河文化旅游产业

当前聊城市黄河旅游业要以黄河文化为灵魂主线,构建起"核心城镇(东阿)—村—景区"联动的旅游开发机制。在全方位提升区域生态环境质量、注重营造休闲氛围和黄河文化气氛的基础上,通过绿道、河流、旅游公路等将城、乡、景区联合起来,培育黄河旅游的辐射组团,形成以景带城带村、城乡融合、城镇建设与生态环境融合的黄河旅游新格局。

(一)以文化为魂,打造黄河文旅品牌

按照习近平总书记提出的"保护、传承、弘扬黄河文化"的要求,东阿县扎实推进黄河文化遗产的系统保护,深入挖掘黄河文化的时代价值。一是分类编制黄河文化名录。重点聚焦工程景观、传统治河工器具、治河传统工艺和方法、遗址遗迹、非物质文化遗产等,广泛搜集有关黄河的历史典故、民俗风情、文化传说、民间艺术等,编制系统全面的黄河文化百科全书,做好出版发行和宣传工作,促进黄河文化的研究和传播。二是打造一批黄河文化示范点。立足鱼山深邃厚重的曹植文化、才子文化、杂技文化、梵呗文化等文化元素,东阿县编制了《鱼山风景区修建性详细规划》,着力打造曹植文化博物馆、建安文化园、鱼山文化传承中心等项目,争取将其建设成为各具特色、内涵丰富、历史人文气息浓厚的黄河文化示范点。三是积极进行黄河文化艺术作品创作和宣传。东阿"下码头王皮戏"是植根于东阿县黄河沿岸下

码头村,流行于东阿、平阴、冠县、茌平等地的民间戏剧。为了更好地保护、传承这份文化遗产,东阿县创作编排了《戏迷老憨头》《扶贫路上》等优秀戏剧小品,参加县、市、省的演出,多次获奖。2020 年 10 月,其受邀参加由中华人民共和国文化和旅游部主办的戏曲百戏(昆山)盛典,为全国观众献上了王皮戏《老来难》选段;同时联合聊城市广播电视台,对东阿县牛角店镇王皮戏、位山河灯、黄河大秧歌等民间文化,以及孙秀珍烈士墓、李子光烈士墓等红色文化遗址进行了专访,在《文旅聊城》栏目"文脉遗馨"上连续展播。

(二)创新产业融合发展

东阿县支持引导黄河与阿胶、黄河与农业等产业融合发展,策划开发了"黄河+康养""黄河+生态""黄河+研学"等旅游线路产品,推动东阿县旅游业提质增效。"阿胶,因出东阿,故名阿胶"。近年来东阿县依托东阿阿胶,以"阿胶养身"为核心,精心打造了全国首家以阿胶发展为主题的专题性博物馆——中国阿胶博物馆、国家 4A 级旅游景区——东阿阿胶城,按照国家 5A 级工业旅游标准设计了阿胶世界、阿胶体验酒店等精品项目,一个集文化资源、生产基地、原料基地于一体的阿胶文化旅游片区已形成规模。东阿县还通过在沿黄镇街种植油用牡丹、芍药等药材,发展黑毛驴养殖,带动实施了一批中医药大健康项目。目前,华润生物产业园、辰康药业、常青藤生物产业园等 26 个大健康项目加快建设,达安基因智慧医养、鲁商健康产业园等 15 家医药企业落户或准备落户东阿,130 多个"药字号"产品将在东阿县投入生产,东阿中医药大健康产业集聚化、集群化态势正在加速形成。

(三)强化保障,破解旅游发展瓶颈

一是强化金融保障。旅游产业具有前期投入大、回报周期长、季节波动性大的特点,要构建黄河旅游文化带并促进其发展,首先要解决"钱袋子"的发展障碍。应以旅游金融为突破口,积极推进旅游资产证券化,完善旅游投融资体系。应引导鼓励金融资本尤其是民间资本投资文旅产业。放宽民间资本的市场准入,支持民间资本组建专业化的旅游景区经营管理企业,向民间资本开放服务业、酒店业等领域,切实保障其经营管理权益。二是落实土地供应。黄河流域的面积虽然广阔,但黄河沿线的大量田地、林地、生态保护用地均不适合进行大规模旅游开发,旅游业发展用地依然紧缺,因此落实好用地供给是黄河流域旅游业稳定、健康、高质量发展的重要保障。在编制土地利用总体规划、城乡规划和环境保护规划时,应当做好与旅游发展规划的衔接,及时安排新增旅游项目用地计划指标。

(四)加强监管,逐步完善监察手段

在旅游景区的监管方面,政府应采取多方联合的监察手段,制定完善的相关指导政策,积极检查监督政策的落实情况,确保监管工作到位。在游客监管方面,要建立完善的管理条例,做好景区内的宣传和监管。同时,要加强科技的引入,搭建生态监测系统,对黄河生态旅游区进行生态监测,推动生态学科的发展和生态保护的进行。

(五)突出融合,发展黄河旅游

聊城市历史文化积淀深厚,黄河黄土文明、民俗文化、饮食文化、红色文化等都是潜在的特色文化旅游资源,尤其民俗文化旅游资源存量大、品位高、独特性强,比如阳谷寿张县的《阳谷寿张黄河夯号》喊唱的内容有的是民间传说、历史人物故事、传统戏曲,有的是即兴发挥编唱,在山东、河南、山西、陕西一带广为流传。阳谷沙河崖村"刘邓大军强渡黄河指挥部旧址",将这些多样化的特色文化旅游资源充分利用起来,创新文化产品的旅游表现形式,把特色文化内涵融入黄河旅游项目升级开发的全过程和旅游消费的各环节,增强旅游中文化的参与性、体验性和教育性,往往能调动起游客的兴致。一是黄河旅游与特色农业相融合。通过"旅游+农业"的形式,依托黄河旅游品牌以及沿黄公路这一大通道,紧密联系特色农业生产、农产品加工和销售环节,培育一批集生产、观光、休闲旅游、采摘体验、创意农业等于一体的综合型农业旅游基地,比如东阿油用牡丹展览园、喜鹊吉祥地以及牛角店草莓、黄河鲤鱼、东阿阿胶等产业园,不仅可以吸引游客,带来旅游消费,还有益于推广沿黄地区特色农产品,改变本区长期以来因为交通不便、信息不畅、物流不健全,许多特色农产品知名度不高的问题,实现农民就近就业、青年回乡创业。二是黄河旅游与手工业融合。民间手工艺品及其制作过程具有极强的旅游纪念意义和观赏价值,一直以来都是民俗旅游资源的重要组成部分。聊城市民间手工艺品比较丰富,有聊城东昌府木板年画、聊城东昌葫芦雕刻、阳谷木雕、聊城剪纸等,但是民间手工艺品开发程度偏低,与旅游经济结合程度不深,因此可以通过重视旅游商品创意设计,开发拥有地区自主知识产权、地域文化特色和黄河符号的旅游商品和黄河文化艺术品,传

承和活化民间手工艺的方式,培育壮大特色手工业,推出一批高附加值的黄河旅游必购商品,进一步拉动黄河旅游消费。

三、注重保护和发展中的"协同共治"

黄河流域流经 9 个省区、69 个城市。各地生态保护和高质量发展不能各自为战,而要形成"全国一盘棋"。除了中央统筹之外,各城市间也需要加大协同力度,使黄河流域生态保护和高质量发展的各项工作衔接顺畅。

(一)坚持协同发展

区域协同已经成为经济高质量发展的重要政策载体。黄河流域各城市是一个有机整体。聊城市要加快推进跨区域合作,积极争取和与聊城具有较密切经济社会联系的城市建立合作试验区,逐步实现一体化发展,形成区域竞争优势,共同构筑黄河中下游左右岸区域生态保护和高质量发展新格局,着力打造黄河流域经济带高质量发展增长极。一要强化"一盘棋"思想,在国家纲要的统筹下理思路、找出路,确保区域规划与国家规划同向同步同频。二要强化超前性思维方式,牢牢把握流域内自然资源的集约节约利用,加快新旧动能转换,全方位造就黄河流域生态保护和高质量发展的空间格局、产业结构和发展模式。三要结合黄河流域特色培育优势产业,因地制宜,以特色优势产业为基础支撑,培育使黄河流域更加出彩的新优势。

(二)坚持上下联动

黄河流域生态保护和高质量发展战略的顶层设计不断完善。2019 年,习近平总书记亲自部署,将黄河流域生态保护和高质量发展上升为重大国家战略,并作为区域经济发展的重要内容。党的十九届四中全会提出构建黄河流域现代化治理体系,并将其作为黄河流域生态保护和高质量发展的内在需求和重要保障。党的十九届五中全会将黄河流域生态保护和高质量发展作为推进区域经济协调发展的重要内容,顶层设计在不断完善。

聊城市必须在中央规划纲要的基础上,紧密结合山东省各相关政策,立足实际,科学谋划发展思路、重点任务、政策措施等,特别是在加强水利建设、打造绿色生态廊道、构建沿黄绿色产业体系等方面积极研究,认真贯彻落实中央统筹、省负总责、市县落实的工作机制,确保聊城市黄河流域生态保护和高质量发展的各项工作能够精准地融入国家战略部署中。同时,和上级部门积极沟通、协调、对接,密切跟踪中央和省出台的各项政策、项目及资金动向,争取将更多的相关工程和项目列入中央和省的"大盘子",进一步提高聊城市推动黄河流域生态保护和高质量发展的工作成效。

(三)坚持左右协同

聊城位于黄河山东段上游,上接河南省濮阳市台前县,下连德州市齐河县,在黄河流域治理方面应积极地与上下游形成全流域管理协调沟通机制,避免出现管理分割、各自为政的局面。

从高质量发展来说,聊城地理位置特殊且重要,向东连接山东半岛,向西可接中原腹地,特别是郑济高铁的建成通车将进一步凸显聊城市作为桥梁纽带的作用。因此,聊城要利用区位优势,积极与黄河流域东西沿线各城市加大协同、互动力度。向东,要积极融入省会经济圈,强化与德州、济南等沿黄城市的产业交流、要素交流,加快高质量发展速度。向西,进一步融入中原城市群,强化联系协作机制,在交通、水利等方面加大沟通、对接、合作,提高协同发展效率。

(四)坚持多方共治

聊城市在推进黄河流域生态保护和高质量发展时,通过健全相关组织结构,总体谋划、明确责任、统筹协调、综合施策、整体推进,提升工作的衔接协调性与有效性。各部门之间可以建立联席会议制度,定期召开联席会议,讨论各部门在治理和发展中需要协调的重大问题。尤其是在生态保护方面,建立信息共享机制、联合打击破坏生态违法犯罪工作机制等,提高联合办案效率,确保案件依法及时处理。各部门要充分发挥职能作用,对工作不尽责、执法责任不落实、案件查处不及时等造成严重后果和不良影响的,严格倒查责任,依法依纪追究相关人员的责任。

聊城市当前已经在全市范围内向各个领域征集相关课题,并进行研究。在此基础上,聊城也可组建综合工作组,由政府工作人员、企业、社区、社会组织、普通公众等构成,大家统一讨论不同观点,协调相关矛盾,促进工作顺利开展。此外,聊城也可通过咨询专家、对企业和普通公众进行调研、召开公共听证会、评估利益相关者等方式促进"人人有责、人人尽责、人人享有"的管理模式的构建,确保黄河流域生态保护和高质量发展工作高质、高效。

四、提供保护和发展的法治保障

推动黄河流域生态保护和高质量发展需要在黄河流域生态文明建设中融入法治元素,从建立健全黄河流域生态法治规范体系出发,加强相关法律与生态环境政策等软法之间的协同,严格规范黄河生态保护的立法、执法,进而为黄河流域的生态保护和高质量发展提供法治保障。

(一)法治保障瓶颈

第一,没有充分体现黄河流域生态保护法治体系化发展理念。一是黄河流域生态保护缺乏对生态文明理念的构建。目前我国环境法律规范采取以环境保护要素为对象的立法模式,例如,黄河流域的资源保护与发展涉及的中央立法有《中华人民共和国水污染防治法》《中华人民共和国水土保持法》《中华人民共和国土壤污染防治法》《中华人民共和国固体废物污染环境防治法》《中华人民共和国石油天然气管道保护法》《中华人民共和国矿产资源法》等。二是黄河流域生态保护制度构建不完备。事实上,黄河经济协作区并没有展开深度的、实质性的合作。黄河经济协作区内各省区在生态、文化、教育、旅游、基础设施建设等制度构建上也没有达成实质性协议,更不用说达成关于黄河流域生态保护的有效协议。

第二,商事经济领域与黄河流域法治生态化结合不足。西部地区在追求经济快速增长的同时,忽视了向法治生态化的转化。西部地区自身就在经济、环境等领域落后于东部地区,不能因为盲目赶超东部地区而过度地对商事经济领域予以倾斜,恣意开发和利用黄河流域的自然资源,忽视对生态环境的保护。

第三,缺乏旅游业与法治生态化的结合。为了加快旅游业的发展而盲目地兴修道路、桥梁,会给生态法治发展带来阻力。黄河流域各地区(包括聊城)在开发当地特色旅游资源、建设相配套的旅游基础设施方面并没有在真正意义上实现生态效益和社会效益、经济效益的统一。由于生态旅游资源的特殊性,有很多生态旅游资源属于非物质文化遗产,甚至具有不可再生性,过度开发生态旅游资源不利于对黄河流域生态资源的保护。

(二)法治保障路径

第一,健全黄河流域生态法治规范体系。一是黄河流域生态保护的理念构成。现阶段,在构建黄河流域生态保护理念的时候,要立足于我国国情和实际,正确处理好黄河流域开发与保护的问题。另外,也要立足于生态文明理念的内涵以及绿色发展的新理念。绿色发展的核心就是实现黄河流域生态保护和经济高质量发展的统一,正确处理好"绿色"黄河流域与经济发展的辩证关系。二是黄河流域生态保护的制度建设。要制定严格的排污总量控制制度,在各地分段治理的同时,也要实现跨区域污染防治合作治理制度建设。

第二,完善黄河流域生态保护法律与政策,协同保障生态发展。在国家层面制定了统一的生态政策目标、保护规划之后,黄河上、中、下游地区应当根据自己所辖行政区划内实际生态保护和经济发展的情况,制定相应的配套的软法或者硬法来保障国家层面的生态政策目标、保护规划的落实,即黄河上游地区应将生态保护绿色发展、中游地区将经济转型、下游地区将蓝色经济高质量发展视为本辖区的改革目标。

第三,实现黄河流域环境政策与其他政策之间的良性互动。一方面,在组织机构方面,在制定其他法律政策的时候,应该允许黄河流域生态保护中生态保护与发展小组积极参与,加强各组织机构、各部门之间的交流协作;另一方面,在其他政策制定方面,应当将生态环境保护纳入经济产业结构、基础设施建设等非环境领域,将生态环境保护的理念贯穿于法律政策制定的全过程,保障黄河流域生态环境健康有序地发展。

黄河是中华民族的母亲河,自古以来我国都非常重视黄河流域的保护和发展问题。自党的十八大以来,党中央把生态文明建设摆在全局工作的突出位置,将"生态文明"写入宪法,黄河流域的保护和发展也受到前所未有的重视。2019 年,"黄河流域生态保护和高质量发展"上升为重大国家战略。相信"十四五"时期黄河流域生态保护和高质量发展一定会取得更明显的成效。

中共聊城市委党校课题组负责人:王春雷

课题组成员:赵明娜　井雯　王艳　李长玉　李营　李远

昔日"房台村" 今圆小康梦

——黄河流域村庄迁建安置的"杨庙样板"

为深入学习和贯彻习近平总书记在深入推动黄河流域生态保护和高质量发展座谈会上的重要讲话精神和视察山东提出的重要指示要求,垦利区委党校课题组对杨庙社区"房台村"群众实现二次迁建幸福安居进行了深入调研,为黄河流域农村生态保护和高质量发展提供几点启示与借鉴。

一、杨庙社区发展背景

黄河由河南流入山东,境内河道达 628 公里,于东营市垦利区入渤海,造就了美丽富饶的黄河三角洲新生地。黄河入东营后形成了长达 30 公里的"窄胡同",两岸堤坝距离仅约 1 公里。垦利地处黄河下游行洪、滞洪、沉沙重要地段,又是减缓洪峰的关键环节,洪峰、凌汛高峰期时窄河段极易决口。

为保护胜利油田及沿岸群众生命财产安全,从根本上消除黄河洪峰、凌讯的威胁,1971 年 9 月,国家计划委员会和水电部批准兴建黄河南展区行洪分流工程,临黄堤外修建南展堤,两堤之间作为蓄滞洪区,即黄河南展区,垦利段内面积为 123 平方公里。董集镇的杨庙等十几个村庄群众响应国家号召,顾全大局,怀揣 110 元每间的微薄搬迁费于 1976～1979 年全部搬到临黄大堤避水房台上重建家园。狭窄的房台在临黄堤坝外淤筑而成,"房台村"俨然像一个个"孤岛",群众生产生活条件大大受到制约。

国家实施黄河小浪底工程后,黄河下游洪凌威胁减少,2008 年 7 月,国务院批复取消黄河南展区蓄滞洪功能。由于受蓄滞洪区功能影响,40 余年来展区内土地利用和产业开发活动受到政策限制,水、电、路、讯等基础设施不完善,产业发展滞后,群众生活相对贫困,2012年前,房台村农民人均纯收入、人均居住面积都远远低于全市平均水平。大多数农户一家三代挤在一起,牲畜、家禽都圈养在小院里,环境卫生条件差;公共服务和设施落后,没有一所标准化学校、标准化卫生室;每个房台村除主街宽约6米外,其余胡同只有2米宽,仅能通过一辆板车,且多数道路为土路,"晴天一身土,雨天两脚泥",展区群众改善生产生活条件的愿望十分迫切。

2013年,东营市深入学习贯彻落实习近平总书记到山东视察调研的嘱托,积极响应群众期盼,开始实施"房台村"搬迁改造。2017年,杨庙等11个"房台村"搬迁至杨庙社区,近5000名群众实现了期盼多年的幸福"安居梦"。

二、垦利区推进杨庙社区建设的主要做法

垦利区在杨庙社区建设、群众搬迁过程中,以群众的期盼为工作动力,充分尊重群众意愿,逐户征求意见,多次调研论证,着力探索迁建后可持续性发展的一系列问题,统筹推进搬迁安置、产业就业、公共设施和社区服务体系建设。分步分类推进,确保群众"搬得出";创新社区治理,保障群众"稳得住";提供全面保障,服务群众"能发展";增强产业创新力,实现群众"可致富"。

(一)分步分类推进,确保群众"搬得出"

实施差异化安置。设置廉租型、普通型、子母型等七种户型,实行"购买+补贴+配送"的方式,充分满足各层次群众需求。建设216套55平方米廉租房以满足困难群众需求,配送面积可折合现金,租金按每套每年720元收取,一次性收取10年,剩余部分返还。

1.普惠性政策

对于就地安置户,按评估标准和市场价格对群众资产进行评估,其享受5000元/宅搬迁奖励、1000元青苗补助、1000元基础搬迁补助,并且政府按8000元/人搬迁奖励,新建楼房按10平方米/人无偿配送,超出面积按1950元/平方米成本收取。对于选择货币化安置户,在房屋评估补偿的基础上,除宅、青苗、基础搬迁补助费外,其享受16000元/人搬迁奖励,无偿配送面积可折价为19500元/人的补助。

2.基础性保障

新建社区水电气暖全部入户,联通数字网络全覆盖,引入专门的物业公

司,修缮维护基础设施,农机具集中存放,生产路专门铺设,建设地埋式污水处理站。每月物业费 0.3 元每平方米,政府补贴 0.25 元每平方米,水费 1.5 元每立方米,电费 0.5469 元每 kW·h,暖气费 10 元每平方米,天然气 2.1 元每立方米。居民支出控制在搬迁前生活成本以下。

(二)创新社区治理,保障群众"稳得住"

1."纵向":建立一体管理体制

强化党建统领作用,推动社区融合发展。创新"上级选派+村书记兼任"工作模式,优选镇中层干部到社区任党总支书记、副书记,全面负责党总支工作。选任 6 名村党支部书记兼任党总支委员,参与集体议事、决策,11 名村支部书记轮值服务岗,协助处理社区事务,实现共治共享。建立"镇党委政府、工作区、村两委"执行层与"镇党委政府、镇网格中心和分中心、网格指导员、专职网格员"的监督互补运行机制,实现任务落实与监察督办"两条腿"走路,推动传统垂直管理向矩阵治理的转变。

2."横向":搭建网格运行机制

打破村庄壁垒,划分社区基础网格,配备 6 名网格员,组建包含 184 人的网格协管队伍,建立问题发现、处理、评价机制,实现政府管理与群众自治有机结合。成立矛盾协调中心,建立警官、法官、检察官、律师轮值机制,配备专职人民调解员 2 名、专职工作人员 1 名,实现"网格事项前端发现、前端化解"。2019 年以来处理各类矛盾纠纷达 789 件,做到了"小事不出村,大事不出社区"。

3."内涵":形成共建共治共享模式

实行服务窗口"双下沉",2 名工作人员常驻社区便民服务中心,79 项服务事项全部到社区,社保、救助等 32 项服务实现"一窗办理",47 项服务实现"帮办"。制定社区公约和党员自律公约,建立了业主委员会、红白理事会、网格村委议事会、社区应急先锋队、老长辈协调队等 16 支群众自治组织,真正实现了群众共建共治共享。

(三)提供全面保障,服务群众"能发展"

1.优质的公共服务体系解群众之忧

建成面积 2004.8 平方米、活动场地 4500 平方米的省级一类社区幼儿园,有效地满足适龄儿童就近入园的需求;配备标准化校车 3 辆,专职司机、照管员各 1 人,接送小学生就学;充分发挥社区青年志愿组织的作用,招募高校返乡大学生、城乡教师、各界组织的志愿者,开设社区"萤火虫"学堂,解决村民创业就业的后顾之忧。建成省级标准卫生室,利用远程诊疗系统,创新探索"两医联动、三高共管、六病同防"的诊疗体系,即家庭医生、乡村医生联动,高血压、高血糖、高血脂共管,冠心病、脑卒中等六个并发症同防,群众建档达 4096 人,全部实现免费体检,65 岁以上老年人享受专项补贴 70 元/人,变"治病"为"医防融合",有效地降低了慢性病发病率。关注农村养老,设置老年餐厅,为低保户、五保户等老人提供 1 元午餐,为 60 岁以上老人提供 10 元午餐,这一做法得到习近平总书记的高度赞扬。

2.文化套餐提升群众幸福感

设置"青少年之家",配备读物 1000 本,定期开展家庭教育、亲子活动;建设老年活动中心,设置餐厅、休闲娱乐室和健身室等三个功能区,实现老年人老有所乐;建设黄河南展文化馆,以老一辈展区艰苦奋斗精神为动力,推动服务、治理、文化、产业全面融合,实现了各村集体凝心聚力、抱团发展。创作报告文学《南展区》、歌曲《南展颂》,制作《"三把火"烧旺"三变改革"》《南展区 11 位老支书》等宣传片,开展道德模范、"好媳妇、好婆婆""美丽庭院"等评选活动,有效地激发了群众对新社区的认同感、归属感、自豪感。

3.产权改革保群众权益

全面摸排村集体家底,明晰资产产权,发放股权证,盘活集体资产,保障群众收益权利。2018 年,杨庙社区 11 个"房台村"全面完成产权制度改革,并成立理事会、监事会。2021 年 5 月,村集体经济组织换届,村党支部书记兼任理事长,建立起了职责清晰、功能完善的农村基层党组织领导下的村民自治组织和集体经济组织运行机制,有效凝聚了人心、汇聚了民力。

(四)增强产业创新力,实现群众"可致富"

1.成立党支部领办合作社

政府投资 200 万元培育村党支部领办专业合作社 6 家,并带动村集体投资 110 万元、吸引社会投资 350 万元,建立了新欣园果蔬等一批生态产业村级合作社。新李村党支部合作社通过增减挂项目盘活 2 万平方米连片"老房台"闲置宅基地,分季推出羊角蜜、网纹瓜、红薯及金银花,采用乡村振兴扶持资金、村集体资金和集体土地折价入股的方式,村集体占股 30%、全村 235 名群众占股 70%,仅 2020 年经营收入就达 25 万元,带动村集体增收

2 万元,带动零工群众年增收约 1.3 万元。

2.创新人才培养输出模式

与鲁东大学等高校合作,借"智"借"力",举办农民技能培训达 10 余期;设立创业就业服务中心,搭建涵盖就业安置、培训指导、创业孵化、政策保障等板块的就业服务云平台,已对接 460 余家企业,摸排 1200 余条用工需求信息,帮助 500 余人实现了就业,人均月增收 3000 元以上。

3.探索建立利益联结机制

组成企业、集体、村民利益联结体,将 14906 亩(即 9.94 平方公里)土地流转给东胜德荟源、泽睿农业、华澳大地等 8 家企业,采取"资金+土地"入股、"公司+合作社+农户"等模式,实行公司化运营,仅土地流转一项就带动各村普遍增收 5 万~10 万元。杨庙等 11 个"房台村"共同出资发展的社区草编工艺,2020 年经营收入达 16.8 万元,有效地解决了中老年妇女家门口就业问题,实现了村集体与群众共享产业发展成果。

三、杨庙社区建设取得的成效

杨庙社区成立了社区党总支,带领 11 个村党支部,统筹产业发展、社区治理、便民服务等各项工作。2017 年,杨庙村获得全国文明村镇荣誉称号;2018 年,乡村医生霍洪祥荣登"中国好人榜";2020 年,杨庙社区被评为省级美丽示范村;2021 年,杨庙社区 11 位老支书入选建党百年"感动东营"党员先模人物……老一辈舍小家为大家的精神事迹,鼓舞着新时代奋斗的青年,吸引了多名大学生返乡创业,其中 2 名大学生当选为村党支部书记。一批过硬的党支部、优秀的共产党员、产业带头人、奉献农村的干部群众,他们的事迹被央视新闻、新华社、《人民日报》等新闻媒介争相报道。杨庙社区群众的日子蒸蒸日上,幸福生活的崭新画卷徐徐展开。

(一)群众的居住条件发生了翻天覆地的变化

居民住房从紧缺到"居者有其屋"再到"住有所居,居有所乐",人居条件、人居环境、人居品质等方面发生了质的变化。从人均住房面积 6 平方米增加到了 37.7 平方米,原来村庄一条主街宽仅 6 米,其他胡同宽仅 2 米,搬迁前一处院落三四代人挤住,搬迁后每一代都有了自己的居室,出门就是宽敞的活动广场、多功能的娱乐活动中心,彻底改变了晴天一身土、雨天一身泥、晚上漆黑一片的状况。

(二)群众收入水平大幅提升

2013 年展区群众人均纯收入远低于省、市、区、镇各级水平。11 个村搬迁后,土地流转率达 73.12%,务工、经商群众占社区居民的 68.9%,改变了原来靠天吃饭、收入少的局面。通过支部领办合作社、农企合作等方式搭建农民就业增收等多个平台,除入股土地分红外,青壮年多培训成长为周边园区技术工,年收入达 10 万元以上。中老年人以就近农企干零工为主,每天收入约 100 元。在华澳大地就业的妇女挤奶工月收入达 4000 余元。不同群体的村民均实现了灵活再就业。2020 年,群众收入比 2013 年翻了一番,村集体收入也由平均 3.6 万元增加到 19.1 万元。

(三)生态环境持续改善

建设"堤坝林带""生态廊道"等生态工程,实施污染防治、异味整治等环保项目,推进老房台、河堤、湿地等片区生物修复,过去"关上门,堵上窗,耽误不了喝碗牙碜汤"的日子一去不复返了。坚持生态优先原则,精心培育生态产品,探索自然资源领域生态产品价值实现机制,发展研学、采摘、观光等农旅、文旅融合项目,逐步实现生态价值的显化和外溢,达到了经济效益、生态效益双赢。

(四)群众精气神倍加提升

如今的杨庙社区,广场上歌舞飞扬,每逢节日更是"草根"明星纷纷登场,留守妇女、空巢老人和在家务工经商的农民等成为社区文化阵地的主力军,随处都能感受到乡村文明新气象。群众面貌焕然一新,特别是鳏寡孤独老人更有尊严,他们过去生活困难无依无靠,有自卑心理,甚至鲜有洗头洗澡的习惯,如今在杨庙社区养老机构的照顾下,老人的生活习惯、心理都发生了微妙的变化,变得爱干净"讲究"起来,对生活充满了热情与希望。

四、启示与借鉴

2017 年 8 月,山东全面启动黄河滩区居民迁建工程,2021 年 5 月已全面完成迁建任务。如何在新社区实现"稳居梦""富裕梦"并实现可持续发展是当前急需研究的课题。11 个"房台村"的"美丽嬗变"率先为更多滩区、展区群众打造了党建引领、深化改革、培育壮大产业、创新社会治理、共同富裕的

"杨庙样板",为黄河流域群众新时代的安居和发展提供了启示与借鉴。

(一)党组织引领求"实"

党的基层组织是党在社会基层组织中的战斗堡垒,是党的全部工作和战斗力的基础。基层党组织工作开展得怎么样,直接影响到党的凝聚力、影响力、战斗力的充分发挥。有效整合滩区村、展区村党支部,建立社区基层党组织统筹、辖村党支部支撑、基层党小组落实的组织架构,通过统一思想、示范行动、动员力量等扎实的动作及坚实的党建引领,形成推动发展的坚强力量,让基层组织成为凝聚党员、群众力量的"主心骨",成为推动群众致富发展的"领头羊",成为动员群众和社会组织参与治理的"生力军"。

(二)改革动力要"准"

农村改革涉及基层组织制度、各类所有制经济、社会治理体系、农民民主权利等方方面面,新时代农村改革利益关系的复杂性、影响因素的多样性、目标的多元化,使改革任务更加艰巨。因此,必须树立系统观念,把准时代要求,摸清集体家底,从清产核资入手,深化农村集体产权制度改革,确定产权成员的权利,把唤醒农村土地、闲置宅基地、集体资产等"沉睡"资源作为第一场硬仗,抓住农民权益保障关键要素,找准改革中牵一发而动全身的"牛鼻子",有效地拉开了农村全面深化改革的新时代序幕。

(三)产业培育为"重"

产业兴旺是带动乡村全面振兴、加快推进农业农村现代化的关键。滩区、展区要以黄河流域生态保护和高质量发展国家战略为契机,立足推进生态价值经济效益化,推动一、二、三产业有机融合。建立可持续的内生机制,发展"林果蔬+文旅"、劳务服务、生态游学等多元产业,从生产到消费全过程开发农业产品,形成功能多样的全产业链体系,让农民成为产业兴旺的发展主体和受益主体,打开通过践行"两山理论"推进生态保护和高质量发展的"黄河"图卷。

(四)社区治理在"稳"

搬迁社区不同于普通社区,群众的生活习惯、主体理念、就业创业等都有一个适应的过程,让群众"稳得住"是集中居住首要解决的问题。社区治理要突出"稳"，坚持平安是极重要的民生；要暖人"心"，坚持以群众的最大利益为根本坐标；方式要"新"，增强治理的全面性、协调性和可持续性。要发挥协同作用，实行党建引领、便民服务下沉、社区网格治理、民生保障等精细化服务，打好为民服务的"组合拳"，画出社区治理的最大同心圆，构建共建共治共享的治理格局。

（五）靶向目标在"富"

"以人民为中心"是中国共产党执政的实践逻辑和根本价值，促进人民共同富裕是中国共产党矢志不渝的奋斗目标。习近平总书记对山东提出明确要求，努力在服务和融入新发展格局上走在前、在增强经济社会发展创新力上走在前、在推动黄河流域生态保护和高质量发展上走在前，不断改善人民生活、促进共同富裕，开创新时代社会主义现代化强省建设新局面。① 实施黄河滩区、展区居民搬迁，不仅要实现安身安居，而且要带动群众共同致富。共同富裕的核心要义是共同奋斗，干部和群众要齐心协力、脚踏实地，在不懈奋斗中实现共同富裕。

中共东营市垦利区委党校课题组负责人：张秀美
课题组成员：刘洋　薄存东　苟钰梅

---

① 参见《习近平在深入推动黄河流域生态保护和高质量发展座谈会上强调 咬定目标脚踏实地埋头苦干久久为功 为黄河永远造福中华民族而不懈奋斗 韩正出席并讲话》，2021 年 10 月 22 日，http://www.news.cn/politics/2021-10/22/c_1127986188.htm。

东明县建设生态宜居幸福滩
构建区域发展新格局

九曲黄河,奔流到海,哺育了滩区儿女,却也因频繁改道、泛滥使东明县近 12 万滩区群众饱受水患之苦。为了从根本上实现滩区群众世世代代的安居梦,学习和落实习近平总书记作出的重要指示,"建设好生态宜居的美丽乡村,让广大农民在乡村振兴中有更多获得感、幸福感"①,东明县从 2017 年开始实施黄河滩区居民迁建工程,在黄河滩区迁建过程中依托滩区自然资源丰富、土地污染少、生态环境优美、历史文化悠久等优势,坚持以人为本,科学规划布局;强化组织保障,推动工作落实;营造滩区乡景,留住乡愁记忆;高效利用资源,推动可持续发展;保护生态环境,筑牢生态屏障;推进产业发展,夯实振兴重点,多措并举推进生态宜居社区的建设。这些举措使得滩区产业发展突飞猛进,社会治理卓有成效,公共服务日臻完善,基础设施日新月异,真正使得黄河滩变成生态宜居美丽幸福滩,构建了区域发展新格局。

一、东明县黄河滩区迁建背景

(一)背景

2012 年底,党的十八大召开后不久,党中央就突出强调,"小康不小康,关键看老乡,关键在贫困的老乡能不能脱贫"②,承诺"决不能落下一个贫困

---

① 《习近平近日作出重要指示强调 建设好生态宜居的美丽乡村 让广大农民有更多获得感幸福感》,2018 年 4 月 23 日,http://www.xinhuanet.com/politics/leaders/2018-04/23/c_1122725971.htm。
② 任仲文:《讲好中国共产党故事》,人民日报出版社 2021 年版,第 125 页。

地区、一个贫困群众"①,拉开了新时代脱贫攻坚的序幕。2013 年,党中央提出精准扶贫理念,创新扶贫工作机制。2015 年,党中央召开扶贫开发工作会议,提出实现脱贫攻坚目标的总体要求,实行扶持对象、项目安排、资金使用、措施到户、因村派人、脱贫成效"六个精准",实行发展生产、易地搬迁、生态补偿、发展教育、社会保障兜底"五个一批",发出打赢脱贫攻坚战的总攻令。黄河滩区是全国的一个特定区域,一直以来,党中央、国务院对滩区群众的脱贫问题高度关注,给予了倾力支持。近几年,国家发改委、财政部等先后启动实施了两批迁建试点工程,发挥了重要的示范和带动作用。2017 年 4 月,李克强总理来山东省视察指导期间,强调在全面建成小康社会进程中不要遗忘黄河滩区群众,2017 年 5 月初,又到河南视察滩区迁建安置工作并召开现场会,明确要求山东在 3 年内全面完成滩区脱贫迁建工作。② 山东省委、省政府迅速贯彻落实李克强总理重要指示精神,作出全面实施滩区迁建的决策部署,并将其纳入全省新旧动能转换"10+2"重大工程。

2017 年,山东着手谋划整个黄河滩区居民迁建工程,统筹解决滩区内4.3 万贫困人口的脱贫攻坚问题。经过三轮摸底调查,2017 年 5 月 12 日,山东启动编制《山东省黄河滩区居民迁建规划》,批复总投资 368 亿元,因地制宜地设计了外迁安置、就近就地筑村台、旧村台和临时撤离道路改造提升、筑堤保护等 5 种迁建方式,并出台农业、水利、交通、教育、文旅等 26 个迁建专项方案,帮助滩区群众"挪穷窝""拔穷根"。

(二)黄河滩区基本情况

东明县辖 10 个镇、2 个乡、2 个街道和 1 个省级经济技术开发区,有 406个村(居),总面积 1370 平方公里。境内黄河 76 公里,堤防 62 公里。黄河滩区分为南滩、西滩、北滩 3 个部分,涉及焦园、长兴集两个整建制纯滩区乡和三春集、刘楼、沙窝、城关、菜园集等 5 个半滩区乡镇(街道),滩区总面积 317 平方公里,占东明县总面积的 23.1%;耕地面积 233.3 平方公里,占东明县耕地总面积的 29.2%;滩区内常住人口 11.7 万人,占东明县总人口的 13.8%。滩区人口总数和耕地面积都占东明县的 1/5 以上。全市建设了 28 个村台社区、6 个外迁社区,其中东明县有 24 个村台、1 个外迁社区,涉及长兴集、焦园、沙

---

① 任仲文:《讲好中国共产党故事》,人民日报出版社 2021 年版,第 160 页。
② 参见《省政府新闻办举行新闻发布会,解读〈山东省黄河滩区居民迁建规划〉》,2017 年 8 月22 日,http://www.shandong.gov.cn/art/2017/8/22/art_98258_230620.html。

窝、菜园集 4 个乡镇、64 个行政村、148 个自然村、32539 户、119680 人,在山东省 17 个迁建县区中迁建任务最重,是全省黄河滩区居民迁建的主战场。

工程启动以来,东明县坚持把黄河滩区居民迁建作为全县头等大事,举全县之力推进。省、市拨款 130 多亿元,人均自筹 1 万多元,外加社会资助,经过全县 1200 余名党员干部 4 年多的昼夜奋战,先后攻克了征地调地难、拆迁清障难、引黄抽沙难、沉降夯实难、施工组织难、质量监管难、群众工作难、资金筹措难、选房分房难和搬迁治理难等十大难关,最终夺取了滩区迁建的伟大胜利,圆了 12 万滩区群众祖祖辈辈盼望的"安居梦"。

二、东明县黄河滩区迁建的经验做法

为了给滩区居民提供良好的生产、生活环境,东明县举全县之力全身心建设滩区,最终实现 12 万滩区居民的期盼,使得滩区居民搬入新居。在建设新居的同时不忘生态环境保护、资源高效利用以及产业发展等相关措施的实施,使得东明县滩区真正实现了生态宜居,其具体经验做法如下。

(一)坚持以人为本,科学规划布局

一是科学规划,分类迁建。东明县加强领导,统筹规划,既联系实际解决当前问题,又为未来发展留足空间。根据各地不同情况和群众意愿,分类实施就地就近筑村台、外迁安置。24 个村台社区坚持"一台一韵",各具特色。二是坚持滩区迁建和乡村振兴相结合。高标准打造硬设施和软环境,建设宜居社区,使得滩区群众的生活环境和居住环境实现"华丽蜕变"。新建社区是集居住、教育、医疗、休闲、娱乐、购物为一体的高档居民小区。高标准配套了水、电、路等基础设施,配齐了学校、卫生室、便民服务中心、健身广场等公共服务场所,配强了社区"两委"班子,夯实了社区治理的根基。这一系列措施使得新建社区亭台楼阁错落有致、花草灌木四季常青、环境和谐宜居。

(二)强化组织保障,推动工作落实

一是针对 24 个村台和马集外迁社区成立了 25 个分指挥部,全部由副县级干部任指挥长,做到一个村台、一套班子、一个推进方案,建立了纵向到底、横向到边的组织体系。二是将黄河滩区居民迁建纳入综合考核,制定了专项考核办法,县委、县政府与 4 个涉迁乡镇,4 个涉迁乡镇与 148 个迁建村

分别签订责任书,明确了县、乡、村的职责,层层传导压力,层层压实责任,形成了上下联动、齐抓共管、合力攻坚的工作格局。三是抓好矛盾纠纷化解,营造良好的施工环境。为确保社区建设稳定,重点做好以下工作。第一,加强矛盾纠纷排查,做到问题早发现、早解决,争取小事不出村台、大事不出乡镇。第二,督促总承包企业加强劳动用工管理,及时足额发放农民工工资,由主管部门加强日常监督检查,并成立由县住建部门牵头,县人社、公安、财政、迁建办等部门参与的东明县化解滩建村台欠薪问题工作专班,及时受理、解决滩区迁建工程农民工工资投诉案件,化解与工资支付相关的矛盾。第三,切实加大整治力度,对恶意欠薪、恶意讨薪等行为,东明县委、政法委牵头,公安、法院等部门参与,摸清情况,掌握证据,依法打击,确保了正常的施工秩序。第四,实行先付款先选房,破除"聚族而居"习俗。新社区采取先付款先选房的措施,在一定程度上打破了"聚族而居"的状况。社区居民关系取代宗族成员关系,除接触家庭成员以外,农民扩大了交往的半径,改变了封闭的思路,这有利于扩大农民的视野,促进农民创新发展。

(三)营造滩区乡景,留住乡愁记忆

充分利用黄河资源打造了黄河森林公园、春博园、庄子文化公园和民俗村落等旅游廊道,形成了具有较强影响力的沿黄文化旅游带。东明黄河森林公园是在国有三春集林场的基础上建设的,总面积 11629.5 亩,东西长 5.09 公里,南北宽 4.65 公里,项目总投资 7850 万元。黄河森林公园定位于在严格保护现有森林资源及自然风貌的基础上,形成以弘扬黄河文化,开展森林游憩娱乐、水上游乐、植物观赏、野生鸟类观赏、休闲度假、果品采摘等项目为主要特色的自然生态旅游区。庄子文化公园总投资 300 万元,其设计融合了庄周故里文化,以庄周梦蝶历史故事为背景,打造"一轴四翼"的蝴蝶水巷整体布局。与东明石化集团合作,规划占地 1000 亩,投资 2.5 亿元,一方面,以蝴蝶主躯干为主轴,打造特色商业街,打造以蝴蝶四翼为居住区、旅游区、养生区的多元化庄子文旅小镇。另一方面,满足东明石化园区远期发展需要,向东规划 1500 亩工业蓄水区,实现石化产业与文化旅游发展共赢。向北 2 公里,借助黄河滩区居民迁建的历史机遇,投资 5000 万元,保留洪庄村原始风貌,打造黄河记忆民宿村,真正将庄子文化与黄河文化有效连接、深度融合,叫响黄河岸边、庄周故里精品旅游品牌。

黄河滩区民俗村落,滩区未"一刀切"地对全部老旧村落实行拆除,而是

保留了一部分具有代表性的黄河滩区房台村落,房屋仍保留着旧式的木门和高高的房台、屋内旧农具等老物件,勾起了人们对旧时乡村生活的点滴回忆。安居不仅是对富裕生活的物质追求,更是对精神文化的传承和发扬,旧时的村落是承载着传统文化的根和魂。滩区结合本地特色主动挖掘文化内核,凸显自身特色,讲好乡土故事,让村庄留住"形"、守住"魂"、吸引"人"。通过对黄河滩区旧时村落的保留,不仅留住了农村的文化底蕴和乡愁记忆,还提升了村庄的内在气质,也凝聚起了建设美好家园的强大合力。

(四)高效利用资源,推动持续发展

滩区迁建后进行复耕复垦,增加了耕地后备资源。复垦原有村庄,使耕地数量增加,对耕地进行综合整治,耕地质量和土地利用效益得以提高,为实施农业产业化、规模化经营创造了条件。推广土地流转,实现集中连片种植。充分整合滩区 48 万亩耕地的独特生态资源,积极培育黄河滩区特色优势产业,将生态保护与产业转型统一起来,大力发展特色农产品种植和生态养殖,把滩区生态资源有效转化为生态资产,提升了滩区群众的自我发展能力。推动产业扶贫,带动了群众脱贫致富。坚持"一村一品",推动滩区产业发展,大力发展滩区特色富民产业,为滩区群众增加了就业岗位,让群众有可持续收入。有效引进卫生材料、板材加工、服装加工等劳动密集型企业,群众就地就近转移就业,拓宽了滩区群众致富途径。打造万亩虎杖种植、万亩生态水产养殖、富硒小麦、有机杂粮、葡萄种植、食用菌生产等生态农业和绿色农业特色产业项目,让群众既安居又乐业。

(五)保护生态环境,筑牢生态屏障

一是强化水利工程建设,进一步落实"河长制"和防汛应急体系。结合黄河下游河道综合治理工程,完善河道整治节点工程,对个别河道进行改建加固,以稳定河势,提高防洪能力。确保黄河东明段一河清水、岁岁安澜。二是加强生态空间源头管控,合理统筹生产、生活、生态空间,严格落实黄河生态保护红线,做到红线区域性质不转换、功能不降低、面积不减少、责任不改变,切实加强红线区域的生态保护与修复。建立长效管控机制,推动黄河流域生态环境持续改善。三是保障生态功能区环境安全。坚持尊重自然、顺应自然、保护自然,牢固树立抓生态保护就是抓高质量发展的理念,加大投入力度,大力推进山水林田湖草一体化生态修复工程,积极实施黄河湿地

保护区生态修复、沿黄生态廊道、沿黄生态涵养带困难地造林等重点项目。从整体性着眼，注重统筹谋划，对黄河进行整体保护、系统修复、综合治理，让沿黄区域绿起来、美起来，致力于打造黄河湿地保护的精品示范工程。

（六）推进产业发展，夯实振兴重点

按照"优质、高效、生态、绿色、安全"现代农业发展要求，结合24个社区的布局，大力实施滩区乡村振兴计划。委托山东省农业可持续发展研究所编制了《东明县黄河滩区村台安居工程建设农业产业扶贫发展规划（2016～2020年）》，着力打造"一带、一线、三大基地"绿色产业发展格局。"一带"即沿堤高效生态特色农业产业带，包括沿堤绿色旅游观光长廊、沿堤优质水果长廊、沿堤水产生态养殖长廊三条产业长廊。"一线"即把黄河大堤打造成生态休闲旅游精品路线。"三大基地"包括富硒作物种植基地、生态循环种植养殖基地、高效设施农业基地。抓住农业农村部已批复东明县创建国家级农村一、二、三产业融合发展先导区及上海钜派投资集团有限公司在东明县投资建设田园综合体等契机，积极推进相关产业项目向滩区布局，确保滩区群众搬得出、稳得住、有事做、能发展、可致富。

三、东明县黄河滩区迁建取得的成效和启示

（一）取得的成效

东明县认真落实习近平总书记重要指示精神，推进美丽乡村建设。全县上下勠力同心、众志成城，紧盯黄河滩，攻克"十大难"，实施完成了黄河滩区居民迁建这一世纪工程，实现了黄河滩区的高质量发展，构建了新的发展格局。

1.产业发展突飞猛进

滩区迁建工作收官之后，滩区居民依托土地流转，大力发展高效生态农业、乡村旅游业。东明县黄河滩区已初步形成独具特色的农业发展格局。一是高效农业从无到有再到初具规模，目前已发展新型冬暖温室大棚731座，拱棚1945座，面积达到3760亩。二是农业产业不断转型升级，富硒作物、中药材种植以及水果、蔬菜等农业种植实现了规模发展。三是一批现代产业园初具规模。计划在东明黄河滩区发展虎杖种植4万亩，目前已成功种植1.3万亩。除虎杖外，目前，长兴集乡的秋葵、辣椒种植也已成规模，而且

初见效益。焦园乡的万亩鲈鱼水产养殖、菜园集镇的千亩扶贫产业园也都收益明显,东明黄河滩变成了金银滩。

2.社会治理卓有成效

每个村台设置集村台办公区、党员教育活动区、政务服务区、物业服务区以及文化休闲区等于一体的区域,通过提供一站式全方位的社区服务为群众带来便利。以前农民领取养老金手续要花上半天功夫,现在不到十分钟就办完了所有手续,办事效率大大提高。另外通过"美丽庭院"的创建活动逐步实现庭院花香迎客来、家美院绿乡村美的新农村画卷。

3.公共服务日臻完善

公共服务主要表现在教育、医疗、卫生、社保、养老等方面。滩区的孩子在家门口就能享受到优质、均衡的教育资源。仅 2020 年、2021 年两年,东明县就为滩区学校配备教师 201 名,占全县新招聘教师总数的 26%。为滩区学校教师职称评聘开通绿色通道,不受单位岗位比例限制,并及时兑现工资待遇和乡镇工作补贴。良好的工作环境、优厚的薪资待遇吸引了一大批优秀的年轻教师。据统计,目前东明县滩区小学青年教师的比例已达到 75%,他们决心扎根村台,为滩区的教育事业贡献青春和力量。另外,利用先进的医疗资源可以直接远程联系大医院的专家,老百姓看病有保障。高标准的专门养老机构为滩区居民养老解除了后顾之忧。

4.基础设施日新月异

首先,群众的住房社区建设实现质的飞跃。道路宽阔,别墅林立,白墙蓝瓦,气势恢宏。社区内卫生室、超市等公共设施一应俱全,村民不出村就可享受医疗、购物服务。俯瞰一个个社区,道路笔直整洁,房屋错落有致,绿树郁郁葱葱,呈现一幅幅优美的画卷。

其次,学校、医院等公共设施建设均符合省级标准。新落成的 25 座滩区小学全部按省级小学标准建设,不但有宽敞明亮的教室,而且阅览室、微机室、音乐舞蹈室、高标准运动场等一应俱全。硬件的完善在一定程度上促进基层教育水平的不断提升,城乡教育发展逐渐均衡化。总之,无论是群众的住房社区建设,还是学校、医院等公共设施建设,甚至是道路、绿化等配套设施建设,滩区始终坚持高起点规划、高标准建设,真正打造出美丽村居的东明样板。

(二)启示

1.规划引领是前提

坚持高标准、高起点编制美丽乡村规划,强化规划的整体性、系统性和前瞻性。以保护生态环境、尊重经济规律和顺应农民意愿为基本原则,着眼长远、合理规划。充分考虑地方特色和文化传承,着力培育地域特色和个性之美。严格规划实施,确保一张蓝图绘到底。

2.理念更新是关键

一方面,领导干部要进一步统一思想认识,加强对生态宜居美丽乡村建设方针政策的理解,切实转变观念,增强责任感和使命感;另一方面,培养"村民主体"意识。充分激发村民对生态宜居美丽乡村建设的"主人翁"意识,进而赢得生态宜居美丽乡村建设的支持和推动力量,营造全社会关心、支持、参与生态宜居美丽乡村建设的良好氛围。

3.产业支撑是基础

美丽乡村建设的核心是通过产业发展增加农民收入,提升农民生活质量,实现新时期农民的美好生活愿景。要把发展特色产业作为推动美丽乡村经济发展的重心,立足资源条件,发挥环境优势,突出人文特色,统筹开发利用,不断培育农村经济新的增长点。按照"高产、优质、高效、生态、安全"的现代农业发展要求,大力发展特色种植业和养殖业。同时,大力发展观光农业,要丰富乡村旅游的内涵,提升乡村旅游的规模和档次,促进观光休闲农业和乡村旅游融合发展。

4.创新治理是支撑

美丽乡村建设,一半靠建设,一半靠治理,只有形成美丽乡村长效管理机制,建设成果才能实现永续发展,群众才能够长期受益。为了实现创新治理,一是建立健全管理机制。加强以严格考核考评为主、乡镇不定期监督检查为辅的乡村建设和管理机制,切实解决当前"重建设、轻管理"的问题。二是创新治理方法。通过召开村民会议或村民代表会议,建立村级卫生管理制度、农户卫生评比制度等管理机制,修改完善村规民约,形成长效机制,巩固发展美丽乡村建设成果。三是畅通投入渠道。铲除造成城乡隔离、阻碍城乡融合的制度性障碍,实现城乡之间资金、技术、物资、人才、信息、劳动力等生产要素的自由流动,更大程度地发挥市场在资源配置中的决定性作用,为统一开放、竞争有序的现代市场体系的形成奠定基础。

中共东明县委党校课题组负责人:齐雪芹

课题组成员:刘杰红 李勇

第 三 编

加强水资源节约集约利用研究

德州市黄河水资源高效节约集约利用研究

德州的农业灌溉、工业用水和城乡居民用水多依靠黄河水,德州因黄河而生,因黄河而名,黄河水资源对德州意义重大。"十三五"期间,德州加大投资提升和巩固水利设施,严格控制用水总量,使黄河水资源进一步得到合理配置和高效利用。但随着引黄指标管控愈加严格和地下水压采政策的实施,德州黄河水资源的供需矛盾突出,为破解制约德州经济社会发展的水资源瓶颈,我们尝试提出可以从实施最严格的水资源保护利用制度、科学制定供水调度方案、着力推进现代水网提档升级、做好水土保持治理工作、深入推进节水型社会建设等几方面着手,用扎实有效的行动进一步推动黄河水资源高效节约集约利用。

一、黄河水资源对德州的重大意义

德州的"德",来源于德水。德水是古代黄河的名称。秦朝建立后,秦始皇将黄河的名称由"河"改为"德水"。西汉初年,德水之畔(今德州市陵城区)设立了安德县,取"德水安澜"之意,寄托着人们祈盼黄河水波平静、过上安稳日子的愿望。[①] 德州市地处黄河冲积平原,由黄河泛滥、漫流沉积而成的土地占总面积的一半以上。可以说,德州因黄河而生,因黄河而名。

中华人民共和国成立前,德州地区只有黄河决口泛滥的痕迹,没有引黄兴利的记载。曾经,肆虐的河水曾给德州人民带来深重的灾难。《山东黄河决溢年表》显示:从 1855 年到 1938 年的 83 年中,齐河决(扒)口 28 次。山东巡抚李秉衡曾经在奏折中写道:"黄河夺济四十年来,河身淤垫,日击日高,

---

① 清代田雯的《长河志籍考》载:德州,古九河之地,黄河所经,汉县名为安德者,以其德水安澜耳。

渐至水不能容,横溢溃决,自光绪十一年至十六年,无岁不决,无岁不数决……"①溃决的黄河水不仅吞没了沿黄百姓的生命财产,也威胁着鲁西北广大地区。《临邑县治》记载:"光绪九年(1883年)七月,黄水至本邑,泛滥至白露节前,平地水深数尺,冲倒房屋无算,田禾淹没十之八九。"②中华人民共和国成立后,德州对黄河进行了大规模治理。1956年,德州地区开始兴建虹吸工程,发展引黄灌溉。1966年建引黄涵闸。如今,德州辖区内共有潘庄、李家岸、韩刘、豆腐窝4座引黄涵闸,灌溉面积861.5万亩,总设计引水流量为230m³/s。其中潘庄、李家岸均属大型灌区,设计灌溉面积分别是500万亩和321.5万亩,控制全市灌溉面积的90%以上。

德州是水资源十分短缺的地区,人均水资源占有量211m³,仅为全省人均的61%、全国人均的10%。德州正常年份全市需水25.6亿m³,全市缺水量达7.6亿m³,缺水率达30%。若没有黄河水的支撑,缺水量将达17.3亿m³,缺水率达68%。黄河水是德州市唯一可利用的客水资源,在德州市工农业发展中起着举足轻重的作用。自引黄以来,德州市多年平均引黄量15亿m³左右,引黄供水已经成为全市农业丰收、工业生产、城镇居民生活及改善城区环境的重要保障。黄河水不仅满足农业灌溉、工业发展,更是581万城乡人口生活饮用水的源泉。为确保德州市人民都能用上安全方便的自来水,自1989年以来,德州先后建设了丁庄、庆云、丁东、惠宁等平原水库,设计总库容近1.6亿m³。自2004年开始又启动了"村村通自来水工程"和"人畜引水安全工程",其水源全部来自平原水库调蓄的黄河水。可以说"黄河之水天上来,德州之水黄河来"。

二、德州市黄河水资源配置和高效利用情况

目前德州市的引水程序是:根据全市用水需求,制订年度、月度用水计划并及时上报黄河主管部门,黄河主管部门批复德州市引水指标后,开始开闸放水。引入黄河水后,按照黄河主管部门分配给德州市的用水指标及各县(市、区)用水实际需求,由德州市水利局负责统一调度全市的黄河水。

(一)德州市目前引黄供水情况

为充分发挥黄河水的最大效益,德州市水利局在调水过程中遵循"先生

① 张小云:《清光绪时期黄河三角洲的水患与社会应对措施:以黄河利津段为例》,《中国石油大学胜利学院学报》2014年第2期。
② 王德胜:《黄河与德州的历史渊源》,《德州日报·德周刊》2020年12月11日。

活、后生产、确保重点、兼顾一般"的原则,首先保障全市城乡居民生活用水,其次是重点工业、农业生产和生态用水。农业用水遵循"先下游、后上游"的原则,分区、分片依次对全市进行农业供水。同时按照"丰蓄枯用、冬蓄春用"的原则,常常采用早引抢蓄黄河水的做法,在冬季、春灌来临前及秋收前等时段,利用河道、沟渠、坑塘提前为农业用水储备水源。黄河水的引入为德州带来巨大的改变。

一是城乡居民饮水安全问题得到根本解决。德州地处黄河冲积平原,深层地下水氟高碘重、浅层地下水苦咸,83%的区域不符合国家饮水安全标准,农村群众饮水一直十分困难。多年来,德州始终把解决群众的饮水问题摆在重中之重的位置,先后经历了饮水解困、村村通自来水、饮水安全三个阶段。到2007年底,德州市92%的村庄用上了自来水,"有水喝"基本得到保障,但水质仍达不到国家生活饮用水标准。2008年,随着国家饮水安全工程的启动实施,德州市的工作重点由"面的覆盖"向"质的提升"转变,逐步确立了"以平原水库为依托,规模化集中供水"的建设路子。到2013年底,德州市城乡供水一体化率达97%以上,400多万农村群众喝上了与城市居民"同源、同网、同质"的安全水,成为全国第一个通过整建制实现城乡供水一体化的地级市。

二是农业缺水问题得到极大缓解。多年来,黄河水有效保障了德州市农业灌溉用水。引黄灌区内粮食单产由280公斤提高到800多公斤,平均每引1m³黄河水增产粮食0.5公斤,按每公斤粮食1.5元计算,年均增加农业产值9亿元。2021年9月,德州在全国率先提出建设大面积"吨半粮"示范区。德州市粮食连续多年保持丰产丰收,黄河水功不可没。同时,黄河水年均补充德州市地下水4亿m³,使因地下水严重超采而引发的地面下降、生态环境恶化问题得到一定的控制,在一定程度上遏制了地下水漏斗区的扩散。

(二)目前德州市黄河水资源节约集约利用的工作成效

德州市委、市政府高度重视水利工作,特别是2017年以来,先后作出全面实行河湖长制、开展防洪减灾工程建设、推进引黄灌区农业节水工程建设等一系列重要部署,水安全保障能力大幅跃升。

1.加大投资提升和巩固水利设施

2016~2020年,德州市累计完成水利投资超100亿元,建成各类重点水利工程200余项,是"十二五"时期的2倍多。其中2020年潘庄、李家岸、韩刘、豆腐窝引黄灌区续建配套与节水改造等重点工程完成投资42亿元,创历史新高。按照山东省委、省政府根治水患、防治干旱的要求,德州推进全域节水综合治理,实施了水毁工程修复、水利设施巩固提升、抗旱调蓄水源等3类62项重点水利工程。2020年,德州市成功创建国家节水型城市。全市城乡供水一体化率达到99%,树立了全国农村饮水安全的标杆样板。河湖长制工作树立全省标杆,一次性建成省级美丽示范河湖13条(段),数量居全省第一。

2.严格控制用水总量,做好水资源高效节约利用

从取用水规模上对水资源开发实行严格的宏观调控,年度用水总量控制在21.7亿 m^3 以内,万元 GDP 用水量下降到68m^3 以内,工业用水重复利用率达到90%以上,农业连续18年实现增产增效不增水。德州市突出做好"节"的文章,把水资源作为最大的刚性约束,优化全市水资源供给配置,坚决遏制不合理的用水需求。严格限制高耗水行业项目,全市非农业用水户全部实行计划用水管理。创建节水载体200余家,对100家企业实施节水技改,完成15家重点企业水平衡测试工作,建成7个节水型社会建设达标县,县域达标率64%。积极开展农村生活用水阶梯水价改革试点,利用价格杠杆促进农村节约用水。开展形式多样的宣传活动,引导公众优先使用再生水,非常规水源配置比例进一步提高。德州学院教职工宿舍和办公楼冲厕用水全部使用城市污水处理厂深度处理后的中水,年节水1080万 m^3。

大力实施水资源税改革。这一改革措施实施后,大大抑制了地下水超采,实现了制度规范、监管规范、管理规范的高质量取用水管理。2018年,德州市共注册取用水户815家,核定水量2.59亿 m^3,缴纳水资源税2.15亿元,有效地撬动了地下水压采与节约用水工作。

3.进一步优化水资源配置

结合地下水超采综合治理,进一步优化调整用水结构,全市非农用水中地下水使用量的占比下降到18.3%。中心城区重点工业企业实行综合水价,长江水推广使用步伐进一步加快。深入实施水资源税改革,2018年以来,全市累计核定取用水量7.28亿 m^3,提高了用水效率,全面完成取用水专项核查登记,查明各类取水口76476个,为从严管水、精细管水奠定了基础。

4.德州市坚持做好"治"的文章

按照山东省统一部署,德州深入开展黄河流域生态环境突出问题大排查、大整治工作,抓好重点区域生态建设修复和环境污染系统治理,成效显著。截至2020年底,共造林13.2万亩,治理水土流失30平方公里。已实施

雨污分流改造 237 公里,26 条城市黑臭水体全面消除。2021 年以来,6 条主要河流全部达到地表水 V 类标准,改善幅度居全省第 1 位。2021 年上半年,城市水质指数同比改善 20.07%,居全省第 3 位。截至 2021 年 11 月,德州市人工湿地已达 23 处,占地 6.93 平方公里,日净水量 120 万吨,每年可提供水资源 4.7 亿吨。

三、德州市黄河水资源配置和利用亟待解决的问题

水是生命之源、生产之要、生态之基。政策原因和现实中存在的一些问题使得水资源短缺已经成为制约德州市经济社会发展的瓶颈。

(一)引黄供需矛盾突出

2014 年,山东省地下水超采区评价成果发布,德州市浅层地下水超采区划定范围达 1221.1 平方公里,约占全市土地总面积的 12%。2015 年,山东省政府将德州市全域划定为深层承压水超采区,浅层地下水限制开采、深层地下水全面禁采。随着国家对黄河水分配指标的刚性约束加大,指标外引水越来越难。随着社会经济的发展,黄河主管部门每年分配给德州市 9.77 亿 m^3 的指标。水量远远无法满足德州市生活生产需求,其中农业用水约占总水量的 85%,每年春季指标用完后,德州市政府都需要向黄河主管部门申请抗旱应急指标,2019 年更是需要报告山东省政府后,由山东省政府协调黄河主管部门才能批复。而且国家地下水压采政策的实施和引黄指标管控越来越严格,增加引水量的难度进一步加大,分配给德州市的引水指标距离德州市的用水需求量还有很大缺口,供需矛盾突出。由于长期过度开发利用黄河水,2020 年 12 月,德州市被水利部划定为黄河干流水资源超载区,暂停新增以黄河水为水源的取水许可。本地水资源供应量十分有限,地下水、黄河水又被限制使用,近年来国家用水总量和万元 GDP 用水量的考核、审计、问责越来越频繁,也越来越严格,而吃饭过日子、发展经济、搞生态文明建设又都需要水,一边是保障国家粮食生产、为国家供应优质粮食离不开黄河水的支撑,另一边是"用水总量控制"不允许超引黄河水,德州市水资源供需矛盾十分突出。

(二)黄河水整体调度、水库蓄水难度大

由于黄河水有限,德州市引黄用水缺口较大,尽管通过实施《德州市引

黄调水管理办法》,调度较以往得到改善,但仍有个别县(市、区)对此认识不足,造成各县(市、区)间调度困难。在用水高峰期出现抢水现象,上下游用水矛盾突出,上游地区不按计划用水导致下游用水不足,影响了全市黄河水的整体调度。尤其在向水库供水的过程中,仍然有个别县、市认识不到位,调水过程中仍存在不顾大局抢水的现象,严重影响水库供水。德州市各县、市水库具有数量多、分散广、线路长、沿途污染源多、供水水量损失大的特点,且水库蓄水需要高水位、大流量、长时间持续供水。如庆云水库、乐陵水库、宁津水库等是德州市输水线路比较长的几个水库,输水线路达到180公里。在水库供水过程中,如果污染源进入输水河道,就会重复向下游冲污,造成水源浪费。另外,水库供水线路上的工程不配套,支渠太多,许多支渠没有闸门控制,导致向水库供水时农业灌溉用水偏多;部分水库入库泵站偏小,导致供水时间过长,造成水源浪费。

(三)引黄非农用水比例问题突出

德州市是传统农业大市,大水漫灌是其农业灌溉的主要方式。由于黄河水泥沙含量高,泥沙很容易造成滴管、喷灌设施堵塞,因此德州市农业灌溉很少采用成规模的滴管、喷灌方式,农业用水量大且粗放,农业节水很难在短时间内大幅度推进。近年来,黄河主管部门一直要求提高非农业用水比例,德州市非农业实际用水量情况很难达到要求。而这些多出来的非农指标只能用来农业灌溉,这间接地提高了农业用水价格,增加了农民的负担。特别是2019年德州市发生特大旱情,在春灌高峰和夏种抗旱期间分配给德州市的引黄指标中仍有大量非农业指标,农民灌溉用水成本明显提高。

(四)水土流失治理任务依然艰巨

德州市地处黄泛冲积平原区,自然森林资源、湿地资源匮乏,湿地总面积占全市土地总面积的比率仅为2.5%,占全省湿地总面积的比率为1.5%。另外受人类活动的影响,水土流失比较严重。根据德州市自然与社会、经济状况,结合水土流失综合治理的基本要求,全市主要分为漳德河间轻度侵蚀区、卫德徒河间中度侵蚀区、沿黄决口冲积扇形地中度侵蚀区。截至2020年底,德州市仍有水土流失面积约418平方公里,约占全市土地总面积的4%。水土流失侵蚀类型以风力侵蚀为主,兼有水力侵蚀,侵蚀强度以轻度、中度侵蚀为主,占水土流失总面积的98.83%。

四、德州市黄河水资源合理配置和高效节约集约利用的对策措施

要破解制约德州市经济社会发展的水资源瓶颈,必须以"根治水患、防治干旱"为目标,以水安全风险防控为守护底线,以水资源承载能力为约束上限,以水生态环境保护为控制红线,统筹抓好水资源高效节约集约利用,为德州市经济社会高质量发展提供坚实的水资源支撑和保障。

(一)实施最严格的水资源保护和利用制度

加快建立水资源节约集约利用机制,以水定城、以水定地、以水定人、以水定产,实施最严格的水资源保护和利用制度,将水资源利用纳入效能目标管理考核,强化水资源刚性约束。

1.严格落实管水制度,提高水安全监管水平

健全水资源刚性约束指标体系,制定差异化的水资源管理制度,实行分区、分类管理,把强化用水管理放在首要位置来抓。

第一,严格落实《德州市用水总量控制管理办法》。根据《德州市用水总量控制管理办法》核定的用水总量、水功能区限制纳污容量、用水效率三项指标,目前均已全部分解到各县(市、区),以"三条红线"为核心的水资源管理制度被称为"史上最严"的管水制度。用水总量控制红线是指可以开发利用的地表水、地下水以及区域外调水量的总和。经上级批准的水量分配方案,各级政府必须严格执行。对取用水总量达到或超过年度用水控制指标的地区,将暂停审批其建设项目取水许可。严格控制入河排污总量。对造成水功能区水质达标率降低的责任区域,相应核减其下一年的年度用水控制指标。对用水效率指标达不到省、市考核标准的,相应核减该区域下一年的年度用水控制指标。提高用水效率所节约的水量,可以用于当地新增项目用水。

第二,强化水资源论证和取水许可管理制度。建立建设项目水资源论证评审专家库,成立建设项目水资源论证监督小组,将水资源论证列入县(市、区)科学发展综合考核体系。新建、改建、扩建建设项目需要取水的,必须进行建设项目水资源论证。对未进行水资源论证的涉水建设项目,不批准其取水、不为其办理取水许可证。取水许可有效期满申请延续的取水法人、取水标的等发生变化的,在用水总量控制指标内,重新核定取水水源和

许可水量,重新核发取水许可证。

第三,完善超载区取水许可限批制度,临界超载地区建立预警机制。以禹城、齐河、临邑三个国家级地下水超采综合治理项目为引领,加快德州市地下水超采综合治理进度,争取 2025 年前深层承压水超采量全部压减完成,浅层地下水超采区基本消除。建立超用水管理监督机制,运用信息化手段提升取用水监管能力。

第四,完善水权、水市场交易制度。开展水资源使用权确权登记,形成归属清晰、权责明确、监管有效的水资源资产产权制度。开展水权交易试点,鼓励和引导地区间、用水户间的水权交易,探索多种形式的水权流转方式。积极培育水市场,逐步建立水权交易平台。按照农业、工业、服务业、生活、生态等用水类型,完善水资源使用权用途管制制度,保障公益性用水的基本需求。

第五,强化水资源保护执法、司法保障。依法查处违法取水行为,不定期开展专项排查整治活动,加大入企入户力度,设置举报奖励制度,联合综合行政执法局,对洗车、屠宰、餐饮等小型企业及特种行业取水情况展开拉网式排查,杜绝非法取用浅层水。强化水资源保护的司法保障,检察机关要聚焦水资源保护领域,组织开展水资源保护行政执法检察专项监督活动,通过公益诉讼等手段加强对水资源保护执法的监督。

2.促进人与自然和谐共生

用好河湖长制这个总抓手,持续完善河湖长履职长效机制,为河湖治理与保护保驾护航。严格管控河湖水域岸线空间,建立"河长+行政+技术+执法"的联合监管机制,推动河湖"清四乱"常态化、规范化,确保河湖问题动态"清零",保持河湖生态健康。统筹水资源、水生态、水环境,更大力度地推进美丽河湖建设,让优质的水资源、健康的水生态、宜居的水环境更好地惠及民生。

3.守牢水旱灾害防御底线

狠抓强台风、流域性洪水、重特大干旱等极端天气应对工作,抓好监测预警、工程调度、技术支撑等工作,将"关口"再前移,将隐患早消除,将责任落实落细,保障人民群众的生命财产安全。德州地势低洼,受洪水威胁大,防汛形势严峻,要通过工程措施和非工程措施完善城市防洪除涝工程体系,科学合理地编制城市防洪规划,抓好防汛指挥信息化和现代化建设,确保标准内洪水防洪安全,遇超标准洪水要有舍有保,利用平原水库有蓄有泄,尽量把损失降到最低限度。

（二）根据德州实际，加大与省级、黄河主管部门的沟通，积极协调引黄指标和引黄非农用水比例问题

德州市的引黄指标很难满足全市的用水需求，一边是超指标引水面临问责，另一边是为保障生产、生活和社会稳定必须引水。需要在两者之间寻找一个合理的切入点，这就需要省级层面的合理调配和支持，德州市也应主动与黄河主管部门沟通协调，尽最大努力争取省级相关部门对德州市需水实际的理解，必要时及时启动抗旱应急响应，努力多引、巧引黄河水，最大限度地缓解德州市引黄供需矛盾。

2009年，德州市成为全国首个"亩产过吨粮、总产过百亿斤"的地级市。"手中有粮，心中不慌"，粮食安全事关国家稳定，发端于德州的粮食高产创建生产模式为保障国家粮食安全作出了突出贡献。德州大面积的"风吹白粉起，就是不打粮"的盐碱地如今被改造成亩产过吨的良田，黄河水功不可没。德州农业大市的特殊市情决定了德州黄河水资源中的农业用水比例较高，这与黄河主管部门一直要求的提高非农业用水比例很难吻合。非农业指标应该按照当地非农业用水实际来分配，而不应该一直盲目地提高非农业用水比例，这也需要德州市水利部门同省级相关部门、黄河主管部门积极沟通，根据德州实际调整政策支持。

（三）科学制定供水调度方案，发挥黄河水源的最大效益

加强全市黄河水资源集中统一调度是提高用水效率的根本举措。要严格执行《德州市水量统一调度管理制度》，各县（市、区）严格按照市级统一调度指令用水，以良好的用水秩序促进水资源优化配置和高效利用。

1.维护良好的用水秩序

调水工作要优先重点保障水库蓄水，必要时水库蓄水错开农业用水高峰，精选输水线路，制定科学的调度方案，采取错峰输水。农业用水按照上级分配给德州市的水量，制定科学合理的轮灌制度，遵循"哪里需要供哪里、哪里急需先供哪里"的原则，做到"水到即用、用完即停"，加快水的调配速度，争取不枉费引入的每方黄河水。对不服从统一调度的县（市、区），严格按照《德州市引黄调水管理办法》惩罚规定执行，并择机制定更加可行的奖惩细则，确保引黄供水调度工作顺利开展，使有限的黄河水发挥出最大效益。

2.多渠道保障水源的有效供给

德州市可用水资源量十分有限，为保障全市各项用水需求，必须坚持扩大增量、盘活存量。提高"天上水"的利用率，结合天气情况，科学开展人工降雨、人工增雨，努力增加降雨补给。农业灌溉用水有条件的地区要开发和利用徒骇河、南运河等客水资源。要求沿漳卫河各县（市、区）要抓住时机积极抢引多蓄漳卫河水，禹城、齐河、临邑充分利用徒骇河水源，与黄河水互济互补，满足农业用水需求，汛期统筹调度河道闸坝以及农村坑塘，合理拦蓄雨洪水，提高地表水利用率。引黄下游及边远高亢地区合理开采浅层地下水，保障灌溉用水需求。对黄河水、长江水两种"外调水"，优先保障城乡居民生活和重点企业用水，提高水源使用效益。另外，积极推广中水、微咸水等"特殊水"，满足城乡环卫等用水需求，最大限度地发挥水资源的效益。

（四）做好水土保持工作

要充分发挥《德州市水土保持规划（2017～2030年）》的引领作用，立足水土保持区划，同步推进治理与防护工作，力争到2030年治理水土流失面积205平方公里，实现中度以上侵蚀面积大幅度减少、人为水土流失全面防治、林草植被全面保护与恢复，全面建成与社会经济发展和生态环境建设相适应的水土流失综合防治体系。

1.加强功能区划治理保护

按照"东部、北部人居环境维护区""中部生态维护水源保护区""西部、南部防风固沙水质维护区"三个水土保持分区的功能定位，系统抓好防风固沙、农田防护、生态维护、水源保护等治理保护工作，分区有针对性地采用综合措施推进水土保持与区域生态需求紧密衔接，为德州京津冀南部重要生态功能区建设提供有效支撑。

2.强化重点预防和治理区治理保护

依托地理信息系统（Geographic Information System，GIS）等先进技术，建立全市水土流失重点防治格局，抓好重点区域水土流失治理与保护，确保通过集中突破问题区域大幅减少全市水土流失面积和降低强度，实现生态环境保护与经济社会可持续发展双赢。

3.强化生产建设项目水土保持监督管理

运用卫星遥感、无人机等先进技术，开展生产建设项目水土保持"天地一体化"监管，督导生产建设项目单位严格落实水土保持工作措施，严防人为水土流失。抓好水土保持政府目标责任制考核,压紧压实各级水土保持治理责任,确保以强有力的监督管理促进水土保持治理不断取得新成效。

(五)着力推进现代水网提档升级

德州市提出"十四五"时期将集中攻坚水利工程补短板,全市计划投资164亿元以上,比"十三五"时期增长60%,确保一批强基础、补短板、惠民生、利长远的重点水利工程尽快实施,着力打造现代水网工程体系。

1.加快实施供水保障工程

围绕提高供水保证率,加快实施南水北调东线二期、饮水安全水库联通、大中型灌区续建配套与节水改造、跨流域(区域)调水、平原水库等重大引水、调水、蓄水工程,持续完善城乡供水大水网,为经济社会发展提供水资源支撑。

2.加快实施防洪排涝工程

聚焦于消除防洪薄弱隐患,大力实施骨干河道治理、病险水闸水库除险加固、滞洪区建设等重点防洪除涝工程,提高超标准洪水防御能力,保障全市防洪安全。

3.加快实施水生态保护与修复工程

围绕提高水环境、水生态承载能力,加快实施河湖生态治理与修复、地下水超采治理、水土流失治理、河湖水系连通等生态保护工程。

4.加快实施智慧水利工程

围绕实现水利治理体系和治理能力现代化,加快实施水利感知网、信息网、大数据中心等智慧水利工程,提高全市水利工作信息化、智慧化水平。

(六)节约用水,纵深推进节水型社会建设

把"节水优先"落实到水资源开发、利用、保护、配置、调度等各环节,结合正在开展的国家节水行动,加快推进节水型社会建设。

首先,农业方面,积极调整农业种植结构,大力推广耐旱、耐盐碱作物,全面普及渠道防渗、管道输水、喷灌、微灌等高效节水灌溉方式,杜绝"大水漫灌",加快高标准农田及规模化节水灌溉工程建设,努力在节约用水的前提下保障粮食稳产增产。

其次,工业方面,加强计划用水管理,杜绝无序用水、超计划用水。对于钢铁、造纸等高用水企业,大力开展水平衡测试,加强工业节水技改,通过降

低水耗、节约成本促进企业转型升级；对于企业中的高耗水设备及工艺，通过技术改造实现合理用水。对于新建和改建的企业，采用先进合理的用水设备及工艺，在取退水口及必要的地方安置水量计量装置，并与主体工程同时设计、同时施工、同时投产，严禁采用耗水量大、用水效率低下的设备和工艺流程。推进废水回用，积极使用中水、微咸水等非常规水，最大限度地发挥水资源的使用效益。

最后，城镇生活方面，改造自来水供水管网，最大限度地降低供水损失率。普通自来水管道的漏水率为10%左右，若选用橡胶柔性接口且质量较好的管材，可以降低漏水率。以县域节水型社会建设为统领，加快推进节水型机关、企业等节水载体建设，各用水单位积极推广节水型器具，引进使用节水新工艺、新技术、新设备，加强用水设备管理养护，努力提高节约用水效率。加大节水宣传进企业、进社区、进校园工作力度，增强全社会的节水意识，使节水护水成为全民的自觉行动。使其牢固树立"节水光荣、浪费可耻"的观念，自觉肩负起节约用水的责任，争当节约用水的示范者、推动者、监督者；自觉养成计划用水、节约用水、循环用水的良好习惯，杜绝"跑冒滴漏""长流水"，坚持一水多用、循环利用，切实提高水资源利用效率。

"因黄河而生，因黄河而名"的德州正在积极主动融入黄河国家战略，用扎实的行动实现黄河水资源的高效节约集约利用，在深化和巩固国家节水型城市创建成果的基础上，全面建设节水型社会，奋力谱写"富强、活力、幸福、美丽"新时代现代化新德州的壮美华章。

中共德州市委党校课题组负责人：徐良

课题组成员：陈义杰　胡月玫　李翠营

滨州市黄河水资源优化配置格局的实践研究

2021 年 10 月 22 日下午,习近平总书记在济南主持召开深入推动黄河流域生态保护和高质量发展座谈会时强调,沿黄河开发建设必须守住生态保护这条红线,必须严守资源特别是水资源开发利用上限,用强有力的约束提高发展质量效益。① 滨州市作为资源型缺水城市,水资源承载能力弱,供需矛盾突出,这些严重制约着滨州市经济社会持续健康发展。贯彻习近平总书记重要指示精神,优化黄河水资源配置,统筹推进水资源节约利用,是摆在滨州乃至全省面前的时代课题。

一、滨州市水资源现状

(一)水资源总量

滨州市当地水资源总量为 10.21 亿 m³,其中,地表水资源量为 5.54 亿 m³;地下水资源总量为 6.48 亿 m³,重复计算 1.81 亿 m³。滨州的客水资源主要是黄河水,滨州引黄指标为每年 8.57 亿 m³。另有部分长江水指标,滨州市引江水量为 1.51 亿 m³。当地水资源和主要客水资源总量为 20.28 亿 m³。另外,滨州市 2001～2016 年年平均入境水量为 10.29 亿 m³,年平均出境水量为 7.81 亿 m³,2001～2020 年平均入海水量为 10.75 亿 m³。2020 年全市水资源情况如表 1 所示。

---

① 参见《习近平在深入推动黄河流域生态保护和高质量发展座谈会上强调 咬定目标脚踏实地埋头苦干久久为功 为黄河永远造福中华民族而不懈奋斗 韩正出席并讲话》,2021 年 10 月 22 日,http://www.news.cn/politics/2021-10/22/c_1127986188.htm。

表1　2020年全市水资源情况　　　　　　　单位:万 m³

水源	地表水	浅层地下水	引黄水	引江水	合计
水资源总量	55429	64774	85700	15050	220953
可利用总量	77900		85700	15050	178650
实际利用量	12641	8200	123221	1700	145762
可利用量剩余	57059		−37521	13350	32888

（二）水资源可利用量

滨州市当地水资源可利用总量为 7.79 亿 m³,地表水可利用总量 2.99 亿 m³,浅层地下水可开采为 4.98 亿 m³。滨州市地下水可开采利用程度较高,开采系数可达 0.70 以上,部分地区达 0.80,地表水利用程度较低。加上引黄指标 8.57 亿 m³ 和引江水指标 1.505 亿 m³,滨州市水资源可利用总量为 17.865 亿 m³。

（三）水资源实际用水量

根据《滨州市水资源公报》,2015~2020 年滨州市年均用水量为 16.61 亿 m³,其中农业用水量最大(见图 1)。2020 年滨州总用水量 16.69 亿 m³。2015~2020 年,滨州市的总用水量从 15.41 亿 m³ 增加至 16.69 亿 m³,总体上呈现上升趋势,年均增长率为 1.38%。其中,农业用水量占比逐年下降,工业用水量和生态环境补水量逐年上升(见图 2)。

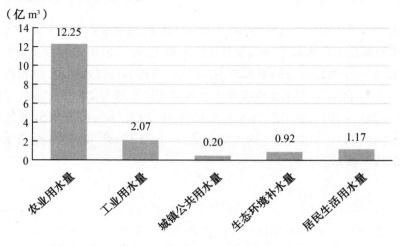

图1　2015~2020年滨州市各行业年均用水量

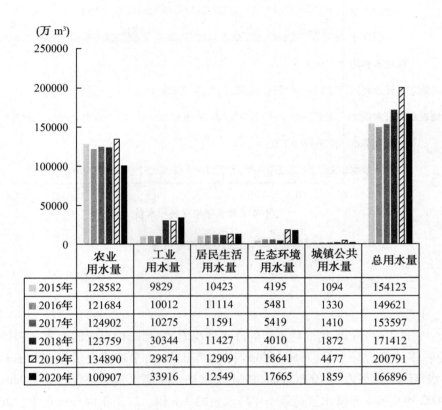

图2 2015～2020年滨州市各行业用水情况及总用水量

(四)水资源挖潜情况

由表1可以看出滨州市对黄河水的依赖程度较重,其他水资源具有较大的配置潜力(见图3)。因此,在引黄水量严格管控的情况下,必须深挖节水潜力,通过工程和非工程措施对各类水资源进行开发利用,保障经济社会发展和生态合理用水需求。到2025年,新增库容约2亿 m^3,新增供水能力约4亿 m^3,水资源配置格局全面优化。

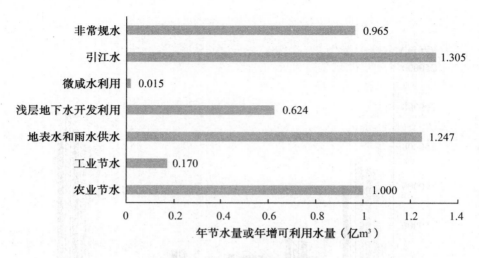

图 3　滨州市水资源挖潜情况

（五）水资源特点

1.降水分布不均

一是年际分布不均。从多年的降水情况看,滨州降雨形成的有效地表径流少,多年平均降水量(1956～2016 年)为 573.1mm,平均蒸发量为 1258mm。丰水年降水量最大达 1098.9mm(1964 年),枯水年降水量最小仅有 291.0mm(2002 年),最大年降水量是最小年降水量的 3.8 倍。二是年内分布集中。滨州降水年内分布具有"春旱、夏涝、晚秋又旱"的水文气象规律,一年中的降水量主要集中在汛期。其中春季(3～5 月)降雨量占全年的 13.4%,夏季(6～8 月)占 67.5%,秋季(9～11 月)占 15.8%,冬季(12 月至第二年 2 月)占 3.3%。汛期(6～9 月)降水量占全年的 75.2%,其中 7、8 两月的总降水量占全年的 54.5%。

2.资源型缺水严重

受自然禀赋影响,滨州人均占有淡水资源量仅为 265m³,不足全国平均水平的 1/8,属于人均水资源量小于 500m³ 的水危机区。滨州地处诸河下游,过境诸河多为雨源型河流,境内主要河流来水多为上游下泄尾水,来水保证率低,地表水不可靠。特别是地下淡水资源匮乏,全市 55% 区域的浅层地下水为苦咸水,全市属于深层承压水禁采区。滨州可利用的雨水、地表水、地下水极其有限。

3.用水结构不合理

正常年份,滨州经济社会发展所需水资源的70%左右依赖黄河水,干旱年份80%以上依靠黄河水。由于高度依赖黄河水,黄河水用量超过分配指标。2020年12月,滨州市被国家列为黄河干流水资源超载区,取用黄河水的新增取水许可被暂停审批。随着黄河流域生态保护和高质量发展战略的深入实施,黄河水承载能力对滨州经济社会发展的制约作用进一步凸显,滨州必须改变高度依赖黄河水的水资源配置格局。

4.用水效率不高

在农业生产方面,过分依赖大水漫灌,用水方式粗放,导致用水浪费严重,加之输水渠道衬砌率低,输水损耗较大,全市13处引黄灌区干渠衬砌率仅为80.2%。在工业生产方面,高耗水的产业结构明显,并且工业用水重复率低,非常规水利用率低。在居民用水方面,居民节水意识不强,生活用水浪费问题还比较突出。农村供水管网普遍严重老化,漏损率较高。

5.用水供需矛盾突出

随着城镇化、工业化的步伐加快,城镇用水量日益加大,工业用水比重进一步提高,城镇用水、工业用水对农业用水形成了"双向挤压"。根据滨州市2025年有关经济社会发展指标预测并结合有关用水定额标准,滨州市2025年50%保证率总需水量为16.80亿 m^3,95%保证率总需水量为17.21亿 m^3。2020年滨州市用水总量指标为162650万 m^3,至2025年在50%保证率下基本能满足经济社会发展需求,但95%保证率下将有近1亿 m^3的缺口。水资源供需失衡已成为严重制约经济社会发展的因素。

6.节水内生动力不足

目前,全市节水投入和奖励激励机制尚未建立,综合水价还未形成,阶梯水价执行还不够到位。另外,超许可、超计划、超定额加价处罚措施落实不到位,水资源承载能力预警机制尚不健全。因此,需要进一步完善体制机制,增强节水的内生动力。

二、滨州市引用黄河水现状

(一)滨州市历年引用黄河水现状

黄河在滨州市下辖邹平市码头镇苗家村北入,穿过邹平、惠民、滨城、博兴四县(市、区),在博兴县乔庄镇老盖家村东北入东营境,境内河段长度为

94 km,流域面积 123.9 km²。滨州市建有大中型引黄灌区 13 个,其中大型灌区 6 个,中型灌区 7 个,干渠总长度 879 km,设计灌溉面积 608 km²。黄河水是滨州市最主要的淡水水源,全市 85%以上居民生活和工农业生产依靠黄河水。根据"八七分水"方案(这是我国首次由中央政府批准的黄河可供水量分配方案),滨州市的引黄指标为 8.57 亿 m³,而 2015~2020 年实际年均引黄水量达 13.95 亿 m³。

通过观察分析 2015~2019 年滨州市引用黄河水情况(见图 4、表 2),滨州市引黄指标为 8.57 亿 m³,每年实际引黄量都远远超过引黄指标。其中 2015~2019 年分别超指标 57.87%、62.25%、38.64%、26.12%、48.68%;分别超计划引黄量 94.67%、106.91%、45.43%、3.63%、6.45%。综合分析可以得出结论:滨州市每年的实际引黄量大大超过引黄指标和计划引黄量。以 2020 年为例,全市实际用水量 16.69 亿 m³,其中引用黄河水 13.47 亿 m³,占实际用水量的 81%,为引黄指标的 157%。

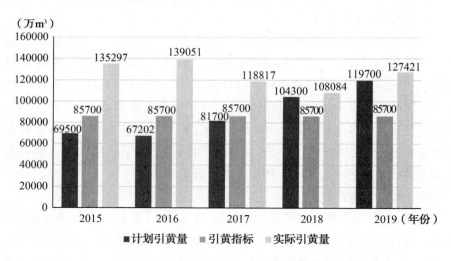

图 4 2015~2019 年滨州市引用黄河水情况

表 2 2015~2019 年滨州市引用黄河水情况

年份	计划引黄量/万 m³	引黄指标/万 m³	实际引黄量/万 m³	超计划/%	超指标/%
2015	69500	85700	135297	94.67	57.87
2016	67202	85700	139051	106.91	62.25

续表

年份	计划引黄量/ 万 m³	引黄指标/ 万 m³	实际引黄量/ 万 m³	超计划/%	超指标/%
2017	81700	85700	118817	45.43	38.64
2018	104300	85700	108084	3.63	26.12
2019	119700	85700	127421	6.45	48.68

（二）滨州市引用黄河水超载的原因

滨州市水资源禀赋先天不足,自然地理条件特殊,引黄条件便利,长期以来以黄河水作为全市经济社会发展的主要水源,形成了较为完善的引黄输配水系统。近年来,滨州市城市化水平不断提高,工业需水量大幅增加,这是造成引用黄河水超载的最主要原因。滨州市盐渍化地区以水压碱的现实,加上降水量少、蒸发量大、地下水矿化度高等因素造成农田灌溉用水量较大,这是造成引用黄河水超载的重要原因。受小浪底水库统一调度和黄河调沙影响,引水期黄河河流量较小,同流量下闸前水位降低,滨州市引黄闸渠首引水能力下降明显,引水保证率大大降低。滨州市各引黄闸每年均制定调度方案,确定年度水量调度计划。但在年度水量调度计划的执行过程中,受引黄管理部门费用不足和利益驱动等影响,部分县(市、区)和企业在计划外仍高价购买黄河水,年末此部分水量也一并计入滨州市年度引水量考核,这是导致超标引用黄河水的因素之一。

（三）滨州市未来引用黄河水的思考

通过数据分析可以看出,滨州市引用黄河水的形势异常严峻。面对这种情况,滨州市应按照《滨州市黄河水资源超载区整治实施方案》,严格落实各项整治措施,主要包括深挖节水潜力,实施农业、工业和生活节水工程,挖掘当地水利用潜力,兴建地表水、雨洪水和地下水开发利用工程。通过水价改革,消纳长江水,实施再生水、海水淡化、微咸水利用等工程,增加非常规水源供给量,建立水资源刚性约束制度,实施水价、水权和水市场改革,提升水资源精准计量和智慧管理水平,建立健全水资源监管长效机制等,力争在较短的时间内彻底解决黄河水超载问题,保障经济、社会、生态合理用水需求,并形成符合滨州高质量发展需求的科学合理的全新管水用水机制。

三、滨州市各行业需水情况及矛盾

(一)滨州市历年用水量分析

根据《滨州市水资源公报》,2015～2020年滨州市年均用水量为16.61亿 m³,农业用水量12.25亿 m³、工业用水量2.07亿 m³、城镇公共用水量0.20亿 m³、生态环境补水量0.92亿 m³、居民生活用水量1.17亿 m³,分别占总用量的73.74%、12.47%、1.21%、5.56%、7.03%。

2020年,滨州市总人口392.86万人,其中城镇人口204.28万人,农村人口188.58万人;地区生产总值2508.11亿元,其中第一产业243.15亿元、第二产业1021.56亿元(其中工业增加值914.97亿元)、第三产业1243.40亿元。[①] 全市总用水量16.69亿 m³,工业用水量3.39亿 m³。人均综合用水量424m³,万元GDP取水量66.5m³,万元工业增加值取水量36.8m³。城镇居民生活用水量8153万 m³,城镇公共用水量1859万 m³,城镇人均生活综合用水量0.133m³(每人每天用水量)。农村居民用水量4396万 m³,农村居民人均生活用水量0.064m³。农田实际灌溉面积485.16万亩,农田灌溉用水量8.74亿 m³,农田灌溉亩均用水量180m³,灌溉水有效利用系数0.64。

(二)滨州市用水情况存在的问题

经实地调研和相关数据分析,滨州市用水情况存在以下问题。一是用水效率低。受产业结构影响,滨州市用水以农业为主,受盐碱地需地面漫灌压碱以及传统用水方式影响,农业灌溉仍以地面漫灌为主,用水效率低,工业结构中高耗水项目占比较重。以2020年为例,滨州市万元GDP用水量为66.5m³,是山东省平均水平的1.68倍,省内仅低于聊城市;全市万元工业增加值用水量37.1m³,全省最高,是全省平均水平的3.07倍。二是节水意识不强。居民节水意识不强,生活用水浪费问题突出,农村供水管网老化严重,漏损率高。在用水机制建设方面,全面节水机制未完全建立,存在综合水价未形成,社会资本投资机制未建立,水权、水市场机制不健全等问题。三是水环境恶化加剧了水质型缺水的现实。水资源质量直接关系到水资源的功能,决定着水资源的用途。工业废水是水域的重要污染源,滨州市年均废污水

---

① 参见《2020年滨州市国民经济和社会发展统计公报》,2021年10月13日,http://tj.binzhou.gov.cn/art/2021/10/13/art_163681_10183620.html。

排放量 2.38 亿吨,其中工业废污水排放量为 1.8 亿吨,占总排放量的76%。目前,滨州市污水处理厂处理能力较低,水资源循环利用率低,不仅造成水资源浪费,而且污染了水环境,导致水质恶化,使有限的水资源更加短缺。

四、关于用水的历史性变化及要求

水是生产发展的硬约束。长期以来,我国非常重视水资源的开发利用。在不同的历史时期,用水要求各不相同,可以划分为四个阶段。

(一)农业节水萌芽期(1949~1978 年)

中华人民共和国成立时,百废待兴,为尽快恢复生产,开展了大规模的水利工程建设。这一时期,人们的节水意识比较淡薄。随着农田灌溉面积不断扩大和用水需求持续增加,水资源供需矛盾逐步显现,节约用水开始受到关注。1961 年,中央批转农业部、水利电力部《关于加强水利管理工作的十条意见》,围绕灌区管理提出节约用水。20 世纪 60 年代初开始探索研究农业节水灌溉技术。

(二)城市节水推进期(1978~1998 年)

党的十一届三中全会后,我国进入改革开放和社会主义现代化建设的历史新时期,水利的重要地位和作用日益为全社会所认识。我国从 20 世纪 70 年代后期开始把厉行节约用水作为一项基本政策。1981 年,国家经济委员会、计划委员会、城建三部门发布《关于加强节约用水管理的通知》。1984 年,国务院印发《关于大力开展城市节约用水的通知》,将推动节约用水尤其是城市节水摆上政府重要议程。1988 年 1 月第六届全国人大常委会第二十四次会议通过《中华人民共和国水法》,提出国家实行计划用水,厉行节约用水,各级人民政府应当加强对节约用水的管理,各单位应当采用节约用水的先进技术,将节约用水的规定提升到国家法律层面。20 世纪 90 年代,全国开始推进节水型城市建设。

(三)全面节水建设期(1998~2012 年)

这一时期,为应对区域性、系统性水问题,我国全面开展了节水型社会建设。1998 年,党中央提出把推广节水灌溉作为一项革命性措施来抓,并在水利部设立全国节约用水办公室。2000 年,中共中央在《关于制定国民经济和社会发展第十个五年计划的建议》中首次提出建设节水型社会。2002 年《中华人民共和国水法》把节约用水放在突出位置,把建立节水型社会写入总则第八条。2004 年,中央人口资源环境工作座谈会强调,要把节水作为一项必须长期坚持的战略方针。2011 年,中央 1 号文件和中央水利工作会议明确要求实行最严格的水资源管理制度,确立水资源开发利用控制、用水效率控制和水功能区限制纳污"三条红线",从制度上推动经济社会发展与水资源、水环境承载能力相适应。2012 年 1 月,国务院发布《关于实行最严格水资源管理制度的意见》,进一步明确水资源管理"三条红线"的主要目标,对实行最严格的水资源管理制度工作进行全面部署和具体安排。这是指导当前和今后一个时期我国水资源工作的纲领性文件。

(四)深度节水发展期(2012 年以来)

党的十八大以来,习近平总书记从文明兴衰、民族发展的高度,把水安全上升为国家战略,实行最严格的水资源管理制度,将"建设节水型社会"纳入生态文明建设战略部署,明确提出"节水优先、空间均衡、系统治理、两手发力"[①]的新时期治水思路。为贯彻落实中央指示精神,2017 年,山东省人民政府办公厅印发《关于全面加强节水用水工作的通知》。2019 年 4 月,经中央全面深化改革委员会审议通过,国家发展改革委、水利部印发实施《国家节水行动方案》。同年,山东省水利厅会同省发展改革委印发《山东省落实国家节水行动实施方案》。2019 年 9 月,习近平总书记在黄河流域生态保护和高质量发展座谈会上提出,以水而定、量水而行,"有多少汤泡多少馍"。要坚持以水定城、以水定地、以水定人、以水定产,把水资源作为最大的刚性约束。[②] 党的十九届五中全会明确指出,建立水资源刚性约束制度,提高水资源集约安全利用水平;提出实施国家节水行动,强调推动绿色发展,建设人与自然和谐共生的现代化。水利部先后印发《关于黄河流域水资源超载地区暂停新增取水许可的通知》《关于实施黄河流域深度节水控水行动的意见》,推进水资源集约节约利用。在山东省相关城市被列为黄河流域水资源超载区后,山东省水利厅印发《关于加强黄河流域水资源超载治理的通知》。

---

① 《十八大以来治国理政新成就》编写组编:《十八大以来治国理政新成就》(上),人民出版社 2017 年版,第 385 页。

② 参见《习近平在黄河流域生态保护和高质量发展座谈会上的讲话》,2019 年 10 月 15 日,http://www.gov.cn/xinwen/2019-10/15/content_5440023.htm。

2021年10月,中共中央、国务院印发《黄河流域生态保护和高质量发展规划纲要》,提出把水资源作为最大的刚性约束,全面实施深度节水控水行动,强调量水而行、节水优先。据了解,从2022年开始,对各级政府的最严格水资源管理制度的考核将修改为"水资源刚性约束制度考核"。

为贯彻落实中央和省委各项决策部署,滨州市早在2010年已经印发《滨州市节约用水办法》,为合理开发、有效利用和保护水资源,加强节约用水管理,建设节水型社会,促进全市经济社会可持续发展提供了制度保障。滨州市水利局、发改委印发《滨州市落实国家节水行动实施方案》,滨州市水利局、生态环境局印发《各县(市、区)2020年度水资源管理控制目标的通知》,滨州市水利局印发《关于规范取水用水行为监督管理的通知》《关于进一步规范计划用水管理工作的通知》《关于做好黄河水资源超载治理工作的通知》《滨州市节约用水监督检查办法(试行)》等文件。2021年8月,滨州多部门联合印发了《关于培育遴选节水标杆单位的通知》。下一步将对节水标杆单位给予资金补助或奖励,优先保证节水标杆单位新建、改建、扩建项目用水需求,优先支持节水标杆单位申报省级及以上水效领跑者、省级及以上节水标杆。各级有关部门将把建设节水载体、培育节水标杆纳入"十四五"发展规划,制订年度实施计划,打造全社会节水典范样板;并积极推广合同节水管理等市场化模式,发展壮大节水服务产业,推行水务经理制度等新型管理模式,不断提升用水单位节水管理水平,推动节约用水工作向纵深方向发展。

为进一步贯彻落实习近平总书记关于黄河流域生态保护和高质量发展的指示精神,切实落实以水而定、量水而行,把水资源作为刚性约束要求,2021年以来,滨州水利部门联合有关部门和单位先后出台了《滨州市引黄调水管理办法(试行)》《滨州市非居民用水超定额(计划)累进加价制度实施方案》等政策措施,以对引调黄河水实施严格管控,实现黄河水资源利用效益最大化,为滨州建设提供有力的水资源支撑。

五、滨州市水资源优化配置的对策建议

(一)加强顶层设计,科学编制全市水资源规划

坚持"四水四定"原则,将水资源作为最大的刚性约束,强化水资源统一规划、调度和配置。2019年,滨州市已经完成第三次水资源调查评价,摸清

了全市水资源家底。2020年滨州市初步评价了水资源的承载状况,以此为基础,在全市可用水资源量的总框架下,统筹考虑本地水和外调水、水资源配置和产业结构,按照确有需要、生态安全、可持续的原则,在充分节水的前提下,编制《滨州市水资源综合规划》。优化水资源配置的战略布局,为落实以水定城、以水定地、以水定人、以水定产,促进水资源的节约集约利用提供科学指南,推动全市经济社会发展、生态建设与水资源禀赋条件、水环境承载能力相协调,以水资源的可持续利用保障经济社会与生态文明建设的可持续发展。

(二)增强忧患意识,高效开发利用黄河水资源

鉴于滨州市85%的水源依赖黄河水,尤其是2020年滨州市被列为黄河水资源超载区,高效开发利用黄河水资源应当引起重视。可以围绕严格监管、水源置换、节约用水、结构调整、水价改革等综合措施,实现高效开发利用黄河水资源。

一是建立水资源超载治理工作台账。统筹天上水、地表水、特殊水、外来水、地下水"五水共享",综合采取节水、严格监管、水源置换、产业结构调整等措施,加快治理进度,提升治理成效。

二是健全黄河水超载预报和预警机制。对黄河水取水量进行实时动态分析,并与年度用水计划进行比较,建立黄河水引水量动态预警管理机制,设置黄色、橙色、红色预警线。当引黄水量达到年度计划指标的80%时,发布黄色预警,要求用水大户科学优化用水计划,做好相关的应对准备;当引黄水量达到年度计划指标的90%时,发布橙色预警,做好水源置换的准备;当引黄水量达到计划指标的100%时,发布红色预警,停止新增黄河水供水量,实施水源置换和优化配置。

三是建立应急供水生态补水申报机制。根据年度用水需求、黄河水下达的用水计划和实时黄河引水总量等信息,及时组织编制年度应急供水和生态补水方案,及时向有关部门提出申请,确保特殊年份基本用水得到保障、市域内生态环境得到持续改善。

(三)强化制约管理,推进水资源节约集约利用

一是坚持落实节水优先、严格准入与目标管控。落实不同区域不同行业节水标准,从严核定用水户取水规模。建立节水评价制度,全面开展规划

和建设项目节水评价,推动各领域、各行业提高用水效率,形成节水型生产生活方式。建立节水装备及产品的质量评级和市场准入制度,推行水效标识,推动节水认证和信用评价,建立节水工程项目、企业、产品负面清单。

二是强化计划用水管理。计划用水是节约用水管理的根本手段,能够进一步强化节水管理力度,规范用水行为。滨州市在原来实施的计划用水管理范围的基础上,将年用水量 1 万 m^3 以上的非居民用水户全部纳入计划用水管理范围。对纳入计划用水管理的用水户,实行用水报告制度。对用水户下达用水计划时,在考虑其近三年实际用水量的同时,综合考虑各行业用水定额。加强用水过程中的监管,落实"谁节水谁受益,谁浪费谁受罚"的原则,对超计划用水、超定额用水的用水户实行累进加价或加倍征收水资源税。

三是强化水资源消耗总量与用水效率双控。以加强需水管理、转变用水方式、促进经济发展方式转变为主要目标,以生活、生产、生态"三水融合"为主线,以节水机关、节水企业、节水校园等节水载体建设为抓手,积极培育节水型生产模式和消费模式,初步实现从供水管理向需水管理、从粗放用水方式向高效用水方式、从过度使用向主动节约的"三转变"。深挖节水潜力,建立政府调控、市场引导、公众参与的节水机制,健全全社会、全领域、全方位的立体节水模式,形成"珍惜水、爱护水、保护水"的社会氛围,全面推进"体系完善、制度完善、设施完备、高效利用、节水自律、监督有效"的节水工作模式,提高水资源的综合利用效率。鼓励并积极发展污水处理再生水、中水、雨水、微咸水、淡化海水等非常规水源开发利用,提升水资源供水保障能力。

四是强化节水宣传,增强公众节水意识。节水工作任务艰巨、责任重大。要面向全社会加强水情形势宣讲、知识普及和政策解读,增强公众水资源忧患意识和节水意识,引领全民形成节水的良好风尚,使节水成为全社会的基本行为准则。发挥新闻媒体的引导作用,树立节约用水就是保护生态的意识,营造亲水、惜水、节水的良好氛围,使节水成为全民的自觉行动。向全社会呼吁节约用水、人人有责,每个人都应积极参与到节水行动中来,自觉做节约用水的践行者、倡导者、捍卫者。

(四)深化改革创新,完善市场体制体系

全面推进水价综合改革,加快制定区域综合水价,加强水权、水市场制

度建设。

一是深化水价改革。按照充分反映水资源紧缺状况、提高用水效率和效益的原则,建立并完善以促进水资源可持续利用为核心的水价形成机制和水价体系。探索建立综合水价制度,理顺各种水源供水比价关系,科学核定多水源供水综合水价。深化农业综合水价改革,逐步推行农业用水终端水价和计量水价制度。按照补偿成本、合理收益和低于同期城市公共供水价格的原则,制定再生水价格,鼓励使用再生水。利用价格杠杆限制开采地下水,探索建立城市供水价格与上游水利工程供水价格联动机制。强化成本监审,完善城市制水及管网输配水价格形成机制。简化城市公共供水分类,力争各县(市、区)尽快将城区居民生活用水阶梯式水价制度落到实处。对非居民和特种用水实行严格定额(计划)管理,超定额(计划)用水量部分实行累进加价制度。

二是推进水权、水市场制度建设。稳妥推进水资源使用权确权登记,形成归属清晰、权责明确的水资源资产产权制度。积极开展水权交易试点,培育和规范水权交易市场,积极探索多种形式的水权交易流转方式,允许通过水权交易满足新增的合理的用水需求,鼓励外调水、当地地表水、非常规水水权置换地下水水权。在保障灌溉面积、灌溉保证率和农民利益的前提下,建立健全工农业用水水权转换机制。

中共滨州市委党校课题组负责人:宋建斌

课题组成员:解忠信 胡延群

我国城市饮用水全过程控制法律制度研究

城市饮用水安全直接影响着公民的生命权和健康权。我国当前的城市饮用水管理实行多部门分段管理的模式,城市饮用水源地、供水系统、供水管网分别由不同的部门进行管理,"条块式"分割管理模式难以实现城市饮用水的全方位保护。要保障城市饮用水安全,必须加强对城市饮用水各环节及各环节衔接处的管理,实现对城市饮用水的全过程控制。

一、我国城市饮用水法的产生与发展

我国目前还没有一部完整意义上的城市饮用水法,有关城市饮用水的规定散见于相关法律、行政法规及部门规章中。为使用方便,将其统称为城市饮用水法。

(一)我国城市饮用水法的历史发展

城市饮用水法是现代社会的产物,它只属于现代,甚至是人类工业文明达到极度繁荣以后的现代。以城市饮用水法的特点为分类标准,这一过程大致可分为四个阶段,即萌芽阶段、水质标准规制阶段、源头控制阶段、全面发展阶段。

1.我国城市饮用水法的萌芽阶段

20 世纪 50 年代中叶到 70 年代初期,是我国城市饮用水法的萌芽时期。1950 年,上海市颁布了《上海市自来水水质标准》,这是中国第一个地方性生活饮用水卫生规范。进入 70 年代后,随着水污染问题的日益加重,1972 年,国务院批准启动了国家第一个城市饮用水防治项目,加强对水库的饮用水源保护。这一时期的城市饮用水法主要表现为以下特点。第一,城市饮用水法的效力等级低。城市饮用水法多为部门规章和技术规范,法律、行政法规还未对城市饮用水保护作出相关规定。第二,城市饮用水法的规定较为原则化、粗糙,法律法规的可操作性比较差。例如1959年的《生活饮用水卫生规程》对水源选择的要求仅包括水质检验的结果、取水点的卫生条件及周围的卫生状况等因素,但对具体的操作要求没有作出明文规定。第三,开始呈现出"多龙治水"的管理模式。从规章的颁布来看,城市饮用水法的管理部门包括当时的建筑工程部、卫生部等,部门间的权力交叉问题开始呈现。

2.我国城市饮用水法的水质标准规制阶段

20世纪70年代初期到80年代中叶,是我国城市饮用水法的水质标准规制阶段。1979年,第五届全国人大常委会第十一次会议原则通过《中华人民共和国环境保护法(试行)》。这是我国第一部环境保护基本法。该法对环境保护的基本原则、制度和法律责任等作了详细规定,同时其相关条款也加强了对城市饮用水的保护。第二十条规定:"严格保护饮用水源",在环境基本法中突出了饮用水保护的重要性。水质标准规制阶段的城市饮用水法表现出以下特点。第一,法律规制手段比较单一。城市饮用水法的规制手段主要是运用水质标准对城市饮用水质进行控制。第二,城市饮用水法呈现零散化、分散化的特点。城市饮用水法散见于环境、水利、卫生、农业等部门规章中,缺乏系统性和完整性。第三,城市饮用水法开始对饮用水源进行保护。《中华人民共和国环境保护法(试行)》中出现了"饮用水源""水源保护区"等词汇,虽然是一些禁止性、概括性条款,但这表明我国的环境基本法已经开始对城市饮用水源进行保护。

3.我国城市饮用水法的源头控制阶段

20世纪80年代中叶到21世纪初是我国城市饮用水法的源头控制阶段。1984年,国家制定了第一部污染防治法《中华人民共和国水污染防治法》,该法确立了与城市饮用水相关的制度。1996年,全国人大常委会对《中华人民共和国水污染防治法》进行了修订,其主要从水污染防治的流域管理、城市污水的集中处理、饮用水源的保护等方面作了重大修改。我国城市饮用水法源头控制阶段的特点突出表现在以下几个方面。第一,城市饮用水法从分散化逐步走向体系化、规范化。这一时期已经初步形成包括法律、行政法规、行政规章、地方性法规等要素的城市饮用水法律体系,各种法律间的规定也不断衔接,逐步实现规范化。第二,更加注重对城市饮用水源地的源头控制。1996年《中华人民共和国水污染防治法》确立了饮用水源保护区制度,将生活饮用水地表水源保护区按照等级划分为一级保护区和其他等级保护区,对生活饮用水源保护区的排污行为设定了相应的承担方式,如"限期拆除""限期治理"等。第三,运用多种手段对城市饮用水源进行保护。对生活饮用水源规制的手段除"饮用水源保护区制度"外,还有"水源规划制度""水质标准制度""生活饮用水源地事故应急制度"等。

4.我国城市饮用水法的全面发展阶段

以《中华人民共和国水污染防治法》的修订为契机,我国城市饮用水法进入一个新的历史时期——城市饮用水法的全面发展阶段。2017年,第十二届全国人大常委会第二十八次会议通过了对《中华人民共和国水污染防治法》的修改。新修订部分最大的特点在于对饮用水的保护。这一阶段的城市饮用水法突出表现为以下特点。第一,确立了多个管理部门。第二,确立了城市饮用水的分段管理模式。从对城市饮用水规制的阶段要求看,城市饮用水由不同的部门对不同的阶段进行管理,自来水厂由卫生部门管理,管网由城市建设部门管理,城市饮用水源地的管理则涉及环保、卫生、水利等多个部门。第三,注重城市饮用水安全的保障。《中华人民共和国水污染防治法》确立了保障"饮用水安全"的立法指导思想后,列专章对城市饮用水源进行保护。第四,加大了对城市饮用水污染的处罚力度。提高了对饮用水源保护区造成污染行为的处罚数额,水污染事故按其造成的直接经济损失计算。

(二)我国现行城市饮用水法的特点

我国城市饮用水法的发展经历了萌芽阶段、水质标准规制阶段、源头控制阶段、全面发展阶段。经过长期的发展,我国现行城市饮用水法的特点突出表现在以下几个方面。

第一,城市饮用水法实行"分散立法"。如上文所述,我国城市饮用水法由宪法、法律、行政法规、行政规章及地方性规章构成。其中涉及城市饮用水的法律仅为《中华人民共和国环境保护法》《中华人民共和国水法》《中华人民共和国水污染防治法》的部分条款,效力等级较低的行政法规和行政规章成为城市饮用水法的重要组成部分。

第二,重源头、轻过程。城市饮用水法注重对城市饮用水源的保护,对城市饮用水管网过程控制的重视程度不够。从1979年《中华人民共和国环境保护法(试行)》提出"严格保护饮用水源",到1996年《中华人民共和国水污染防治法》正式提出建立饮用水源保护区制度,再到 2008 年《中华人民共和国水污染防治法》确立保障饮用水安全的立法指导思想,注重水源的控制,各部委从水质监测、水质标准、技术规范等多个层面制定了多部部门规章,对城市饮用水管网规制的多为政策和技术性规范,缺少相关法律对城市饮用水实施过程控制。

第三,城市饮用水法有多个部门法的支撑。城市饮用水法属于环境法和行政法、民法、刑法的交叉管理内容。例如城市饮用水水质不达标对第三人造成损失的,依据合同法或侵权法需承担民事责任。造成重大责任事故的,相关责任人员还应承担相应的刑事责任。因二次供水水质不达标造成损失的,小区物业与自来水公司根据管网的管辖范围分担相应的民事责任。这都是其他部门法对城市饮用水法支持的表现。

(三)我国现行城市饮用水法的缺陷

经过四个阶段的发展,我国城市饮用水法已形成了从宪法、法律到地方性法规、地方政府规章的法律体系。发展中的城市饮用水法还存在某些不足,突出表现在以下几个方面。

其一,确立了多部门分段管理模式,行政效率低下。我国城市饮用水的监督管理呈现出“五龙治水”的局面。“五龙”即国家卫生健康委员会、水利部、生态环境部、住房和城乡建设部、自然资源部,其在各自的职责范围内对城市饮用水进行监管,实施分段管理模式:国家卫生健康委员会对供水系统水质负责,城市供水管网由住房和城乡建设部负责,而城市饮用水源地则涉及生态环境部、水利部、国家卫生健康委员会、住房和城乡建设部等部门。多部门分段管理模式缺乏一种全局观来统筹城市饮用水管理,部门间各自为政,使得监管效率低下,城市饮用水安全得不到切实的保障。

其二,城市饮用水实行分散立法,部分法律规定相互冲突。我国城市饮用水保护的规定散见于部分环境法律及行政法规、行政规章之中,这就极易造成相关规定的冲突,其中最为突出的就是城市饮用水水质标准的有关规定。我国城市饮用水既有国家标准,又有行业标准,有的甚至还有地方标准。这些水质标准在适用范围上有冲突的地方,如《生活饮用水水源水质标准》与《地表水环境质量标准》在生活饮用水地表水源地的适用上就存在矛盾。

其三,法律规定原则化,可操作性差。在我国城市饮用水法中,具有相当数量的原则性、宣言式条款。这些条款缺乏可操作性,在实践中难以得到有效实施。例如,2008 年《中华人民共和国水污染防治法》中规定:"国家通过财政转移支付等方式,建立健全对位于饮用水水源保护区区域和江河、湖泊、水库上游地区的水环境生态保护补偿机制。"原则性的生态补偿规定没有从根本上确立我国城市饮用水的生态补偿机制,没有真正形成谁开发谁保护、谁受益谁补偿的利益调节格局。

其四,难以实现因城市饮用水问题造成人身财产损失的有效救济。城市饮用水问题造成的人身财产损失具有潜伏性的特点,因果关系也难以证明。而相关民事法律又有其时效性,这又限制了对潜伏周期范围内人身财产损失的有效救济。城市饮用水水质不达标对公民人身财产造成损失的,城市饮用水法存在责任难以分担、因果关系难以证明、权利难以救济等问题。

多部门的分段管理模式难以实现对城市饮用水的全过程规制。因此,要实现对城市饮用水的全过程控制,就应对现行的法律制度进行完善,构建城市饮用水的全过程控制法律制度。

二、我国城市饮用水的全过程控制

全过程控制由过程控制发展而来。过程控制最初应用于炼钢领域,通过电子计算机软件对生产过程进行控制,提高炼钢的产量和质量。随着过程控制软件的研发,过程控制在工业领域的应用不断扩大,渗透到造纸业、铀生产等领域。随着该理论研究的不断深入,财会领域、教学领域也提出了过程控制理论,此后,便逐渐发展成为全过程控制。

全过程控制理论最先在工业生产领域予以应用。工业生产的全过程是指从投入到产出的全过程。全过程控制的应用领域主要包括以下几个方面:第一,全过程造价管理。第二,工程项目质量的全过程控制。第三,安全管理的全过程控制。第四,财会管理的全过程控制。随着人们对全过程控制研究的深入,其在环境污染防治领域也有所应用。对工业污染物进行全过程控制,可将污染物产量、排放量最小化。

在环境污染防治领域提出全过程控制理念后,学者们在环境法领域也展开了关于全过程控制的研究。如徐祥民先生认为:"环境保全法时期的特点就是实行全过程控制,生产过程产生的污染,就从生产环节入手防治污染的产生;流通、消费可能给环境带来不利影响,就在流通、消费过程中采取控制手段。"①有的学者认为,应将全过程控制思想作为环境基本法的立法指导思想。还有的学者提出,以管理行为实施的不同时间段为标准,将全过程控制制度分为源头控制制度和过程控制制度。

我国城市饮用水法律领域虽然还没有提出全过程控制的思想,但国外饮用水法律领域已有关于全过程控制的论断。美国1996年修订的《安全饮用水法》增加了水源保护、操作人员培训、水系统改进资金支持以及公众信息发布这几项重要内容,已传达出了全过程控制这样一种理念。

全过程控制从产品生命周期的角度来看,就是让预防措施伴随"从摇篮到坟墓"的全过程,而城市饮用水的流程也恰恰表现为源头、生产、输出的全过程,符合上述理论。因此,在城市饮用水法律领域引入全过程控制将能更加有效地保障城市饮用水安全。

城市饮用水全过程控制强调"从源头到龙头"的控制。城市饮用水是指以地表水和地下水为饮用水源,经集中取水、供水系统统一净化处理达到水质标准后,由输水管网送到千家万户的可供饮用的水,也就是我们所说的自来水。全过程是指城市饮用水保护的各个阶段,即城市饮用水源地、供水系统、城市饮用水管网、供水龙头等。"源头"指的是我国城市饮用水的水源地,可分为地下水饮用水源和地表水饮用水源。"龙头"指的是城市饮用水管网的末端或者终端,即进入千家万户的水龙头。

城市饮用水全过程控制作为对我国城市饮用水进行保护的一种新型理念,其特点主要表现在以下几个方面。

其一,实行"从源头到龙头"的全过程控制。全过程控制虽然在城市饮用水法律领域处于初步发展阶段,但城市饮用水的全过程控制理论和技术在环境科学领域已相当成熟。全过程即"从源头到龙头"可分为三个阶段——"水源水质改善""水厂高效净化""管网安全输配",即水源、水厂和用户。在法律上,应不仅包括对水源、水厂和管网及其衔接处的规制,还应包括对水龙头的监测与管理。城市饮用水全过程控制的一个重要工具就是对城市饮用水进行全过程监测,以实现对城市饮用水的全过程污染防治。其中尤为关键的是,应明确相关部门的龙头检测义务,因为城市饮用水最终达标才是城市饮用水安全的目标。

其二,注重事前预防,防患于未然。城市饮用水全过程控制的重要特点之一是对城市饮用水保护进行事前预防。在饮用水源保护区采取保护措

---

① 徐祥民:《从现代环境法的发展阶段看循环型社会法的特点》,《学海》2007年第1期。

施,防患于未然,采用先进的技术改善水厂水质,对于管网可能产生的二次污染实行全程监测。城市饮用水全过程控制的事前预防囊括了对水源地的源头控制、自来水厂的生产控制、管网二次污染的过程控制。

其三,强调建立城市饮用水保护各部门间的协调制度。城市饮用水全过程控制的一大特点就是对各政府职能部门进行明确的职责分工,建立部门间的协调制度。各部门在各自的职责范围内对城市饮用水分工负责,相互配合。协调制度并不能消除职能部门间的职责交叉,在出现上诉问题时应由各部门进行统一协商。

其四,统一城市饮用水水质标准。我国城市饮用水分四个环节进行保护,而每个环节的城市饮用水水质应确定其相应的水质标准。其中,城市饮用水源地的水质标准与其他环节的水质标准大不相同,城市饮用水源地应分别确定地表水的水质标准和地下水的水质标准。而从自来水厂到水龙头的自来水的水质则应达到统一的城市饮用水标准,防止管网的二次污染,从而保障城市饮用水水质始终如一。

三、我国城市饮用水全过程控制法律制度构建

全过程控制法律制度是指依据水质标准对城市饮用水进行全过程监测,并将监测结果予以全程公开的制度。

(一)城市饮用水统一协调管理制度

城市饮用水的统一协调管理制度不仅是基于城市饮用水保护的现实需要,更是提升行政效率的迫切要求。

1.我国现行城市饮用水管理制度的缺陷

我国现行城市饮用水法采用多元化的立法模式,城市饮用水的管理权限分散在多个部门。"五龙治水"的局面,给城市饮用水的管理带来诸多问题,这主要表现在以下两个方面。

第一,城市饮用水涉水事务横向分割管理,职责交叉重复。城市饮用水涉水事务的分割管理主要表现在:生态环境部负责各种水源的污染防治,水利部负责水量的统一管理,住房和城乡建设部负责供水及自来水管网的建设,国家卫生健康委员会则负责供水系统的水质安全,自然资源部负责地下水的水质监测。城市饮用水涉水事务的分割管理极易导致城市饮用水职责的交叉重复。例如,城市饮用水源地涉及饮用水的水质和水量问题,生态环

境部和水利部在各自的权限内对城市饮用水源地的水质和水量进行管理，致使行政效率低下。

第二，纵向上缺乏一个统一协调管理部门来协调各部门间的关系。《中华人民共和国水污染防治法》第九条规定：县级以上人民政府环境保护主管部门对水污染防治实施统一监督管理。《中华人民共和国水法》第十二条规定：国务院水行政主管部门负责全国水资源的统一管理和监督工作。国家法律将水的管理权限分散在多个部门，部门间难以实现水资源管理的全方位沟通协商，极易造成各自为政，难以实现水资源管理效率的最大化。

2.统一协调管理制度在《中华人民共和国食品安全法》及国外城市饮用水管理中的体现

统一协调管理制度在我国食品安全法律领域的管理中已有规定。2010 年，国家成立食品安全管理委员会，作为国家食品安全工作的议事协调机构，其成员单位包括 15 个部门。其具有以下特点。第一，通过设置管理委员会的方式协调各部门间的关系。第二，通过法律的形式明确各部门的具体职责。《中华人民共和国食品安全法》第 5 条明确了各相关部门的职责。第三，管理委员会的决定没有强制执行性。食品安全领域建立了"从田头到餐桌"的全过程监控体系，这对我国城市饮用水监管实现"从源头到龙头"的全过程控制具有重大借鉴意义。

美国、日本、法国等发达国家较早地应对城市饮用水问题，其城市饮用水统一协调管理制度在城市饮用水管理过程中发挥着重要作用。美国设立了国家环境保护局，其内设机构地下水和饮用水办公室负责全国饮用水的统一协调与管理。日本的水资源开发、利用、保护等一切重大事项均由总理大臣统一管理与协调，国土交通省的水资源部是其日常管理协调部门。法国设置国家水利委员会加强城市饮用水保护各部门的沟通与交流。这对我国城市饮用水统一协调管理制度的构建具有重要借鉴意义。

3.我国城市饮用水统一协调管理制度的构建

我国城市饮用水管理制度的问题及美国、日本等国的经验告诫我们，应加快构建城市饮用水协调管理部门，如成立水务协调委员会，合理协调各部门间的关系。

对城市饮用水实行统一管理还是多部门的分散管理，各国的实践有很大的差别。水资源的特性和决策理论要求对水资源进行统一管理。一方面，城市饮用水源始终处于"降水—径流—蒸发"的自然循环，人类对城市饮用水的开发与利用也形成了"水源—供水—用水"的系统循环。因此,必须由水资源的统一管理代替城市饮用水涉水事务的人为分割管理。另一方面,根据决策理论,在城市饮用水管理中,管理部门越分散,管理责任越松弛;权力越集中,责任越明确,权力主体间的摩擦就越小。因此,必须实现城市饮用水的统一管理。然而,城市饮用水资源的公共性、使用方式的多元性及我国现行的城市饮用水管理制度又决定了城市饮用水的管理不可能由一个部门完成,那么成立水务协调委员会是实现部门间协调配合的一个可行途径。

在中央层面设立由国家机关领导人担任主任的水务协调委员会,下设办公室作为日常办公机构。城市饮用水管理的各部门作为其主要组成部门,通过制定专门的饮用水法明确管理职责。一方面,一部完整的、系统的城市饮用水法可以减少部门间法律规定的矛盾和冲突;另一方面,城市饮用水法的制定可以从法律上减少相关部门职责的交叉重复。

部门联席会议制度是统一协调管理制度的重要支撑。联席会议应在水务协调委员会的指导下召开,分为定期联席会议和不定期联席会议,以定期会议为普通形式,不定期联席会议为特殊形式。通过联席会议制度对城市饮用水保护中存在的问题及时沟通,协商解决相关问题。

(二)城市饮用水监测法律制度

城市饮用水监测获得的数据不仅可以用来制定或修改各类饮用水标准,而且是处理饮用水纠纷的技术依据。为了保证城市饮用水监测的顺利进行和监测结果的科学准确性,必须用法律手段对城市饮用水监测的整个过程进行统一的管理控制,使监测活动法制化。但城市饮用水监测法律制度在发挥巨大作用的同时,在实践中也存在一定的问题:城市饮用水监测分工不明确,监测数据难以共享;监测技术规范不统一,水质水量分别监测;城市饮用水"监""测"职能的一体化与行政化。

我国城市饮用水监测中存在的问题迫使我们不得不对其进行改革与完善,在全过程控制理念的指导下,我国城市饮用水监测法律制度可以从以下几个方面予以完善。

第一,明确城市饮用水管理部门的职责分工,建立城市饮用水监测信息共享制度。日本早已建立了城市饮用水的数据共享制度。日本《水污染防治法》规定,都道府县知事必须依照法律规定对城市公共水域水质状况定期进行监测。我国的城市饮用水监测是在上文论证的城市饮用水统一协调管理制度下运作的,各部门应明确各自的职责,在法定职责范围内进行监测。此外,还应搭建城市饮用水信息共享平台,实现监测数据共享。

第二,确立各环节统一的城市饮用水水质监测技术规范,实现不同环节之间水质监测的衔接。城市饮用水监测的每一个环节存有多个监测技术规范,这就造成了监测技术规范的混乱。因此,应确立每一个环节统一的城市饮用水监测技术规范。此外,结合我国城市饮用水监测的实际情况,利用城市饮用水先进技术,尽可能地实现各环节城市饮用水监测项目对接。

第三,实现对城市饮用水第三方的全过程在线监测。城市饮用水全过程控制的一个重要特点就是对城市饮用水的全程监测。我国现有的城市饮用水技术可以实现对城市饮用水的在线监测,如青岛市崂山自来水厂已应用了在线水质监测系统,但这一监测还是自我监测。"监""测"一体化及行政化的缺陷使得我们不得不改进监测的方式与方法,采取第三方监测。这在国内外的实践中已有应用。日本《水污染防治法》规定其他国家行政机关和地方公共团体在对水质进行监测后,应将水质监测结果统一报送知事。这里的"地方公共团体"就是指第三方监测。因此,可以适当地借鉴外国的经验,实现第三方在线监测。通过对城市饮用水全过程的第三方监测,可以根据监测数据发现城市饮用水水质存在的问题,并根据问题及时采取保护措施,以确保城市饮用水安全。

(三)城市饮用水标准法律制度

城市饮用水标准是进行水污染防治和水质管理的重要手段,其制定和实施不仅要遵循我国环境保护的法律法规,还要遵循相关的技术政策。合理的城市饮用水标准不仅是城市饮用水管理的重要手段,还是城市饮用水执法的重要依据,对城市饮用水的保护具有重要的现实意义。但我国城市饮用水标准法律制度还有诸多缺陷:水质标准体系混乱,水质检测项目交叉重复;水质标准内容更新滞后,缺乏对新型污染物的关注;全国实行统一的水质标准,缺乏灵活性。

全过程控制法律制度对我国城市饮用水标准的改革与完善提出了要求,其可以主要从以下几个方面予以完善。

第一,统一水质标准,确保水质状况始终如一。美国在1996年修改《安全饮用水法》时确立了水龙头流出的水的统一水质标准,确保水龙头流出的水水质始终如一。我国可借鉴美国的经验,统一水质标准,并结合我国实际,将城市饮用水水质标准分为两大部分:一是水源地的水质标准,二是自来水厂到水龙头流出的水的水质标准。

第二,建立水质标准的动态修订制度。美国和欧盟都已建立了该项制度,美国确立的城市饮用水水质标准每两年修订一次,对对饮用水安全可能造成影响的潜在污染因素进行研究,根据其对人体健康的影响决定优先次序,在来年的水质标准修订中得到相应的体现。欧盟《饮用水水质指令》每年都会增加新的农药指标及修订原有指标的限值。我国经济快速发展,影响水质安全的因素也在不断增加,即使同一种因素,其影响程度也在不断变化,因此,应建立水质标准的动态修订制度。这一制度应该包括两个方面:一是还没有被列入城市饮用水标准,但可能对城市饮用水安全造成威胁的潜在因素;二是已经被列入城市饮用水标准,但随着社会的发展,其对人体健康的影响可能已经发生变化的因素。

第三,确定国家的最低城市饮用水水质标准,各地根据实际情况制定更为严格的水质标准。美国《安全饮用水法》确立了每种污染物的最大允许容量,超过这一限值就要采取相应的处理措施。欧盟《饮用水水质指令》制定了较为灵活的饮用水指标,各国可根据本国的实际情况增加指标数,对于浊度、色度等未定具体值的指标,在保证其他指标的基础上可自行规定。《中华人民共和国水污染防治法》中对水污染物的排放标准有此规定,但水质标准没有类似的规定。根据我国国情,国家应对每种水质标准规定限值,各省份可以根据本地实际情况制定更为严格的饮用水水质标准。

四、结语

我国城市饮用水现阶段实行的分段管理模式不利于整体上实现对城市饮用水的保护。本篇文章以一种全新的视角,提出了对各环节加强管理的城市饮用水全过程控制法律制度。这一法律制度有助于确保职能部门权责明晰,提高行政效率;消除法律规定间的冲突,实现协调;加强城市饮用水保护前后环节的衔接,实现信息资源共享,对保障城市饮用水安全意义重大。

中共中国铁路济南局集团有限公司委员会党校课题组负责人:修长昆

济南市济阳区节水典范城区
建设的经验与启示

　　水对现代城市的发展十分重要。而对于沿黄城市来讲,水资源短缺是经济社会发展面临的最大问题之一。2021年10月8日,中共中央、国务院印发《黄河流域生态保护和高质量发展规划纲要》,其中水资源方面着墨最多,提出:"着力优化水资源配置""坚持量水而行、节水优先""把水资源作为最大的刚性约束""深化用水制度改革,用市场手段倒逼水资源节约集约利用,推动用水方式由粗放低效向节约集约转变"。① 10月22日,习近平总书记在济南主持召开深入推动黄河流域生态保护和高质量发展座谈会,强调全方位贯彻"四水四定"原则。要精打细算用好水资源,从严从细管好水资源。用好财税杠杆,发挥价格机制作用,倒逼提升节水效果。② 《黄河流域生态保护和高质量发展规划纲要》的出台和习近平总书记的一系列重要论述,为促进水资源节约集约利用提供了科学指南和根本遵循。

　　在全面落实"黄河流域生态保护和高质量发展"重大国家战略和迈向"十四五"的关键时间节点,济南提出建设节水典范城市的发展目标,将济南新旧动能转换起步区建设为全国节水典范城市的引领示范样板。济阳区作为省城北跨战略的重要承载地及未来济南市北部中心城区,紧邻起步区,区位优势明显。面对千载难逢的发展机遇,济阳区积极对接省市发展大计,提

---

　　① 《中共中央国务院印发〈黄河流域生态保护和高质量发展规划纲要〉》,2021年10月8日,http://www.gov.cn/zhengce/2021-10/08/content_5641438.htm。

　　② 参见《习近平在深入推动黄河流域生态保护和高质量发展座谈会上强调 咬定目标脚踏实地埋头苦干久久为功 为黄河永远造福中华民族而不懈奋斗 韩正出席并讲话》,2021年10月22日,http://www.news.cn/politics/2021-10/22/c_1127986188.htm。

出"打造黄河流域节水典范城区"的目标。

一、济阳区打造黄河流域节水典范城区的情况介绍

（一）济阳区的基本情况

济阳区地处黄河下游北岸，所辖 2 个镇、8 个街道办事处，人口 60 万，面积 1098 km²。黄河流经济阳区 5 个镇街 73 个村庄。济阳区拥有 60.7 km 的黄河岸线资源，流域长度占济南段的 1/3。济阳区是黄河下游唯一的中心城区紧邻黄河的区县。济阳区距济南中心市区 30 km，距济南国际机场 8 km，西南部紧邻新旧动能转换起步区，区位优势明显，在协同推动黄河流域生态保护和高质量发展上具有得天独厚的条件。

（二）济阳区水资源严重短缺，对黄河水的依赖程度高

济阳区人均水资源占有量 247.3m³，低于济南市人均水资源占有量 283m³。黄河水是济阳区的重要客水水源，分配给济阳区的引黄指标为 1.69 亿 m³（含先行区、直管区三个街道），占总供水量的 60% 以上。其中稍门水库每年占用约 2800 万 m³，用于农业的仅剩 1.4 亿 m³，春灌一次放水就能占用 81% 左右。逢干旱年份只能申请调剂非农业用水指标（高价水）。近些年，随着用水管控越来越严格，高价水也十分紧缺。黄河水资源非常紧张。

（三）水资源紧缺严重制约济阳区经济社会发展

一是黄河水资源紧缺成为制约济阳农业发展的最大瓶颈。济阳区是济南市粮食蔬菜主产区，农业人口 36.17 万，占全区总人口的 63%。粮食种植面积 107 万亩，其中小麦种植面积 54 万亩、玉米 53 万亩。全区蔬菜种植面积 25.01 万亩。黄河大米久负盛名，其中又以济阳黄河大米最为有名。济阳黄河大米曾一度成为济阳享誉全国的一张名牌。但是近些年受到引黄指标的限制，济阳水稻种植面积已由 2005 年的 10 万亩缩减到目前的不足 7000 亩，正宗的济阳黄河大米在市场上几近消失。

二是水资源不足严重影响济阳区的工业发展。近些年济阳坚持工业强区战略，食品饮料、智能制造、现代物流是三大传统产业。目前区内有旺旺、达利、上好佳、统一等 150 余家国内外知名食品企业，投资过亿元的项目占 80%。2019 年，食品饮料主营业务收入 46.48 亿元，占全区工业主营业务收

入的 46.7%。食品饮料是高耗水产业,生产规模的扩大加剧了全区水资源供需矛盾。

三是水资源供需矛盾制约城市品质的提升。受自然环境制约,济阳区的自然生态资源并不丰富。随着城市的发展,公园湖泊、广场喷泉、小区景观水池等建设必不可少,这就使得水资源供需矛盾更加凸显。按照"四水四定"原则,水资源短缺严重制约城市发展规模和规划模式,也影响市民生活品质的提升。

综上所述,随着经济社会的快速发展和人口的增长,水资源短缺已成为制约济阳区经济社会发展的重要因素。大力开展节水型社会建设势在必行。为此,自 2020 年 3 月起,济阳区积极开展节水型社会建设。2021 年 6 月,济阳区政府制定《济南市济阳区国民经济和社会发展第十四个五年规划和 2035 年远景目标纲要》,把争创黄河流域节水典范城区作为未来的新发展目标。

二、济阳区打造黄河流域节水典范城区的经验做法

(一)加强规划引领,着力打造黄河流域节水典范城区

为深入贯彻落实黄河流域生态保护和高质量发展国家战略,济阳区立足实际、规划长远。《济南市济阳区国民经济和社会发展第十四个五年规划和 2035 年远景目标纲要》提出建设黄河生态文化示范城区和打造黄河流域节水典范城区的新目标。此规划严格遵守"节水优先、空间均衡、系统治理、两手发力"的新时期治水思路,立足济阳区水资源条件,探索节水新理念、新技术、新机制,主要从大力发展节水产业、全面提升节水效率、加快提高用水能力三个方面施策发力。

(二)强化制度管控,提升节水用水效率

济阳区始终把落实最严格的水资源管理制度作为建设节水典范城区的核心,采取多种措施严格控制用水总量和强度。一是强化指标刚性约束,加强覆盖流域和行政区域的用水总量控制、用水效率控制。引黄灌溉、水厂水源地、重点用水企业都安装远程流量计,全区用水总量能够可靠计量。二是加强用水管控,严格计划和定额管理。落实规划和建设项目水资源论证制度,严格规范取水许可管理。落实节水"三同时"制度,新建、改建、扩建建设

项目要制定节水措施方案,配套建设再生水设施、节水器具、雨水利用等节约用水设施,并在施工图设计文件备案、竣工文件备案等环节从严管控。发挥定额在强度控制上的约束和引导作用,科学制订用水计划,对居民生活用水实行阶梯用水量管理,执行阶梯水价制度。三是创新管理方式,强化节水监督。引导重点用水单位定期开展水平衡测试和用水效率评估,建立区级重点监控用水单位名录,加强对重点用水户、特殊用水行业用水户的监督管理。建立倒逼机制,将用水户违规记录纳入信用信息共享平台。

(三)创新发展思路,推动产业节水优化升级

1.创新思路、增加投入,促进农业节水增效

济阳区是典型的农业区,农田灌溉水源主要是黄河水和地下水。目前,80%的耕地仍然采用大水漫灌、土渠输水等粗放落后的灌溉方式,造成大量水资源浪费。为此济阳区立足实际,调整治水思路,过去的"以需定水"思路转变为"以水定需"。把发展农业节水灌溉作为加快农业现代化建设的根本措施。一是调整农业内部结构,大力发展特色农业。鼓励和引导种植节水抗旱农作物,大幅度降低农业万元增值取水量。推进畜牧产业化,大力发展规模养殖。突出发展以食草家畜为主的节粮型畜牧业。二是大力推进农业节水工程建设。2020年投资7.6亿元建设引黄灌区农业节水工程。目前济阳区已建成多项农业高效节水项目,全区高效节水灌溉面积30余万亩,农业灌溉用水利用率达到60%。尤其是引黄节水工程实施后,彻底解决了农业灌溉的"最后一公里"问题,沟渠水量明显增大,解决了灌区末梢"鲜见有水"的问题,在提高灌溉利用率实现节水的同时,也促进了水生态环境的明显改善。三是推广节水灌溉技术。农业节水主要是通过输水技术来减少灌溉蒸发、损耗,提高水利用率。济阳区目前采用的主要是低压管输水、喷灌、微灌、渠道防渗等节水措施。通过实施节水示范工程,提高用水效益,实现灌溉节水、农业增产、农民增收的有机统一。

2.强化管理、提高效率,实施工业节水减排

随着工业化进程的加快,济阳区工业用水量呈逐年增长趋势,导致工业生产与居民生活、农业生产争水。再加上食品饮料产业是济阳区三大传统优势产业之一,属于高耗水产业,随着产业规模和年产值的不断增长,济阳区工业用水的缺口越来越大,工业节水减排势在必行且大有可为。

一是调整产业结构,优化工业产业结构和布局。二是加强高耗水行业

节水管理。鼓励用水大户发展节水型经营模式。用水大户往往也是排污大户。重点聚焦造纸企业、食品饮料企业、学校、医院等用水大户,引导其采用信息化管理手段,加强用水在线监控平台建设,建立原创监控系统,实时监控用水量情况。三是分类实施节水改造。新建工业区和开发区要统筹考虑供水、排水、污水处理及再生水管网的统一规划和建设。已建成企业和园区要开展节水改造和循环改造,加快节水和水循环利用设施建设。

(四)打造各行业节水示范典型,充分发挥示范引领作用

济阳区推动建设黄河流域节水典范城区,注重节水载体建设,着力打造各行各业节水典范,充分发挥示范引领作用。这些节水经验具有很高的借鉴和推广价值。

以济阳区机关事务服务中心为示范,打造了 17 家节水型机关。济阳区机关事务服务中心投资 6 万元在区政务中心大楼建立了全区第一个中水回用系统。回收的废水经过初步处理后主要用于全楼的厕所冲水。同时,在给水管道首端加装了自来水与废水的自动转换电磁控制阀,在废水不足时自动转换成自来水给水,废水收集充足时再自动转换成废水给水。自运行以来,每天可收集废水及冲刷用水约 $20m^3$,每年节约用水 7000 多 m^3。

以山东天阳纸业有限公司为示范,打造了 14 家节水企业。造纸行业是耗水较大的行业,水消耗费用在产品成本中的占比较大。公司制定了较完善的节水制度,细化各个科室、各个步骤的节水措施,同时加大投入对车间节水设施进行提升改造。主要采取生产系统内部白水回用、多圆盘白水处理机处理白水、增加过滤系统对中水进行过滤再利用等措施,近年来共计投入资金 1000 余万元。从每吨产品耗用自来水 $10.01m^3$ 到目前耗用自来水 $2.11m^3$,按年产 35000 吨计,年节约自来水 27.65 万 m^3。

以山东北方元生农业科技发展有限公司为示范,打造高效节水农业。山东北方元生农业科技发展有限公司环保、高效、绿色农业的典范。其始终坚持全产业链、多业态发展的裂变模式,主要开展品种改良与新技术推广,辐射带动镇域番茄产业发展。使用温光调控、秸秆反应堆、熊蜂授粉等先进的种植管理技术,运用诱虫灯、杀虫黄板等物理杀虫手段,大力推广水肥一体化种植技术,达到节水、省肥、省电、省人工的目的。

以纬四路小学为示范,打造了 7 所节水型校园。济阳区纬四路小学以提高水资源利用效率和效益为目的,转变用水观念,建立人人参与的节水型校

园管理体系,实现水资源的可持续利用。学校采取了各项科学、合理的节水措施,比如组织开展以"珍惜水资源、共营生命绿色"为主题的节水科普知识讲座;号召学生从我做起,用实际行动节约用水、合理用水、保护水资源;组织开展"节水进我家"课后活动,通过小手拉大手,学生向家长宣传节约用水的重要性;开展"节约用水小窍门征集"活动,发动每一名学生在日常生活中寻找节约用水的小窍门;成立"班级节水监督员"队伍,督促同学节约用水。

(五)持续营造建设节水型社会舆论氛围,提高居民节水意识

济阳区始终把加强宣传教育、营造浓厚的氛围作为贯穿节水型社会建设全过程的基础性工作来抓,持续开展节水型社会建设,抓好节水型企业、校园、社区、机关等各类节水载体,打造一批节水典范,发挥示范带动作用。充分利用网站、电子屏等宣传媒体,结合党员"双报到"、城乡文明单位结对共建等丰富多彩的活动,加大对节水的必要性及重要性的宣传力度。积极开展"节水杯"干部职工文体联谊比赛和全区节水示范引领"十百千"活动,联合学校进行节水知识讲解、宣传,举办节水演讲比赛,发放节水手册等宣传资料,面向社会开展节水问卷调查,形成常态化的节水宣传氛围。

(六)加强黄河生态保护法治监督,"两长两员"为黄河流域的安全发展保驾护航

为深入贯彻黄河流域生态保护和高质量发展国家战略,针对流域内乱占、乱采、乱堆、乱建问题,2020年9月济阳区检察院和济阳区河务局联合在全省率先设立派驻黄河生态保护"检察工作站"。定期开展巡河工作,每次巡查采取"两长两员"制,即巡查队伍由区检察院检察长、区河务局局长、人民监督员和公益保护监督员组成。

检察工作站成立一年多以来,组织开展"携手清四乱,保护母亲河""无违河湖治理"等专项行动,共清理整治各类违法建筑、违法活动287处,为济阳区推动黄河流域生态保护和高质量发展提供了法治保障。

三、济阳区打造黄河流域节水典范城区的启示

(一)加强顶层规划,科学配置水资源

通过调研发现,目前济阳区要解决水资源供需矛盾,首要任务是科学合

理地配置有限的水资源。充分结合县域经济社会发展实际,细化和完善干支流水资源分配方法,在充分考虑节水的前提下,首先保障生态保护用水,其次满足居民生产生活用水,最后保障产业发展用水。加快编制节水、给水、污水、再生水等专项规划,充分发挥规划的引领作用。

节水典范城区建设需要构建节水长效机制。一是完善各项制度。各级部门、单位、行业内部要结合实际制定更细化的治水、用水、管水制度标准,以此作为国家、省、市制度大框架下的有益补充。二是节水宣传要建立长效机制,常抓不懈。要积极探索更有实效、更接地气、老百姓更乐于接受的宣传方式,让节水逐渐成为人民的生活习惯。三是建立促进节水的水价调节机制。济阳区现在实行的阶梯水价并没有对企业、居民节约集约用水起到明显的约束作用,浪费现象依然严重。济阳区应不断探索更加合理的阶梯水价制度,从严从细制定多等级阶梯水价,同时制定相配套的奖惩机制。为居民和企业供水量设定上限,浪费严重的要处以罚款。四是建立激励节水的政策措施。通过制定考核机制,比如通过问卷调查、考试、实地勘测等进行考核,考评结果与文明单位评选等直接挂钩。

(二)强化科技赋能,大力发展节水产业

一是大力推广农业灌溉节水技术,加强节水技术培训,加大对于农业节水项目的建设投入,继续推进引黄灌溉区农业节水项目、田间高效节水灌溉示范项目建设,把此项成绩与基层政府绩效考核挂钩。推进农业适水发展,进一步探索发展节水的现代农业。推进适水种植、量水生产,扩大低耗水和耐旱作物种植面积。二是依靠科技创新来提高工业节水效率。通过大数据、人工智能、区块链等新技术对企业取水、用水、耗水、排水进行动态监测,制定"一企一策"节水用水方案。进一步加强食品饮料、造纸等高耗水行业的用水管理、技术改造和转型升级,严格控制新建、改建、扩建高耗水工业项目,大力推广工业水循环利用,全面提升工业用水重复利用率。

(三)施行精准管理,全面提升节水效率

一是加强节水管理,充分利用信息技术和网格化管理制度,推进智慧化和精细化节水管理,构建节水感知体系,以全面监测水源地取水、水厂制、水管网、输水、用户用水、耗水、排水、回用等各个环节以及水务工程运行情况,提高管理的精细化程度。二是加强节水技术研究,支持发展节水服务业,培

育节水服务企业。

(四)推进再生水有效利用,加快提高用水能力

济阳区现有两所污水处理厂,第二污水处理厂是 2021 年 7 月建成使用的,目前污水处理量有限,主要用作部分企业的冷却水。第一(美洁)污水处理厂 2019 年污水处理量为 1398.8 万 m³,其中 526 万 m³ 用于政务中心景观河,280 万 m³ 用于农田灌溉,利用率仅为 57.6%。2020 年污水处理量为 1558 万 m³,其中 650 万 m³ 用于政务中心景观河,316 万 m³ 用于农田灌溉,利用率为 62.0%。不仅水利用率低,而且用途也不够广泛。所以接下来,一是济阳区要进一步完善雨污收集、处理和再生水利用设施建设,高标准处理并利用污水。二是要加快推进污水资源化利用,最大限度地把优质水源从园林绿化、河道补源、道路保洁中置换出来,充分挖掘再生水的用途,让再生水成为城市的"第二水源"。三是要学习借鉴新旧动能转换起步区打造节水示范样板模式,高标准规划并逐步推进海绵城市建设。

中共济阳区委党校课题组负责人:孟茸

课题组成员:吴传凤　王玉丽　刘培延　路小庆

加强水资源节约集约利用研究

——以台儿庄区创新"全域节水模式"为例

2021年10月22日,习近平总书记在山东省济南市主持召开深入推动黄河流域生态保护和高质量发展座谈会并发表重要讲话。2021年11月26~27日,中国共产党山东省第十一届委员会第十四次全体会议在济南举行,会议审议通过了《中共山东省委关于深入学习贯彻习近平总书记重要讲话精神扎实推动黄河流域生态保护和高质量发展的决定》,要求全力打造黄河长久安澜示范带,把水资源作为最大的刚性约束,聚焦"根治水患、防治干旱",精打细算用好水资源,从严从细管好水资源,确保水安全有效保障、水资源高效利用、水生态明显改善。接下来以台儿庄区创新"全域节水模式"为例,进一步贯彻落实好习近平总书记在深入推动黄河流域生态保护和高质量发展座谈会上的讲话精神。

一、台儿庄区创新"全域节水模式"的背景

台儿庄区位于鲁、苏、豫、皖4省交界处,素有"山东南大门"之称,是4省8市37个县(市、区)洪水汇集下泄的必经之地,素有"洪水走廊"之称。台儿庄区总面积538.5 km²,辖张山子镇、涧头集镇、运河街道、邳庄镇、马兰屯镇、泥沟镇5个镇以及1个街道,镇(街)辖196个行政村、15个社区,人口34万。台儿庄区境内有大中型河流13条,小二型水库2座,拦河闸坝11座,砌石拦水堰12座,正常年份拦蓄水量为4300万 m³。地表水总量约为24.37亿 m³,主要来源于外部客水、境内地面径流和引南四湖,多年平均入境客水量约22.55亿 m³。台儿庄区境内胜利渠灌区年平均可引南四湖水4000万 m³。

2020 年,台儿庄区全年降水总量为 895 mm,较 2019 年的 694.1 mm 增加 28.9%,较历年同期增加 9.8%。台儿庄区多年平均水资源总量为 1.48 亿 m³,多年平均可利用水资源量为 1.05 亿 m³,其中,地表水 0.45 亿 m³,地下水 0.6 亿 m³。

为深入贯彻落实好习近平总书记在深入推动黄河流域生态保护和高质量发展座谈会上的讲话精神和《中共山东省委关于深入学习贯彻习近平总书记重要讲话精神扎实推动黄河流域生态保护和高质量发展的决定》。台儿庄区创新"全域节水模式",坚持以水定城、以水定地、以水定人、以水定产,把水资源作为最大的刚性约束,实施全社会节水行动,逐步探索形成了"源头保水、集约用水、综合治水"的"全域节水模式",水资源得到科学合理的利用,运河国控断面水质常年保持地表水Ⅲ类水质标准。"全域节水模式"有效地推动了用水方式由粗放向节约集约转变,为区域经济社会发展提供了可持续发展的水资源保障。2020 年 12 月,台儿庄区被水利部评为"第三批节水型社会建设达标区"。

二、台儿庄区创新"全域节水模式"的工作经验及成效

(一)建立"三大屏障",做好源头保水文章

自然界的淡水总量是大体稳定的,可用水资源的多少既取决于降水多寡,也取决于盛水之"盆"的大小。台儿庄区聚焦"水盆"建设,建立了水源地保护、湿地生态、水土保持三大屏障,形成"源头活水"的良好格局。一是建立水源地保护屏障。实行最严格的源头保护制度,完成张庄水源地规范化建设工程,小龚庄水源地设立了一级保护区、二级保护区和准保护区,通过了山东省生态环境厅批复。强化农村饮用水源地管理,对扶贫村饮用水源地按照"一源一档一网"的要求加强日常管理和维护。开展化工聚集区地下水治理,完成山东丰元化学公司、台儿庄经济开发区聚集区的地下水环境监测井建设,定期开展监测,加强预警监控,确保地下水水质安全。二是建立湿地生态屏障。从烟波浩渺的微山湖东口,有一条蜿蜒曲折的河流迤逦向东,流经广袤的鲁南大地进江苏入中运河,这就是台儿庄运河,全长42.5 km,运河沿线形成了面积达 7.6 万亩的湿地,占台儿庄区土地总面积的9.4%。台儿庄区充分发挥湿地资源在保护生物多样性、调节径流、调节小气候等方面的巨大作用,建设河流湿地 43532 亩、人工湿地 2415 亩、水稻田湿

地 30045 亩,打造了国内第一个以运河湿地为主题的国家级湿地公园,集中布局十里荷花廊、双龙湖湿地观鸟园、大运河垂钓基地、涛沟河湿地风景区等4条景观带,被评为国家重点生态功能区、省级内陆休闲渔业公园、全域旅游品牌生态景区。三是建立水土保持屏障。坚持把水土保持作为含蓄天然降水资源、转化地表径流的重要基础,将水土保持与改善农业生产条件、调整农村产业结构有机结合,先后实施马跑泉小流域治理、黄丘山区小流域治理等水土保持项目 8 个,修建梯田 2000 亩、塘坝 6 座、小微蓄水工程20座,栽植水保林 1100 余亩,带动发展甜桃产业 7000 亩、核桃产业 500 亩,亩均收入达 12000 元,改变了运河沿线山区水土流失严重、农田基础设施差的面貌。

(二)深化"三水改革",做好集约用水文章

针对用水"多头管理"的难题,台儿庄区以润禹水务供水有限公司为龙头,探索建立了"公司+协会"水利工程长效管护机制,全面推行农业灌溉用水、工业供水、农村饮水(简称"三水")改革,通过市场化运作、专业化管理,形成了"供水、节水、管水"三位一体的水资源利用格局,被山东省水利厅、山东省委改革办宣传推广。具体做法包括:一是深化农村饮水改革。实施跨镇(街)集中连片供水,投资 3 亿余元,建成秦庄、涧头集 2 座万吨水厂,对台儿庄区农村近 22.6 万群众实现规模化集中供水。建成农村饮水安全水质监测中心,划定水源地一级保护区和准保护区,从"水源头"到"水龙头"实施全程守护。授予润禹水务供水有限公司特许经营权,其负责台儿庄区农村供水工程的运营管理,有效地解决了供水规模小、设施管护难、水费收缴难、饮水安全保障难等问题,实现了"农村供水城市化、城乡供水一体化"。润禹水务供水有限公司也被评为山东省农村公共供水规范化管理示范单位。二是深化农业灌溉用水改革。以产权证书和使用权证的形式确定润禹水务供水有限公司对高效节水灌溉工程的产权,由该公司负责管护总面积 18 万亩的11 个高效节水灌溉片区,并按照"受益者负担"原则计量征收工程水费。同时,润禹水务供水有限公司利用上级专项资金 1039 万元,连续 5 年实施小型农田水利设施维修养护项目,有效地解决了"一年建、两年毁、三年浇地不通水"问题,保证了农田水利工程"建一片、成一片、发挥效益片",年节约农业用水 450 万 m^3,每亩节约灌溉费用 20 余元,改变了自 20 世纪 90 年代以来农业灌溉收费零的局面,被评为"农田水利设施产权制度改革和创新运行管护机制试点县省级优秀等次"。三是深化工业供水改革。针对工业用水量

大、水源无保障的实际情况,按照先地表水、后地下水的原则,投资 1000 余万元建设企业供水专线,能够为辖区泉兴水泥等用水大户日供水 4000m³,年减少地下水开采 100 余万 m³,实现了经济效益、生态效益、社会效益多赢。鼓励企业优先使用中水等非常规水源,推行节水技术改造。王晁煤电集团热电有限公司将厂区雨水、生产废水、空调废水收集进入储水池进行处理和循环利用,月平均供水量 3.19 万 m³;丰元化学股份有限公司采购冰机 4 台,建设晾水塔 11 座,提高了工业用水重复利用率。同时,开展节水用水常识及《中华人民共和国水法》等法规政策宣传进校园、进机关、进社区、进企业,引导社会和公众广泛参与,形成节水、爱水、护水的良好社会氛围。

(三)用好"三种手段",做好综合治水文章

围绕水资源作为公共产品和一般资源的典型特点,台儿庄区坚持节水、治水"两只手"同时发力,一方面发挥好政府在水治理过程中的主体作用;另一方面鼓励市场主体和社会公众积极参与,走出治水、节水的新路子。一是用好水价杠杆手段。严格执行阶梯水价制度,城市居民用水量分为三个阶梯。第一阶梯:居民年用水量 168m³ 及以下,基本水价为 0.95 元/m³;第二阶梯:居民年用水量 168~300m³(含)之间部分,基本水价为 1.64 元/m³;第三阶梯:居民年用水量超出 300m³ 的部分,基本水价为 2.85 元/m³。通过水价调控有效促进居民节水。实行超计划累进加价制度,对申请增加用水计划的取用水户进行审核审批,有效控制用水量的过快增长。二是用好节水激励手段。完善节水奖励机制,建立农田水利设施管护考核制度,出台了《台儿庄区农业水价综合改革奖补办法》《台儿庄区小型农田水利工程设施管护办法》等激励政策。台儿庄区政府每年从地方水利建设基金中列支不低于 100 万元用作小型农田水利工程专项管护资金,对积极应用工程节水、管理节水、农艺节水和鼓励合理用水、实现农业节水增效的用水主体按照标准兑现奖励。开展节水型公共机构、企业、社区创建活动,引导、应用节水技术和器具。截至2021 年 11 月 30 日,台儿庄区公共机构节水型单位机关单位 35 家、省级节水型单位 1 家、省级节水型企业 6 家、省级节水型小区 10 个,通过示范带动,促进节水工作收到了良好成效。三是用好联合监管手段。建立了由流域机构淮委、韩庄运河水利管理局、水务局、发展和改革局、住房和城乡建设局、工业和信息化局等部门共同参与的节水型社会达标建设联席会议制度,实行协调联动机制,及时沟通,适时分析、调度,解决有关问题。营造水资源执

法"雷霆"声势,先后集中开展非农取用水户专项排查整治、河道环境集中整治、入河排污口专项整治等联合行动,累计封停违规自备井 60 眼,整治封堵入河排污口 43 处,安装了大沙河、陶沟河水功能区和污水处理厂入河排污口标志牌 3 个。统筹"水域"和"岸线"综合治理,并结合落实"河长制""湖长制",推进实施"清河行动""清四乱"及河道清违清障等一系列水域岸线综合治理活动,做实、做好治水工作。

三、台儿庄区推进水资源节约集约利用存在的问题

台儿庄区虽然在水资源管理上取得了一定的成绩,但还存在一些问题。一是水资源紧缺仍然是制约地区经济发展的瓶颈。韩庄运河来水是台儿庄区重要的客水资源,受年内、年际变化影响较大。同时,干河和上游支流缺乏相应的拦蓄水工程设施,造成大量水资源流失。二是洪涝灾害依然威胁着地区经济的发展。近几年,虽然通过中小河流治理、水利薄弱环节治理等项目进行了河道治理,但治理内容还不够完善。三是区域性水生态环境不能满足发展要求。台儿庄区位于南水北调东线工程进入山东省的第一站,对生活、工业污废水的排放提出了更高的要求。处理过的中水不能达标排入输水干线,造成非汛期中水在本地区域内存放,压力大、治污任务重,调水干线区域的水系生态修复建设亟待加强。四是水利建设投入不足。目前,投资规模、来源与水利建设的实际情况与需求相比还有差距,特别是农村饮水安全、污水处理、河道拦蓄等基础性工程投资需求不断加大。

四、台儿庄区创新"全域节水模式"的工作启示

(一)提高站位,加强领导

回顾百年辉煌历程,中国革命、建设和改革的成功实践、辉煌成就,有力地证明了没有中国共产党的领导,就没有社会主义在中国的实践,就没有中国特色社会主义的开创和发展,就没有今天我们所创造的发展奇迹。中国共产党领导是中国特色社会主义最本质的特征,是中国特色社会主义制度的最大优势。要继续坚持以习近平新时代中国特色社会主义思想为指导,增强"四个意识",坚定"四个自信",做到"两个维护",全面贯彻党的十九大和十九届二中、三中、四中、五中、六中全会精神,特别是习近平总书记在深入推动黄河流域生态保护和高质量发展座谈会上的讲话精神,深入落实"节

水优先、空间均衡、系统治理、两手发力"的治水思路,坚定不移地践行"水利工程补短板、水利行业强监管"的水利改革发展总基调,把治水、兴水、节水这一关系中华民族永续发展的大事办好。扛好黄河安澜的台儿庄区担当,努力在推动黄河流域生态保护和高质量发展上走在前。

(二)加强宣传,营造氛围

水资源与人的生命和健康、生活和生产、生存和发展密切相关,是全社会的大事。要进一步加大宣传力度,开展多种形式的用水、节水主题宣传教育活动。在活动现场,通过设立宣传咨询台、摆放知识展板、发放宣传手册、开展水资源保护讲座、宣传横幅和电子屏幕展示等形式,向广大群众宣传台儿庄区水资源现状、节约用水的意义、家庭节水小窍门和《中华人民共和国水法》《中华人民共和国水污染防治法》等水利相关法律法规。同时,深入挖掘水环境保护工作的先进人物、先进事迹,并进行广泛宣传,充分发挥先进典型的示范带动作用。对破坏水环境的现象及时曝光,把全社会的力量调动起来,全面营造珍惜水、保护水和爱护水的良好社会氛围,增强群众节约水资源、保护水环境的责任感和自觉性,加快节水型社会建设步伐。

(三)针对问题,补齐短板

实施一批打基础、管长远、促发展、惠民生的重点水利工程建设项目,实现水资源的科学配置和高效利用。要统筹排涝、拦蓄、净化、回用功能,实现科学、综合利用。提升城市供水能力,解决地下水供水不足问题,加快推进城市污排水管网建设改造,加强中水回用和排放管理,健全污排水管理长效机制,激发再生水利用活力,进一步发挥再生水的作用。加强雨洪资源利用,推进台儿庄区河道拦蓄工程建设,提高抗旱储备水源能力。加强防洪抗旱减灾工程建设,推进中小河流、骨干排水沟治理以及重点涝区治理等。按照"农村供水城市化,城乡供水一体化"的要求,加强城市供水能力建设,不断扩大城市供水区域,推进农村饮水提质增效工程建设,实现农村安全供水全覆盖。推进灌区现代化改造,规模化推进管道灌溉、喷灌、滴灌、微灌以及绿色一体化精准高效灌溉技术,提高农业灌溉效率和效益。大力开展先进节水技术创新,不断提高节水技术,培育壮大节水产业,不断应用先进技术,实现技术节水,推行清洁生产,降低单位产品用水量,一水多用,提高水资源的重复利用率。抓紧抓实"河长制"工作,牢固树立绿水青山就是金山银山理念,严格遵照山东省巡河制度规定,认真开展好巡河工作,确保河湖管理保护中的问题早发现、早制止和早处理,推进河湖水生态保护与修复,更好地满足人民群众近水亲水的需求。实行最严格的水资源管理制度,进一步强化取水许可审批和取用水计量监督管理,完善取用水监测体系,对取水户实施取水在线监控,提升取水监管能力。加大水资源管理执法力度,加强水功能区监督管理,严厉打击非法取水,强化相关职能部门之间的齐抓共管,在项目审批源头严格把控取水口审批监管。

(四)创新水利投融资体制机制,拓宽水利建设投融资渠道

资金投入是加快水利建设的重要保障,应坚持政府和市场两手发力,在健全和完善公共财政水利投入政策的同时,不断创新水利投融资体制机制。这也是贯彻落实习近平总书记提出的"节水优先、空间均衡、系统治理、两手发力"十六字治水方针的生动实践。要动员和引导民间资本参与水利建设,努力探索债权融资、股权融资、收费抵押融资等模式,有效地激发社会资本的动力与活力。进一步实现水利建设投融资主体多元化、融资方式多样化,为水利建设和城市水务建设经营提供有力的资金保障。

(五)努力打造一支与水利发展相适应的水利干部职工队伍

充分利用机构改革的成果,用足、用活编制资源和改革政策,通过编制置换、公开考录(加大对水利类专业大学毕业生的招聘和考录力度)、遴选、选调、调任等多种方式,引进、吸收一批优秀人才加入水利队伍,布好人才局。同时,要进一步完善人才评价和激励机制,突出"能"与"绩"标准,构建水利高质量发展的人才评价体系。要加强对现有水利干部职工的培训,按照"缺什么、补什么"的原则,科学制订培训学习计划,不断提高人员的专业素质。要以"干一行、精一行、爱一行"为目标,鼓励广大水利人员弘扬"献身、负责、求实"的水利行业精神,锻造一支稳定、可持续的水利人才队伍,服务于水利改革发展第一线。

面对新阶段、新征程,台儿庄区要进一步压实责任、主动作为,脚踏实地、久久为功,切实推进习近平总书记在深入推动黄河流域生态保护和高质量发展座谈会上的讲话精神在山东落地生根、开花结果,努力在推动黄河流域生态保护和高质量发展上走在前,为开创新时代社会主义现代化强省建设新局面贡献力量。

中共台儿庄区委党校课题组负责人:李德鹏

课题组成员:咸继平　刘虹

第 四 编

山东黄河流域高质量发展研究

促进资源型产业转型和生态产业发展研究

  习近平总书记在深入推动黄河流域生态保护和高质量发展座谈会上发表重要讲话,站在中华民族伟大复兴和黄河流域永续发展的高度,科学分析了当前黄河流域生态保护和高质量发展面临的形势,精准提出了下一步发展的目标思路要求,为推动黄河流域生态保护和高质量发展提供了根本遵循和行动指南。当前,黄河流域生态保护和高质量发展已上升为重大国家战略。黄河山东段全长 628 公里,流域面积 1.83 万平方公里,具有人口规模、产业基础、文化禀赋、交通区位等较为明显的优势。同时,存在的问题也较为突出,特别是高质量发展不充分,传统产业转型升级步伐滞后,对煤炭、石油、能源化工等资源的依存度较高,内生动力不足。全省 136 个县(市、区)不同程度地面临资源型产业转型压力较大的问题。其中,枣庄市、新泰市、淄博市淄川区先后被纳入国家资源枯竭城市名单。基于此,促进资源型产业转型和生态产业发展,对推动山东新旧动能转换和高质量发展、加快生态文明建设、促进黄河流域区域协调发展具有重要的战略意义。

一、紧紧抓住“三个走在前”这个总遵循、总定位、总航标

  习近平总书记在深入推动黄河流域生态保护和高质量发展座谈会上发表重要讲话,在充分肯定山东工作的同时,明确要求我们“努力在服务和融入新发展格局上走在前、在增强经济社会发展创新力上走在前、在推动黄河流域生态保护和高质量发展上走在前,不断改善人民生活、促进共同富裕,

开创新时代社会主义现代化强省建设新局面"①。这充分体现了习近平总书记对山东发展的高度关切、关注和精准把脉定向。服务和融入新发展格局，增强经济社会发展创新力，推动黄河流域生态保护和高质量发展相互联系、相互支撑，要协调统筹推进，围绕"三个走在前"特别是围绕"在推动黄河流域生态保护和高质量发展上走在前"，促进资源型产业转型和生态产业发展，全省各级各部门需要紧盯这一目标定位，认真思考、深入谋划、突出重点、精准发力，奋力开创新时代社会主义现代化强省建设新局面。

（一）贯彻落实在推动黄河流域生态保护和高质量发展上走在前、促进资源型产业转型和生态产业发展，必须坚持绿色发展

要坚持正确的政绩观，正确处理好保护与发展的关系，遵循生态优先、尊重自然的原则，牢固树立绿水青山就是金山银山的理念，正确处理人与自然的关系。恩格斯在《自然辩证法》中曾指出："我们不要过分陶醉于我们人类对自然界的胜利。对于每一次这样的胜利，自然界都对我们进行报复。"②在黄河流域生态保护和高质量发展进程中，特别是在资源型产业转型升级的具体实践中，务必做到顺应自然、尊重规律，实施大保护、不搞大开发，特别是对于生态功能区，通过自然修复、休养生息等方式方法优化黄河流域生态，优化国土空间开发格局，把经济活动限定在资源环境可承受的范围之内，坚定不移地走绿色低碳、可持续的高质量发展之路。

（二）贯彻落实在推动黄河流域生态保护和高质量发展上走在前、促进资源型产业转型和生态产业发展，必须坚持创新发展

要扎实推进科技创新，强化科技支撑，加大对黄河流域产业转型升级重大问题的研究力度，聚焦生态环保、高效农业、先进制造业、数字化转型、文化旅游等领域开展科学实验和技术攻关。着眼于传统产业转型升级和战略性新兴产业发展需要，加强协同创新，推动关键共性技术研究，加快布局重大科技基础设施，统筹布局建设一批国家重点实验室、产业创新中心、工程研究中心、科技孵化中心等科技创新平台。坚持政府主导、市场化运作，支

---

① 参见《习近平在深入推动黄河流域生态保护和高质量发展座谈会上强调 咬定目标脚踏实地埋头苦干久久为功 为黄河永远造福中华民族而不懈奋斗 韩正出席并讲话》，2021 年 10 月 22 日，http://www.news.cn/politics/2021-10/22/c_1127986188.htm。

② 恩格斯：《自然辩证法》，人民出版社 2018 年版，第 313 页。

持社会资本建立黄河流域科技成果转化基金,完善科技投融资体系,综合运用政府采购、技术标准规范、激励机制等促进成果转化。

（三）贯彻落实在推动黄河流域生态保护和高质量发展上走在前、促进资源型产业转型和生态产业发展,必须坚持特色发展

山东省处于黄河流域下游,而且不同地区自然条件迥然不同,产业转型升级和生态产业发展的重点也各有差异,必须坚持具体问题具体分析,围绕省委、省政府确立的"八大发展战略""九大改革攻坚""十强现代优势产业集群",科学编制人口、城市和产业发展总体规划以及各项专项规划,推动优势产业集群发展。从顶层设计到微观操作层面,切实提高措施的针对性和有效性,从各地实际出发,宜水则水、宜山则山、宜粮则粮、宜农则农、宜游则游、宜工则工、宜商则商,因地施策促进特色产业发展,培育经济增长极,打造特色产业经济带,带动全流域高质量发展。同时,保护好、传承好、弘扬好黄河文化、儒家文化、红色文化,讲好黄河故事,挖掘黄河文化的时代价值,将黄河文化转化为现实生产力。

（四）贯彻落实在推动黄河流域生态保护和高质量发展上走在前、促进资源型产业转型和生态产业发展,必须坚持融合发展

要坚持统筹谋划、系统推进,把握好当前与长远的关系、全局和局部的关系,牢固树立"一盘棋"思想,设立由各地主要负责同志参与的工作专班以及黄河流域生态保护和高质量发展专项基金,立足于全流域和生态系统的整体性,坚持共同抓好大保护,协同推进大治理,统筹推进产业发展、生态修复等重大工程,统筹产业布局、城市建设、产城一体等。建立健全协同联动工作机制,强化济南、青岛的节点枢纽作用,与黄河三角洲建设、"一群两心三圈"、沿黄其他八个省(区)、丝绸之路经济带协同联动,更加主动、更大力度地促进沿黄流域深度合作,奏好"黄河大合唱"。

二、紧紧抓住产业集群这个"牛鼻子"

近年来,省委、省政府研究制定了一系列支持和强化产业集群发展的政策措施,全省已经形成了一批带动效应好、产业影响力大、技术含量高、产业链条全的产业集群。2021 年前三季度,山东生产总值为 60439.2 亿元,按可比价格计算,同比增长 9.9%;高技术制造业同比增长 19.7%,新一代信息技

术制造业同比增长 28.1%;制造业及"四新"经济投资分别同比增长 18.9% 和 12.3%,产业转型持续发力。① 但总体来看,客观上仍存在"聚而不集""集而不链""链而不丰"等突出问题。特别是对资源型城市而言,亟待构建"产业集群+特色园区+领军企业"和"支撑项目+政策措施"运行机制,加快资源型城市产业转型步伐。

(一)狠抓重点产业培植

坚定不移地推动传统产业新型化、支柱产业多元化、新兴产业特色化,优化产业布局,在省级层面全盘统筹谋划的基础上,各地立足实际、突出特色,选择 2~3 个优势产业方向重点发力。一是推动农业高质量发展,重点是在保障粮食和重要农产品供给的基础上,持续推进农业全产业链提升,发展特色农业、高效农业,重点培育千亿元级优势特色产业集群。二是推动工业高质量发展,重点聚焦先进制造业,紧紧围绕新一代信息技术、高端装备、高端化工、新材料、新医药等"十强"重点产业,无论招商引资还是项目建设、工业经济调度,都围绕重点产业发力。三是推动服务业高质量发展,重点聚焦科技服务业、软件和信息技术服务业、现代物流业、金融服务业、节能环保服务业、商务服务业、人力资源服务业、农业生产性服务业等产业集群,初步建立起与一、二产业发展相适应、结构优化、功能完备的生产性服务业体系。同时,不断加强与产业领军企业的战略合作,用好产业联盟、行业协会、人才团队、投资基金,真正干出规模、干出成效、干出产业集群的影响力。

(二)狠抓重点项目建设

重点项目是产业发展的载体。产业发展要靠重点项目来带动。培育产业集群需要一批大项目、好项目。没有大项目、好项目,一个地方很难实现跨越式发展。一是围绕产业集群抓项目,更好地发挥优势,提高竞争力,这是最现实的选择,也是最行之有效的办法。当然,项目建设也不是胡子眉毛一把抓,而是重点聚焦建链、补链、强链、全链项目,每个产业都明确发展目标、龙头企业、支撑项目,加快培植壮大产业集群,形成产业生态,发挥规模效应。二是牢固树立"大抓项目、抓大项目"导向,一切围绕项目转、一切围绕项目干,着力招引一批重大产业项目,打造双招双引特色品牌。三是超前

---

① 参见《山东前三季度经济"成绩单"出炉》,2021 年 10 月 26 日,http://www.jinan.gov.cn/art/2021/10/26/art_1812_4894506.html。

储备谋划一批产业项目、基础设施项目、民生项目、专项债项目,实行领导帮包、专员推进、全生命周期服务,确保早建成、早投产、早达效。

(三)狠抓园区建设配套

园区既是产业集群发展的集聚区、体制创新的示范区,又是招商引资、项目推进和产业集群发展的承载区。一是按照"布局集中、产业集聚、土地集约、生态环保"原则,全面提升现有园区的功能和承载能力,明确产业发展重点,按照专业化、产业化、效益化、生态化的方向,引导企业和项目向园区集聚,着力培育特色产业园区,重点推进一批特色鲜明的"园中园"和专业园区建设,不断提高产业聚集度。二是加快基础设施建设,提高配套水平。按照"政府主导、市场运作、规范管理"的原则,建立和完善园区基础设施建设多元投资机制。充分利用政府手中掌握的国有土地使用权、规划权等资源,采取市场化运作,吸引社会资金(包括入园企业)投入园区基础设施建设。三是加快公共服务平台建设。围绕资源综合利用、污染排放物集中治理、产业协作配套、共性技术推广应用等领域,开展公共服务平台建设。

(四)狠抓营商环境优化

一个地区要发展,短期靠项目,中期靠政策,长期靠环境。要坚持对标对表,坚持问题导向,坚持创新突破,坚持开门改革,牢固树立"只有更好、没有最好""人人都是营商环境"的理念,持续深化"一次办好"改革,加快推进流程再造、制度创新、改革赋能,继续压减行政权力事项,削减前置审批和不必要的证照,全面推开"双随机、一公开"监管模式。聚焦于全面提升企业全生命周期服务水平、企业投资贸易便利度和吸引力、政府监管服务能力,规范各类涉企收费,切实落实各项减税降费政策,严格兑现各项惠企政策,健全清单制度和违规收费投诉举报机制,减轻市场主体的负担,释放市场主体的活力,营造"亲""清"新型政商关系。对企业反映的问题,应站在企业发展的角度,想方设法帮助企业解决,不拖不等,需要合办的事协作办,真正做到企业需要时政府无处不在,企业不需要时政府无声无息。

三、紧紧抓住重点企业这个"主力军"

培育壮大"四上企业"(规模以上工业企业、资质等级建筑业企业、限额以上批零住餐企业、国家重点服务业企业),既是解决好传统资源型产业转型、企业发展潜力和后劲不足问题的关键举措,也是推动黄河山东段高质量发展的必然选择。

(一)加强预警监测,防大面积"退规"控减量

一是对可能退规的企业建立监测预警机制。相关部门应进一步加强对"退规"企业的监测力度,及时跟踪这些企业的生产经营状况,及时发布"退规"情况预警,以便尽早采取有效措施加以应对。二是研究探索退库暂缓机制,新升规企业普遍规模偏小,抗风险能力较弱,受大环境影响较大,经营指标极有可能出现线上线下浮动的情况,研究探索退库暂缓机制,避免出现"增完就退"现象。三是关注和重视在库企业的经营状态,深入企业了解其经营状况,为企业发展排忧解难,避免企业由于经营不善由规模以上转为规模以下。

(二)加强企业减负,全力以赴"保规"稳存量

一是针对当前部分企业反映的调研多的问题,建立职能部门共同开展调研、调研信息共享等机制,加强各部门的协调配合,避免多部门重复调研,着力减轻规模以上企业的负担。二是通过调研、培训等方式加大对企业升规的宣传,出台合理适用的升规纳统奖励扶持政策,充分调动企业升规的积极性,确保规模以上工业企业应统尽统。而对于故意瞒报、漏报的企业,应加大联合执法力度。三是把好企业、项目源头关。在企业注册、项目立项之初,就严格执行相关政策标准,对环保、安全、土地使用等不达标、不合规的企业和项目,坚决不允许其落地,着力减少乃至杜绝先建后改、先建后停的情况发生。

(三)加强跟踪帮扶,助推企业"升规"提增量

深入挖掘潜力,扩大后备企业的培育范围。一是加大对政策的宣传和解读力度。认真贯彻落实中央和省、市出台的一系列政策措施和奖补规定,加大对政策的宣传和解读力度,切实发挥政策效应。充分发挥好财政奖补资金的引导作用,加大对中小微企业的扶持力度,积极引导中小微企业专精特新发展,努力培育一批制造业隐形冠军、单项冠军、"小巨人"企业和"瞪羚"企业。特别是瞄准民营市场主体,民营企业是企业纳统升规的最大"潜力股"。要完善制度机制,激发市场活力,厚植民营工业企业的发展土壤。

二是强化要素保障,加大力度推动要素供给,大力解决企业融资难、融资贵问题,强化人才和技术支持,实打实地为企业发展壮大提供有力的要素支撑,特别是加强对"小升规"企业的跟踪帮扶。三是强化精准服务,加快流程再造,优化营商环境,针对企业不同的"痛点"开出不同的"药方",千方百计地为企业发展排忧解难。四是提供法治保障,坚持平等保护,依法打击侵犯企业合法权益的违法犯罪活动,严格把握法律政策界限,坚持规范执法,努力让企业家专心创业、放心投资、安心经营。

(四)加快转型速度,瞄准产业"新规"优质量

一是瞄准国家产业政策和产业发展方向,聚焦于以云服务、物联网、工业互联网为代表的新基建,立足黄河流域的资源优势、产业基础优势和区位交通优势,进一步明确产业发展路径,不断加大优势资源开发整合力度,瞄准主导产业高端链条,提升产业项目建设层次和水平,加快资源型行业转型速度。二是按照"大项目—产业链—产业集群—产业基地"的模式,全力打造"千亿元级产业板块",尽快形成协作配套、上下游紧密衔接的产业发展新格局。三是加快推进"个转企、小升规、规改股、股上市",培育"梯次递进、成长有序、生态良好"的企业群落,尤其是对园区的企业,按照亩产效应,坚持"腾笼换鸟",千方百计地清理"僵尸企业",为企业成长壮大提供全方位的支撑。

四、紧紧抓住绿色低碳这块"压舱石"

《黄河流域生态保护和高质量发展规划纲要》指出,黄河流域最大的问题是生态脆弱。长期以来,随着石油、煤炭等资源的大量开采,生态破坏比较严重,人口、资源与环境之间的矛盾凸显。这迫切需要我们坚持一体化推进山水林田湖草沙保护和治理,努力实现绿色低碳发展。

(一)坚持植树增绿护田做"加法",强化生态修复和保护

一是打造国家级森林公园、国家级湿地公园,依托中心城区原有的山体和森林资源,建设环城森林绿道,形成一道道亮丽的生态风景线。推进实施荒山绿化彩化示范工程、产业增绿工程,打造特色林果产业带,实现经济效益、生态效益的双赢。二是坚持城乡一体推进,加快实施城区绣绿、镇村兴绿工程,拓展绿道功能、丰富绿道业态,坚持全民绿化、科学种植、加强管护、

213

增绿添彩。三是深入实施"藏粮于地、藏粮于技"战略,实施最严格的耕地保护政策,加强种子研发力度,有效推进盐碱地治理,大力推进高标准农田建设,稳定粮食生产。同时,加大科研力度,因地制宜,借鉴在盐碱地建混交林、蔬菜棚、产业园的做法经验,促进黄河流域盐碱地治理、生态保护和高质量发展。

(二)坚持低碳节能减排做"减法",深化绿色发展实践

传统资源型城市长期以来对资源的依赖性较强,单位 GDP 的能耗较高、环境污染较重,节能减排任务十分艰巨、压力很大。只有把降低资源消耗、减少污染排放摆在经济社会发展的优先位置,才能走上一条持续、快速、健康的发展道路。一是加快推进结构调整。积极运用高新技术改造、提升传统产业,努力降低传统资源型产业的比重。严格控制"两高"项目盲目上马建设,落实能耗双控措施,大力调整产品结构,拉长产业链条,开发出更多低能耗、低污染的产品。二是切实抓好重点企业的节能减排。强化企业的节能减排主体责任,督促企业加快运用先进的生产技术,淘汰落后工艺,努力降低能耗、减少污染排放。完善重点企业节能奖惩办法,加强对重点用能企业的节能考核。加大环保执法力度,强化对重点污染企业的日常监管。三是大力发展低碳循环经济。加强发展循环经济的技术创新和推广应用,重点在节能降耗、资源节约、水资源重复利用、废弃物再生利用等方面取得突破。引导企业积极推广清洁生产,努力减少废气、废水、废渣的排放。

(三)坚持综合系统施治做"乘法",持续改善环境质量

一是制定实施方案,治理整顿"散乱污"企业,全面实行"河长制""湖长制",让天更蓝、山更绿、水更清。二是完善环境应急防控体系。以重金属、危险废物和危险化学品等风险源管理为重点,建设厂内应急事故池、园区污水处理厂、河道应急截污坝、人工湿地、在线监测"五位一体"的环境安全防控体系,完善突发环境事件报告和应急处理制度,构建流域生态环境安全屏障。三是完善城镇环境基础设施。加强城镇污水管网建设,注重配套建设污水处理设施,逐步提高污水集中处理率。同时,全面开展农村环境整治。提高农村地区企业环保准入门槛,坚决防止污染严重的落后生产项目在农村死灰复燃,坚决杜绝城市垃圾、工业固体废物、危险废物及其他污染物向农村尤其是沿黄村落转移。四是积极发展特色农业、效益农业、生态农业、

观光农业,有效遏制农村垃圾、污水、秸秆、畜禽粪便、农药、化肥等污染,切实改变农村环境保护严重滞后的局面。特别是要依托良好的自然生态资源,带动生态旅游和服务业发展,创造更多的"绿色 GDP"。

(四)坚持矿山修复治理做"除法",打造绿色宜居环境

一是不断完善山体保护制度。根据山体保护名录和山体保护范围,制定并实施山体保护条例,对山体依法进行严格管理。划定生态保护红线;科学划定各山体保护范围,制定具体工作措施,加紧推动山体分级保护工作,对有关山体设立永久性保护界桩。二是不断加快破损山体的修复治理。编制"一山一策"方案,依照破损山体环境现状,加快推进可研、实施、立项批复及环评报表编制批复,明确时间节点,倒排工期,尽快开工建设,完成修复治理。三是严厉打击非法开采行为。坚持基层自然资源所"零报告"制度,强化督导检查,建立长效监管机制,充分利用矿产资源监控平台,聘请专业人员使用无人机对保护山体及重大项目工程区进行航拍和比对,不断提升矿山修复治理水平。同时,加强对治理区的养护管理,确保治理项目取得明显成效。

五、紧紧抓住城市群一体化这个"新格局"

城市群建设是推动资源型产业转型和黄河流域高质量发展的应有之义。与长江流域相比,黄河流域经济社会发展相对落后,其中既有历史的原因也有现实的原因,但城市群建设的滞后是黄河流域产业转型升级和生态产业发展滞后的主要原因。黄河流域要获得高质量发展,需要发挥独特的优势,释放内需潜力,畅通经济循环,不断提升沿黄城市群的带动力、辐射力、引领力。

(一)注重培育中心城市

在黄河流域高质量发展及城市群建设过程中,需要充分发挥龙头城市的引领作用。上海在推动长江流域、广州在推动珠江流域经济发展及其城市群建设的引领作用是最有力的说明。目前在黄河流域城市群中,从沿黄九个省区来看,山东最具实力和优势,经济总量位居全国第三,拥有青岛、烟台、东营、威海、日照等港口城市,这些城市是黄河流域的重要出海口。而且,江河流域受益最大的基本都是下游地区。无论是交通基础设施配套区

位优势,还是产业政策人才优势,黄河流域山东段济南和青岛都较为突出。围绕济南和青岛两个核心城市,培育龙头城市,充分发挥青岛的港口优势和济南的省会优势,分别争创全球海洋中心城市、黄河流域中心城市,使其成为黄河流域山东段高质量发展的双核心、双龙头。加大投入力度,对表对标,培育优势产业集群,扶持一批富有国际影响力的龙头企业、知名高校与科研机构,加快打造黄河流域城市群建设的火车头。

(二)注重打造城市群

城市群是黄河流域山东段乃至整个黄河流域高质量发展的核心。城市群拥有重要的战略地位以及强大的辐射力与带动力,能够产生 1+1>2 的效果,能够在很大程度上引领和辐射黄河流域各个城市的发展以及促进产业转型升级。一是精心打造山东半岛城市群。山东半岛三面临海,是全国最大的半岛,有基础、有条件、有优势参与全国区域经济竞争,辐射整个黄河流域。二是精心打造三个经济圈。继续做大、做强省会经济圈,扩大济南的知名度,将周边各城市融入济南发展,提高省会城市的首位度,增强山东中部的核心力量。继续提升胶东经济圈,胶东各市是山东的经济强市,亟待在全国区域格局中提升整体地位和实力。精心培育壮大鲁南经济圈,鲁南经济圈缺乏核心城市带动,需要精心培育。从整体上看,山东省内各城市要明确各自的发展定位,从而引领整个黄河流域的高质量发展。

(三)注重构建大发展格局

一是主动融入"一带一路"。"一带一路"为黄河流域资源型产业转型和生态产业发展提供了难得的历史机遇,为黄河流域高质量发展及城市群建设提供了有利的条件。必须借助"一带一路"带来的良好机遇,加强沿黄城市群与"一带一路"沿线及周边国家地区的交流与合作,互通有无,优势互补,充分利用国外的资金、资源与市场加快自身建设,开辟国际市场。二是充分利用黄河流域生态保护和高质量发展上升为国家战略的有利条件,积极争取中央政策的支持和更多的信贷资金支持,加快基础设施建设、企业技术改造与产业升级,加强环境保护与生态建设,不断提高沿黄城市群的生态效益、经济效益与发展质量,全力提升沿黄城市群的战略地位与社会影响力。三是加强城市群内部分工与合作,推动沿黄城市群错位发展。建立城市协调机制,合理调节内部利益关系,在黄河流域生态保护和高质量发展工作领导小组的框架内成立沿黄城市群协调发展领导机构,建立健全联席会议制度,切实研究和解决实际问题。特别是在整个流域高质量发展规划框架内科学协调各沿黄城市的发展规划,避免各自为政、盲目发展、重复建设,确保城市群持续健康发展。

六、紧紧抓住发展要素保障这套"组合拳"

立足于山东的现实情况,围绕"三个走在前",强化资源型产业转型和生态产业发展要素保障,坚持抓重点、重点抓,从点上带动面上提升。重点在产业集群、双招双引、重点项目、区域发展、改革赋能、营商环境等工作上发力,强化"大干、快干、会干、敢干"的意识,逢山开路、遇水架桥,以"钉钉子"的精神做好各项工作。

(一)强化科技保障

创新是推动产业结构优化升级的重中之重。资源型产业升级的核心内涵就是技术支撑。需要不断加大研发投入,在高质量发展和新旧动能转换的关键期,推动政产学研金有机融合,鼓励以企业为主体建设研发中心、工程实验室等研发平台。对企业研发、创新、技术改造给予资金补贴或实施税收优惠政策,继续打造公共创新平台,充分发挥平台在创新人才引进、产业共性技术成果的转化和应用、中小企业的科技培训和服务等方面的作用。围绕产业链配置创新链,在本地区更具竞争力的优势产业上加大研发创新力度。

(二)强化资金保障

加大财政资金的支持力度,将资金重点投向智能制造与两化融合、生产型服务业提档升级等关键短板领域。充分发挥股权投资引导基金的作用,引导社会资本投向,撬动更多的社会资本来支持经济发展。加强产业子基金专业化运作,不断拓宽融资渠道。同时,积极落实现有的税收优惠政策,全面清理规范涉企行政事业性收费和政府性基金,减轻企业的税费负担。

(三)强化用地保障

优先保障重大工业、农业、服务业和基础设施项目建设用地需要,探索实行长期租赁、先租后让、租让结合等灵活多样的供地方式。严格控制建设用地产业准入门槛,鼓励企业盘活土地存量,推进建设用地复合利用、立体利用、综合利用,依法清理低效、闲置土地。

(四)强化人才保障

引进高端高智人才是区域先进制造业集群快速发展的重要任务。大力引进和培养高端人才和高水平创新团队,重点引进能够突破关键技术、带动新兴学科的战略型人才。引导企业对于精益求精、在产品质量和技术上有贡献的技术工人给予较高水平的激励,真正让有才能、有技术、有贡献的技术工人有地位。实行高层次、高技能人才服务办法,为高层次、高技能人才开通绿色服务通道。加大对技术人员创业的支持力度,让人才在山东发展有舞台、创业有保障、价值有回报、服务有温度。特别是要优化干事创业环境,建立并完善各级领导领衔、专班专员推进、差异化人均考核、公开亮屏监督、正负双向激励及责任追究等激励和约束机制,以有效的制度机制保障工作的落实。

中共枣庄市委党校课题组负责人:李印照

课题组成员:李欣　陈克荣

菏泽市黄河流域生态保护和高质量发展研究

黄河是中华民族的母亲河,保护黄河是事关中华民族伟大复兴和永续发展的千秋大计。黄河流域生态保护和高质量发展是习近平总书记亲自谋划、亲自部署、亲自推动的重大国家战略。2021 年 10 月 22 日,习近平总书记在济南市主持召开深入推动黄河流域生态保护和高质量发展座谈会并发表了重要讲话,为推动黄河流域生态保护和高质量发展提供了根本遵循和行动指南。我们要认真学习贯彻习近平总书记重要讲话精神,深刻领悟习近平生态文明思想的科学内涵和实践要求,紧密结合菏泽市实际,扎扎实实地抓好贯彻落实工作。

一、菏泽市推进黄河流域生态保护和高质量发展工作进展情况

菏泽位于鲁西南平原,辖七县两区和一个省级经济开发区、一个省级高新技术产业开发区,总面积 1.22 万平方公里,户籍人口 1025 万人。菏泽是黄河入鲁第一站。黄河在菏泽境内全长 185 公里,流经东明、牡丹区、鄄城和郓城 4 县(区)。4 县(区)共有村庄 1971 个,农村人口 299.28 万人,耕地 490.8 万亩。菏泽黄河滩区面积 504 平方公里,菏泽黄河故道、黄河沿线全长 320 多公里,滩区内现居住 14.7 万人,菏泽黄河滩区在全省面积最大、人口最多。黄河流域生态保护和高质量发展上升为重大国家战略,菏泽市抢抓这个难得的重大历史机遇,按照中央和省委部署要求,统筹协调各县区和市直有关单位的力量,细化工作措施,加快推进落实,扎实有序地开展各项工作。

(一)在组织领导方面

为深入贯彻落实习近平总书记关于黄河流域生态保护和高质量发展的

重要讲话、重要指示,统筹推进菏泽市黄河流域生态保护和高质量发展各项工作,全面融入和服务国家、省重大发展战略,菏泽市成立了推进黄河流域生态保护和高质量发展领导小组,菏泽市委书记张新文、市长张伦任组长,其他有关市领导任副组长,切实强化对工作的组织领导。

(二)在规划编制方面

菏泽市先后编制《黄河滩区生态和产业融合发展总体规划》《菏泽鲁西新区发展规划》以及推动黄河流域生态保护和高质量发展"十四五"重点工作清单。《菏泽市推进黄河流域生态保护和高质量发展工作推进落实方案》已经市委全面深化改革委员会审议通过,进一步修订完善后将按程序印发实施。该方案将为菏泽市推动黄河流域生态保护和高质量发展提供指引。2021年12月,经山东省政府同意,山东省发展改革委印发《菏泽鲁西新区发展规划》,标志着菏泽市省级新区建设拉开大幕。2021年12月4日,中共菏泽市第十三届委员会第十四次全体会议审议通过了《中共菏泽市委关于深入学习贯彻习近平总书记重要讲话精神扎实推动黄河流域生态保护和高质量发展的决定》,为下一步深入开展各项工作奠定了坚实的基础。

(三)在项目谋划方面

2020年8月,根据山东省发展和改革委员会《关于优选提报黄河流域生态保护和高质量发展重大项目的通知》,菏泽进一步调度、梳理、汇总,经多次修改完善,形成了菏泽市黄河流域生态保护和高质量发展重大项目申报统计表,共9个类别118项。形成了一批如菏泽现代医药港、大唐5G微基站生产运营总部基地、黄河故道土地空间整治与生态修复治理工程、菏泽市现代医药产业园等项目和工程,其基础条件比较好、带动能力强、生态效益和经济效益均十分突出。在山东省黄河流域生态保护和高质量发展的390个重点项目中,菏泽市的项目数量为23个。在山东省2021年3月、9月两次打造黄河下游绿色生态走廊暨生态保护重点工程集中开工活动中,菏泽市项目数量为22个,总投资126亿元,现已全部开工,正在加快推进。

(四)在推进基础设施互联互通方面

菏泽牡丹机场2021年4月正式通航,鲁南高铁菏泽段12月通车,雄商高铁菏泽并行段18公里推进顺利,日兰高速巨菏段改扩建工程建成通车,菏泽拥有了首条双向八车道高速公路。另外,国省道、内河航运、港口工程、农村公路建设方面也取得明显成效。

(五)在黄河滩区居民迁建方面

2021年5月底,菏泽市黄河滩区居民迁建工程28个村台社区、6个外迁社区全部建成,14.6万滩区群众实现"百年安居梦"。同时,菏泽大力开展滩区环境综合整治,编制滩区产业发展规划,依托滩区资源优势和产业基础,推进滩区迁建与乡村振兴有效衔接,着力培育打造万亩虎杖园、现代农业产业园、黄桃种植基地等黄河滩区特色优势产业项目。每个安置社区均高标准配齐供水、雨水、污水、强弱电、道路等基础设施,并配套建设党群服务中心、小学、幼儿园、社区超市、文化健身广场等公共设施,统筹推进滩区群众生活、生产、发展工作。

(六)在生态保护和污染治理方面

近年来,菏泽市不断深化"河长制",各级河长均按时限要求开展巡河工作,全面完成黄河164项"四乱"问题清理工作,充分利用"河长制"网络平台实现对黄河的动态监管。持续推进沿黄水生态建设,在堤防淤背区种植白蜡、法桐、五角枫、栾树等20多个品种树木2万余亩,形成了独具特色的黄河百里生态长廊。黄河堤防东明高村至鄄城董口段为国家级水利风景区,成为沿黄群众旅游、休闲的重要场所。此外,进一步加强黄河绿色生态屏障建设,完善"临河防浪林、堤防行道林、淤背区适生林、背河护堤林"四位一体的生态屏障体系,着力打造沿黄绿色生态屏障。2021年上半年,菏泽市空气质量综合指数达到5.52,同比改善11.5%;空气优良天数112天,同比增加26天。洙赵新河于楼、东鱼河徐寨、新万福河湘子庙、东沟河四个省控以上河流断面水质21项指标均达到国家、省约束性目标要求。

(七)在黄河安澜方面

菏泽市立足于防大汛、抢大险、救大灾,认真梳理了15大项、56小项的防汛准备工作,全面落实以行政首长负责制为核心的各项防汛责任制,健全并完善内部全员岗位责任制,确保了黄河菏泽段24年以来最大流量顺利过境,主河槽过流能力提升至5000立方米每秒以上。持续推进在建防洪工程建设,建成了集防洪保障线、抢险交通线、生态景观线于一体的黄河菏泽段标准化堤防,基本形成由堤防、险工与河道工程组成的防洪工程体系,保障了70余年伏秋大汛岁岁安澜。

(八)在高效生态产业发展方面

菏泽市立足于沿黄地区资源禀赋、产业基础、区位优势、市场条件,大力培育具有竞争力的主导产业和特色产品,沿黄4县(区)累计获批国家级"一村一品"示范村镇4个、省级"一村一品"示范村镇5个。全力打造农产品知名品牌,沿黄4县(区)共创建省级知名农产品企业产品品牌10个,累计获得"三品一标"产品认证342个,其中东明西瓜入选全国名特优新农产品目录,菏泽牡丹特色品牌享誉全国。坚持农业提质导向,狠抓农产品质量安全,加强"从农田到餐桌"的全过程监管,共建设省级农业标准化生产基地22个。东明县、鄄城县被命名为山东省农产品质量安全县,郓城县被命名为国家农产品质量安全县。

二、菏泽市推进黄河流域生态保护和高质量发展面临的主要问题

(一)缺乏统一的法律标准,财政投入不足

菏泽境内黄河滩区面积大,居住人口多、分布散乱,同时滩区部分生产经营活动与黄河生态保护之间存在矛盾,监管困难。当前,我国关于黄河保护的规定散见于30多部法律文件中,这些法律文件内容繁杂,缺乏成熟、完善的法律规定,不足以解决长期以来黄河流域治理中存在的不同地区、行业、部门的利益冲突和纠葛,滩区监管困难,这也成了黄河治理的困境之一。另外,由于各级政府财力有限,湿地全面恢复与综合治理工程措施无法实施,湿地生态系统的功能得不到充分发挥。缺乏财政投入已成为制约黄河流域生态保护和高质量发展的主要瓶颈。

(二)黄河安澜工程不完善,水资源供需矛盾大

黄河菏泽段处于黄河山东段最上游,属宽河段、游荡型河道,目前个别河道节点工程不完善,河道摆动大,河势不稳定。"二级悬河"形势依然严峻,槽高、滩低、堤根洼,目前有48公里的堤沟河问题较为严重,发生大洪水时易产生斜河、横河、顺堤行洪等安全隐患。防洪非工程措施不完善,主

要表现在信息化程度低、通信系统不完善、抢险队机械化建设水平有待提高。当前,菏泽市处在工业化、城镇化的快速发展阶段,用水较多,但被分配的黄河流域水资源有限,无法满足菏泽市工农业和社会快速发展的需求。同时,因水价偏低,部分引黄灌区还存在大水漫灌、节水意识不强、水资源利用率低等问题。

(三)生态保护治理任务繁重,发展限制性因素多

菏泽市生态保护治理任务依然繁重,发展限制性因素多。菏泽境内黄河滩区土壤以砂质土壤为主,为五级耕地土壤,有机质含量较低,土壤团粒结构较差,保水、保肥能力较弱。污水处理设施和垃圾收集处理设施不够完善,农村面源污染尚未得到有效解决,污染防治压力较大。黄河滩区经济发展与河道生态治理防护存在矛盾,比如,滩区内农田水利设施少,现有的沟、路、渠等基础设施年久失修,老化、损毁、失效问题严重,排灌能力差,普遍存在旱季浇不上、雨季排不出的现象,已远远不能满足农业生产需要。此外,河道内受生态环境保护因素制约,很多经济活动与生态保护存在一定的冲突。

(四)产业支撑能力不强,产业结构不合理

产业支撑能力不强,主要表现在:菏泽市经济综合实力偏弱,人均 GDP在省内排名靠后;外向型经济程度不高,存在规模总量小、经济发展外向度低、产品科技含量不高、自主品牌建设滞后、县区发展不平衡等问题制约发展;企业规模小,人才引进困难,科技研发投入低,自主研发能力不足。产业结构不合理,主要表现在:农业以传统农作物种植为主,经济作物品种少,种植结构单一,农产品多为初级产品,产业链条短,附加值低;农民文化程度相对偏低,农业科技水平低,新品种、新技术推广和应用较少;农村青壮年劳动力外出务工较多,当地产业发展缺少有技术、懂经营、会管理的新型职业农民。

(五)文化资源缺乏开发利用,尚未形成品牌

菏泽史称"天下之中",曾数度成为中原地区重要的政治、经济、文化中心,是我国著名的牡丹之都、书画之乡、戏曲之乡、武术之乡和民间艺术之乡。菏泽黄河流域旅游资源丰富,历史文化底蕴深厚,但缺乏开发利用,尚

未形成黄河流域旅游品牌。

三、菏泽市扎实推动黄河流域生态保护和高质量发展的对策建议

在下一步工作中,菏泽市要提高政治站位,统一思想行动,强化使命担当,全力推进实施主体功能区战略,打好沿黄高质量发展"主动仗",打造黄河流域生态保护和高质量发展示范区,努力让黄河成为造福菏泽的幸福河。

(一)扎实做好各项工作的配套衔接

围绕国家和山东省的实施规划和各专项规划,研究出台配套落实措施。尽快修订并完善菏泽市黄河流域生态保护和高质量发展实施方案,做好各专项规划的编制工作,为加快推进黄河流域生态保护和高质量发展做好引领。

积极争取黄河流域生态保护和高质量发展相关政策和资金支持。超前谋划储备一批符合国家投向、符合申报资金要求的项目,积极争取中央和省财政黄河流域生态保护和高质量发展专项奖补资金支持。做好土地治理、环保、水利、基本建设、文化等相关领域的专项资金争取工作。

根据"要素跟着项目走"的保障机制,积极争取能耗、土地、环境容量等政策指标。加快探索用能权、用水权、土地使用权等资源要素市场化配置新模式、新机制。在不增加政府隐性债务的情况下,建立市场化、多元化投融资机制,引导政策性、开发性、商业性等多种金融机构通过发行政府债券、企业债券及专项建设资金、融资租赁等多种融资模式,支持菏泽市黄河流域生态保护和高质量发展。

(二)打造黄河下游绿色生态廊道

1.实施健康水生态保护工程

坚持自然生态系统完整、物种栖息地连通、保护管理统一,落实生态保护红线、环境质量底线、资源利用上线和生态环境准入清单"三线一单"制度。加大黄河干流水生态保护修复力度,持续推进水土流失综合治理,重点开展农田防护林网建设等生态修复工程。加强对东明黄河森林公园的生态保护,加快曹县黄河故道国家湿地公园、郓城县东溪湿地建设,打造沿黄绿色长廊。

2.开展滩区生态环境综合整治

实施滩区土地综合整治与生态修复工程,因地制宜地推进滩区退地还湿,打造滩河林草综合生态空间,加强滩区水生态空间管控,提升河道行洪和滞洪沉沙功能。建设黄河防汛防浪林,严禁围河造田、种植阻水林木及高秆作物,建设耕地、林草、水系、绿带多位一体的黄河滩区生态涵养带。

3.推进自然保护地整合优化工作

优化整合各类自然保护地,合理定位自然保护地的主体功能、边界范围和保护分区,优化自然保护地空间布局,逐步建立分类科学、布局合理、保护有力、管理有效的自然保护地体系。

(三)实施环境污染系统治理

1.统筹推动水污染治理

完善和落实河长制、湖长制,开展黄河流域排污口排查整治专项行动,对合法合规的纳入监管,对违法违规的进行封堵,全面消除城乡黑臭水体,打赢碧水保卫战。推进重点河湖生态环境综合治理与修复,开展生态护岸改造及底泥清淤疏浚,增强水体环境容量和自净能力,有效控制河道内源污染。持续提升污水收集、处理能力,推进化工园区、涉重金属工业园区"一企一管"和地上管廊的建设改造,积极推行"智慧管网",严控工业废水未经处理或未经有效处理直接排入城镇污水处理系统。完善城镇污水集中处理设施,推进老旧城区、城中村、城乡接合部污水收集管网建设与改造,逐步实现全流域建成区雨污分流,消除管网收集空白区。深入开展农村生活污水、农村黑臭水体和生活垃圾治理工作。

2.深入开展大气污染联防联控

实施新一轮"四减四增"行动计划,调整优化产业、能源、运输结构,强化区域联防联控和应对重污染天气,打赢蓝天保卫战。持续推进煤改气、煤改电工程,确保圆满完成国家、省下达的建设任务。排查整治"散乱污"企业,实现"散乱污"动态清零。进一步深化化工园区安全生产和环保整治。强化工业炉窑和重点行业挥发性有机物综合治理,协同治理氮氧化物和挥发性有机物污染,实施细颗粒物和臭氧协同控制。全面开展建筑工地扬尘、工业企业堆场扬尘和矿山扬尘整治,降低区域降尘量,推动散煤、生活面源和农业源大气污染治理。大力推进移动源污染综合治理,实时管控移动源污染,确保城市细颗粒物浓度下降率达到国家考核要求。

3.切实加强土壤污染综合治理

开展土壤环境详查,推动重点行业企业用地土壤污染状况调查成果的应用,完善土壤环境质量监测网络,提升土壤监测监管能力,实现土壤环境质量监测点县区全覆盖。实施耕地土壤环境治理保护,推进耕地分类管控,严格管控重度污染耕地。实施保护性耕作,开展农药、化肥使用减量计划,推行秸秆还田、增施有机肥、免(少)耕播种、粮豆轮作、农用薄膜科学应用与回收利用等措施。加强土壤污染源头控制,有序推进建设用地土壤污染风险管控,加强重点地区危险化学品生产企业搬迁改造腾退土地的土壤环境监管。

(四)推进水资源节约集约利用

1.系统优化水资源配置

全方位贯彻"四水四定"原则,统筹黄河水、地表水、地下水和非常规水资源,积极配合省开展南四湖生态水量确定工作,完善水资源调配格局,着力破解工程性缺水瓶颈。积极推进引黄闸改造提升,对引黄干支渠系进行疏浚防渗整治,建设一批引黄调蓄工程,完善引黄供水体系。完善市县水网,加强局域水系连通和水资源调配工程建设,打通水系脉络,联合调度保障供水安全。

2.建设雨洪资源调蓄利用工程

以平原水库为重点加快建设一批城市和区域供水工程,实施魏楼水库、曹县太行水库和成武县伯乐湖水库等平原水库建设工程,发挥水库调蓄雨洪的作用,通过新建水库、水库增容等措施,实现全市水资源的优化配置。实施塘坝、坑塘等小型水源工程。加快海绵城市建设,加大城市降雨就地消纳和利用比重。

3.保障城乡供水安全

全面完成"千吨万人"以上饮用水水源保护区划定和规范化建设,健全并完善应急备用水源体系,加快城乡供水一体化、农村供水规模化建设,实施农村供水工程规范化改造项目。优化城市供水水源布局,实施供水系统连通、互为备用,提高供水保证率,增强应对突发性水安全事件等的应急能力。

(五)全力保障黄河下游长久安澜

1.加快完善防洪减灾工程体系

开展险工、控导改建加固及新续建工程建设,推进高村以上游荡型河道重点河段综合治理,维持中水河槽稳定,提高主槽排洪输沙能力,推进高村以下重点河段堤河治理,确保堤防不决口。严格限制自发修建生产堤等无序活动,深化滩区安全建设。实施引黄涵闸、病险水闸除险加固工程,消除水闸险情及安全隐患,保障黄河下游防洪安全。统筹推进东鱼河、洙赵新河等水系防洪治理工程,实施大中型病险水库水闸除险加固工程,提升防洪减灾能力。

2.系统提升灾害防御应急救援能力

进一步优化水文站网布局,完善水文监测设施建设。建立黄河流域洪水调度体系、洪水管理公共服务体系和灾害预警信息系统,提升洪水灾害防御等基层防汛预报预警能力。完善防洪减灾、排水防涝等公共设施,提高农田水利工程防洪排涝能力,增强城市和乡村抵御灾害能力。积极参与黄河大数据中心建设,打造"智慧黄河"数字化平台,建立覆盖骨干河道干支流的立体化数据采集监测网络,构建城市防汛实时监控体系,及早发现险情并进行处理。

3.合理利用黄河岸线资源

科学划分岸线功能区,合理划定生产、生活、生态空间管制界限,建立更加完善的岸线资源保护长效机制。以河势稳定为前提,加强用途管制,结合河道和滩区实际综合治理,确保河道行洪能力和湖泊调蓄能力。实施引黄泥沙治理及生态保护修复工程,加强黄河水沙的综合利用。

(六)构建特色优势现代产业体系

1.加快新旧动能转换

一是坚决淘汰落后动能。结合菏泽市产业发展实际和省下达的任务指标,以省定的八个行业为重点,精准聚焦煤电、水泥、轮胎、煤炭、化工5个行业,加快淘汰低效落后动能。加严环保、质量、技术、能耗、安全等标准,严格控制新增过剩产能。二是推进优势产业集群集聚发展。坚持增量崛起与存量变革并举,改造提升传统产业,发展壮大新兴产业,积极培育优势产业集群,全力打造关键性支点、现代化链条、一流生态圈的"231"特色产业体系[①]。

---

① "231"特色产业体系是菏泽市立足产业基础着力构建的优势突出、相互支撑的特色产业体系,即全流程打造生物医药和高端化工"两大核心产业",高品质提升农副产品加工、机电设备制造、商贸物流"三大优势产业",大力培育新能源、新材料、新一代信息技术、现代服务业等"一批新兴产业集群",以特色产业带动高质量发展。

重点抓好东明石化减量置换高端化工等项目建设,聚集要素资源,实施重点突破,全力加快发展。推动农副产品精深加工、机电设备制造、商贸物流三大优势产业向高端产品、研发设计、品牌营销等环节延伸,塑造产业集聚发展新优势。三是加快园区特色集约化发展。通过建链、补链、延链、强链,引导资源要素向园区集中布局。按照"专业化定位、市场化机制、企业化运营、平台化支撑"原则,优先向园区布局重大产业项目、重大创新平台,因地制宜地打造一批主导产业引领、专业化分工协作、支撑保障有力的特色园区。

2.深度推进数字赋能

推进"现代优势产业集群+人工智能",支持企业"上云用数赋智"。聚焦高端化工、生物医药等传统优势产业,贯彻落实省"万项技改""万企转型"等行动,全面提高产业技术、工艺设备、产品质量、能效环保等水平。加快设备换芯、生产换线、机器换人,大力推进数字化车间、智能工厂建设。在高端化工、高端装备等重点领域率先应用"5G+工业互联网"。加快推进智慧环保建设,推广"互联网+生态环保"综合应用。鼓励规模以上工业企业利用好网络搜索引擎优化竞价排名,打造互联网工业品牌,扩大销售渠道,提升销售电商化水平。以推动产业发展和应用服务为着力点,加快布局5G、云计算、物联网、虚拟现实、人工智能等前沿信息产业,实现迭代发展。加快推进大唐5G产业基地总部、山东伏羲智库互联网研究院、摩信科技智能传感器等项目建设,积极培育大数据服务业态和数字文明生态体系,努力打造新一代信息技术产业集群。

3.培育优良产业生态

优化区域重点产业链布局,分行业做好供应链战略设计和精准施策,加大项目招引、自主延链、吸引配套力度,打造自主可控、安全高效、服务全流域的产业链、供应链。制定并实施差别化的用地、用能、排放、信贷等政策,推动资源要素向高产区域、高端产业、优质企业集聚。加强融资对接,将交易信用向产业链上下游延伸,为产业链上的小微企业提供门槛更低、利率更加优惠的融资服务。支持一批行业领军企业打造行业平台,推动要素资源高效配置、产业链条整合并购、价值链条重塑提升、多业务流程再造集成、新型业态培育成长,构建若干个以平台型企业为主导的产业生态圈。聚焦高端石化、生物医药、医疗器械、机电设备制造等重点产业,深入实施"领航型"企业培育计划,打造若干具有产业生态主导力的领军企业。推动产业链上中下游、大中小企业融通创新、协同发展,促进产业链、供应链、创新链深度融合,造就一批专精特新"小巨人""单项冠军"和瞪羚、独角兽等高成长企业。

(七)构建城市发展新格局

1.加快释放内需潜力

培育壮大消费市场,统筹网上与网下、产品与服务、业态与模式,拓展消费链上下游,以新供给创造新需求,增强消费对经济发展的基础性作用。促进夜间经济、宅经济、假日经济、首发经济发展,培育新消费热点。扩大精准有效投资。调整优化投资结构,聚焦黄河流域生态保护和修复,加大重点区域生态项目投入力度。围绕产业转型升级,建设一批填补国内空白、增强引领能力、延伸产业链条的重大项目,着力提高"231"特色产业核心竞争力。系统推进县城补短板、强弱项工程,加快改善农村生产生活条件和人居环境。加快补齐沿黄地区基础设施、农业农村、公共卫生、防灾减灾、民生保障等短板弱项。完善"要素跟着项目走"机制,强化资金、土地、能耗等要素统筹和精准对接。用好黄河流域生态保护和高质量发展基金、专项奖补资金、引导资金,激发民间投资活力,支持民间资本参与黄河流域基础设施、生态修复、农业水利、社会事业等项目建设。

2.高标准建设省级新区

对标国内一流新区,发挥交通枢纽、政策叠加、产业完备等优势,按照"一核集聚、双轴统领、三区联动、多点支撑"的总体布局,高标准建设菏泽鲁西新区。坚持绿色发展,把保护和修复黄河流域生态环境摆在重要位置,把水资源作为最大的刚性约束,坚持生态优先、绿色低碳的高质量发展模式。积极融入新发展格局,主动对接长江经济带、京津冀城市群和中原经济区,串联山东半岛城市群和中原城市群,推动产能有效合作,发展贸易新业态,建设高能级开放平台,打造区域经济双循环、内陆开放新高地。坚持创新驱动、高端引领、融合发展,培育壮大现代高效农业,重点发展生物医药、高端装备、新一代信息技术等产业,创建新型城镇化、新型工业化融合发展试验区。布局建设一批重点实验室、产业创新中心、工程研究中心,搭建战略性新兴产业合作平台。将菏泽鲁西新区建设成为菏泽全域发展的主引擎,打造黄河下游生态保护和高质量发展示范区、中原城市群对接合作先行区、鲁西崛起战略引擎,实现由地理区位中心到发展动力中心的蝶变。

3.推动基础设施互联互通

加快建设集高速铁路、高速公路、港口航运、航空运输、城际铁路、城市轨道交通于一体的沿黄达海现代交通运输体系。积极融入贯通黄河流域重要城市的高速铁路大通道,建成鲁南高铁菏曲段、菏兰段,加快推进雄商高铁菏泽段建设,规划建设菏泽至徐州、郓城至巨野至成武地方铁路和一批铁路专线。围绕数字信息等新型基础设施建设,加强总体设计和产业规划,全面推进 5G 网络试点和模组网,实现 5G 网络全覆盖,统筹推进骨干网、城域网、接入网 IPv6 升级,进行互联网数据中心、政务云平台与社会化云平台 IPv6 改造。大力发展清洁能源,推动能源结构优化调整,全面构建清洁低碳、安全高效的现代能源体系。强化油气资源输入保障,重点抓好输油管线运输能力提升、天然气管网和调峰储气设施建设,有效对接国家、省骨干输气工程,构建安全、高效、绿色的油气运输体系。有序发展风力发电、太阳能发电、生物质发电等新能源,建设采煤塌陷地、黄河故道、黄河滩区等光伏发电基地,稳步提升新能源占比。

(八)打造乡村振兴齐鲁样板"菏泽路径"

1.建设全国优质的粮食和绿色农产品基地

深入实施"藏粮于地、藏粮于技"战略,将粮食生产功能区和重要农产品生产保护区率先建成高标准农田,同步推进节水灌溉,鼓励和支持基础好的粮食产能大县整县推进高标准农田建设。加强对粮食生产功能区的监管。推进生产托管服务试点,建设区域性农业社会化服务中心,加快提高农业生产组织化水平。推动粮食生产良种化、标准化、绿色化、机械化和服务全程社会化。开展农业标准化生产创建活动,推进产地环境无害化、基地建设规模化、生产过程规范化、质量控制制度化、产品流通品牌化,创建一批省级标准化基地。实施特色农产品优势区建设工程。重点发展绿色种植业、健康畜牧业、生态渔业等产业,强化科技支撑、品牌建设、市场营销,培育蔬菜、畜禽、水产品等特色农产品优势区,打造沿黄特色农业产业带。

2.做优、做强乡村产业

以优势产业、特色农业、乡土产业为重点,打造县、乡、村三级产业融合发展平台,逐步形成多主体参与、多要素聚集、多业态发展格局。实施家庭农场培育、农民合作社规范提升行动,培植多元化、专业化服务主体,加快培育产业链领军企业,鼓励发展农业产业化联合体,促进农业生产、加工、物流、研发和服务深度对接,推动产前、产中、产后一体化发展。开发农业多种功能,发展休闲农业和农村电商,塑造终端型、体验型、循环型、智慧型新产业、新业态,实现全环节提升、全链条增值、全产业融合。提升农产品精深加工水平。建设一批精深加工基地,提升加工转化增值率和副产物综合利用水平。鼓励农业龙头企业、农产品加工领军企业向优势产区和关键物流节点集聚,加快形成一批农产品加工优势产业集群和隆起带。推动农村流通服务数字化,支持优势产区批发市场向现代农业综合服务商转型,实施"互联网+"农产品出村进城工程。推进智能商贸物流标准化,建立智能区域性农产品物流中心,加密乡村邮政快递网点,推进物流节点互联互通。巩固国内农村电商领先地位,推广"一村一品一店"模式,助力农业产业发展。加大电商村镇培育力度,全面提升电商村镇的核心竞争力,打造菏泽市新的经济增长点。

3.建设生态宜居美丽乡村

充分尊重乡村发展规律和群众意愿,因地制宜、分类施策、科学规划,发展乡村休闲旅游,融入山水林田湖草自然风貌,绘就多彩"曹州风情画"。推进绿色乡村建设,加快发展产出高效、产品安全、资源节约、环境友好的现代生态农业。实施乡村记忆工程,挖掘乡村特色文化符号,振兴传统工艺,加大历史文化名村和传统村落保护力度,建立市级传统村落名录,保护乡村古街、古居、古井、古树、古桥、古祠等历史文化遗存,打造一批与沿黄城市有机融合、相得益彰的特色乡村。持续推进移风易俗,倡导文明乡风、良好家风、淳朴民风。

(九)保护、传承、弘扬黄河文化

1.系统保护黄河文化遗产

系统挖掘整理黄河文化、红色文化、牡丹文化、祖源文化、庄子文化、好汉文化、孙膑文化等特色文化资源,提升"中国牡丹之都"等品牌效应。加强对红色文化的研究,保护红色文化遗存,传承红色文化基因,塑造红色文化品牌。开展黄河流域和故道地区文物资源调查,完善文物分级分类名录和档案,建立统一、规范的文物资源数据库。推进青邱堌堆、孙大园堌堆、侯庄堌堆、定陶王墓地 M2 汉墓等文化遗存考古。挖掘黄河民间文学、传统工艺、地方戏曲、风土人情、餐饮文化、名人逸事、民间故事等文化资源,支持社会资本参与建设传习所、展示馆、授徒坊,推进黄河号子、黄泥古陶制作技艺等非遗项目的传承与保护。

2.打造黄河文化旅游长廊

以黄河大堤风景廊道为纽带,加强沿黄4县区黄河文化旅游开发分工与合作,打造集黄河文化展示、黄河水工大观、黄河康体疗养、黄河民俗体验、黄河农耕参与、黄河科普研学等多种功能于一体的黄河精品文化旅游带。以黄河故道沿线道路建设、景观提升与生态环境营造为重点,整合沿线的村落民俗、特色农业种植园区等产业资源、河流湿地等自然资源,建设黄河故道绿色长廊。加大黄河古村台保护力度,保护、活化、传承黄河古村台文化,推动建设传统村台旅游体验地。促进黄河新村台建设,展现地域建筑风貌、良好的生态保障、厚重的文化色彩以及丰富的旅游元素,不断提升黄河乡村旅游高质量发展水平。

3.发展多种黄河文化旅游业态

整合农业农村、水利、自然资源、商务、渔业、林业、河务等部门资源,协作推动黄河文化与农业、水利、渔业、林业等产业的深度融合发展,建设田园综合体、家庭农场、垂钓基地,开发各类黄河文创产品和特色旅游商品,建设后备厢工程。发展以农业研学、农耕农事休闲、民俗文化体验等为主的黄河风情文化旅游产品体系,推进黄河滩区群众创业致富。

中共菏泽市委党校课题组负责人:季福田

课题组成员:刘洋　刘华伟　周凡　许爱超　刘恒振

潍坊市提高农业质量效益和竞争力研究报告

全国农业看山东,山东农业看潍坊。2018 年习近平总书记两次讲到"诸城模式、潍坊模式、寿光模式"①(以下简称"三个模式"),这既是对潍坊"三农"工作的肯定,也是鞭策和激励。山东省委、省政府要求潍坊市在深化、拓展、创新、提升"三个模式"上实现新作为,在打造乡村振兴齐鲁样板中当好排头兵,在推动农业农村改革发展中勇做探路者。三年来,潍坊市以习近平总书记的充分肯定为动力,认真落实山东省委、省政府部署要求,把创新提升"三个模式"作为重大政治任务和使命担当,全力探索,加快推进,强优势、补弱项,"三农"工作特别是农业工作取得新成效,农业发展质量效益和竞争力进一步提高。

一、提升农业科技创新水平

近年来,潍坊市扎实落实习近平总书记"给农业插上科技的翅膀"②重要指示精神,把科技创新作为发展现代农业的重要支撑,加速聚集农业科技创新资源,突出抓好创新平台、创新人才、现代种业、智慧农业、机械化"五轮驱动",推动农业由传统种养向科技引领提质导向转变,农业科技创新能力不断提升,为潍坊农业产业振兴注入了强大的动力。2020 年潍坊市农业科技进步贡献率达到 67%,显著高于全省、全国平均水平。

---

① 王金虎:《以更高水平打造乡村振兴齐鲁样板——专访山东省委书记、省人大常委会主任刘家义》,《经济日报》2021 年 6 月 21 日。
② 《总书记和人民心贴心 |"给农业插上科技的翅膀"》,2022 年 7 月 20 日,http://www.xin-huanet.com/politics/leaders/2022-07/20/c_1128848161.htm。

(一)加快农业科技创新平台建设

工欲善其事,必先利其器,创新平台是科技创新的重要载体。潍坊高起点、高标准地建设了各级各类示范园区近千处,包括寿光现代农业示范区和潍坊市国家现代农业示范区两个国家级示范区,共拥有国家、省、市、县等种类齐全的农业科技园区 500 多个。北京大学现代农业研究院、中国农科院寿光蔬菜研发中心、全国蔬菜质量标准中心、浙江大学诸城高品质肉研究中心等一批"国字号"研发平台入驻潍坊,设立了 30 多家农业院士工作站、30 多个省级技术工程中心。全市共有 150 多处农业领域的市级以上省级工程中心,1 处国家级重点实验室,4 处省级企业重点实验室。这些创新平台聚集了大批创新要素,引进美国国家科学院院士邓兴旺、北京大学现代农业研究院专家张兴平等一批农业领域高端科研人才,在蔬菜育种、小麦第三代杂交育种、抗病基因发掘等领域攻克了一批"卡脖子"技术,研发、示范、推广了一大批新技术、新装备和新品种,加快了农业科技成果的转化和应用,带动了全市农业发展质量效益的提升,成为全市农业科技创新的重要支撑。

(二)加快集聚农业科技人才

乡村振兴,关键在人。潍坊市围绕创新提升"三个模式"对人才的需求,出台人才新政"20 条"等政策,抓好创新人才团队引进和新型职业农民培育,推动乡村人才振兴。抓好创新人才团队引进方面,出台了加强农业农村等领域人才队伍建设政策文件,对人才给予最高 300 万元的购房补贴,引进乡村振兴高端人才 2300 多人,占全部高层次人才的 1/3。拥有现代农业类国家"万人计划"专家 8 人、泰山产业领军人才(泰山学者)14 人、齐鲁乡村之星 67 人。市政府聘请北京大学现代农业研究院副院长张兴平为潍坊市"种业科普大使",生姜专家张其录为"生姜科普大使",山东畜牧兽医职业学院李舫教授为"畜牧科普大使",国际欧亚科学院院士、农业农村部规划设计研究院前院长朱明为"火山农业科普大使",中国农科院蔬菜花卉研究所蔬菜病害防控创新团队首席科学家、中国农科院寿光蔬菜研发中心植保实验室主任李宝聚研究员为"蔬菜科普大使",市农业技术推广中心土肥科科长、农技推广研究员张西森为"农肥科普大使"。以这些"科普大使"为带头人组建团队,在农业科技攻关、农技推广、农业科学知识普及等方面实现新突破。围绕培养更多爱农业、懂技术、善经营的新型职业农民,充分发挥潍坊职业教育优势(潍坊51所高职、中职院校中有22所开设了51个涉农专业,在校农科生1.3万余人,每年毕业生达3500人),建设潍坊职业农民学院,用好农民讲习所、农民实训基地、"田间学校"等平台,累计培训新型农业经营主体带头人、农业经理人等3.6万多人。全市农村实用人才总量达23万余人,其中生产型人才8.86万人、经营型人才0.62万人、技能服务型人才10.4万人、技能带动型人才2.84万人、社会服务型人才0.3万人,拥有农业专业技术人员5.1万人。

(三)突出抓好现代种业创新

种子是农业的"芯片"。习近平总书记强调:"农业现代化,种子是基础,必须把民族种业搞上去,把种源安全提升到关系国家安全的战略高度,集中力量破难题、补短板、强优势、控风险,实现种业科技自立自强、种源自主可控。"[①]潍坊既是农业大市,也是用种大市,提高种业自主创新能力、为实现中国种业自立自强作出贡献是潍坊的使命担当。近年来,针对种苗产业创新投入不足、部分种业(尤其是蔬菜产业用种)受制于人等问题,潍坊市围绕"打造种业硅谷"总目标,把现代种业作为农业科技创新的重点,完善创新机制,优化创新环境,集聚创新资源,依托国家现代蔬菜种业创新创业基地、北京大学现代农业研究院等创新平台,加大种业研发投入力度,基本形成了以企业为主体、以产业为主导、以政府为引导、以基地为依托、产学研管相结合、"育繁推一体化"的现代种苗产业体系,全市种苗产业呈现快速发展态势,已成为全国最大的优质蔬菜种苗生产基地,种业科技创新能力明显增强。"十三五"期间,全市共审定农作物新品种24个,取得品种权84个。2020年全市种业研发企业达到34家,数量占山东省的一半;育苗企业达到260多家,年育苗能力达17亿株以上。农作物良种覆盖率达到98%以上,自主研发的蔬菜品种市场占有率达到75%,在芦笋、大白菜、萝卜、西甜瓜等蔬果作物育种方面全国领先,改变了过去受制于国外品种的局面。良种在农业增产中的贡献率超过40%,为潍坊市农业增效、农民增收、农村发展做出了重要贡献。[②]

(四)加快发展智慧农业

智慧农业是现代农业的制高点。当前,云计算、物联网、区块链、人工智

① 《习近平:下决心把民族种业搞上去》,2022年6月20日,http://www.xinhuanet.com/politics/leaders/2022-06/20/c_1128758028.htm。

② 参见刘运:《以产业振兴引领乡村全面振兴》,《农村工作通讯》2021年第17期。

能等现代信息技术与现代农业深入融合,深刻地改变了农业生产方式,极大地提升了生产效率。一是建立全市农业信息网络体系。潍坊以建设全国农业农村信息化示范基地为契机,大力实施"互联网+农业"行动,推进云计算、大数据、物联网、人工智能、移动互联技术、空间信息技术等与农业生产经营各环节、各领域深度融合,建成了以市级农业信息综合服务平台为基础,以市、县两级农业信息网站为核心,以乡镇农业信息服务站点为支点,以农业龙头企业、示范园区、专业大户、专业市场、种养基地、农资门店等为信息点的全市农业信息网络体系,集成农业信息综合发布系统、农情信息调度系统(电子政务)、农业地理信息系统、农产品价格应急预警及监测系统、农业远程视频诊断系统("视频医院")、农产品质量安全追溯系统、农产品网上交易物流配送系统、农业专家移动信息系统、农业科技培训系统("网上农家书屋"和"网上影院")、"农民信箱"等十大系统,使之成为运行安全稳定、服务能力强的农业公共信息服务平台。二是整合农业、畜牧业、农机信息化平台,建设农业大数据平台,开发完成"慧种田、慧种菜、慧养殖、慧监管、慧农机"五大数据模块,建成农业生产经营大数据平台。三是大力发展农村电商。连续承办中国农产品电商大会、全国农商互联大会、世界食品农产品电商大会、中国县域电子商务峰会,汇集展示了最新的农村电商成果。全市12个县(市、区)中有5个县(市)被列入省级电子商务示范县名单,4个县(市)被列入国家级示范县名单。建成四级农村电商公共服务体系,设立了8处县级电商服务中心、75处乡镇服务站和1500多处村服务点。与阿里巴巴、苏宁、京东等20余家知名电商平台合作建成"淘宝·潍坊馆""苏宁·潍坊馆""京东·潍坊馆"等地方特色电商平台,开通了寿光"农丰网"、峡山"姜窖网"、青州"地主网"等网站,为优质农产品线上线下互联互通开辟了新空间。建成了一批特色电商园区,聚集了1000多家农产品电商企业。四是提升设施农业智慧化水平。建成智能化大棚3万多个,发展智慧农场、智慧牧场各100家。寿光大棚已发展到第七代,在智慧大棚里,通过手机就能远程控制卷放帘、透气、施肥、浇水、测温湿度等农活,大大降低了劳动强度,提高了农作物的产量和品质,亩均增产30%以上。赵春江院士团队设计的最新一代智能玻璃温室,单体占地120亩,应用120多项专利技术,融合物联网、大数据、云计算、人工智能等多项前沿技术,配备了精准水肥、智能环控、潮汐灌溉、多功能机器人等高端装备,大幅提升了劳动生产率,能耗比荷兰模式温室降低50%以上。潍坊智慧农业初露头角,为农业生产赋予了新动能。

（五）提升机械化水平

农业机械化是实现农业现代化的必由之路。潍坊是农机之都，全市拥有 650 家农机及配件生产企业，其中拖拉机产量达到全国的 35.6%，占全省的 71.3%，农业机械化有得天独厚的优势。近些年来，潍坊以推进农业机械化全程、全面、高质、高效发展为目标，聚集优势资源、主攻薄弱环节、推进协同创新、发展集成配套，增强智能高效、安全可靠、绿色环保、先进适用的机械化技术的有效供给，有效地改善了不同程度存在的"无机可用""无好机用""有机难用"的窘迫局面，农业机械装备呈现出从粮食作物向经济作物、从种植业向养殖业、从平原向丘陵山地、从产中逐步向产前产后、从传统机械向智能机械延伸的趋势。截至 2020 年底，全市农机总动力超过 1048.5 万千瓦，农业机械服务组织 3654 个，农机户 46.5 万户，综合机械化水平达到92.4%①（山东省为 84%，全国为 71%），小麦生产已全部实现全程机械化，蔬菜、花生、马铃薯等部分经济作物的机械化水平也显著提升，养殖设备、粮食烘干、无人机植保技术装备加速发展，现代农业机械的支撑作用更加明显。

二、提升农业绿色发展水平

农业天然具有生态属性，农村是生态系统中的重要一环。良好的生态环境是农村最大的优势和宝贵的财富，农业的高质量发展离不开良好的生态环境。近年来，潍坊市自觉践行绿水青山就是金山银山的理念，坚持把巩固、拓展生态优势作为乡村可持续发展的持久动力，统筹山水林田湖草系统治理，在推动农业高质量发展的进程中，组织实施绿色发展计划，统筹产、销、管三个环节，推广使用绿色生产技术，农业绿色发展水平不断提升，探索出了一条高效、安全、生态的现代农业发展之路。

（一）实施农药、化肥减量增效计划

无论传统农业还是现代农业，化肥、农药都是不可或缺的生产资料。但化肥、农药的不合理施用，不仅浪费资源能源、加大生产成本，还会造成农业生产环境的污染、农产品产量和品质的下降。实施农药、化肥减量增效计划，是保障农产品质量安全和生态环境安全、实现农业可持续发展的迫切需

---

① 参见《2020 年，潍坊请收下这张成绩单》，2021 年 3 月 17 日，https://baijiahao.baidu.com/s?id=1694488278202061531&wfr=spider&for=pc。

要。近年来,潍坊市推广应用测土配方、水肥一体化、绿色防控等技术措施,推动单位面积化肥、农药使用量减量,减少盲目施肥行为,有效提升耕地基础地力。例如,在科学精准分析的基础上,根据不同地域土壤基础条件和不同农作物对营养成分的需求,优化氮、磷、钾等不同养分的配比,确定合理的施肥标准,确保肥料供给数量和结构与农作物的生长需求相适应。加大肥料研发投入,引导肥料产品优化升级,推广使用高效新型肥料和有机肥。研发推广新型施肥设备和施肥模式,改传统表施、撒施为机械深施、水肥一体化、叶面喷施等,提高农药、化肥利用率。为了减少农药使用量,在全市开展投入品生产企业 A、B、C 分级管理,严格管控剧毒高毒农药,出台全国第一部剧毒高毒农药管理方面的地方性法规——《潍坊市禁用限用剧毒高毒农药条例》,实现了对剧毒、高毒农药的最严格的管控。2020 年,全市绿色防控 594 万亩、推广水肥一体化 98 万亩,测土配方施肥覆盖率达 95%以上,化肥、农药使用量较"十二五"末分别下降 15.7%和 20.5%。[1]

(二)实施土壤改良专项计划

耕地土壤是最重要的农业生产要素。长期超负荷利用和过量使用化肥、农药导致潍坊耕地质量普遍不高,进而影响农产品的产量和品质。净土才有洁食,实施土壤改良计划,全面提升耕地质量,形成结构合理、保障有力的农产品有效供给体系迫在眉睫。潍坊市土壤改良主要通过政府补贴和示范引领等方式,重点围绕改良试验、改良示范区建设两项内容展开,选择在设施面积大、种植时间长的寒亭、青州、诸城等 8 个县(市、区)安排设施退化土壤改良实验点 22 个,建设 11 个 100 亩以上的设施改良综合示范区。微灌施肥示范园项目在潍城、寿光、昌邑等 10 个县(市、区)展开,以水肥一体化高效利用为主要内容建设 20 个市级示范园。实施"土地深翻"230 万亩,对设施农业、高产粮田、南部山地丘陵等不同土壤进行改良。通过实施土壤改良和微灌施肥项目,逐步缓解设施土壤退化问题,设施土壤综合产出能力不断提升,设施蔬菜土壤有机质含量由 1.6%提高到 1.8%以上,为促进潍坊市农业产业高质量发展创造了良好的基础条件。

---

[1] 参见《潍坊市耕地质量提升行动农药化肥减量增效取得实效》,2021 年 5 月 24 日,http://nyncj.weifang.gov.cn/55345/5886161.html。

（三）推进农业废弃物循环利用

农业生产、农产品加工、畜牧养殖业和农民生活产生的废弃物如果被随意丢弃，不仅浪费了资源，还污染了环境。为了解决这个问题，潍坊市大力推广农作物秸秆肥料化、饲料化、基料化、原料化、能源化综合利用新模式，发展循环农业，农作物秸秆综合利用率达93%。在全市推广诸城畜禽养殖粪污资源化利用"5+1"模式，所有规模养殖场全部配建了粪污处理设施，畜禽粪污综合利用率大大提升，几乎实现了应用尽用。实行废旧地膜、农药和化肥包装物回收网格化监管，创建市级农药标准化经营门店100家，落实农药包装物"谁经营、谁回收"制度，地膜及农药、化肥包装物回收处置机制初步建立，农膜回收利用率达到80.7%。诸城市是养殖大市，在创新畜禽粪污资源化利用方面走在全省乃至全国前列。针对规模养殖场和中小养殖场的不同需求，诸城构建三大循环体系（"主体双向小循环""区域多向中循环""全域立体大循环"），推行三种经营模式（"政府扶持、企业运作"模式，"设备租赁、产品偿还"模式，"托管服务、集中处理"模式），共建成627家规模化养殖场，配套建设了粪污处理设施，8家粪污集中处理中心年处理粪便90万吨，畜禽粪污资源化利用率达到93%以上。2020年11月，全国现代畜牧业推进会议暨畜禽养殖废弃物资源化利用现场会在诸城召开，向全国推广经验。

三、提升农业开放发展水平

对外开放是我国的一项基本国策，贯穿于经济社会发展的全过程，当然也要贯穿于现代农业发展的全过程。实现农业的高质量发展，需要充分用好国内国际两个市场、两种资源。习近平总书记在第二届"一带一路"国际合作高峰论坛上强调，要推动现代服务业、制造业、农业全方位对外开放。[①]全国农业开放发展，潍坊要成为排头兵。近年来，潍坊市抓住推进新一轮高水平对外开放的战略机遇，统筹"引进来"和"走出去"，对外积极对接"一带一路"，对内主动融入粤港澳大湾区等国家战略，主动融入和服务以国内大循环为主体、国内国际双循环相互促进的新发展格局，农业开放发展水平不断提升。

---

① 参见《习近平主席在第二届"一带一路"国际合作高峰论坛开幕式上发表主旨演讲》，2019年4月26日，http://www.mofcom.gov.cn/article/i/jyjl/e/201904/20190402857916.shtml。

（一）搭建农业开放发展的重要平台

2018 年成立的潍坊国家农业开放发展综合试验区（以下简称"农综区"）是全国唯一一个以农业为特色的国家对外开放综合试验区，其首要目标就是将自身打造成为全国农业开放发展引领区。农综区涵盖潍坊全域，其中核心区规划面积 18.1 万亩，核心区以外的区域为辐射区。潍坊市基于"三年大见成效、五年形成样板"目标，进一步加大财税、土地、金融等方面的政策支持力度，出台《关于支持农综区建设发展的意见》，下放了 51 项市级经济权限，省、市两级财政每年安排 1.6 亿元专项资金支持农综区建设，改革山东农村产权交易中心、东亚畜牧交易所，创新进口种牛隔离场监管等，制度建设取得新进展。把项目建设作为集聚要素资源的重要载体，正大、新希望六和、伊利、仙坛、龙大、民和、大北农等龙头企业先后落户农综区，国际博览园、中国农创港、国际种业研发集聚区、中日现代农业"双国双园"、粮谷驿路等一批重点项目加快建设。成功举办中国—中东欧国家特色农产品云上博览会和首届潍坊国际食品农产品博览会。通过积极参与国际贸易谈判，促使韩国取消部分限制措施，大幅度地减少出口农产品屡屡遭退的问题，也使国内出口同类产品的其他地区从中受益。成立了东亚畜牧交易所，该项目是 2014 年李克强总理在东亚合作领导人系列会议上倡导成立的东亚经济合作高端平台，经国家部际联席会议获批建设，也是国内唯一的国家级畜牧产业综合服务平台。2020 年 9 月完成股权重组，2021 年 3 月 8 日上线试运行鸡胸肉、白条鸭、牛腩的现货购销交易，后上线现货竞价、现货挂牌交易模式，交易品种扩大至鸡、鸭、猪、牛、羊等多个大类产品共 218 个品种，截至 4 月 15 日，交易额已突破 25.78 亿元人民币。

（二）提升农产品出口竞争力

潍坊外向型农业规模较大，农产品出口一直走在全省前列。近年来，潍坊市借助建设国家农业开放发展综合试验区的机遇，加大国际市场开拓力度，更多地聚集国内外优质农业资源，扩大农业双向对外开放，带动全域实现高质量发展。目前全市拥有 767 家有食品生产资质的出口企业、120 多处区域性特色农副产品出口基地、1400 多处出口蔬菜备案种植场、42 万亩出口保鲜菜生产基地和 220 多处出口禽肉备案养殖场，农产品远销日本、韩国等120 多个国家和地区。从常年数据看，全市生姜、胡萝卜、大葱、洋葱出口分别占全国的 1/4、1/6、1/2、1/7 左右,熟制禽肉出口约占全国的 1/6、占山东省的近1/3。[①] 2020 年,潍坊农产品出口逆势上扬,出口额达到 109.2 亿元,同比增长 4.3%,远高于全省 1.9%、全国-3.2%的增速。[②]

(三)深化农业开放合作

潍坊市充分发挥农业、农机、种业等优势,深度融入"一带一路"建设,强化与荷兰、以色列等农业发达国家的合作,支持企业实施海外并购或在"一带一路"沿线国家投资建厂(园区),开拓国际市场,提高潍坊农业的国际竞争力。目前,潍坊共培育"走出去"农业企业 9 家,在海外设立了 15 家农业企业,占山东省的 17.44%。雷沃重工股份有限公司在全球 120 多个国家和地区建立了农机营销服务网络,在意大利设立了欧洲研发中心,并收购了阿波斯品牌农机企业。雷沃重工、锦昉棉业、润丰化工 3 家企业入选全国农业对外合作百强企业。潍坊对内主动对接粤港澳大湾区等国家战略,积极融入山东自贸试验区、青岛上合示范区,认证粤港澳大湾区"菜篮子"生产基地和加工企业 80 家,数量位居全省第一。2020 年,国务院同意潍坊设立跨境电子商务综合试验区,为潍坊农业开放发展及充分利用两个市场、两种资源搭建了一个更广阔的舞台。

四、提升农业发展标准引领

标准化是农业高质量发展的重要保障。潍坊市大力推行农产品生产、加工和流通的全链条标准化,以标准化带动专业化和规模化,实现产业的高质高效。

(一)加快完善标准体系

大力推行农产品生产、加工及流通全链条标准化,加快完善质量标准体系,集成了一批全产业链生产标准,实现主要农产品标准体系全覆盖。2018 年7 月由农业农村部和山东省人民政府联合建立的全国蔬菜质量标准中心在寿光揭牌成立,截至 2020 年底该中心已编制 37 种蔬菜生产标准和番茄、黄瓜 2 项全产业链行业标准,编制的《日光温室全产业链管理技术规范》

---

① 参见《加速融入"双循环"的潍坊答卷》,2021 年 12 月 7 日,https://baijiahao.baidu.com/s?id=1718477659114259032&wfr=spider&for=pc。
② 参见刘运:《以产业振兴引领乡村全面振兴》,《农村工作通讯》2021 年第 17 期。

2 项(番茄、黄瓜)农业行业标准由农业农村部发布,填补了国内空白;《粤港澳大湾区蔬菜生产基地良好农业操作规范》6 项(番茄、黄瓜、辣椒、茄子、西葫芦、菜豆)团体标准由山东省蔬菜协会发布,是国内首批服务粤港澳大湾区"菜篮子"生产基地的标准化技术规范。举办三届全国蔬菜质量标准高峰论坛。潍坊"蔬菜标准"已输出到江西、内蒙古、四川、西藏等 27 个省份,为确保"舌尖上的安全"提供了重要保障。浙江大学诸城高品质肉研究中心集成研发生猪、白羽肉鸡两个全产业链标准规范,已在 20 家企业推广应用。2021 年 4 月"全国畜禽屠宰质量标准创新中心"落户诸城,该中心旨在总结提炼成熟的高品质健康肉供应链标准化模式,制定畜禽养殖、屠宰加工、宰后品质保鲜、冷链物流配送等全产业标准体系,推动畜牧业高质量发展。建设标准实施体系,在新型经营主体和农业园区实施标准化,建立质量安全联盟,加快实现全主体可控、全流程可追溯,推进国内、国外市场"同线、同标、同质"。

(二)强化质量安全监管

保证让老百姓吃上安全放心的农产品是现代农业的首要职责,也是农业实现高质量发展的出发点、落脚点。安全放心的农产品离不开强有力的监管。在确保农产品质量安全方面,潍坊市在实施绿色优质农产品提升计划的基础上,以出口标准倒逼提升国内标准,探索建立与国际接轨的农产品质量安全监管模式,做到"国内国际两个市场一个标准",实现了农产品质量安全监管的制度化、规范化。健全完善"产地环境绿色化、生产过程标准化、监管责任网格化、质量控制全域化"和市、县、乡、村四级质量安全监管体系,推行"二维码追溯+食用农产品合格证"农产品产地准出管理机制,发挥 5954 名农产品质量安全村级监管员和 953 名基层防疫安全协管员的作用,开展农产品质量安全网格化监管。全域推进农产品质量安全市创建,潍坊市被评为"国家农产品质量安全市"。严格落实生产经营者主体责任,强化相关部门的监管责任和属地管理责任,实施"从农田到餐桌"的全过程监管,普遍建立农产品质量监测预警体系和安全追溯体系。连续多年农产品抽检合格率都稳定在 99% 以上。

五、提升产业融合发展水平

把现代产业发展理念和组织方式引入农业,推动农村三次产业深度融合和现代农业经营模式创新,是实现农业高质量发展的创新之举。

（一）加快培育新业态、新模式

为加快培育农业新业态、新模式，提升农业附加值，拓宽农民增收渠道，潍坊市先后出台了《农业"新六产"发展规划》和《关于加快培育农业"新六产"推动现代农业发展的实施意见》，出台 10 项支持政策和保障措施，聚焦农业产业链、价值链、利益链"三链重构"，形成粮食、蔬菜、畜禽、花卉、苗木、果品、种子、农机等八大优势产业集群。积极推动农业与加工、电商、休闲旅游、健康养生、教育等深度融合，一批新业态、新模式加速涌现。把园区建设作为融合发展的载体，创建国家级现代农业产业园 1 家、国家级"一村一品"示范村镇 14 个、全国乡村特色产业亿元村 1 个、国家级休闲农业园区 4 个，并成功打造了 3 个国家级休闲农业与乡村旅游示范县。由潍百集团投资建设的中百大厨房，是山东省农业产业化重点龙头企业。该项目上游联结潍坊各县（市、区）及周边县市 70 余个蔬菜基地和全国各地的 30 余个水果基地，下游依靠 700 多家直营连锁店和"宅配套餐"网上配送、"中百 e 购"农产品网上销售平台，实现了农产品从田头到餐桌、从初级产品到终端消费的无缝对接。占地面积 2.7 万亩的临朐九山宋香园薰衣草种植基地形成了薰衣草种植、产品深加工、休闲旅游的全产业链条，培育出了"农业+旅游""农业+康养"等多种业态，年吸引国内外游客 25 万人次，实现旅游收入 1.9 亿元。诸城华山榛业围绕着榛子产业，形成了榛子"种苗繁育+种植+深加工+销售+仓储物流+观光旅游+农业教育"的发展模式，实现了榛子产业的全链条发展。

（二）发展产业化联合体

产业化联合体是发展现代农业的"航母"。潍坊为加快产业化联合体的发展，实施龙头企业和产业联合体"双 10"培育计划，即培育 10 家产值过 10 亿元的全产业链一体化农业龙头企业、10 家产值过 50 亿元的农业产业化联合体。联合体中的龙头企业、农民合作社和家庭农场等新型农业经营主体，既有分工又有协作，有效地破解了农业产业化经营中各主体之间各自为战、利益联结不紧密的问题，实现了规模经济，降低了交易成本，提高了农业效益。潍坊还通过狠抓大项目建设带动产业化联合体建设。正大 360 万只蛋鸡全产业链项目、新希望六和 300 万头生猪项目、伊利 10 万头奶牛牧场项目、仙坛 1 亿只白羽肉鸡项目、龙大 50 万只生猪全产业链项目、民和白羽肉鸡加工项目、大北农 20 万只生猪项目、正大国际蔬果产业园、正大中央厨房、粤港澳大湾区"菜篮子"配送中心等一大批项目先后落户潍坊。目前,潍坊发展市级以上农业龙头企业 838 家,其中国家级 14 家、省级 104 家,18 家农业龙头企业获评全国农业产业化龙头企业 500 强,重点龙头企业数量居山东省首位。

(三)壮大新型经营主体

潍坊市持续开展合作社、家庭农场示范创建和规范提升行动,着力构建家庭经营、合作经营、集体经营、企业经营共同发展的新型农业经营体系。通过规范提升,潍坊注销"空壳社"4409 家,指导规范合作社 3777 家。目前,登记注册农民合作社有 22958 家,其中国家级合作社示范社 50 家、省级 325 家、市级 620 家;家庭农场 8949 家,其中省级示范家庭农场 101 家、市级 448 家。高密的宏基农机专业合作社在潍坊率先探索"整建制村庄生产托管模式",首先由村党支部领头成立村土地股份合作社,整合全村所有耕地,再采取购买服务的方式,种、肥、药等生产资料全部由宏基合作社统一提供,耕、种、保、收、烘、储、销等几乎所有农业生产经营环节全部实行规模化服务。24 个村的 3.2 万亩耕地全部由合作社托管,高密市咸家工业区的耕地实现了"全区托管",带动 3000 多农户增收。2019 年,该模式成功入选农业农村部第一批"全国农业社会化服务创新案例"(全国共入选 20 个案例,山东仅 2 个),是全市唯一入选案例。

六、提升农产品的品牌价值

品牌意味着质量,意味着竞争力。提高潍坊农产品的市场竞争力、实现潍坊农业高质量发展,必须树立品牌意识,像二、三产业一样走品牌化之路。

(一)加快品牌培育

为加快品牌培育,潍坊把农产品品牌建设作为发展高效农业、提升农业竞争力的重要措施,充分发展政府引导作用,以市场为导向,构建起"政府引导、企业主体、社会参与"的农产品品牌建设机制。为了调动争创品牌的积极性,潍坊制定了《现代农业示范基地和品牌农业发展规划》《农产品品牌提升方案》《农产品品牌奖励办法》,对品牌最高给予 20 万元的奖励。成立潍坊农品品牌协会,搭建起了政府、企业和农业经营主体之间的"桥梁"。目前全市"三品一标"(即无公害农产品、绿色食品、有机农产品和农产品地理标志)农产品总数达到 1144 个,位居全省第一。绿色食品数量已经超过了无公害农产品数量,其中"昌乐西瓜""寿光桂河芹菜""昌邑大姜"等品牌入选全国知名农产品区域公用品牌,"潍县萝卜""青州银瓜"等品牌入选山东省知名农产品区域公用品牌,"七彩庄园蔬菜"等 38 个品牌入选省级知名农产品企业产品品牌,"安丘大葱""安丘大姜"入选中国首批受欧盟保护地理标志,昌邑(生姜)、寿光(蔬菜)、昌乐(西瓜)被评为中国特色农产品优势区,临朐(山楂)、青州(蜜桃)被评为山东省特色农产品优势区。潍坊的农业品牌体系日臻完善。

(二)加大品牌宣传推介力度

在央视新闻频道开展寿光蔬菜等 5 个区域公用品牌集中宣传推介,在北京连续举办 4 届潍坊农品品牌推介展销会,组织品牌农产品参加中国绿色食品博览会、中国国际农产品交易会,举办农民丰收节系列宣传活动,打造了寿光菜博会、青州花博会、昌邑绿博会、寒亭萝卜节、昌乐西瓜节、临朐大樱桃节等一系列国内外知名节会。借助这些活动和节会,让潍坊农业走向世界,让世界更加了解潍坊农业。品牌农业的发展不仅提高了潍坊农业的知名度和竞争力,也大大提升了农产品的价值,增加了农民收入。始于 1980 年的郭牌西瓜,其在 1993 年注册品牌,经过 40 余年的发展,郭牌农业已经在新疆、内蒙古、辽宁、山东、云南、海南等地布局总面积达 13000 余亩的种植基地,一年有 300 多天可以卖西瓜,一斤能卖到 20 元,价格比普通西瓜高很多,还供不应求。2020 年销售额达到 2.2 亿元。《人民日报》、新华社等媒体多次对郭牌西瓜产业化助推农业增效、农民增收进行了报道。

中共潍坊市委党校课题组负责人:丁志伟
课题组成员:刘东生 汤丽丽

胜利油田生态优先、绿色发展经验研究

2019年9月18日，习近平总书记在黄河流域生态保护和高质量发展座谈会上发表重要讲话，强调保护黄河是事关中华民族伟大复兴的千秋大计，发出让黄河成为造福人民的幸福河的伟大号召。[①] 位于黄河尾闾的胜利油田，昔日的盐碱地如今绿意盎然，油井与生态融为一体，海鸥低翔。在开发中保护，在保护中开发，一幅人与自然和谐相处、生产与生态协调发展的美丽画卷正在这片大地上徐徐展开。

习近平总书记在黄河流域生态保护和高质量发展座谈会上提出，治理黄河，重在保护，要在治理。要坚持山水林田湖草综合治理、系统治理、源头治理，统筹推进各项工作，加强协同配合，推动黄河流域高质量发展。要坚持绿水青山就是金山银山的理念，坚持生态优先、绿色发展，以水而定、量水而行，因地制宜、分类施策，上下游、干支流、左右岸统筹谋划，共同抓好大保护，协同推进大治理，着力加强生态保护治理、保障黄河长治久安、促进全流域高质量发展、改善人民群众生活、保护传承弘扬黄河文化，让黄河成为造福人民的幸福河。治理黄河，重在保护，要在治理。第一，加强生态环境保护。第二，保障黄河长治久安。第三，推进水资源节约集约利用。第四，推动黄河流域高质量发展。第五，保护、传承、弘扬黄河文化。[②]

为深入贯彻习近平总书记关于深入推动黄河流域生态保护和高质量发展的重要讲话精神，落实中国石油化工集团有限公司绿色洁净发展战略和

---

① 参见《习近平在黄河流域生态保护和高质量发展座谈会上的讲话》，2019年10月15日，http://www.gov.cn/xinwen/201-10/15/content_5440023.htm。

② 参见《习近平在黄河流域生态保护和高质量发展座谈会上的讲话》，2019年10月15日，http://www.gov.cn/xinwen/2019-10/15/content_5440023.htm。

山东省、东营市黄河流域生态保护要求,全面打造清洁、高效、低碳、循环绿色油田,胜利油田统筹保障国家能源安全和绿色低碳发展,加快推进化石能源清洁化、洁净能源规模化、生产过程低碳化,探索走出了一条化石能源与新能源并举、降碳与碳利用并重、污染防治与生态保护并行的能源企业转型发展之路,积极争当黄河流域生态保护和高质量发展的绿色标杆企业。

一、胜利油田绿色发展概况

胜利油田是我国重要的石油工业基地,主要从事石油天然气勘探开发、石油工程技术服务、地面工程建设、油气深加工、矿区服务与协调等业务,是在 20 世纪 50 年代华北地区地质普查和石油勘探的基础上发展起来的。经过历次改革调整,形成胜利石油管理局有限公司、胜利油田分公司、胜利石油工程公司相对独立的企业实体,胜利石油管理局有限公司与胜利油田分公司合署办公。

1961 年 4 月 16 日,华 8 井喷出日产 8.1 吨的工业油流,标志着胜利油田被发现。经过 60 年的发展,油田现有探矿权登记面积 8.66 万平方公里、采矿权登记面积 6551.1 平方公里,主要油区分布在山东省 8 个市 28 个县区。截至 2020 年底,胜利油田分公司的业务包括油气勘探开发、油气深加工等。胜利石油管理局有限公司提供发供电、供水、矿区服务等生产生活服务保障业务。

60 年前,党中央高瞻远瞩、统筹谋划,发挥举国体制优势,动员集结石油系统产业大军会师黄河口,统一部署组织各部门、各行业、全社会力量开展大会战、建设大油田。60 年来,胜利油田始终听党话、跟党走,自觉肩负起党和国家赋予的历史使命,坚定履行经济责任、政治责任、社会责任,在保障国家能源安全、促进国民经济发展中扛起胜利担当。

党中央把生态文明建设摆在治国理政的突出位置,将其纳入"五位一体"总体布局和"四个全面"战略布局。习近平总书记多次作出重要论述和重要指示批示,特别是对黄河流域生态保护和高质量发展高度重视。目前胜利油田在工作中力争"气不上天、油不落地、水不外排",推进绿企建设质量进步、标准提升,保护黄河流域生态环境。坚持的主要原则如下。

第一,严守生态保护红线、环境质量底线、资源利用上线和生态环境准入清单。在工作中严格落实政府国土空间规划,绿色发展全方位融入黄河流域生态保护和高质量发展,以最高的环保标准筑牢立身之基,以更大力度的降碳举措打造竞争优势,强化能耗双控,推动清洁生产,促进绿色低碳循环发展。

第二,坚持统筹谋划、协同推进。坚持"在保护中开发、在开发中保护",强化顶层设计,健全协同联动机制,统筹水气声渣综合治理、系统治理、源头治理,促进勘探开发全过程、清洁生产全链条、经营管理全领域绿色低碳,促进企业发展与生态环境保护协调统一。

第三,坚持量水而行、节约优先。坚持以水定产、以水定地、以水定人,加强需水侧管理,推进外排工业水源头减量、资源化利用、规范化处置,建设节水型企业。强化土地资源利用,盘活并优化存量,打造内涵式、绿色化利用模式,用价值手段推动用水方式由粗放向节约集约转变。

近年来,胜利油田认真学习贯彻习近平总书记重要指示批示精神和党中央决策部署,深入贯彻新发展理念,谋划实施价值引领、创新驱动、资源优化、绿色低碳、合作双赢"五大战略",努力实现"三大目标",各方面工作取得新的重大进展。

(一)推进生产方式绿色升级,提升全领域清洁生产水平

聚焦源头把关、过程优化、全局统筹,坚持全过程控制,自觉提高清洁生产管控要求,系统谋划全领域、全过程清洁生产管控举措,推进生产方式绿色升级,塑造绿色生态油田品牌形象。

1.坚持生态优先,深化绿色企业行动计划

一是坚持生态优先,全面落实生态环境法律法规和生态保护红线管控要求,从严环境影响评价、排污许可、竣工环保验收等法定程序,做实"环保管控是底线",助推绿色转型。

二是做优绿色设计,持续优化勘探开发布局、开发方式,强化建设项目事前评价和源头绿色低碳,严控新增项目能耗、物耗和污染排放,提升建设项目绿色水平。

2.以高水平生态保护促进高质量发展,深化绿色企业行动计划

以高水平生态保护促进高质量发展。一是对标一流,深挖各环节潜力,细化各节点分析,实现绿色钻井、绿色作业、绿色采油、绿色集输、绿色服务、绿色施工全链条节能降耗、减污增效。二是围绕高效开发、资源节约、节能减排、土地集约、和谐发展,主要生产单位全面建成绿色矿山或绿色工厂。三是每季度开展物料平衡、能量平衡、水平衡、主要污染因子平衡,系统分析

物料损失高、能效低、水资源利用率低、污染物产生量大的原因,制定并落实有效措施,以实现系统优化、全流程减排的目标。

(二)强化水土资源利用,推动资源集约优化利用

尊重自然、集约高效,持续深化土地集约利用,挖掘水资源节约的潜力,加强固体废弃物综合利用,实现水土资源高效利用、生态保护。

1.深化水资源节约循环利用,强化节水管理

一是加大产出水资源化利用。持续扩大"以污代清"改造规模,研究试验撬装式精细水处理设备。加大三次采油产出水配聚应用规模,推进实施配聚替代清水项目;高含水开发阶段提高注水效益,减少无效循环注水。开展注汽锅炉改造,加快产出水达标处理循环利用。二是加大非常规水的利用。开发利用海水淡化水、市政中水、雨水等非常规水资源,减少新鲜水的用量。开展海水压驱技术推广应用,替代新鲜水。市政中水用于循环冷却水的补水来代替新鲜水,减少新鲜水的用量。中国石化总厂雨水回收处理后用于循环水系统的补水。三是强化节水管理。坚持节水优先,持续开展水平衡测试,挖掘节水潜力,推广应用节水新技术、新材料,改造更新老旧的用水管网。

2.优化土地资源集约利用,加大土地修复治理

一是融入空间规划。将现有用地和勘探开发需求用地纳入各级土地空间规划。协调省自然资源厅、集团公司向自然资源部汇报,确保油气项目用地规模指标在省级单列。二是节约集约用地。坚持节约优先、增减平衡、高效利用、严控增量、盘活存量,优先使用存量土地,有效控制用地成本,节约集约用地。按照"能利用存量建设用地的,不新征;能利用未利用地和建设用地的,不占用农地,规避永久基本农田"原则,从源头控制增量,切实保护耕地。融入地方规划,有序推进未利用地整理、工矿废弃地复垦和用地增减挂钩。采取利用存量土地、"井工厂"开发模式和装备设备小型化等措施。发挥油田农业用地的规模化优势,实现农业用地产业化发展。三是加大土地修复治理。从严规范土地租赁管理,签订安全环保协议,强化日常监管。大力发展微生物原位修复、植物—微生物联合修复、二氧化碳超临界萃取等新型绿色无害化处理技术,加大退出土地、自然保护区、农田以及人口聚居区周边土地修复治理,最大限度地保护生态环境。

（三）强化绿色发展顶层设计，优化能源产业结构

坚持把绿色低碳发展作为核心竞争力，统筹谋划实施油田"五大战略、三大目标"，持续优化油气勘探开发产能布局，把绿色发展融入勘探开发全过程、清洁生产全链条、经营管理全领域。发挥绿色文化的引领作用，铸牢绿色油田发展根基，推进向绿色低碳生产、生活方式的转变，深化质量进步标准提升行动，为绿色发展提供坚实的保障。

一是优化方案设计。严守黄河流域"三线一单"及政府国土空间规划，把绿色发展理念植入勘探开发生产方案，强化建设项目事前评价和源头绿色低碳，加大长效投入工作力度，优先采购环保、节能、低碳绿色产品，大力实施钻井"四提"①工程，严控无效、低效投入，实现少井高产、源头低碳低耗。

二是优化产能结构。创新合作开发、储量流转新机制，大力推进勘探开发工程一体化，做大新区、做优老区产能，持续提速、提产、提效、降本，减轻了高排放、高耗能的产量压力。

三是优化产量结构，统筹东部与西部、海上与陆上开发部署，加快培育海上、西部低成本规模产量增长点，优化开发方式，加快化学驱技术应用，推进高能耗稠油热采转方式，提升热效率和热利用率，为东部陆上特高含水老油田优化效益、节能降耗争取了空间。

四是优化产液结构。围绕增加有效注水，加大特高含水单元水驱流场调整控水控耗，力争少提液、少消耗、多产油。

五是优化地面系统降能耗、减排放、提效益。实施"大地面"改造，创新注采输区域一体化能效提升模式，统筹优化整合管网流程，压减加热负荷，缩减输送距离，主要耗能系统生产单耗持续降低，为油田的效益开发、绿色发展打下坚实的基础。

（四）推进能效提升、低碳转型，提升资源利用效率

强化"净零"理念，全面提升能源利用效率，增强新能源可持续发展能力，加快推进碳中和，完善能源环境监测体系，形成多能互补、协调发展的新业务格局，推动油田从传统的油气公司转型升级为综合能源公司。

---

① "四提"是指生产组织提速、钻井技术提速、钻井设备提速、控制成本提速，即提产、提质、提速、提效。

1.增强新能源的可持续发展能力

一是统筹油田土地、电网等资源和用能消纳优势。二是深化光热研究应用,有序替代站场加热设备。三是依托合资公司,推进陆海风电及光伏开发,年风力发电6.3亿kW·h,光伏发电5亿kW·h。四是拓展充电市场、跟踪储能氢能应用,做大做强规模化、产业化光伏业务,实现能源转型升级。

2.大力发展脱碳产业,实现增油、减碳、创效多赢

巩固传统产业与培育新兴产业协同发力,瞄准"净零"目标,着力培育脱碳产业新优势,提升绿色发展的引领力,以产业转型升级实现"双碳"目标。

一是采取地面大规划调整等提效降耗措施,统筹光电、风电、余热、地热、氢能等新能源开发,引入绿电,大幅替代化石能源。二是开展电厂、注汽锅炉烟气和余热深度利用以及二氧化碳捕集、驱油与封存,形成集成化、产业化、一体化大格局。三是大力开发国家核证自愿减排量(Chinese Certified Emission Reduction,CCER)项目,推进碳捕集、利用与封存(Carbon Capture, Utilization and Storage,CCUS)产业化发展,建设碳汇林,将捕集、封存的二氧化碳转化为碳交易产品,参与排放权交易,实现碳资产管理创效。同时,建立胜利油田内部降碳减排激励和约束机制,进一步激发基层单位节能减排的动力。

二、胜利油田生态优先、绿色发展的经验总结

胜利油田作为国家重要的能源生产基地,主阵地位于黄河两岸、三角洲腹地,经过60年的勘探开发,整体进入"三高"(高含水、高采出程度、高递减速度)开发阶段,增储稳产压力不断加大,能耗"双控"难度持续增大。胜利油田自觉树牢"绿水青山就是金山银山"等理念,聚焦生态文明建设和"双碳"目标,围绕中石化打造世界领先洁净能源化工公司的愿景,统筹保障国家能源安全和绿色低碳发展,推进黄河流域生态保护。实施黄河口国家公园内新滩联合站整体提升改造,坚持"不达标不生产"。以绿色企业创建为主线,推进全系统降能耗、减损耗、控物耗、减排放,能耗总量、强度和主要污染物排放总量持续下降。坚持质量进步、标准提升,推进"大质量"工作体系和专项标准体系建设,推动油田可持续、高质量发展。

(一)加强生态环境风险管控,促进全方位生态保护

聚焦黄河流域高水平生态保护,坚持"在保护中开发、在开发中保护",

大力提升生产设施风险管控标准,增强风险管控能力,持续提高矿区生态环境质量,打造行业亮丽名片。

1. 树立风险底线思维,加强环境风险评估管控

一是树牢风险底线思维,强化重点区域环境风险管控,排查黄河重要支流岸线利用、管控情况,评估各类风险,高标准落实黄河流域生态环保要求。二是加快环境风险降级,完善"领导承包、一点一案、挂牌公示、降级销号"机制。三是加大土壤地下水监测监管,开展土壤地下水治理修复研究,有序开展敏感区域的污染地块土壤治理与修复。

2.严守黄河流域"三线一单",实施敏感区差异化管理

一是严守黄河流域"三线一单"。自然保护地核心保护区以及黄河滩区禁止新建生产设施和油气开采,黄河滩区内已有设施根据开发规律制订退出计划,一般控制区内依法设立的油气采矿权确保不扩大用地用海范围。二是实施敏感区差异化管理。结合国家公园内自然生态系统、动植物物种和黄河滩区的特点,对油田生产设施实施更加严格的风险防控、污染防治、生态保护、生态恢复、生态监测等管控措施,实施抽油机更换、井口防渗、井台围堰、管道更新、景观改造等提标改造。

3.优化应急体系,提高环境应急处置能力

一是持续优化应急体系,开展融合通信建设,完善全场景、实战化的突发环境事件应急预案和专项预案。建立区域应急资源中心,常态化评估环保应急资源和应急管理现状,推进海上、黄河滩区等重点区域应急装备补充和升级,持续提升应急管理水平。二是强化基层应急能力和专业应急队伍建设,建立"局—厂—区"三级响应应急指挥信息系统,加强企企联合、企地联合、区域化联防联动。三是推进"实战化"演练,实现演练评估率100%,推动各级应急处置能力全面提升。

(二)加强生态保护修复,提升区域环境质量

习近平总书记指出:"下游的黄河三角洲是我国暖温带最完整的湿地生态系统,要做好保护工作,促进河流生态系统健康,提高生物多样性。"① 为保护好黄河三角洲宝贵的湿地资源,胜利油田强化责任担当,积极主动作为,尊重自然规律,务实推进湿地生态保护修复工作,切实以最小的资源代价促

① 《习近平赴山东考察,为何首站来到黄河入海口》,2021 年 10 月 21 日,http://www.xinhuanet.com/2021-10/21/c_1127982305.htm。

进整体生态系统健康。

一是坚决关停退出自然保护区核心区和缓冲区内的 300 处生产设施。专门制定关停退出方案及出具环境影响评估报告,配套出台《胜利油田生态保护管理办法》等制度,建立部门联动机制督导运行;在关停退出的过程中,推行终身负责承诺制,严格封井和施工标准,做到封井、地面设施拆除和生态恢复"三位一体",确保退出井场、站场地貌与区域生态环境协调一致。克服退出带来的产量压力和困难,在保障国家能源安全和保护生态环境上同步提高站位,加大勘探开发力度,有效弥补了产量缺口。

二是抓实自然保护区实验区内的生产设施风险管控。制定黄河口油气勘探开发生态保护差异化管理办法,全方位组织开展生态环境影响评价并完善了审批手续,大力实施提标改造、质量提升工程,推进管线更新、井场硬化、溢油防护改造,促使油区生态环境质量持续提升。

三是协同推进黄河三角洲湿地保护。坚决贯彻落实黄河流域生态保护和高质量发展规划及生态系统保护修复有关要求,制定并落实严于国家、行业和地方政府要求的滩海油田和黄河滩区等 18 项生态环保标准,配合推进黄河口国家公园建设、黄河三角洲湿地与重要鸟类栖息地保护、湿地联合申遗工作,共同维护区域生态安全的天然屏障。

四是加强水土资源高效利用。着力加强节水管理、推广节水新技术、开展企业节水行动,系统施策、统筹推进,最大限度地提高水资源利用效率。在满足油田生产需要的情况下,能利用存量建设用地的不新征,能临时使用的不永久征地,科学部署同台井组,优化钻井布局,加大土地复垦、耕地保护力度。

(三)从严"三废"综合治理监管,守护蓝天、碧水、净土

围绕"提气、降碳、强生态,增水、固土、防风险",突出精准治污、科学治污、依法治污,协同推进减排降碳治理,推动资源利用方式由粗放低效向节约集约转变,有序推进土壤地下水修复,黄河口国家公园开发生产率先实现"零污染"。以严于国家和行业的标准,深入实施"蓝天、碧水、净土"行动,全力打好污染防治攻坚战。

一是加强危废治理。持续推进危险废物减量化、无害化、资源化,开展海上环卫行动、回注系统升级改造和陆上雨污分流改造,全面实现采出水"零排放"、办公区污水收集转运闭环管理或者就地处置回用;废弃泥浆处理

达标率保持 100%,最大限度地实现了"随产随治",采出液沉积物资源化利用达到 10 余万吨每年。推广网电钻机、网电修井机、钻井岩屑不落地、修井作业环保围堰装置等新技术、新工艺,在中石化率先实现修井"无塑化",年减少油泥砂 1 万吨以上。推广吨桶、吨袋、包装桶内衬袋等绿色包装方式,包装物大幅减少,危废包装物减少 50%。

二是推进减排降碳。实施气代煤(油)等 27 个碧水、蓝天项目,改造燃煤、燃油及生物燃料锅炉。完成锅炉烟气改造、柴油车淘汰治理等项目。强化臭氧污染防治,推进减污降碳协同治理,加快电力、天然气等清洁能源替代传统能源,减少自用原油,使得废气排放总量、强度大幅下降。

三是强化甲烷控排。坚持"全密闭、零损耗",针对井口、油罐等逸散环节,系统开展油井、集输站密闭改造,配套形成了套管阀门密闭、油套联通、移动式/固定式套管气回收等技术体系,对甲烷排放实施了有效控制。

(四)强化全员共治,夯实绿色低碳基础管理

紧跟科技革命和产业变革的方向,加快绿色科技创新,构建全覆盖监测、全员培训体系,提升风险管控和监测预警能力,为绿色油田建设提供坚实的保障。

1.强化安全绿色发展意识和理念,加强绿色低碳培训

聚焦黄河流域生态保护,强化培训提升,助力全员把握大势、拓宽视野、转变思维、提高能力,为绿色发展夯实基础。一是建立绿色低碳政策解读机制,预判绿色低碳政策的潜在影响,为绿色油田建设提供决策支持。二是优化调整培训方式,加大数字化场景教学力度,实现全员培训、深度培训。三是建立精准培训矩阵,重点加强领导层安全绿色发展意识和理念及责任引领,促进提高站位讲大局;对于管理层和操作层,重点加强法律法规、标准规范和操作要点培训,促进真抓实干讲作为;对于业务骨干,重点加强风险防控、绿色行动自觉培训,促进观念转变讲担当,将安全绿色发展理念融入全员、各领域。

2.突出碳中和目标导向,加快绿色科技攻关支撑

聚焦污染防治、降耗降损、监测分析、风险防控等制约瓶颈,加快推动关键绿色技术攻关和应用。一是突出碳中和目标导向,聚焦减排降碳协同治理,攻关一批绿色低碳走在前的前瞻性、战略性项目。重点深化油田二氧化碳捕集、利用与封存,能源环境一体化监测与智能管控,注汽锅炉烟气回注,

区域绿色多能互补集成,制氢用氢等全程绿色技术研究和示范应用。二是突出强化源头减量、治理,研究采出水深度处理回用、绿色低碳装备与工艺配套集成,攻关土壤地下水生产修复等技术,深化采出液沉积物、钻井固废资源化利用研究,降低环境管控风险。三是加大能流优化研究,运用物联网、大数据、云计算、人工智能等信息手段,创新监测、监管、预警方式方法,形成油田绿色技术序列,提高整体效能,支撑绿色发展。

3.完善监测体系,提升能源环境监测能力

完善能源监测、排放物监测、油区生态观测体系,推进生产经营全过程、各环节能源和排放监测计量管控,能源利用水平和生态风险防范、应急处置能力显著提升。

能源监测方面,加强对注、采、输等主要生产系统的能源监测,构建"监督监测、综合分析、科研攻关、技术改造、标准提升"五级支撑体系。

排放物监测方面,强化土壤与地下水、锅炉废气、挥发性有机物等环境监测,实行监测、分析、整改、核实闭环管理,加大达标排放、超标整改等督导考核问责力度,形成应急停工停产机制。

油区生态观测方面,采用地面、遥感等生态监测技术,开展生态监测指标优先性分级、生态影响关键因子识别、油气田生态影响综合评估,构建油气田生态监测指标体系和生态监测规范体系。

三、胜利油田绿色发展的趋势分析

胜利油田作为沿黄能源企业,在深入贯彻习近平生态文明思想的过程中,要统筹好保护与发展的辩证关系,践行"绿水青山就是金山银山"理念,强化政治担当,坚持生态优先,在绿色转型中实现高质量发展。

一是推进高水平清洁生产。实施减排降碳协同治理工程、固废资源化利用和土壤修复工程、生态环境提标工程,推进臭氧污染防治专项行动,强化能耗、水耗、排放标准约束,推进污染物最大化实现源头减量、资源化利用。

二是持续深化节能降耗。推动能源产业结构和消费结构双优化,深化实施"能效提升"计划,完善多能互补的能源控制体系,建成智慧能源管控中心,打造绿色供应链。

三是做大、做优、做强新能源产业。大力发展地热、余热、太阳能等成熟业务,跟踪风能、氢能、储能、海水淡化等前端领域技术进步、产业发展,开展

"风、光、氢、储"一体化技术推广应用,打造胜利新能源品牌。

四是加快推动脱碳产业发展。推进二氧化碳捕集、利用与封存(CCUS)以及碳捕获与封存(CCS)产业化发展,形成系统完备的脱碳产业体系,促进全产业链条和区域社会减排降碳,努力打造生态保护与企业发展协调统一的标杆企业,争当传统能源企业绿色转型发展的典范。

胜利油田一定以习近平新时代中国特色社会主义思想为指导,坚决贯彻落实党和国家的各项决策部署,全力建设领先企业、打造百年胜利、推动高质量发展,为保障国家能源安全、助推美丽中国建设作出新的更大的贡献。

中共胜利油田党校(培训中心)课题组负责人:张久凤
课题组成员:盛国栋　李来俊　马晓明　张俊河
朱淑英　李洪媛　辛洁　刘彬

"小海产"翻身成了大品牌

——乳山市培育牡蛎特色产业的实践探索

2018年全国"两会"期间,习近平总书记参加十三届全国人大一次会议山东代表团审议时强调:"海洋是高质量发展战略要地。要加快建设世界一流的海洋港口、完善的现代海洋产业体系、绿色可持续的海洋生态环境,为海洋强国建设作出贡献。"①近年来,乳山市自觉深刻理解和积极践行习近平总书记的重要指示精神,把海洋生态环境保护工作作为区域发展的重中之重,充分发挥海域特产优势,着力在牡蛎产业转型升级方面下功夫,将"小海产"做成大品牌,拉长了产业链,有效促进了牡蛎产业高质量发展,提高了经济、社会、生态效益。

一、背景情况

乳山位于北纬37度的山东半岛黄金南海岸,碧海蓝天是金字招牌,拥有199.27公里的海岸线,延绵20公里的海滩、岛屿、滩涂等海洋生态资源丰富。养殖海区全部达到国家一类海水水质标准,境内有乳山河和黄垒河两大河流入海,使得牡蛎自然生长的海域温度适宜、盐度适中、水质肥沃、饵料丰富。海洋基础生物繁殖旺盛,15米等深线以内的浅海可养殖面积达170多万亩。成品乳山牡蛎壳长达15~18厘米,肥满度达到18%~20%,较国内其他地区同类产品高5~8个百分点,锌、硒、铁、锰等微量元素含量也高于其他地区同类产品。乳山是世界顶级牡蛎产区之一。

---

① 《习近平参加山东代表团审议》,2018年3月8日,http://www.cac.gov.cn/2018-03/08/c_1122508426.htm。

近年来,乳山市作为首批省级海洋生态文明建设示范区,牢固树立"绿水青山就是金山银山"的理念,像爱护生命一样爱护海洋生态,以"规范养殖标准、规范养殖密度,提升海岸带管理水平"为目标,统一规划、集中管理,不断引进牡蛎新品种,创新牡蛎养殖模式,延长产业链,成功摸索出一条"网路"使牡蛎畅销国内外。目前,"乳山牡蛎"已在全国形成了品牌领先优势,是中国牡蛎产业一张靓丽的名片。乳山先后被授予"中国牡蛎之乡""首批山东省特色农产品优势区";"乳山牡蛎"先后荣获"山东省优秀地理标志产品""最具影响力水产品区域公用品牌""中华品牌商标博览会金奖""首批国家地理标志产品保护示范区",为海洋经济创品牌、谋绿色低碳发展提供了新的样板。

二、案例梗概

(一)谋划先行,基金助力

针对过去牡蛎养殖业缺乏科学的整体规划,相关金融扶持政策、配套制度不健全等问题,为了更好地发挥政策导向作用,近年来,乳山市委、市政府主要从以下几个方面发力。

一是强化科学规划引领。秉承"绿水青山就是金山银山"的发展理念,按照"规划先行、海陆统筹、协调发展"的原则,乳山不断完善牡蛎产业支撑体系的规划工作。编制出台了《乳山市海岸线保护与利用规划》《牡蛎产业发展总体规划》《海洋生态功能区发展规划》《海洋牧场发展规划》等专项规划,为牡蛎产业乃至海洋产业发展提供科学指导。2020年高标准规划建设了海阳所镇南泓北村、南黄镇西浪暖村两处牡蛎产业融合发展示范区,海阳所镇小泓村、西黄岛村两处养殖安置区对乳山市牡蛎养殖户进行集中统一的规划安置,把牡蛎产业这盘大棋下好下活了。

二是强化政策扶持保障。在积极争取上级资金、贯彻落实兴海惠渔政策的同时,乳山市加大地方财政的扶持力度,调整鼓励政策,市财政每年安排专项资金,用于扶持牡蛎养殖大户和深加工龙头企业。以奖代补、注重引导,对不同类型、不同规模的海洋牧场及牡蛎养殖示范区建设主体给予30万~90万元奖励。针对牡蛎养殖业面临的生产和自然双重风险,探索实施了牡蛎养殖保险制度,保险额最高5000元/亩,最大限度地调动了牡蛎养殖户的积极性。

三是强化产业基金驱动。近年来,乳山市不断深化金融创新,优化融资服务,通过"母基金+子基金"的运作模式,2018年组建了分三期投资、总规模达50亿元的海洋产业发展基金。其中,一期设立3.3亿元产业基金,作为发展以牡蛎养殖为主体的现代海洋牧场的引导基金,按照1:9的比例撬动社会资本,为牡蛎产业发展搭建金融服务平台。

(二)搭建平台,人才支撑

针对牡蛎产业配套及服务体系等公共平台建设滞后,领军人才和顶尖团队匮乏等问题,乳山市多措并举,做到了搭建平台与引进人才两手抓、两手硬。

一是搭建服务平台。重点打造和完善了三大公共平台:第一,科技支撑平台。乳山在强化与中国海洋大学等高等院校的产学研合作的同时,积极推进威海正洋海洋生物技术研究院等与牡蛎相关的研究机构创建威海市级和省级科技创新平台。2017年引进青岛前沿海洋种业有限公司落户乳山,打造三倍体牡蛎苗种供应研发中心。第二,园区支撑平台。在山东省级"海阳所滨海养生特色小镇"的基础上,初步建成了集牡蛎养殖、精深加工、电子商务、科技研发、美食旅游、高端培训于一体的"中国牡蛎第一镇",升级了以牡蛎深加工为主的食品和生物科技园区。第三,行业服务平台。依托乳山牡蛎协会,建设了电子商务平台,开发了牡蛎专业网站和手机App,搭建起行业对接的桥梁。

二是引进和培养人才。积极推动海洋科技领域的产学研用密切合作,2017年成立由国家贝类产业技术体系首席科学家张国范研究员任院长、地方专业技术人员参与的乳山牡蛎研究院,2018年聘请国内外8位从事牡蛎研究的顶级专家担任特邀专家,成立了乳山市牡蛎产业专家咨询委员会,让更多的牡蛎养殖技术资源和产业项目投向乳山。同时,健全市、镇、村三级联动的牡蛎技术推广服务网络,在6个沿海镇各设专职牡蛎技术推广人员1~2人,在牡蛎生产集中片区设置了20个村级服务站。

(三)科技领航,模式创新

针对牡蛎养殖分散经营,养殖规模小,经济效益低,应对市场能力弱,缺少专业的养殖知识,新技术推广缓慢,抵御养殖风险的能力差等问题,乳山市从以下三个方面入手培育牡蛎新业态。

一是注重推广应用新技术。围绕累代养殖和四季不能常肥的技术瓶颈，引进了夏季时不喷浆、一年四季都能上市销售的三倍体牡蛎新品种。同时，在保持"秋播春收"筏式吊笼传统养殖技术的基础上，与山东省海洋生物研究院合作，推广和应用牡蛎养殖新技术。首先，推广"生态疏养"技术，根据海区的养殖生产可承载力，调整牡蛎养殖筏架间距和每台筏架上的牡蛎养殖笼数量，提高了牡蛎成活率和肥满度。其次，创建立体养殖技术，变"单打"为"双打"，使牡蛎养殖海区和饵料资源得到充分利用，海域产值得到较大增长。最后，新增生态间养、混养技术，利用牡蛎和海藻两个养殖物种间的生态互补功能，养护、修复、提升海洋生态环境，维护海域生态平衡。目前，新养殖技术推广面积已达 50 万亩。

二是注重转变模式。在牡蛎产业的发展过程中，注重实现模式的三个转变：首先，变"散"为"合"。采取"龙头企业+合作社+养殖户"的方式，实行"统一苗种、统一技术、统一管理、统一收购"的标准化生产，实现牡蛎养殖从分散化向组织化、合作化的海洋牧场养殖转变。其次，变"实"为"虚"。打造了"互联网+电商+牡蛎产业园"的新模式；对接中国水产商务网等行业网站和电商企业，设立"乳山牡蛎专营店"，推进电子交易。最后，变"旧"为"新"。在养殖过程中，淘汰传统扇贝网笼和木制作业船只，选用澳大利亚潮汐塑性滚动网笼和日本新型玻璃钢工船，采用水泥砣代替原有打橛的台筏固定方式，采用新机械化养殖设备替代过去老旧的养殖设备，并融合发展人工鱼礁、网箱养鱼和底播增殖，促进经济效益可持续增加。

（四）转变理念，绿色发展

过去个别养殖户非法围填海、非法养殖以及乱搭乱建等违法违规行为屡禁不止，破坏了海岸带生态环境，影响了牡蛎养殖海域的水质；有的养殖户为了追求经济效益，在养殖用药方面不规范，影响了食品安全。对此，乳山市开展了以下几项工作。

一是构建海域、海岸带监管和生态修复体系。孕育出高品质牡蛎的乳山生态海域，不仅有大自然先天的"馈赠"，更有乳山当地后天的"养成"。一方面，制定并完善《海岸带执法巡查办法》等管理制度，构建起"三位一体"监管体系，严格控制用海规模和范围；另一方面，把海岸带修复整治的责任、目标、任务层层分解落实至辖区沿海镇，把陆源入海污染渠道治理和近岸海洋环境治理纳入综合考核。截至 2021 年，修复整治海岸带 59.08 公里，恢复湿地 4500 亩,建设人工沙滩 1000 余亩,辖区 50 多公里的砂质岸线和 130 多公里的自然岸线得到了科学管理,极大地改善了近岸海洋环境,水产品的质量得到了有效保证,实现了生态保护与海洋事业发展相互促进、良性互动。

二是打造安全保障体系。乳山市坚持将牡蛎质量安全监管作为创建"国家食品安全城""国家农产品质量安全市"的重点,按照食品安全治理现代化要求,发挥牡蛎养殖协会的作用,在乳山市范围内推广无公害养殖,加强对牡蛎育苗、用药、养殖技术的指导和评级工作。结合牡蛎质量安全监管工作实际情况,加强了与农业、食药、公安、市场等部门的沟通衔接,开展了"守护舌尖安全"专项整治行动等活动,建立了长效联动的食品安全监管机制。

三是建立质量可追溯体系。针对牡蛎销售市场上出现的以次充好、以假乱真等现象,乳山与杭州甲骨文公司合作,研究并引入了现代物联网及新型液体防伪商标等技术,2016 年建立了全国首个牡蛎质量安全追溯体系,给每一件牡蛎产品都设定唯一的防伪标签。消费者通过手机等设备扫描二维码,便可获取牡蛎养殖企业名称、法人、海域使用权证书、出货捕捞时间、数量、规格等信息。乳山牡蛎实现了来源可查、去向可跟踪、责任可认定。

(五)擦亮品牌,高端定位

针对本地牡蛎品质较好,但由于缺少品牌带动,辨识度不强,缺乏标准化的产品,只能作为"大路货"进入农贸市场或加工车间,走不出"优质不优价、好货不好销"的怪圈,乳山市坚持品牌就是生产力的理念,以地理标志证明商标为抓手,实施品牌战略。

一是积极开展"创牌"推介。为了提高"乳山牡蛎"品牌的知名度和影响力,乳山市连续多年举办了国际牡蛎产业高峰论坛、牡蛎文化节、牡蛎王大赛、牡蛎品鉴会等,将品牌经济与文旅产业融合发展,策划了"乳山牡蛎体验之旅"线路,推出牡蛎美食、"牡蛎+干白""牡蛎+温泉"等系列产品,每年吸引游客 10 余万人。"乳山牡蛎"先后被央视《经济半小时》《走遍中国》《消费主张》等多个品牌栏目以及新华社、香港《大公报》等知名媒体采访和深度报道,进一步提升了乳山牡蛎品牌的知名度和美誉度。

二是积极实施"护牌""用牌"。为加强对牡蛎质量安全的监管,乳山从养殖、包装、流通、销售、食用等各环节入手,发挥行业协会的作用,构建了行之有效的乳山牡蛎品牌保护提升体系。通过注册有"乳山生蚝""乳山蚝"

"乳山海蛎子"等字眼的商标,防止出现"杂音",确保乳山牡蛎"一个声音吆喝、一个形象对外"。同时,建立针对地理标志商标的专项监管机制,尤其在牡蛎交易集散地、龙头企业、电子商务平台等领域加强市场巡查执法,构建线上线下同时监管、市内市外同步监管的格局,及时查处违法行为,保护了"乳山牡蛎"地标品牌。

三、取得的成效

乳山以牡蛎产业转型升级为突破口,通过一系列有效举措,激活了牡蛎产业的发展活力,带动了上下游相关产业的发展,实现了牡蛎产业可持续发展。

(一)品质和效益实现同步提升

得天独厚的生态环境及养殖模式的转变和新技术的推广,造就了乳山牡蛎个头大、肉质饱满、汁液鲜美的独特品质。牡蛎养殖效益也大幅提高,由过去两元左右一斤,到现在网上销售10元一只甚至几十元一只。目前,牡蛎养殖水域面积60万亩,年产量50万吨,产值50亿元,养殖面积和产量在全国县级单位中均居首位。从事牡蛎养殖、加工的人员近2万人,约占渔民总数的1/3,专业技术人员3000余人,促进渔民年增收近3亿元。从事牡蛎产品深加工的温喜生物年销售额2.7亿元,为当地提供了100多个就业岗位;华信食品、乳山润德食品等牡蛎加工企业年加工牡蛎产品2万余吨,产值可达16亿元;好当家荣佳食品产品远销美国、加拿大等15个国家和地区,交易额突破10亿元。

(二)产业融合得到有效加强

通过牡蛎"多重变身"实现牡蛎产业的转型,形成育苗育种、养殖、加工、销售、文化旅游、废弃物利用六大关键环节产业链,全产业链产值达百亿元。牡蛎是乳山市海洋经济的支柱产业和富民产业。其中,以建设牡蛎特色小镇为发展中心,围绕构建"牡蛎+健康""牡蛎+旅游""牡蛎+养生""牡蛎+电商"的大牡蛎产业发展格局,引进配套食品加工企业20多家,延伸牡蛎上下游产业链条,打造牡蛎产业聚集区,整合沿岸码头设施和餐饮景点,建设集休闲旅游、海上垂钓、"渔家乐"民俗文化等于一体的综合性休闲度假园区,进一步促进牡蛎产业的纵深发展。在废物再利用方面,温喜生物等高科技企业通过科技化提取、高值化利用,使牡蛎壳等海洋垃圾变废为宝,生产出有机肥、海洋蛋白肽等产品,既迎合了市场需求,也对环境保护有一定的积极意义。在电商经济发展方面,目前乳山牡蛎已成为"网红""爆品",仅淘宝上的乳山牡蛎电商就有 400 多家,乳山市从事牡蛎电商销售的人员达到 0.5万人。牡蛎产业的崛起,也带动了乳山市"夏村葡萄酒小镇"的发展,擦亮了"牡蛎+干白"城市的新名片。

(三)生态环境实现良性循环

对海岸线进行生态修复和加强海域监管,不仅为牡蛎养殖提供了自然条件优越的海域,也让乳山的海岸带和近海水域基本恢复了往昔的生态平衡。大乳山滨海旅游度假区被打造成了一个集观光旅游、休闲度假、康体养生、文化娱乐为一体的大型综合性旅游胜地。景区被评为"国际生态旅游示范基地"和"中国最令人向往的地方",2019 年接待游客量达到 90 多万人次。在第 21 届联合国气候变化大会上,中国政府提供的专题片《应对气候变化中国在行动》,将大乳山国家级海洋公园作为生态修复的突出典型展现在国际舞台上。银滩东部海岸带景观生态修复与保护规模约 645 亩,近海水域全部达到国家一类海水水质标准,形成了"水清、岸绿、滩净、湾美、岛丽"的海洋生态文明新格局。同时,"生态海洋和谐共生"的理念深入养殖户心中,他们从牡蛎养殖的各个环节着手,像对待生命一样关心海洋、认识海洋,更好地利用海洋,实现了海洋与人类的可持续发展。

(四)品牌价值实现显著提升

牡蛎作为乳山的特色产业,与大姜、茶叶并称"乳山三宝",已经形成成熟的产业链,品牌价值以亿元计增长,牢牢占据各大电商平台贝类销售榜首,电商年销量可达 1.5 亿斤,销售额 15 亿元以上。近年来,"乳山牡蛎"先后获批国家地理标志证明商标,被农业农村部认证为无公害水产品。2016 年"乳山牡蛎"荣获"最具影响力水产品区域公用品牌"称号;2017 年乳山市被评为"中国牡蛎之乡";2018 年"乳山牡蛎"荣获"山东省优秀地理标志产品",乳山市入选"首批山东省特色农产品优势区";2019 年"乳山牡蛎"荣获"中华品牌商标博览会金奖";2021 年"乳山牡蛎"荣获"首批国家地理标志产品保护示范区",在中国品牌日活动中"乳山牡蛎"又作为山东省唯一的海产品在上海参展,标志着"乳山牡蛎"产业步入新的发展期。

四、重要启示

乳山市牡蛎产业转型升级的实践充分表明,在当前经济新常态背景下,产业转型升级离不开政府、企业的共同参与,坚持跨界融合发展和品牌战略是产业转型的不二选择。

一是坚持生态环保是发展底线。海洋生态环境保护要坚持海陆统筹的指导思想,要在对海洋进行科学认知的基础上,实现从陆地到海洋的整理规划和统一布局,落实一体化管理。生态环境修复和保护在为人类提供优越的宜居环境的同时,还馈赠给我们发展海水养殖的自然条件,有利于海水养殖业的可持续发展。

二是完善引导机制是有效保障。产业转型升级过程中,地方政府既要结合当地实际,高瞻远瞩地加强顶层设计,又要以补链壮链、突破发展瓶颈为导向,主动搭建平台,完善政策和激励机制,营造通畅、完善的市场环境,健全市场化投融资机制,有效盘活社会存量资本,增加政府有效供给,助力产业转型升级。

三是探索模式创新是必然选择。通过培植龙头企业、经营大户等新型经营主体,引导企业建立现代企业管理制度,形成具有竞争力的现代产业集群;成立行业协会,强化自我服务、自我管理,规范行业发展;支持渔民开展多种形式的合作,发展规范化的渔民合作社,构建“科研院所+龙头企业+合作社+渔户”的现代渔业产业化经营模式,这是提高渔民抵御风险的能力和提高生产经营的集中化、组织化程度的必然选择。

四是实施品牌战略是有效路径。随着消费者收入水平的提升,其以品牌为导向的选购理念和意识日益增强,产业实施品牌战略成为必然。要实施品牌战略,一方面,要对本地特色产业进行准确的定位,构建高效的品牌传播体系;另一方面,还要围绕品牌定位,构建品牌配称体系,这样品牌发展才能获得持久的动力。乳山牡蛎正是通过全面推广健康养殖、标准化生产,加强无公害、绿色、有机水产品认证和渔业产品地理标志保护来提升品牌含金量的。

中共乳山市委党校课题组员责人:杨绍平

课题组成员:王永涛　丛众华

黄三角农高区发展农业高新技术产业研究

黄河三角洲农业高新技术产业示范区（以下简称"黄三角农高区"）是国务院批复设立的第二个国家级农业高新技术产业示范区，旨在探索盐碱地现代农业、新型科研平台、农业园区体制机制、创新驱动城乡一体化发展等新模式、新机制，从而成为带动东部沿海农业结构调整和发展方式转变的强大引擎。经过几年的探索和实践，黄三角农高区在科研平台建设、高新技术产业培育、盐碱地现代农业发展等方面取得了扎实的成效，积累了一定的经验。

一、黄三角农高区发展背景

黄三角农高区位于山东省东营市中心城南部近郊，前身是建于1950年的国营广北农场。2010年12月，广北农场改制设立东营农高区，2011年11月，被山东省政府批复为省级农高区，2012年4月，被科技部批复为国家农业科技园区。2015年10月，国务院批复设立黄三角农高区。黄三角农高区成为继陕西杨凌之后第二个国家级农业高新技术产业示范区。黄三角农高区面积350平方公里（即52.5万亩），90%以上的土地为盐碱地，是发展盐碱地现代农业的天然本底试验场。

（一）难得的战略机遇

2019年9月18日，习近平总书记在黄河流域生态保护和高质量发展座谈会上指出，黄河流域构成我国重要的生态屏障，是我国重要的经济地带，是打赢脱贫攻坚战的重要区域。^① 2021年10月21日,习近平总书记来到黄河三角洲农业高新技术产业示范区考察调研,了解黄河三角洲盐碱地综合利用和现代农业发展情况。他强调,开展盐碱地综合利用对保障国家粮食安全、端牢中国饭碗具有重要战略意义。^② 习近平总书记的重要指示为黄三角农高区高质量发展指明了方向,提出了新的更高要求,也带来了良好的发展机遇。作为滨海盐碱地和冲积平原的典型代表,黄三角农高区盐碱土壤分布广泛、类型丰富,面积达到43.97万亩,是探索荒碱地治理新技术的天然本底试验场,肩负着国家战略使命任务。

(二)独特的发展优势

1.鲜明的区位红利

黄三角农高区地处黄河三角洲的核心区域、环渤海经济圈的中间地带、连接京津冀与山东半岛的枢纽位置。交通条件便利,荣乌高速、长深高速在此交汇,德大铁路、黄大铁路贯通南北。距离东营胜利机场半小时车程,与在建的京沪高铁二通道东营南站15分钟车程。毗邻渤海莱州湾,紧邻东营港、广利港、潍坊港三个区域性中心港口,境内小清河复航后可实现海河联运,形成完整的立体化交通体系。

2.雄厚的要素集聚

黄三角农高区作为新时代国家实施乡村振兴发展战略、探索农业创新驱动发展路径的重要阵地,前瞻性地将农业科技产业化作为重点建设内容之一。一是建设了科技协作高地。山东省政府与中科院在黄三角农高区共建了国家盐碱地综合利用技术创新中心,着力打造具有国际水平的盐碱地现代农业技术创新高地、高层次人才培养高地、高新技术产业高地,为全省现代农业发展提供战略咨询和成套技术集成服务,为乡村振兴提供系统解决方案。创建了山东省生物技术与制造创新创业共同体,着力解决制约生物技术与制造产业发展的共性关键技术瓶颈,加快培育更具原创力和竞争力的盐碱地生物种业、生物医药、石化转型与生物替代等产业集群。二是打造了科技转化平台。依托国家级星创天地青岛农湾孵化器有限公司,建设

① 参见《习近平在黄河流域生态保护和高质量发展座谈会上的讲话》,2019年10月15日,http://www.gov.cn/xinwen/2019-10/15/content_5440023.htm。
② 参见《端牢中国人的饭碗》,2022年3月9日,http://www.qstheory.cn/zhuanqu/2022-03/09/c_1128453840.htm。

众创空间、成果孵化器、产业加速器等科技综合服务平台,打造国家级现代农业科技企业综合孵化器,打通科技与产业转化的连接通道。三是实现了产学研结合。与中科院、中国中医科学院、山东省农科院等56家高校院所合作,引进科研团队116个,高层次科技人才713人,实施省级以上各类科技计划项目58项。

(三)强大的政策支持

1.中央政策更加明确

2015年10月,国务院在黄三角农高区设立批复中明确,鼓励黄三角农高区在创新土地经营管理机制、建立现代农业新型科研平台、深化知识产权制度改革、科技与金融结合等方面大胆探索、先行先试。国务院办公厅印发《关于推进农业高新技术产业示范区建设发展的指导意见》,明确了农高区建设的八大重点任务和四项政策措施。《黄河流域生态保护和高质量发展规划纲要》明确指出"推动杨凌、黄河三角洲等农业高新技术产业示范区建设,在生物工程、育种、旱作农业、盐碱地农业等方面取得技术突破"①。

2.配套政策更加具体

山东省委科技创新委员会下设黄三角农高区建设指导专项小组,汇聚14个省直部门单位的力量,协调解决黄三角农高区建设发展中的重大问题,统筹全省盐碱地方面的科研项目、人才、资金等优势资源向黄三角农高区集聚;山东省、科技部建立定期会商机制,研究支持农高区发展的政策措施。深入推动黄河流域生态保护和高质量发展座谈会之后,更多的利好政策将向黄三角农高区倾斜,支持力度会更大。

二、黄三角农高区发展农业高新技术产业的做法及成效

(一)以科技创新为支撑,构建盐碱地综合利用体系

1.建设国家盐碱地综合利用技术创新中心

创新中心与中科院、中国农科院、山东省农科院、山东农业大学等56家高校院所开展合作,引进各类专家人才团队116个,深度推进产学研合作,建设了耐盐植物精准快速育种、盐碱地定位观测研究、病虫害生态防控、新一

---

① 《中共中央国务院印发〈黄河流域生态保护和高质量发展规划纲要〉》,2021年10月8日,http://www.gov.cn/zhengce/2021-10/08/content_5641438.htm。

代智能农机装备等11个重大科研平台,重点围绕耐盐碱分子生物育种、耕地质量与综合产能提升、农田有害生物绿色防控、现代智能农机装备等重大课题攻关,承担并实施了科技部重点研发计划、中科院战略先导专项、盐碱地草牧业科技示范工程等一系列重大科研项目,一批标志性科技创新成果正在汇聚集成,加速显现。比如,盐地藜麦试种成功,创新中心育成多个耐盐牧草、马铃薯、中草药等特色品种;自主品牌熊蜂突破多项国外"卡脖子"技术和产品垄断,实现工厂化规模生产;"鸿鹄"系列智能农机研制成功,实现我国第三代农机研发制造"弯道超车";率先创建具有国际领先水平的耐盐植物精准快速育种新型三级体系。

2.打造盐碱地生态化利用技术体系

一是构建节水控盐新模式。针对盐碱地盐随水走的特点,通过管道灌溉方式,力求用最少的淡水洗盐造墒保苗;通过排碱沟自排或者强排,及时排除灌溉尾水、淋水、涝水,将盐分控制在可耕种水平。三年时间,将盐分从4‰~6‰稳定控制在3‰以下,节约淡水38%以上。二是推广"用养结合、种养结合"有机循环农业模式。针对土壤贫瘠、板结问题,系统应用微生物菌肥、绿肥秸秆还田及精准施肥等生物和农艺措施。三年时间,有机质提高22%以上,有益微生物数量提高4~7倍,化肥使用量减少32%以上,地力提升1~2个等级。三是修复植被,涵养生态。针对盐碱地地表裸露、植被稀疏的问题,培育高耐盐植被品种。四是提升生物多样性。针对农药污染、生物多样性缺失问题,利用天敌昆虫、生物农药、性诱剂等技术产品,在保证防控效果的前提下,减少化学农药施用量26%以上。

3.发展盐碱地特色种业

转变传统育种观念,由治理盐碱地适应植物变为选育耐盐植物适应盐碱地,由传统的田间经验育种变为分子设计育种。截至2021年7月,已建成669亩盐生植物种质资源圃(库),收集盐生植物与耐盐作物种质资源13科42属89种共约1.8万份,为盐碱地种业创新奠定了种质基础。针对常规育种技术周期长、效率低、预见性差等缺陷,建立了"实验室分子设计育种—人工模拟环境育种加速—田间(温室)耐盐梯度鉴定"三级育种模式。截至2021年7月,筛选评价育种材料6000余份,初步选育出耐盐粮油作物、耐盐牧草和耐盐中草药等37个新品系,示范推广9.2万亩,亩增效益15%~20%。其中藜麦、航天大豆、马铃薯等耐盐粮油作物新品种15个,示范推广3.2万亩;苜蓿、燕麦、甜高粱等耐盐牧草新品种11个,示范推广5.8万亩,苜蓿、燕麦耐盐度达到3‰~4‰,甜高粱耐盐度达到5‰~6‰;酸枣、益母草、麻黄草等耐盐中草药优良新品种11个,耐盐度均达到3‰~4‰,示范推广2000亩。

(二)以新发展理念为指引,着力培育高新技术产业

1.规划引领布局产业

以盐碱地特色种业为引领,重点培育大健康及功能性食品产业、农业智能装备制造产业、生物技术与制造未来产业和农业科技服务业等高新技术产业,构建盐碱地农业产业体系。按照"一园一所一企业一基地"的思路,编制三个产业发展三年行动计划,规划建设三个"区中园",按照产业链条推动产业集群化发展。

2.成果转化赋能产业

依托生物技术中试研发平台,培育了广元生物、美奥生物、瑞达生物等一批创新企业,开发北虫草、乳铁蛋白、番茄红素等优质功能性食品,创立"蓬生源""阜源"2个品牌,研发推广应用青贮菌剂、功能有机肥专用菌剂、生物有机肥等功能菌剂6.5万亩;依托智能农机平台,建设新一代智能农机智造园,2021年内建成1.7万平方米组装与测试认证车间,达到100台套产能;依托农业益虫平台,繁育自主品牌中科熊蜂蜂群3000箱、蜂王1万头,达到1.2万箱年产销能力,市场前景广阔;依托农湾"双创"孵化器,截至2021年7月,入驻企业25家,其中6家企业已落户实施项目。

3.项目带动发展产业

开工建设了黄三角盐碱地酸枣道地食药、一汽华东智能网联汽车(智能农机)试验场、山东贝德丰生物肥等15个项目,总投资82.69亿元,发展态势良好。

(三)以改革创新为动力,打造具有地域特色的乡村振兴新样板

1.推动区乡布局一体化

突出盐碱特色,紧扣"农""高"定位,区乡统筹布局、一体规划,以小清

河、支脉河为南北生态轴线,构建"两核三带八组团"①的发展格局,打造以滨海盐碱地生态风貌为特色、以盐碱地现代农业为支撑、生态保护和高质量发展互融互促的乡村振兴特色样板。

2.推动特色农业现代化

通过科技成果转化赋能,将传统农业升级为盐碱地特色现代农业,推动科技创新区研发的新品种、新装备、新业态优先到乡村振兴样板区转化示范。依托"三带"建设功能性粮食、耐盐中草药、耐盐牧草、耐盐林果、红高粱等 5 个盐碱地特色种业示范基地,适度规模化经营,采用订单农业模式,风险共担、成果共享。以优质特色作物为原料,在滨海新动能产业区发展精深加工业,打造绿色健康、全程可追溯的"盐地尚品"特色农产品品牌,促进农民增收。

3.推动农业人才职业化

聚焦现代农业发展需求,实施"十百千"农业人才培养工程,培育科技特派员、农业科技领军人才、实用技能型人才、回乡创业人才,为农业农村发展增添活力。

4.推动盐碱地生态田园化

坚持"田园在区中、区在田园中"的生态建构理念,打造以绿色生产农田、生态循环农业、美丽宜居乡村为特色的田园化盐碱地生态样板。推动农田绿色生产,构建"节水降药减肥"盐碱地农业绿色生产技术体系;发展生态循环农业,实施年处理 60 万吨畜禽养殖粪污及作物秸秆综合利用项目,解决农村面源污染问题;建设美丽宜居乡村,实施总投资 26.2 亿元的小清河防洪治理等 5 项工程,实施总投资 1.56 亿元的 12 项路域整治工程,种植耐盐苗木 36 万棵,改造 16 条"四好农村路"(四好即建好、管好、护好、运营好)、1.1 万户农村旱厕,全面提升人居环境质量。

5.推动农业文化品牌化

挖掘古盐文化、农耕文化等乡土历史文化,发展智慧农业、精准农业等现代农科文化,打造 2 类特色文化品牌。依托"两核"建设一批具有特殊文化印记的特色文旅小镇,依托"八组团"建设城郊农庄型、双创科技、产业专

---

① "两核"即重点打造丁庄田园小镇、广北农旅小镇两个核心片区,谋划建设盐碱种业小镇、滨海盐业小镇、红旗汽车小镇等空间载体。"三带(基地)"即沿支脉河盐碱农业示范带、沿田高线农业高新科技示范带、环丁庄南高标准生产示范带(基地)。"八组团"即丁庄双创科技组团、官庄林牧综合发展组团、李屋盐碱种业实验推广组团、西马楼休闲旅游组团、三岔乡村产业综合发展组团、崔道有机农业发展示范组团、宋圈文化传承组团、王道—李道休闲农庄组团。

业村型、休闲旅游型4类田园综合体,开发科普游、研学游、体验游、河海游等一批特色文旅项目,打造盐碱地农业全域文化旅游示范区。

三、发展农业高新技术产业的几点启示

(一)必须坚持生态优先,走绿色、高质量发展之路

深入推动黄河流域生态保护和高质量发展,必须牢固树立绿水青山就是金山银山的理念,做到顺应自然、尊重规律。黄河三角洲盐碱地面源污染少,生态保护的基础好,但黄三角农高区地处黄河和小清河下游,极易受上游污染的影响,给生态保护带来巨大的压力。发展实践中,黄三角农高区紧紧围绕落实好盐碱地综合治理、示范引领现代农业发展国家使命任务,坚持系统观念、问题导向,积极探索以盐适种、生态优先、用养结合、提质增效的可复制、可推广的盐碱地综合利用特色路子,实现盐碱地生态保护和农业高质量发展的有机统一。在下一步发展过程中,黄三角农高区仍然要把生态、绿色放在首位,重点在四个方面发力:一是加强水资源集约利用,大力发展节水型农业;二是运用现代生物技术,实现减肥增效;三是实行绿色防控,减少农药使用量;四是实施农村有机废弃物资源化利用工程,打造绿色生态循环发展模式。

(二)必须坚持因地制宜、分类施策

黄河流域不同地区的自然条件千差万别,生态建设的重点各有不同。客观上要求各地从实际出发,宜粮则粮、宜农则农、宜工则工、宜商则商,因地施策促进特色产业发展,培育经济增长极。黄三角农高区在发展实践中,坚持因地制宜、分类施策。比如在盐碱地利用上,充分体现适地而用的原则,利用44万亩滨海盐碱地,宜粮则粮、宜牧则牧、宜药则药、宜草则草、宜游则游,努力为全国盐碱地利用作出示范。下一步发展过程中,黄三角农高区必须始终坚持系统观念、问题导向、因地制宜、分类施策,积极探索"四个构建"新路子,即构建盐碱地改良技术体系,改善农田生态健康;构建盐碱地种质资源创新利用系统,培育盐碱地特色种业;构建盐碱地绿色生产技术模式,发展特色优质安全农产品;构建盐碱地特色产业链条,提升农业综合效益。

（三）必须坚持科技创新，强化科技支撑

深入推动黄河流域生态保护和高质量发展，必须加大科技创新力度，根据各地区的资源、要素禀赋和发展基础做强特色产业，推动新旧动能转换，建设特色优势现代产业体系。与其他区域现代农业发展不同，盐碱地发展现代农业尤其需要强有力的科技支撑。发展实践中，黄三角农高区紧紧围绕"给农业插上科技的翅膀"，着力打造科技创新平台，依靠盐碱地现代农业高新技术，推动盐碱地科学保护永续发展。下一步工作中，黄三角农高区要依托黄河三角洲现代农业技术创新中心，按照"人才、平台、项目、基地"一体化思路加快建设，着力打造全省盐碱地综合利用科学研究和创新驱动盐碱地农业发展的"科技引擎"。

（四）必须坚持解放思想、更新观念

深入推动黄河流域生态保护和高质量发展，必须在实践中不断解放思想、转变观念。在盐碱地上发展农业高新技术产业，没有成熟的经验可以借鉴，黄三角农高区担负的任务就是探索可复制、可推广的盐碱地综合利用特色路子。实践中，黄三角农高区打破固有思维，不断解放思想、更新观念，在盐碱地利用策略上实现方向性转变，即由治理盐碱地变为适应盐碱地，以盐碱地生态化利用和种业创新为重点，努力探索盐碱地农业生态高效发展新路子。在盐碱地生态化利用技术体系上，改变单一的工程措施，综合运用生物、工程和农艺措施，构建起节水控盐新模式、有机循环新模式和植被修复新模式。在种业创新上，转变育种观念和技术策略，由治理盐碱地适应植物变为选育耐盐植物适应盐碱地，由传统的田间经验育种变为分子设计育种。这些做法得到中央领导的高度肯定。习近平总书记在黄三角农高区考察时强调，"要加强种质资源、耕地保护和利用等基础性研究，转变育种观念，由治理盐碱地适应作物向选育耐盐碱植物适应盐碱地转变，挖掘盐碱地开发利用潜力，努力在关键核心技术和重要创新领域取得突破，将科研成果加快转化为现实生产力"[①]。下一步工作中，为落实好习近平总书记视察黄三角农高区的重要指示要求，黄三角农高区需要进一步解放思想、更新观念，不

[①] 《习近平在深入推动黄河流域生态保护和高质量发展座谈会上强调 咬定目标脚踏实地埋头苦干久久为功 为黄河永远造福中华民族而不懈奋斗 韩正出席并讲话》，2021 年 10 月 22 日，http://www.news.cn/politics/2021-10/22/c_1127986188.htm。

断创新工作思路。

（五）必须坚持深化改革，推进体制机制创新

深入推动黄河流域生态保护和高质量发展，必须坚持深化改革，通过推进体制机制创新，激发高质量发展活力。发展实践中，黄三角农高区积极探索技术研发、成果转化和人才引育等方面的新机制，努力在体制机制创新方面先行先试，提供可复制、可推广的创新驱动新模式。在技术研发方面，建立科研院所牵头、市场导向的盐碱地农业科技创新机制，通过多元化研发投入机制、项目资金管理使用机制、专家团队薪酬激励机制、科研生活配套服务机制，激发科技创新活力。在成果转化方面，建立以需求为导向的成果转化机制，打通科技创新链与产业转化链之间的通道。在人才引育方面，建立灵活高效的人才引育留用机制，使高层次人才能够引得来、留得住，真正发挥人才的作用。下一步发展过程中，黄三角农高区要充分发挥市场在资源配置中的决定性作用，更好地发挥政府的作用，努力在体制机制创新上当好排头兵，形成可复制、可推广的创新驱动发展新模式。

中共广饶县委党校课题组负责人：任其军

课题组成员：李鹏飞　陈琳　张小芳

齐河县黄河国际生态城特色产业发展研究

　　生态优先、绿色发展，是新发展理念的重要组成部分，是促进人与自然和谐共生的战略举措。2021 年 10 月 22 日，习近平总书记在济南市主持召开深入推动黄河流域生态保护和高质量发展座谈会时强调，"沿黄河省区要落实好黄河流域生态保护和高质量发展战略部署，坚定不移走生态优先、绿色发展的现代化道路"①。习近平总书记的重要讲话，为实现黄河流域生态保护和高质量发展提供了根本遵循。齐河县黄河国际生态城以"生态优先、绿色发展"为主要特色，最初规划为"三分之一的水系、三分之一的绿化和三分之一的建设"，而在建设中特别注重特色产业的发展，在很大程度上践行了黄河流域生态保护和高质量发展的理念。

一、黄河国际生态城的建设背景

　　黄河国际生态城的前身是黄河北展区齐河部分。黄河北展区位于齐河县城东南，南临黄河，横跨济南与齐河，距县城约 10 公里，总面积 106 平方公里，其中齐河境内 63 平方公里。黄河北展区是为预防洪汛和凌汛于 1971 年经水电部批准而兴建的，但随着小浪底工程的建成使用，黄河北展区防洪防凌的作用就失去了。2008 年 7 月，国务院、水利部相继下发文件，明确取消黄河北展区的分洪分凌功能，并同意这片土地可以被当地政府自由开发利用。齐河县委、县政府抢抓机遇，依托黄河北展区良好的生态环境、丰厚的文化底蕴和区位交通优势，作出了建设黄河国际生态城的战略决策。2010

---

① 《习近平在深入推动黄河流域生态保护和高质量发展座谈会上强调 咬定目标脚踏实地埋头苦干久久为功 为黄河永远造福中华民族而不懈奋斗 韩正出席并讲话》，2021 年 10 月 22 日，http://www.news.cn/politics/2021-10/22/c_1127986188.htm。

年 4 月,组建了生态城管委会,其负责生态城规划和开发建设。经过十几年的筹建,目前齐河黄河国际生态城已初具规模,培植起文化旅游、医养健康、高新技术、高端商务等特色产业集群,为齐河县新旧动能转换、生态保护和高质量发展注入强劲动力。

二、黄河国际生态城特色产业集群形成的有利条件

黄河国际生态城能在短时间内形成文化旅游、医养健康、高新技术、高端商务等特色产业集群,与这里良好的生态环境、完善的功能设施、深厚的文化资源、丰富的温泉资源等有利条件是密不可分的。

(一)良好的生态环境

自 1971 年黄河北展区成立至 2008 年解禁,生态城这方地域经过近40 年的生态封育,拥有森林、湿地、温泉、珍稀鸟类等丰富的生态资源。安德湖、玉带湖、生态湿地等水域面积近 20 平方公里,森林覆盖率 58.6%。这里空气质量好,德州市生态环境局齐河分局监控中心定期对齐河黄河国际生态城旅游度假区的空气质量进行监测,这里的空气质量常年达到《环境空气质量标准》(GB3095—2012)一类区标准。根据 2020 年 3 月 3 日江苏微谱检测技术有限公司出具的对齐河黄河国际生态城旅游度假区的监测报告,这里负氧离子为 4980 个每立方厘米,是省会周边环境幽静、空气清新、水源优质的一方宝地。十余年来,黄河国际生态城始终把生态环境保护作为首要任务,牢固树立"绿水青山就是金山银山"的发展理念,以水定城、以绿护城,一张蓝图绘到底,打造蓝绿交织、水绿交融的生态之城。先后投资 10 亿多元,累计绿化面积 13 平方公里,完成了国道 309、黄河大道等主干道路,玉带湖公园、齐河黄河大桥等重点区域,黄河大堤、展宽堤等重点沿线生态廊道建设,蓝绿空间占比达到 60% 以上。以生态环境高水平保护推进经济社会高质量发展,已发展成为济齐一体化的先导区、动能转换的示范区、高质量发展的增长极。

(二)完善的功能设施

按照一线城市标准,大力推进基础配套及公共服务设施建设,对标国际花园城市,推动平台建设"简洁明快、大气精致"。

首先,坚持基础设施先行,高标准实施道路建设、市政管网、标识系统等

配套工程,65 公里的"五纵四横"主干道路框架一次成型,齐河黄河大桥、京台高速生态城出口先后开通,齐河一中新校区、小学和幼儿园、齐州黄河大桥、游客集散服务中心、生态城医院规划建设,坤河大街、旅游路等 20 条道路改造提升快速推进,为项目落地、要素集聚奠定了硬件基础。

其次,围绕完善服务功能,欧乐堡温泉酒店、骑士度假酒店、蓝海御华温泉酒店、山东大厦安德湖酒店先后开业运营,碧桂园温泉酒店、动物园咖啡投入运营,保利悦雅酒店也已开业,齐河一中新校区开工建设,山东文化艺术职业学院新校区签约落地,优质公共服务资源加速汇聚。

最后,树牢群众理念,以城乡融合推动乡村振兴,"选最好的位置、定最好的政策、用最好的材料、建最好的质量、设最好的配套、建最好的房子"。投资 50 亿元集中建设了 1.8 平方公里的古城苑、望岱、滨河、龙泉四大社区及配套小学、幼儿园、商业、卫生服务中心等设施,把安置社区建设打造成群众满意的民心工程,其中古城苑、望岱社区已全部回迁安置,滨河、龙泉社区全面竣工并已启动回迁安置工作,惠及辖区群众 3 万多人。

(三)深厚的文化资源

第一,黄河文化。齐河是德州唯一的沿黄县,博大精深的黄河文化代表着中华民族五千年文明史的发端和演化,对两岸的"黄河人"产生了深远的影响,使齐河产生了与黄河相适应的生产、生活、习俗,黄河风情与鲁北民俗相得益彰。

第二,历史文化。齐河历史文化厚重,文化遗迹遍布,黄河国际生态城是 800 年老齐河城旧址,这里有周朝诸侯会盟地、野井亭、骆宾王题诗亭、明朝恩荣坊遗址、老残观凌处等历史遗迹。

第三,黑陶文化。齐河黑陶选用黄河古河道河床下纯净细腻的胶土为原料,经数十道工艺烧制而成,被中外史学家称为"原始文化的瑰宝",是山东省非物质文化遗产。

第四,红色文化。齐河红色文化灿烂,拥有鲁北第一个党支部成立地、齐河革命烈士纪念馆、全国劳动模范时传祥纪念馆、祥斌精神教育基地等红色资源。

第五,佛教文化。佛教文化存续,黄河国际生态城内原有明成祖朱棣敕建的皇家寺院定慧寺,该寺与长清灵岩寺并称姊妹寺,曾被誉为"济南(府)第一名刹"。定慧寺现已重建,是国家 3A 级景区。

第六,民俗文化。鲁北平原自古以来就是农耕沃土,千百年来形成了不同于丘陵地区的独特农俗,造就了淳朴的民风。同时,这里至今保存着黄河号子、打夯小调等非物质文化遗产。

(四)丰富的温泉资源

黄河国际生态城地热温泉覆盖全域,康养疗效明显。经勘测,寒武纪温泉资源覆盖整个生态城,温泉覆盖面积占到全县总面积的 85%,齐河享有"齐鲁温泉城"的美誉。寒武纪石灰岩底层温泉富含钙、镁、钾等 30 多种矿物质和具有重要医疗价值的放射性元素镭、氡,对人体的神经、皮肤、消化、心血管、呼吸等系统有保健和疗养作用。

三、黄河国际生态城四大特色产业支撑高质量发展

黄河国际生态城充分利用其得天独厚的有利条件,着力开发了文化旅游产业、高新技术产业、医养健康产业、高端商务产业四大特色产业,构建起了生态保护和高质量发展的良好格局。

(一)文化旅游产业

1.文化旅游产业的发展现状

为加快文化旅游产业发展,黄河国际生态城坚持"项目集群化、品质精致化、基底生态化、全域融合化、品牌国际化"的发展路径,全力推进文旅产业迭代升级,加快进入大文旅时代,打造国际化旅游度假目的地。先后引进了以泉城海洋极地世界、泉城欧乐堡梦幻世界、泉城欧乐堡水上世界、欧乐堡动物王国、黄河文化博物馆群、黄河国际酒店为代表的欧乐堡旅游度假区,以及中国驿·泉城中华饮食文化小镇、黄河水街、冰雪世界文旅综合体、麦当劳得来速餐厅、动物园咖啡项目等精品文旅项目 20 个。其中,总投资120 亿元的黄河文化博物馆群,集自然博物馆与古典园林景区于一体,储备各类藏品 3 万余件,被中宣部确定为国家文化产业发展项目库首批入库项目,目前正在冲击世界级博物馆群。2021 年 6 月,黄河国际生态城成功入选文旅部发布的"黄河生态文化之旅"国家级旅游线路,泉城欧乐堡度假区入选全省第一批文明旅游示范单位。

2.文化旅游产业的发展思路

围绕"如何在众多沿黄城市中脱颖而出"这一课题,齐河县以"高端化谋

划项目、亲民化设计路线",着力打造比较优势,构建支撑文旅产业发展的产品体系。在高端化谋划项目方面,坚持高起点规划、高标准监管、高效益运营。亚洲规模最大的单体室内海洋馆——泉城海洋极地世界、中国北方规模最大的大型主题乐园——泉城欧乐堡梦幻世界、山东省首个生态型互动趣味性野生动物世界——泉城欧乐堡动物王国以及山东省体量最大的酒店综合体——黄河国际酒店等一批"文旅航母"项目先后建成运营,成为拉动产业腾飞的"新引擎"。在亲民化设计路线方面,坚持全时段,春天有房车营地、夏天有水上冲浪、秋天有夜景演艺、冬天有温泉小镇,游客一年四季皆可游玩;坚持全龄段,儿童可到动物王国、海洋馆增长见识,青年可到梦幻世界畅快游玩,中老年可到博物馆群体验文化、到湿地感受静谧;坚持全天候,丰富各类文化活动,使游客能够"白天逛景区、夜晚看演出"。

(二)高新技术产业

1.高新技术产业的发展现状

为加快高新技术产业发展,黄河国际生态城依托齐鲁高新技术开发区,重点发展生命科学、新材料、智能制造等特色产业,积极引进发展新技术、新产业、新业态、新模式。目前,已形成百多安医疗器械、前沿生物、中源药业、三维海容、博森干细胞、光谱医疗、威阳医疗器械、唐派医疗、英盛检测等近20家企业组团发展的生命科学产业集群,涉及高端医疗器械、一类新药、基因检测、细胞工程等众多领域。形成以山大天维为技术依托,山东中恒、宽原、永昂、新景四家碳纤维企业生产,山东特检集团进行标准化检测,集研发、中试、生产、检测为一体的综合性产业基地。形成以拓普深海技术与装备研发、远望防务、帝森克罗德、远航智造等项目为代表的智能制造产业集群,以及以联东U谷、金科智慧科技城为代表的高品质"区中园"。2021年11月,齐鲁高新区创建的国家级科技企业孵化器获省科技厅推荐公示,百多安张海军团队荣获国家科学技术进步奖二等奖,中关村e谷荣获全省小微企业创业创新示范基地。

2.高新技术产业的发展思路

主要是对接济南国际医学科学中心,该中心与黄河国际生态城隔黄河相望,距离非常近,而且实力非常强。该中心按照"精综合、强专科"的思路建了20多家高端医院,走"高端化、国际化、特色化"路线。黄河国际生态城主动对接济南国际医学科学中心,进而引入医学科学产业和项目,打造生命科学、新材料、新一代信息技术等产业集群,能够充分利用国际医学科学中心在人才、科技、政策、项目等方面的辐射作用,拓展黄河国际生态城医疗康养产品和功能。

(三)医养健康产业

黄河国际生态城文旅康养示范区东到李家岸干渠,北到黄河二道坝,南到黄河一道坝、国道309,面积60平方公里,涉及旅游度假、商务新城及部分高新技术板块。为了促进文旅康养产业大发展,齐河先后出台了《关于加快享誉全国文旅名县建设的实施意见》《关于应对新冠肺炎疫情影响促进文化和旅游产业健康发展的若干意见》《关于进一步推动文化和旅游产业发展的意见》《关于加快发展全域旅游的实施意见》等文件。以创建享誉全国的文旅名县为目标,坚持顶层设计、规划引领,为文旅康养及其融合发展打下了坚实的基础。黄河国际生态城医养健康产业主要包括如下几种形式。

第一,温泉康养。深入挖掘温泉资源,借助旅游景区,先后建成蓝海御华温泉酒店、碧桂园温泉酒店、欧乐堡温泉酒店等温泉酒店主题集群。其提供温泉理疗、矿泉浴、中草药药疗等健康疗养特色服务,打响了温泉养生品牌。

第二,运动康养。依托黄河水乡国家湿地公园,大力发展湿地养生旅游、森林养生旅游,定期举办黄河湿地马拉松、中国攀岩联赛、自行车邀请赛等活动。投资30亿元,以冰雪运动为主题的冰雪世界文旅综合体项目签约落地,补齐冬游短板。投资7.5亿元的体育中心启动建设,具备承接世界级体育赛事的条件。

第三,医疗康养。依托医养健康、生命科学等产业优势,推动康体医疗和养老养生有机融合。投资31亿元的济高国际康养文化基地,致力于打造集医疗、康复、体检、颐养为一体的高端康养生活片区和产业聚集地。投资7.5亿元的保利和熹会项目,打造以专业关怀照料服务为核心的养护型养老模式,吸引了省会济南及周边地区的老年人来此疗养定居。

第四,文化康养。挖掘黄河文化、美食文化、宗教文化等资源,打造黄河文化博物馆群、黄河水街、定慧寺等具有齐河品牌特色的文化康养项目。

(四)高端商务产业

与中骏集团等国内知名商务区开发运营企业精准对接,依托国际友城黄河湾、东盟国际生态城、大卫国际齐鲁智慧大厦等项目,立足国际化标准,大力引进商务办公、总部经济、金融服务等业态,规划建设新时代商务新区,加快产城融合步伐,打造对外开放合作新平台。充分利用发林集团在东南亚的巨大影响力,充分发挥东盟国际生态城的平台作用,充分抢抓《区域全面经济伙伴关系协定》签署的机遇,积极协调服务,争取世界华人经济峰会等国际高端会议在齐河东盟国际生态城举办,打造中国北方深度对接东盟国家的桥头堡。

四、黄河国际生态城特色产业集群高质量发展的经验启示

(一)推动黄河国际生态城特色产业高质量发展,必须审势借势

抓住重大机遇,才能取得重大突破。黄河流域生态保护和高质量发展上升为国家战略后,齐河县不等不靠,在黄河流域所有县(市、区)中率先启动《黄河流域生态保护和高质量发展规划》编制工作,立足比较优势,将特色产业作为落实国家战略最重要的突破口和发力点,着眼加快融合,高点定位、高位推进,抢抓机遇、借势发展。这种"顺时而动、乘势而上"的敏锐性和主动性,有力地推动了齐河黄河国际生态城特色产业跨越进入高质量发展时代。

(二)推动黄河国际生态城特色产业高质量发展,必须惠民利民

旅游是富民产业,也是需要全民参与的产业,只有普惠于民,才能更有人气、更富活力、更可持续。齐河县构建全域旅游大格局,实现"百花齐放、多点开花",越来越多的乡村群众投身休闲农业、观光采摘、民宿餐饮等业态,吃上了"旅游饭"、走上了致富路。2021年,全县城乡居民人均可支配收入比值缩小为1.72,优于全省、全国平均水平,其中一个重要因素就是走出了"旅游富民"的路子,真正让"绿水青山"变成了"金山银山"。

(三)推动黄河国际生态城特色产业高质量发展,必须业态融合

旅游业关联度高、拉动力强,与其他产业跨界融合、协同发展,能够更好地释放综合效应。齐河县坚持构建"大旅游、大市场、大产业",持续推动旅游与体育、研学、康养、商贸、度假等行业深度融合,让游客引得来、住得下、

有消费,实现了由"门票经济"向"产业经济"的转型升级。2010 年以来,齐河县接待游客数量以每年约 50 万人次的速度稳步增长,2019 年达到 670 万人次,实现旅游收入 32.5 亿元,第三产业对经济增长的贡献率达到 66.3%,背后最重要的原因就是文旅产业的拉动。

(四)推动黄河国际生态城特色产业高质量发展,必须前瞻性布局

拥抱大众旅游时代,必须顺应游客重体验、多样性、个性化的消费趋势和出行需求。齐河县把握这一规律特点,超前布局投资过亿元的各类文旅项目 20 余个,总投资额近 900 亿元,覆盖全龄段、全时段、全天候,打造多元化的旅游产品供给体系,形成"近悦远来"的都市休闲矩阵,成为全国文旅版图中不可忽视的优质板块。这带来的启示是:在文旅产业发展竞争激烈的背景下,必须坚持供给侧结构性改革,善于研究市场、紧紧跟踪市场,始终走在前列。

(五)推动黄河国际生态城特色产业高质量发展,必须集成式发展

齐河县强化多项改革举措,推动文旅产业实现从"一个项目、一条路"到"一个集群、一大板块"的华丽嬗变。加快进入大文旅时代,就是要坚决抛弃过去低水平、分散化、粗放式发展的路子,根据不同的发展阶段,明确高质量发展的最佳路径,不断加快产业结构优化升级,构建现代化产业新体系,始终保持产业内生动力、抢占市场制高点。

(六)推动黄河国际生态城特色产业高质量发展,必须优化营商环境

齐河县始终遵循"进了齐河门,就是一家人;来到齐河县,好事要快办"的营商理念,树牢"扎实、落实、务实、实效"的工作作风,以"不争第一就是在混"的激情干劲和"今天再晚也是早,明天再早也是晚"的紧迫感、使命感、责任感,盯靠项目、服务项目,建立"人人都是招商员、人人都是服务员、人人都是讲解员、人人都是联络员"的企业联络员制度,积极协调和解决企业项目存在的困难和问题,提升黄河国际生态城便民服务效能,打造营商环境最佳园区。在短短的十年内,黄河国际生态城能有那么多大项目、好项目落地生根,与齐河良好的营商环境有直接关系。

黄河国际生态城在未来的发展中,将以创建国家级旅游度假区、省级高新区和国家级科技孵化器为抓手,全力抓好生态环境保护、功能配套提升、

重点项目建设、产业建链补链和民生福祉保障等重点工作,全力打造国际化康养休闲旅游度假区、高端前沿科技产业聚集区、宜业宜居的产城融合样板区和新旧动能转换示范区,打造黄河流域生态保护和高质量发展的齐河生态城样板。

中共齐河县委党校课题组负责人:孙德奎
课题组成员:刘晓彤　沈仁强

"四新"促"四享" 深耕黄河之滨

——滨城区黄河流域生态保护和高质量发展实践案例

2021年10月22日,习近平总书记在山东省济南市主持召开深入推动黄河流域生态保护和高质量发展座谈会时指出:"沿黄河省区要落实好黄河流域生态保护和高质量发展战略部署,坚定不移走生态优先、绿色发展的现代化道路。"①党的十八大以来,以习近平同志为核心的党中央将保护黄河视为事关中华民族伟大复兴的千秋大计。习近平总书记多次深入实地考察沿黄省区,为新时期黄河保护治理、流域省区转型发展指明了方向。《黄河流域生态保护和高质量发展规划纲要》为黄河流域生态保护和高质量发展重大国家战略擘画了蓝图。自2019年黄河国家战略提出以来,滨州市滨城区深入贯彻习近平总书记的重要指示精神,结合自身特色,坚持走"生态优先、绿色发展"之路,以"四新"促"四享",在基层主动落实国家战略、推动改革创新方面进行了有益探索。

一、树牢"新生态","一转两化",享大河之绿

滨城区立足新生态思想,创新"一转两化"模式,通过"铁腕"手段实施对"母亲河"的治理保护。

一是转变开发思想。一直以来,在经济发展过程中秉持一种"靠山吃山、靠水吃水"的传统思想,在黄河的开发利用上也是"取之于河"但却实现

---

① 《习近平在深入推动黄河流域生态保护和高质量发展座谈会上强调 咬定目标脚踏实地埋头苦干久久为功 为黄河永远造福中华民族而不懈奋斗 韩正出席并讲话》,2021年10月22日,http://www.news.cn/politics/2021-10/22/c_1127986188.htm。

不了"用之于河"。黄河滩区的开发建设多用于满足人类的需求,甚至赢利的需要。比如,滩区土地的无休止开垦种植,大棚等设施农业的"遍地开花",孔子学堂、文化旅游方面的固定建筑物等,尽管满足了居民的一些物质和精神需求,却造成滩区泄洪区阻塞、林木覆盖率降低,无形中破坏了黄河流域的独特的生态圈。近年来,特别是习近平总书记提出黄河流域生态保护和高质量发展战略要求后,滨城区迅速转变思想,将"绿水青山就是金山银山"的理念融入经济社会发展中,坚决用"两山"理念解决"大河"问题,坚持规划先行、生态优先、绿色发展、保护为主,把水资源、水生态、水环境承载能力作为刚性约束,将产业发展与黄河高质量发展有机融合,努力写好新时代黄河流域生态治理保护大文章。

二是生态建设项目化。滨城区积极探索以项目化建设推进黄河生态治理保护,建成了11个重点项目。截至2021年11月底,投资1.2亿元修建了"十里荷塘"景区;投资6500万元打造了"黄河小街湾";投资2.1亿元,对21个沿黄老村台实施了防洪安全、基础设施和美化靓化同步提升工程;投资1亿元修建临时撤离道路40公里;投资1680万元新建1.2公里新立河西路(C5~C8)、1.4公里新立河西路南延路(C8至南环河);投资1100万元实施25公里的水利灌排体系建设(二期)工程;投资1350万元实施黄河淤背区绿化提升工程,完成节点绿化62.6亩,提升改造251.55亩,重新栽植798.6亩。2022年,计划投资4.5亿元实施"韵动黄河"生态保护工程,投资3.3亿元实施黄河岸生态文化基础设施建设提升项目。为确保项目顺利推进,成立了由区主要领导挂帅、4名区级领导任副指挥的工作专班,下设综合组、主城区段村庄搬迁和改造提升工程工作组、黄河滩区脱贫迁建工作组,成员为23个单位主要负责人,顶格配备力量,层层压实责任。将黄河流域生态保护和高质量发展纳入有关街道、部门的科学发展综合考核,严格执行周调度、月观摩、季考核制度,构建"一张图"规划、"一盘棋"建设、"一体化"开发的格局。

三是治理保护长效化。全面推行河长制,持续推进"清河行动""黄河四乱"整治行动,累计处理违法事项94处,有效净化了沿黄片区环境。同时,对部分拆违区域进行保护性修复,利用原有的地形和植被,进一步美化黄河沿岸环境,建设了黄河之星生态园。项目于2019年10月开工建设,2020年4月30日建成启用。生态园主要分为综合服务区、休闲营地区、绿植生态园三大功能区,包含黄河之星、休闲营地、黄河微缩景观、亲水平台等板块。黄河之星广场呈圆形,直径54.64米,数字取自黄河的长度5464公里,旨在向黄河母亲致敬,展现"城市亲近黄河、黄河融入城市"的特色魅力。广场占地面积2300平方米,可同时容纳2000余人,成为富有现代气息、凸显黄河元素、独具滨州特色的靓丽名片,并成为举办全市重大活动的主会场之一。

二、建设"新村居","两合一路",享大河之安

滔滔黄河携泥带沙,历史上几经泛滥,滩区群众代代饱受水患侵袭。滨城区秉承以人为本的思想,在深入调研和广泛征求意见的基础上,结合当地实际,打造"两合一路"迁建模式,撑起群众的安居梦,有效地保障了滩区28个村居群众的生命财产安全。

一是融合城市化,外迁安置进城区。针对靠近主城区的7个村居,滨城区打破城市"买房—户口搬迁"的农民市民化模式,集中对这7个村实施了外迁,将其安置于滨州城区南部的黄河馨苑安置区。该安置区为全省唯一一个黄河滩区居民外迁至主城区的安置项目,截至2021年11月底,该项目已建成18栋楼,安置7村6599人。在迁建过程中,始终坚持"民意至上",广泛征集群众意见,成立滩区迁建指挥部,聘请第三方参与迁建,项目投资主要由财政配套解决,不增加群众的经济负担。7个村均在两天内完成签约,1个月完成群众躲迁。在整个迁建过程中,没有发生一起信访事件,没有留下一个钉子户。村民搬迁入住后,将享受与城市居民一样的取暖、出行、就医、就学等待遇,实现了农民"集中城市化"。

二是结合乡村振兴,美丽村居筑高台。坚持防洪安全、基础设施和美化靓化同步提升,截至2021年11月底,累计投资2.1亿元,对涉及3478户9948人的21个村居的旧村台进行了改造提升,努力将滩区村台打造成沿黄明珠、城市后花园。对旧村台的改造提升既保障了人民群众的生命财产安全,又留住了"乡愁",建设了美丽宜居村居。

三是建设幸福路,打造沿黄金腰带。截至2021年11月底,投资1亿元,高标准建设滩区路网,累计完成临时撤离道路40余公里。其中20.4公里的骑行绿道和20公里的车行道形成沿黄道路闭环,恰似横亘在主城区南部、黄河北岸的金腰带,成为沿线景观和美丽乡村串点连线的主线和支撑。基于此,外界游客方便进入、内部农产品能低价运出,让百姓出行更安心、农业生产更便捷、致富更高效。

三、发展"新产业",致富脱贫,享大河之兴

保障搬得出、住得好之后,"后半篇文章"就是如何让群众住得稳、能致富。为此,滨城区制定了产业培育规划,聚焦精准脱贫、产业培育、整体增收,打出了一系列"组合拳"。

一是科学规划,培育"四个万亩"片区。滨城区辖区黄河滩区耕地共4.3万亩,广泛分布于滩区内外的7个街道39个村居,在产业发展方面存在碎片化现象。滨城区立足于沿黄土地布局和产业现状,以"粮、林、果、蔬"为基准,发展"四个万亩"生态农业示范片区,种植粮食、林木、水果、蔬菜各1万亩。同时,采用企业化运作模式,科学推进沿黄片区81个村居共计2.5万余亩土地整体流转,在黄河岸边错位打造高科技农业产业园和高质量果蔬采摘园。截至2021年11月底,培育农业龙头企业72家,农业园区32家,流转土地31.88万多亩,涌现出了中裕、国昌等一大批全市乃至全省一流的农业生态园,叫响了"滨城黄河岸,绿色农产品"品牌,被省科技厅命名为滨城(黄河滩区)省级农业科技园。目前,滨城区正在加快农事园、运动园规划建设,并通过系统规划将中裕小麦产业集群融入沿黄高质量发展。

二是精准脱贫,搭建"现代农业+旅游+扶贫"模式。在滨城区贫困群众中,老、弱、病、残等原因导致的贫困占比较大,此外,黄河滩区居民建筑花费多和出行成本大也是造成贫困的一类原因。比如,在黄河滩区盖房子,垫地基的费用甚至远超盖房子的费用,比非滩区的成本增加2~3倍。为了实现精准脱贫,在利用低保政策兜底的同时,有序推进黄河滩区脱贫迁建,让滩区人民过上美好生活。在改善硬件设施环境的同时,积极开展"造血"行动,突出项目带动,搭建"现代农业+旅游+扶贫"模式,形成一套行之有效、特色鲜明的产业扶贫产业园工作模式,致力打造沿黄特色扶贫产业带。截至2021年11月底,已对沿黄扶贫产业带投入专项扶贫资金近1620万元,重点打造了龙崖合作社、腾达农业、中裕黄河岸绿色生态农业和国昌黄河生态园有限公司优质蔬菜生产基地等扶贫项目。沿黄扶贫产业带关联带动了全区5个重点乡镇935户1870名贫困群众,每人每年能够获得项目收益1000余元。

四、铸造"新品牌",多彩黄河,享大河之美

长期以来,在滨城区人民的印象中黄河只是一条用于饮用与灌溉的河流,人们对黄河文化的印象非常浅薄,对黄河文化的挖掘和宣传远远不够,

"黄河精神""黄河故事"养在深闺人未识。滨城区立足于"以文为魂"的发展思路,积极挖掘和宣传"黄河文化"集合体。

一是黄河文化不断传承。滨州是黄河文化和齐文化的发祥地之一,历史悠久,遗迹众多,名人荟萃。从"北镇时代"到"五环四海"时代,再到未来的"黄河时代",建成的黄河楼承载着黄河文化所蕴含的时代价值。黄河楼主体建筑 11 层,从 1 层到 11 层,每层主题各异。围绕滨州黄河文化,以"黄河明珠 智者智城"为主题,通过多样化的互动形式与声光电各类高科技展项,多元化展示黄河文化在不同时代的具体体现以及新中国人民把"害河"变为"幸福河"所取得的伟大壮举。黄河楼已成为地标性建筑、网红打卡地、城市会客厅,记录着滨州迈向"黄河时代"的精彩历程。

二是传统文化展新颜。滨城区内既有商周时期人类聚居的兰家、侯家、高家遗址,也有展现明清望族"一门十二进士"——杜氏一族"做人要谦虚正直,做官要爱国恤民、廉洁勤政,做事要'端正、明白、和平、谨慎'"精神的杜受田故居。其现已成为国家 AAAA 级景区,吸引着多方来客。深挖沿黄传统的"乡土文化",成功建设西纸坊、狮子刘古村落等鲁北传统文化展示基地。西纸坊以田园、湿地为基础,集特色高台民宿和柴烧古窑,展现浓郁的鲁北乡村魅力和黄河古渡风情。狮子刘保留了典型的鲁北民居,原汁原味的农家生活,处处散发着浓浓的乡土气息。同时,本着集体村民双增收的原则,打造了龙王崖农事体验、休闲采摘等"农耕文化",开展以黄河为主题的文体活动,形成了"一村一品、一村一韵、一村一景"的乡村振兴"沿黄样板"。当前,创建省级特色旅游村 2 个、省级农业旅游示范点 1 处、省级好客人家星级农家乐 3 家,积极培育杨柳雪村、龙王崖村、张王村、小街社区争创国家 3A 级景区,全力推进乡村旅游提质升级,推动村民收入持续增长。"黄河风情、多彩滨城"获评"好客山东"最具特色乡村旅游目的地品牌,沿黄片区成为广大市民及游客走进黄河、亲近黄河的旅游新地标,也成为人们感受黄河力量、传承黄河精神的重要场所。

三是红色文化广泛传承。这里有集中展现"不屈不挠、艰苦奋斗、顾全大局、无私奉献"老渤海精神的渤海革命烈士陵园,既告慰先烈,也教育和激励着后人。周恩来总理骨灰撒放地和纪念碑让我们深情缅怀伟人的初心、使命和伟大精神;还有周恩来总理亲手将杨柳雪村树为"棉区的一面红旗",当年杨柳雪人民为改变贫穷面貌战天斗地的历史场景历历在目、感人至深,黄河红色文化广泛传承。

四是廉洁文化持续弘扬。国家 AAA 级景区——十里荷塘景区是滨城区重点打造的莲(廉)文化休闲观光基地,也是黄河生态保护工程建设的重点项目。借助原有零散的荷塘,因势造形,将景区面积连片扩展到 1200 亩,发掘莲(廉)文化,培育荷(和)品牌,将十里荷塘打造成沿黄生态经济带的核心湿地景区。湿地景区内栽植 80 个品种共 26 万余株观赏荷苗,配套建设了观光木栈道、水车、瞭望塔、天桥,建设了游客服务中心、荷花仙子喷泉音乐广场,开通了观光小火车、观光游船、观光自行车,周边打造了千亩景观花海。千亩油菜花海和百亩湿地区吸引了几十种鸟类不远万里来到这里,它们在这里栖息繁衍。"文明滨城生态为本""十里荷塘鸟语花香"的独特生态景象令游人流连忘返、如痴如醉。昔日人迹罕见的低洼藕塘现在成为市民竞相拍照、打卡的教育景点,已累计吸引游客 50 余万人次,形成了寓廉于景的"黄河廉文化"。

目前,滨城区正按照全市"一张图"规划、"一盘棋"建设、"一体化"开发的格局,全力配合推进南海湿地绿化、南外环景观提升改造、黄河四桥建设等市级工程,持续发力"四新",以黄河"风情"增进群众"感情"、厚植黄河"亲情",形成人、城、河一体化高质量发展,奋力奏响新时代"黄河大合唱"最强音。

五、滨城区推动黄河流域生态保护和高质量发展的启示

滨城区在黄河流域生态保护和高质量发展的实践中积累了丰富的探索经验,本文对这些探索中的有效做法进行了总结。尽管有些措施有其独特性,但对滨州市乃至山东省黄河流域生态保护和高质量发展仍有着重要的示范意义。

(一)"四新"为绿色发展注入新动力

滨城区围绕"新生态""新村居""新产业""新品牌",打破传统发展模式,强化绿色发展新理念。一是加大绿色科技创新投入,促进全区经济向清洁化、高端化方向发展,实现经济发展与生态保护的良性循环。二是对接《滨州市黄河流域生态保护和高质量发展实施规划》,以绿色发展为导向,引入互联网、大数据、人工智能等战略性新兴产业,加快沿黄区域产业转型和结构优化。三是完善人才政策,借力滨州市产教融合型、实业创新型"双型"城市建设,围绕沿黄区域生态保护与高质量发展,用好"五院十校 N 基地"技

术资源和人才资源,吸引人才参与到沿黄发展中来,推动成果转化。

(二)"四新"为高质量发展增添新活力

滨城区围绕"新产业""新品牌",充分挖掘、利用、发展、丰富黄河文化,赋予了沿黄城市更多的内核力量。一是将当地特色融入黄河景色与黄河文化。例如,将丰富的滨城红色文化、孙子文化、非遗戏曲、非遗美食、非遗手工艺、民间风俗融入文旅产业。在沿黄民宿项目中,成功探索了多样化生态发展模式。二是用好黄河资源,拓展城市文化。例如承办迷笛音乐节,探索黄河与音乐的碰撞,给黄河增添更多的时尚和文化气息;以庆祝中国共产党成立100周年为契机,依托黄河资源举办系列主题庆祝活动,给黄河注入更多的红色元素。

(三)"四新"为协调发展增添新魅力

滨城区围绕"新生态""新村居",城乡一体化规划与发展让村民的生活品质得到切实提升,留住了乡景和"乡愁"。一是在沿黄区域生态保护方面,坚持保护优先、生态优先、自然修复、绿色发展主线,对黄河滨城段全域进行生态修复,形成贯穿东西的绿色生态长廊。二是在民生改善方面,集中安置滩区村民,改造滩区旧村,推动道路、交通、供水、燃气、通信等市政基础设施向农村延伸,极大地便利了村民的生活。开展农村环境整治、美丽庭院创建等一系列工作,沿黄乡村街巷已是花团锦簇、风景如画,美丽乡村建设已成为现实。

中共滨州市滨城区委党校课题组负责人:尹连太
课题组成员:姚苏芮　崔乃红　张洪青　陈丽红

黄河流域生态保护与县域经济
高质量协同发展的研究

——以济南市长清区为例

2021年10月22日,习近平总书记在济南主持召开深入推动黄河流域生态保护和高质量发展座谈会并发表重要讲话,对山东、对济南的发展寄予厚望,明确提出山东要"努力在服务和融入新发展格局上走在前、在增强经济社会发展创新力上走在前、在推动黄河流域生态保护和高质量发展上走在前"①的更高要求。济南作为黄河流域唯一沿海省份的省会,同时又是沿黄三大中心城市之一,地处黄河生态走廊与京沪经济动脉,在全力打造黄河流域生态保护示范标杆和高质量发展核心增长极中起着支撑引领的重要作用。长清区作为济南市黄河段沿线的重点区县,是助推济南落实黄河重大国家战略的重要承载地。近年来,长清区积极抢抓黄河流域生态保护和高质量发展重大国家战略机遇,立足新发展阶段,贯彻新发展理念,融入新发展格局,以城乡统筹发展为抓手,在推动实现黄河流域生态保护和县域经济高质量协同发展中不断深化"长清探索",取得了明显成效。

一、济南市长清区基本情况

长清区地处济南市西南部,南倚泰山,西临黄河,总面积1178平方公里,辖8个街道和2个镇,常住人口59.55万人。长清区山清水秀,生态环境优

---

① 《习近平在深入推动黄河流域生态保护和高质量发展座谈会上强调 咬定目标脚踏实地埋头苦干久久为功 为黄河永远造福中华民族而不懈奋斗 韩正出席并讲话》,2021年10月22日,http://www.news.cn/politics/2021-10/22/c_1127986188.htm。

美,境内有南、北大沙河两大水系,占地 3.87 平方公里的园博园和占地 33.4 平方公里的济西湿地坐落于此,森林覆盖率达到 39.27%,大气和水环境质量持续位于济南市前列,素有济南"后花园"的美誉。黄河长清段上迄长平滩区交界处,下至玉符河口,流经孝里镇、归德街道、文昌街道和平安街道 4 个街镇,全长 52 公里。长清区是山东省黄河滩区迁建的主战场,黄河滩区总面积达 226 平方公里,涉及 4 个街道 224 个村 15.71 万人,占山东省总滩区迁建任务的 25.91%。截至 2020 年 12 月底,长清区的黄河滩区迁建各项任务全部完成。

近年来,济南市长清区深入贯彻落实习近平总书记视察山东重要讲话、重要指示精神,积极抢抓三大机遇,深入实施"大引进、大融合、大合作、大建设"四大战略,全力打造"老城商业服务、经开区智能制造、大学城创新创业、五峰山文旅康养、灵岩片区大泰山文化旅游"五大重点,各项事业取得新的成绩。2020 年,长清区地区生产总值增长 3.1%,一般公共预算收入可比增长 9%,固定资产投资增长 10.9%,规模以上工业企业增加值增长 13.5%,大部分指标增幅高于济南市平均水平。[①] 2021 年前三季度,长清区固定资产投资增长 23.9%,列全市第 3 位;地方财政收入增长 21.4%,列全市第 6 位;实际利用外资完成全年任务的 130%;城镇和农村居民人均可支配收入分别增长 9.5% 和 11.4%,分别列全市第 3 位和第 5 位。[②] 截至 2021 年 10 月底,长清区累计入库"四上"企业 77 家,规模以上工业企业增加值增长 4%,限额以上单位零售额增长 18.4%,工业技改投资增长 127%,列济南市第 4 位。目前,长清区重点企业运行良好,经济活力和发展潜力强劲,产业基础优势持续增强,黄河流域生态保护和经济高质量协同发展成效不断凸显。

二、长清区推进黄河流域生态保护与县域经济高质量协同发展的重要举措

长清区抢抓黄河流域生态保护和高质量发展重大国家战略机遇,通过不断完善生态文明治理体系、大力发展特色产业、积极推动新旧动能转换等举措,促进长清区经济社会发展全面绿色转型,助推黄河流域生态保护与县

---

① 参见《2020 年济南市长清区国民经济和社会发展统计公报》,2021 年 4 月 12 日,http://www.jncq.gov.cn/art/2021/4/12/art_22645_4769502.html。

② 参见王端鹏、蒲菁:《长清区:扛起"西兴"使命 全面建设现代化山水魅力中心城区!》,2021 年 11 月 15 日,http://news.e23.cn/jnnews/2021-11-15/2021B1500126.html。

域经济高质量协同发展不断深化。

（一）加强黄河流域生态保护，为高质量发展提供良好的生态环境

1.加强黄河流域水环境保护

一是全面推行"河长制"，统筹水资源污染防治和生态修复，实施黄河流域水环境综合治理工程。二是建立入河排污总量控制制度和排污权管理制度，大力引导水资源循环利用，推进污染治理一体化，不断提高黄河流域水环境质量。

2.加强黄河堤岸生态建设

一是全面推行"林长制"，加强黄河沿岸滩地和防护林带建设，推进黄河沿线的济西湿地等生态资源保护发展机制，形成严格的管理体系和严密的制度体系。比如，在文昌街道辖区内试点"绿色银行"黄河丰产林的种植项目，实现了生态保护和经济效益双目标。二是加快推进郊野公园、山体公园等的建设，打造城乡一体绿化格局，为黄河流域生态保护和长清区经济高质量发展提供有力的生态保障。

3.加强黄河流域农业生态建设

一是以绿色生态为导向，优先安排有机肥替代化肥项目，推行绿色高效农药和标准化种苗补贴制度。二是探索建立"白色"污染物补贴式回收利用体系，加大秸秆综合利用，提升土壤生态质量。

（二）加快城区更新与产业园区建设，为高质量发展拓展空间

1.加大城区更新工作力度

为进一步提升城市面貌、改善人居环境，推进土地、能源、资源的节约集约利用，长清区不断加大城区更新工作力度。比如，积极推进长清区规模最大、投资最多的城市更新项目——文昌片区城区更新。该项目不仅大大改善了老城区的城市环境面貌，而且为黄河流域生态保护和高质量发展战略、济南"西兴"战略的顺利实施拓展了空间。

2.大力推进产业园区建设

一是建设高质量发展引领区。长清区把济南经济开发区作为黄河流域生态保护和高质量发展的引领区，突出数字赋能、绿色引领，建设黄河流域数字经济、绿色产业、智能制造、健康产业示范区，加快争创国家级经济开发区。通过不断加强招商引资，已累计入驻企业685家，逐步形成节能环保、文

化旅游等六大产业链条,推动长清新旧动能加速转换。二是加快推动特色园区建设。充分利用创新谷"孵化器、加速器、专业园区"三大载体,加快双创大厦等重点园区建设,抓好软件园、双创产业基地等创新创业园区建设,实现"一园一特色"的布局。目前,山东省应急产业基地、国家级节能环保产业基地等特色园区建设正在稳步推进中。

(三)加快产业发展,为高质量发展提供新动能

1.多措并举,推动产业转型升级

一是推动环保技术产业发展。依托山东国舜建设集团有限公司等重点企业,积极开展新型环保材料研发生产,推动环保技术产业与生物技术、新能源等领域协同纵深发展,加速传统环保产业转型升级。二是推动压力容器产业专业化。依托山东北辰集团有限公司、山东宏达科技集团有限公司等压力容器生产设计骨干企业,发展核反应容器设备等新一代压力容器设备,为专用化学反应、能源储备容器提供核心部件支撑,不断叫响"好品长清"品牌。三是推动高端设备制造业升级。加快济柴动力有限公司高端化转型,重点发展稀土永磁电机、高效变频电机等高效节能电机设备。

2.发挥优势,发展医养康养产业

一是根据资源禀赋和整体布局,高起点谋划"两园三片"的发展格局。推动建立北部依托产业基础侧重"医养",南部利用自然资源侧重"康养"的"康养之城"的发展路径,擦亮"扁鹊故里、康养名城"品牌。目前,世纪金榜健康医疗产业园、济南精准医疗产业园等均已入驻长清。二是依托良好的自然生态环境、深厚的地域传统文化、优质的医疗卫生资源,全力打造"生态+文化+医疗"三位一体融合发展的医养康养产业新模式。三是发挥长清中药材产业优势,不断提升药材标准化种植及精细加工水平,用好归德、孝里、马山外迁群众的流转土地资源,打造山东省中草药种植基地。

3.深挖黄河文化,推动文旅产业发展

一是以黄河生态风貌带建设为抓手,加快沿黄街镇黄河旅游规划,开展黄河风情旅游。比如,从2019年开始,重点打造总面积约20平方公里,集沿黄风光、民俗风情、历史印记、农耕文化和旅游休闲于一体的北纬36.5度黄河风情带,有力地推动了当地文旅产业发展。二是以多元化的黄河滩区生态资源为基础,联动全域旅游发展。比如,积极推进济西湿地片区、双泉生态旅游观光片区、孝里大峰山红色旅游片区等旅游项目,串点成线,实现黄

河文化与慈孝文化、红色文化等各种文化旅游业态交相呼应。

（四）加强产学研融合，为高质量发展提供创新驱动

1.发挥优势，加强产学研融合

长清区依托驻区高校和科研院所平台及人才优势，深入实施"一企一平台"工程，实施"专精特新"企业培育工程，加大重点企业与驻区高校对接融合力度，引导企业与区内高等院校、科研院所联合，共建工程技术研究中心、重点实验室、企业技术中心等技术研发机构。

2.强化载体，推动创新创造

一是充分发挥大学城及产学研合作联盟战略支点作用，推动建立黄河流域创新创业中心，不断提升科技创新供给能力，增强发展新动力。二是强化众创空间、科技企业孵化器、院士工作站等载体建设，激发企业创新创业活力，为大众创业、万众创新搭建广阔的舞台。三是鼓励校办企业、合作企业、校友企业在区内建立研发基地、孵化基地，推动孵化企业向经济开发区、产业园区转移。

（五）抓好黄河滩区迁建工作，为高质量发展提供乡村振兴助力

1.扎实做好黄河滩区迁建工作

长清区滩区迁建工作主要涉及归德、孝里2个街道的63个村、4.2万人，总投资约74.81亿元。其中，归德街道崇德苑社区安置24个村、1.05万人，总规划建筑面积50.47万平方米，总投资约15.26亿元，2020年6月群众已全部搬迁入住。目前，归德街道外迁安置24个旧村复垦工作已完成并通过市级验收。孝里街道孝兴家园社区安置39个村、3.15万人，总规划建筑面积165.8万平方米，总投资约59.55亿元，是山东省规模最大的黄河滩区迁建集中安置社区，2020年12月群众已全部搬迁入住。目前孝里街道外迁安置39个旧村复垦进入收尾阶段，正在准备验收工作。归德、孝里两外迁安置工程涉及的旧村复垦完成后增减挂钩节余指标8221亩。

2.抓好产业融合发展

一是紧紧抓住黄河滩区迁建整合上万亩土地的机遇，立足沿黄区位环境和产业比较优势，高标准规划建设黄河滩区省级现代农业产业园。二是以产业园区为载体，推进山东凯瑞食品产业园、佳宝生态牧场等农业重点项目建设。三是加大滩区招商引资力度，引进符合滩区发展的机械制造、新材

料等第二产业。四是依托孝堂山、齐长城遗址等众多文物古迹和大峰山革命教育基地、明清古村方峪等丰富的旅游资源,大力发展乡村旅游产业,实现一、二、三产业融合发展。

3.抓好劳动力转移就业

一是建立劳务信息平台体系,通过组织职业技术教育机构、社会职业培训机构等进驻安置社区,加大对滩区就业人员的培训力度,使滩区搬迁群众成为"有文化、懂技术、会经营"的新型职业农民,实现有计划、有规模的就业。二是推动发展安置区商业、餐饮、服务等产业,引导搬迁群众就近就业。三是加大迁建区招商引资力度,加快项目建设,推动产业发展,通过发展解决搬迁群众的就业问题。

三、黄河流域生态保护与县域经济高质量协同发展的路径思考

黄河流域生态保护和高质量发展是一项利国利民的战略,也是一项长期的系统性工程,沿黄地区应以习近平新时代中国特色社会主义思想为指导,按照习近平总书记视察山东的重要讲话和指示要求,以《黄河流域生态保护和高质量发展规划纲要》为实施方略,推动黄河流域生态保护与县域经济高质量协同发展。具体建议如下。

(一)坚持生态优先,实现黄河流域绿色发展

1.坚持生态优先

一要严守黄河流域生态保护红线,扎实推进生态保护修复工程,提高自然要素的再生产力和自主循环能力。多措并举深入推进大气、水、土壤污染防治行动计划,切实打好污染防治攻坚战,推动生态环境持续改善。二要进一步推进功能多元、有机融合、协调联动的沿黄生态风貌建设。加大对河流、沼泽、湿地等的保护力度,加强水资源保护与恢复工作,实施湿地修复工程。切实保障地下水回灌补源等生态保护工程顺利实施,加快推进黄河生态风貌带建设,构筑生态水系。

2.扎实推进绿色发展

一要坚持"绿水青山就是金山银山",落实以水定城、以水定地、以水定人、以水定产,用市场手段倒逼要素资源节约集约利用,推动用水方式由粗放低效向节约集约转变,把生态资源转化为绿色发展的经济资源。二要支

持和引导企业发展循环经济,大力发展节能环保低碳产业,加快重点产业绿色转型。同时,强化约束性指标管理,实行能源和水资源消耗、建设用地等总量和强度双控行动。三要在保障足够的生态空间的基础上,进一步挖掘黄河文化,充分利用黄河防护堤的资源优势,提升道路等基础配套设施,将其打造成保护黄河、亲近黄河、游玩黄河的生态绿色经济廊道。

(二)增强"一盘棋"意识,实现黄河流域协同发展

1.加强与沿黄省区的合作

一要充分利用沿黄九省区主要党政领导定期会晤机制,加强九省区之间的合作与交流,打破行政区划限制,推动跨区域产业分工与合作,增强产业互补性与联动性,消除产业趋同化,构建有地域特色的现代产业体系。二要充分发挥资源优势,加强产学研融合发展,加强沿黄地区在创新方面的交流与合作,积极鼓励、推动和协助各大院校举办各类专业性学术会议,打造集技术交流、人才交流、协同创新、资源共享为一体的黄河流域创新创业中心。

2.加强与周边区县的合作

根据前向关联效应和后向关联效应惠及上下游产业情况,加强与周边区县的合作,包括但不限于打破产业溢出和承接的单向关系,实现区域产业错位与协同发展。比如,长清区应充分利用在济南国际医学科学中心的区位优势,加强与槐荫区政府、济南国际医学科学中心管委会的交流和合作,推进以济南经济开发区为阵地的医疗器械产业集群和产业链条发展。

(三)加强深度融合,实现黄河流域优势发展

1.突出高质量发展特色

一是优化调整区域经济和生产力布局,推动沿黄地区合理分工,做到宜粮则粮、宜农则农、宜工则工、宜商则商。二是通过培育经济重要增长极,增强黄河流域高质量发展动力,夯实黄河流域高质量发展基础。同时,高质量发展不是单一方面的发展,而是全面的发展,因此应加强产业融合,以产业发展产业,以产业创新产业,提升高质量发展的活力和潜力。

2.推进产业深度融合

一是通过多种方式融合绿色工业、生态农业,打造域内生态文化群,实现域内景区和产业的生态化、集群化、一体化发展,着力培育建设一批有历史、地域、民族特色和文化内涵的旅游休闲街区、特色小镇、旅游度假区,建

设可持续发展的生态涵养区。二是应围绕黄河生态保护,分区优化域内空间功能,充分挖掘和利用文化优势,在资源、业态、营销等方面深度融合,把丰富的文化资源转化为经济发展优势。

(四)推动创新创造,实现黄河流域高质量发展

1.积极推动创新创造

一是争取布局国家级创新平台,提升黄河流域的科技创新水平,汇集各类高层次人才,打造黄河流域人才科技高地,采取校企合作、校院(所)协同等多种途径,共同研发转化科技成果,共同培育创业型、创新型人才。二是统筹黄河上、中、下游区域合作,建立共同参与、利益共享、风险共担的产学研协同创新机制,打造具有国际竞争力的黄河流域科创城、智慧谷,推动县域经济创新发展走上快车道。三是加强各类研发中心的引进,谋划建设院士工作站、博士后流动站等高端创新平台。

2.积极推动成果转化

一是依托现代农业产业园、农村产业融合发展示范园等,结合村支部领办合作社,创新发展农业龙头企业和农村专业合作组织模式。二是创新发展农业产业特色小镇、美丽乡村建设和现代农业园区等农业产业载体,打造现代农业综合发展平台,建设全产业链的农村创新创业孵化实训基地。三是建立"特色产业+专家团队+农科人员+带头人+农户"的科技成果推广转化机制,增加村集体经济和农民收入,实现脱贫攻坚与乡村产业振兴有效衔接,为黄河流域生态保护和县域经济高质量协同发展提供有力的支撑。

中共济南市长清区委党校课题组负责人:赵清

课题组成员:于师伟　赵　珊　张　兴　陈维杰

马凡胜　李大鸢　张玉琳

郓城县发展芦笋产业
推动黄河流域高质量发展

2021 年 10 月 22 日习近平总书记在济南主持召开深入推动黄河流域生态保护和高质量发展座谈会,深刻阐释了一系列重大理论和实践问题,与时俱进地提出一系列新思想、新观点、新要求,饱含着深切的关怀和关爱,体现了深邃的战略思考,彰显出深厚的为民情怀,指明了前进的目标和方向。习近平总书记明确要求山东努力在服务和融入新发展格局上走在前、在增强经济社会发展创新力上走在前、在推动黄河流域生态保护和高质量发展上走在前,不断改善人民生活、促进共同富裕,开创新时代社会主义现代化强省建设新局面。① 这是习近平总书记从战略和全局高度对山东发展的精准把脉定向,是我们做好一切工作的总遵循、总定位、总航标。

党的十九届五中全会审议通过的《中共中央关于制定国民经济和社会发展第十四个五年规划和二〇三五年远景目标的建议》明确提出:要推动黄河流域生态保护和高质量发展。黄河流域生态保护和高质量发展是我国实施的区域重大战略,是推动区域协调发展的重大举措。黄河流域生态保护和高质量发展,同京津冀协同发展、长江经济带发展、粤港澳大湾区建设、长三角一体化发展一样,是重大国家战略。这既是重大的政治责任、政治任务,也是山东构建新发展格局、实现高质量发展的重大机遇。为此,郓城县积极探索,科学谋划,勇于创新,走出了一条农业高质量发展之路。

---

① 参见《习近平在深入推动黄河流域生态保护和高质量发展座谈会上强调 咬定目标脚踏实地埋头苦干久久为功 为黄河永远造福中华民族而不懈奋斗 韩正出席并讲话》,2021 年 10 月 22 日,http://www.news.cn/politics/2021-10/22/c_1127986188.htm。

一、郓城县发展芦笋产业的背景

郓城地处黄河下游冲积平原,临黄堤防 28.075 公里,河道长 34 公里,地势平坦,土壤肥沃,水量充足,农业生产条件得天独厚,是传统的农业大县。截至 2021 年 12 月,全县有耕地 170 万亩,高标准农田面积达到 90 万亩,粮食总产量连续8 年稳定在 20 亿斤以上,先后 7 次被评为"全国粮食生产先进县",是全省四个国家超级产粮大县之一。

郓城县大力发展"互联网+农业",成功培育"好郓来"农业区域公用品牌和"e 品好郓"公用电商品牌。聚焦农村物流"最后一公里"和农产品上行"最初一公里",建立县、乡、村三级物流统一配送体系。此外,还与省农科院、山东农业大学等高校院所深度合作,成立全省首个县级农业农村高端专家智库。省农科院牡丹、芦笋产业技术研究院落户郓城。郓城多措并举,大力推进现代农业的发展。

郓城黄河流域具体涉及张集、李集、黄集三个乡镇。三镇均为传统农业乡镇,位置偏僻、交通不便、贫困人口较多、群众在当地就业机会较少,受自然条件和土壤墒情的影响,土地生产收益不高。与全县总体经济平均水平相比较,沿黄三乡镇经济水平略低。2020 年,李集镇全镇总面积 96 平方公里,辖 35 个行政村、90 个自然村,有 5.7 万人口,有 8.6 万亩耕地,黄河河岸线21 公里,是郓城县河岸线最长的沿黄乡镇。在农业发展中,郓城县根据乡村振兴战略规划和地区优势特色,打造乡村振兴的郓城模式,大力发展绿色农业,推动郓城黄河流域生态保护和高质量发展。

20 世纪 80 年代以来,随着芦笋产业的迅猛发展,我国已成为世界第一大芦笋生产国和消费市场国。郓城县在芦笋种植方面有着天然的地理优势,种植的芦笋以色泽好、抱头紧、口感香而闻名,但是芦笋产业在发展中仍然面临着一些挑战,主要表现在以下三个方面。

一是机械化程度较低。从芦笋产业整个生产环节,包括育苗、定植、田间生产管理、采后加工等来看,国外芦笋种植机械化程度可达 70%~80%,而国内芦笋种植的机械化程度只能达到 20%~30%。由此带来的最直接的影响就是产品商品化程度低,同期国外芦笋价格每吨在 46000 元左右,而国内芦笋每吨价格仅在 26000 元左右,价格差距较大。

二是种质资源缺乏。种质资源是芦笋育种和芦笋产业发展的基础,现有的芦笋种质资源收集和创新不足,缺乏优良品种,国内芦笋种子市场混乱,研究远滞后于生产需求。芦笋育种应与生产和市场相结合,注重选育适合在不同地区气候条件下栽培的芦笋品种,提升芦笋的营养价值,培育专用品种,助力芦笋产业提档升级。

三是劳动力年龄偏大。因机械化程度较低,芦笋的大部分生产环节还是依靠人工。年轻的农民觉得辛苦,宁愿外出打工,也不愿种植芦笋。目前从事芦笋种植、管理的劳动力年纪偏大,并且文化水平较低,技术能力水平较低,这在一定程度上制约了新技术的推广应用。

二、郓城县发展芦笋产业的经验做法

发展一个产业,带动一片经济。郓城县因地制宜,在李集镇引进芦笋种植,发展特色产业,推动芦笋全产业链发展,带动村民通过土地流转、劳动收入实现增收。

(一)顶层设计,科学发展

郓城沿黄28公里的黄河滩地有5.18万亩,这里降水充沛,日照时间长,土地大部分为沙壤潮性土。目前黄河滩区主要种植粮食作物,由于土壤保水、保肥性较差,产量显著低于一般高产田。同时经济作物种类分散,不成规模,种植效益较低,没有经济高效的主导产业。

但是黄河滩区的土壤和气候条件十分适宜种植芦笋。芦笋适应性极强,既耐寒又耐热,适宜的生长温度为20℃~30℃。芦笋抗旱耐瘠、耐盐碱,但是怕土壤积水,因此富含有机质、疏松透气、土层深厚、地下水位低、排水良好的沙质壤土最适宜种植。并且芦笋产业链长,市场前景好。芦笋是山东省种植效益较高的名优特蔬菜,平均亩产1000公斤,常年平均地头价约10元每公斤,亩种植收益约1万元,设施种植亩收入可达3万~4万元。以芦笋为原材料的产品众多,包括芦笋茶、芦笋酒、芦笋饮料、芦笋胶囊、芦笋含片、芦笋面膜等,芦笋产业链已突破农业领域、食品加工业,涉及药品、保健品、化妆品等行业。同时,种植芦笋的生态效益突出。芦笋是多年生宿根性作物,一次种植可连续采收15年以上。它根系庞大,抗旱耐瘠,可蓄水保土、改良土壤、防风固沙,是实现黄河流域绿色发展和生态保护的理想作物。

基于以上考虑,郓城县人民政府与山东省农科院、工商银行签订推动芦笋全产业链发展战略合作协议,通过顶层设计"产业+科技+政府+金融"发展芦笋全产业布局,推动乡村振兴科技支撑型齐鲁样板郓城模式的发展。

县政府制定产业发展引导政策:组织部统一协调,组织培训,制定政策,抓党建促乡村振兴。财政局制定特色作物保险方案。农业农村局协调乡镇,布局发展规划,逐步推进产业发展。金融办协调工商银行、农担,解决产业发展的启动资金问题。山东省农科院举全院之力打造芦笋全产业链发展模式,为芦笋全产业链发展提供科技支撑,推动郓城芦笋产业高质量发展。工商银行郓城支行制定"精准金融服务,助力乡村振兴"方案,联合省农担为发展芦笋产业先期提供10亿元惠农贷,支持党支部领办的合作社发展芦笋产业,破解产业发展的资金难题。由此形成芦笋大健康产业集群,带动农民增收致富,巩固全县脱贫攻坚成果,推动黄河流域生态保护和高质量发展,把"黄河滩"变成"黄金滩"。

(二)龙头带动,全面发展

郓城县政府大力培育芦笋产业龙头企业,辐射带动全县芦笋产业发展。郓城县李集镇的久源农业科技有限公司,是一家专注于芦笋全产业链的专业公司,是菏泽市农业产业化重点龙头企业。久源农业科技有限公司从2014年开始在郓城县发展芦笋产业,以"市场+大健康思维模式"为宗旨,以"绿色健康+笋己利人"为核心,在黄河滩区建有3000余亩芦笋种植试验示范田,辐射带动全县种植面积约8000亩。2020年该公司芦笋营业收入达到3000余万元,帮扶贫困户200余户,推进脱贫和新农村发展建设,为促进农村经济收入增长和乡村振兴起到积极作用。

(三)专班推进,加快发展

2020年5月,郓城县人民政府与山东省农科院、久源农业科技有限公司合作建设的"山东省农业科学院芦笋产业技术研究院"正式成立。与此同时,县政府在农业农村局设立芦笋产业工作专班,协调推进芦笋产业健康快速发展。

工作专班协同研究院从芦笋种质资源引进评价、分子育种、高效生态栽培技术研发、智能智慧机械化生产到国内外市场开拓、产品深加工以及芦笋深度提取等全产业链开展系统研究和推广,构建产业技术支撑体系,围绕产业链部署创新链,解决制约芦笋产业发展壮大的技术瓶颈问题,逐步构建现代芦笋产业技术支撑体系。同时加大乡村科技培训和科学普及力度,从芦笋品种质量入手,将筛选出的国际优良芦笋品种按照市场价格的50%扶持补贴给农户,让农户种得起、卖得好,实现普惠农业、产业增效、农民增收和经济社会发展多赢。

工作专班创新工作机制,协调山东省农科院、郓城县政府和久源农业科技有限公司的合作,致力于打造"1+N+N"的完全开放的新型研发服务平台,整合各方面优势资源,提升科技创新能力和产业支撑能力。

(四)科技创新,绿色发展

芦笋加工企业为传统的劳动密集型企业,企业要想加快发展,只有依靠科技创新,提升科技含量,改进生产技术,才能提升产品的市场竞争力。芦笋产业工作专班联合山东省农科院、北京市农科院、潍坊市农科院、国际芦笋学会、美国沃克兄弟公司、波兰波兹南生命科学大学、日本明治大学在郓城落地芦笋科技研发实验室,自主研发芦笋智能国际标准化设备以及农产品自检与农产品追溯录入软件监测室等基础设施。久源芦笋基地建有研发、实验、加工面积12.3亩,日加工能力可达7吨的自主研发芦笋智能国际标准化设备生产线,目前拥有自有知识产权软件3项,申请发明专利5项,形成了从品种培育研发、种植技术推广到加工销售的芦笋全产业链发展格局。

1.开发芦笋种业"芯片"

在芦笋专班的大力推动下,久源农业科技有限公司与山东省农科院种质资源所、北京市农林科学院、美国沃克兄弟公司开展联合育种项目。面向国内外引进芦笋种质资源,在久源芦笋基地建立了包含100余个品种的种质资源圃,对种质资源进行综合鉴定评价,开展关键农艺性状的基因鉴定和分子标记,进行生物育种,培育高产优质抗病芦笋新品种,开发芦笋种业"芯片",攻破芦笋种业关键"卡脖子"技术难题。

2.制定标准化的芦笋种植技术规程

标准化生产是新"三品一标"的关键核心,目前还没有芦笋标准化种植的行业标准以及山东省地方标准。针对育苗、水肥、病虫草害、机械化等种植过程要素,久源芦笋基地整合山东省农科院种质资源所、资环所、植保所、农机院以及国内国际专家进行联合攻关,实现标准化育苗、水肥精准管理、病虫草害绿色防控、机械或半机械化生产,形成标准化的芦笋种植技术规程。

3.成立芦笋机械研发中心、智慧管理中心

经过市场调研,芦笋专班安排久源芦笋基地依托山东省农业科学院(郓城)芦笋产业技术研究院,成立芦笋机械研发中心、智慧管理中心。研发芦笋采收和产地初加工相关机械,通过农机、农艺融合,实现机械化采收、分选、裁切和包装,大幅降低初加工成本,提高商品性,延长货架期。利用物联网信息技术和大数据,建立芦笋生长模型,通过算法设计控制系统,实现智慧管理。通过科技创新,减少生产成本,降低工人劳动强度,全面提高产品的质量和产量。

4.文化引领,协调发展

企业文化是企业提升竞争力的有效途径,是实现企业协调、可持续发展的关键所在。

久源科技有限公司大力开展企业文化建设的培训工作。首先,依托黄河红色文化开展各种活动,努力将企业理念、企业精神等系列思想熔铸到员工的日常工作及生产行为中。其次,促使员工进一步解放思想,转变观念,把"要我学习"变成"我要学习",对员工进行专业技能及管理制度等多方面的培训,同时通过请外聘专家来公司诊断,进行系统的学习培训,努力提高中层管理人员及全体员工的综合素质。最后,强化其执行力,努力使全体员工的思想觉悟与公司的战略目标保持一致,形成具有特色的企业文化。

三、郓城县发展芦笋产业的成效启示

郓城县大力发展乡村特色农业,重点培育特色农产品,依托芦笋产业项目,使乡村成为高科技农业的领军者、优质产业发展的承载地、城乡融合和生态宜居的示范区,在黄河流域生态保护和高质量发展中走在前列、作出示范。通过对郓城县发展芦笋产业的做法进行总结和分析,可以得出以下几点启示。

(一)强化科技创新,提高产业质量和效率

一要加大科技创新投入。加大种质保护利用、技术集成创新等方面的科技创新投入,为促进芦笋产业科技振兴、推动产业发展提供强劲的助力。

二要加强创新型企业培育。大力支持芦笋企业建立技术开发创新机构,鼓励并引导农业科研单位进入企业或与企业结合,建立以企业为主体的农业技术创新体系。

三要推进科技成果转化应用。将能解决实际生产问题且应用效果良好的技术和品种列为主推技术和品种,促使其在特色现代农业发展、产业体系

建设等农业项目中发挥积极作用。

(二)加强人才建设，夯实发展基础

乡村振兴，人才是关键。长期以来，黄河流域乡村中青年、优质人才持续外流，人才总量不足、结构失衡、素质偏低、老龄化严重等问题较为突出。

高层次、专业化的应用型人才队伍，可以帮助解决芦笋产业发展中的技术难题。要培养一批从事芦笋研发、推广的专业技术人才，着力提高科技创新和技术服务推广能力，为蔬菜产业高质量发展提供有力的科技支撑。组建技术服务队，加强职业技能培训，通过农科院乡村人才培训学院和人社部芦笋栽培培训专项，对种植户、新农人、返乡创业青年开展技术培训，引导回乡大学生发展新产业、新业态、新商业模式，为乡村带去技术、人才、产业、理念，解决生产、经营和营销管理问题，为乡村振兴增加活力。

(三)延长产业链条，探索新的增长点

目前国内芦笋消费市场仍以鲜食芦笋为主，种植收益受市场波动的影响较大。增加种植效益，需要延长产业链，打破传统的将芦笋定位为蔬菜的农业发展思维，把芦笋由农产品转化为加工产品，由第一产业升级到二、三产业。久源芦笋现有"鲜芦笋""芦笋面条""芦笋馒头"等产品，"芦笋茶""芦笋酒""芦笋益生菌"等产品还处于市场培养阶段。建设芦笋循环发展农业，拓展芦笋胶囊、芦笋汁、芦笋保健品延伸加工品，实现一、二、三产业融合发展。

另外，利用旅游思维发展农业，推进观光休闲业发展，为乡村振兴注入新动能。必须突破"农业功能就是提供农产品""乡村的产业就是农业"的传统思维模式，突出芦笋生产"接二连三"产业带动，升级改造成芦笋观光园、科技园或教育农园，与特色村镇、乡村旅游等建设有机结合，发展餐饮休闲、体验观光新产业、新业态，使芦笋从单纯的以生产功能为主向生产、生态、旅游、康养多功能融合发展，拓展芦笋产业发展空间，放大生产规模效应，分享芦笋全产业链增值收益。

(四)强化品牌建设，提高社会影响力

久源芦笋不仅是郓城县政府重点扶持的特色优势产业，更要成为促进地方经济发展和农民增收的能叫得响的"金字招牌"。在这背后，必须强化

品牌建设,提升产品的知名度和市场竞争力。

潍坊风筝节(会)以"风筝牵线、文体搭台、经贸唱戏"的模式,被全国各地广为借鉴。节会是将地区特色产业推向全国、全世界的重要窗口和平台。打好节会牌、唱好节会戏,可以更好地展示成果、推进交流、促进贸易。通过节会交流最前沿的芦笋产业新思路、新理念、新模式、新格局,推动芦笋产业与科技的快速发展。另外,还可以通过芦笋文化美食节、烹饪大赛等活动,借助抖音、快手等新媒体加以宣传推介,持续有效地培育久源芦笋特色品牌,提升久源芦笋品牌的影响力。

(五)推进"三生"融合,形成良性循环发展

黄河流域是我国重要的生态屏障和重要的经济地带,黄河流域生态保护和高质量发展战略最重要的就是要实现生态效益、社会效益、经济效益的高度统一,走生产发展、生活富裕、生态良好(即"三生")的生态文明发展道路。

"三生"融合的绿色发展是生态文明引领下的全面发展,黄河流域所有的产业都应当是"生态+"。在生产、生活、生态中,按照生态法则使生态产业化、产业生态化,走绿色发展的道路。

生态产业化是指按照产业化规律推动黄河流域生态建设,按照社会化大生产、市场化经营的方式提供生态产品和服务,推动生态要素向生产要素转变、生态财富向物质财富转变,促进生态与经济良性循环发展。通过建立生态建设与经济发展之间的良性循环机制,实现生态资源的保值增值,把绿水青山变成金山银山。产业生态化是指按照"绿色、循环、低碳"的产业发展要求,利用先进的生态技术,引进并发展资源利用率高、能耗低、排放少、生态效益好的新兴产业,采用节能、低碳、环保技术改造传统产业,促进产业绿色化发展。在不同产业、企业之间建立循环经济生态链,减少废弃物排放,降低对生态环境的污染、破坏,不断提高经济发展质量和效益,实现良性循环发展。

中共郓城县委党校课题组负责人:罗慧康

课题组成员:刘莉 朱道秋 李慧丽

兖州先进制造业集群高质量发展案例

先进制造业集群是产业集群发展的高级阶段,具有技术先进、组织形态先进、质量品牌先进、生产制造模式先进等鲜明特征,能够实现规模效应、集聚效应。兖州先进制造业经过多年的发展,已经形成了规模大、品种全、产业链丰富、富有创新力的独具特色的先进制造业高质量集群。这既是对党的十九大报告提出的"促进我国产业迈向全球价值链中高端,培育若干世界级先进制造业集群"目标的践行,也是对习近平总书记在山东视察时提出的"高质量发展战略"精神的落实。我们选取兖州先进制造业集群高质量发展这个案例,旨在通过对个案的剖析,找寻在县域经济层面做大、做强、做优先进制造业,通过集群效应提档升级,实现县域经济大跨越、大发展的路径。在撰写该案例的过程中,我们通过与兖州工信局、制造业指挥部等部门召开座谈会,通过实地考察兖州先进制造业集群相关企业,通过查阅兖州先进制造业集群发展相关文件,收集到翔实的第一手资料,并在此基础上对资料进行了案例分析,由个及类,使案例升华,主要从兖州先进制造业集群高质量发展的背景、实践探索、成效以及启示方面形成了该案例报告。

一、兖州先进制造业集群高质量发展的背景

兖州在全省率先完成乡镇企业改制,尤其是以太阳纸业、银河胶带为代表的民营企业迅速崛起,带动了相关产业发展,形成了集聚效应。在此背景下,迫切需要培育一批各具特色、优势互补、结构合理的先进制造业集群高质量发展的新引擎,这既是形势的助推,又是经济提档升级的需要。

（一）发达国家的探索实践为兖州培育先进制造业集群提供了成功经验与启示

美国、德国、日本等发达国家在培育和发展先进制造业集群领域作了积极探索与实践。美国通过构建部门协作机制、打造健康活跃的金融环境和共享信息平台，推动集群加速发展。德国通过集群合作的方式，建立集群之间相互沟通信息的网络，助推集群整体发展。日本政府通过构建区域政产学研合作创新体系的方式，培育壮大先进制造业集群。发达国家在集群发展过程中的这些做法成效明显，为兖州先进制造业集群的高质量发展提供了可借鉴、可复制的经验。

（二）中央、省市委决策部署为兖州先进制造业集群发展提供了政策依据和目标要求

党的十九大报告和《中华人民共和国国民经济和社会发展第十四个五年规划和 2035 年远景目标纲要》等一系列重要文件中多次强调要培育若干世界级先进制造业集群。《山东省"十四五"制造强省建设规划》指出，县级层面要聚焦本地特色产业，在重点领域塑造一批具有全球影响力和话语权的优势产业链。济宁市《关于加快先进制造业集群开放创新发展的意见》明确提出，兖州要围绕"冲刺全省第一方阵，跻身综合经济实力前二十强"这一总体目标，集中优势资源和力量，系统化推进优势产业集群培育，争创全省"先进制造业十强县"。中央、省市委的决策部署为兖州先进制造业集群高质量发展明确了具体实施的行动路径，制定了具体可行的主攻目标，吹响了高质量发展的冲锋号。

（三）现有的工业基础优势为兖州先进制造业集群高质量发展提供了强有力的支撑

兖州现有的工业基础优势明显、特色鲜明、初具规模，已经具备培育先进制造业集群的条件，形成了橡胶轮胎、造纸包装、装备制造、食品加工四大产业链条。为加速先进制造业集群发展，兖州根据自身禀赋、产业基础，制定了"紧盯前沿、沿链谋划，龙头牵引、培育壮大，打造生态、集群发展"的工作思路，确定了"2+2"的集群发展目标，精准绘制了"1 个图谱"+"N 张清单"，逐链制定发展目标、明确主攻方向，锚定了一批龙头企业，实施了一批

补链、延链、强链项目,推动产业链、创新链、人才链、资金链的相互贯通、共同发展。现有的产业集群优势为兖州先进制造业集群的体系化建设、分层次推进、高质量发展奠定了坚实的基础。

二、兖州先进制造业集群高质量发展的实践探索

兖州煤炭、水利、铁路等优势资源丰富,中华人民共和国成立以后在以农业为主的生产基础上,发展涉及重、轻工业多门类的工业分布模式,构建起制造业发展的"四梁八柱"。改革开放以来,兖州民营企业迅速崛起,涌现出包括造纸、橡胶、纺织、食品等在内的高效高速企业,形成了先进制造业的雏形。进入 21 世纪以来,尤其是 2007 年 1 月兖州人大通过了政府制定的"工业强市战略",确定了"以龙头企业为带动,强力打造五大产业集群的目标",从此兖州制造业开启了集群化高质量发展之路,经历了飞速增长、结构变化、动能调整、高质量发展四个阶段,目前已经形成了具有高新、高端、高效特点的橡胶化工、造纸包装、高端装备、食品医药、战略新兴五大制造业集群分布格局。通过抓点、强链、拓面、育群的历程沿革,构建了先进制造业集群,实现了兖州整体经济腾笼换鸟、高质量发展。

(一)"抓点":注重项目带动,推动集群梯队形成

2007~2013 年集群发展进入飞速增长期。这一时期兖州以大项目落地为集群发展的突破口,着力挖掘和打造具有核心竞争力、产业链整合力、行业话语权的龙头企业。培育壮大了一批专精特新中小企业,形成了集群梯队企业并实现了扩张发展。这一时期,包括太阳纸业 10 亿元高档激光打印项目、银河集团年产 400 万套高性能轿车轮胎在内的 300 多个投资过 5000 万元的重点大项目落地并投产经营,形成了以太阳纸业、银河集团为代表的龙头企业。联诚金属、国际焦化等一批规模以上企业以及翔宇化纤、白象集团等一批中小型企业梯队出现,先进制造业集群呈扩张式发展状态,蒸蒸日上。初步形成了包括煤炭化工、造纸包装、橡胶制造、机械造纸、食品加工在内的五大集群初级形态和集群内多层级产业链复合架构。

(二)"强链":注重要素调整,推动集群链条优化

2013~2015 年集群发展进入结构变化期。这一时期兖州根据国内国际经济形势调整相关产业政策,编制《重点鼓励发展产业指导目录》,由点及

线,围绕集群重点产业链和产业链关键节点,引导制造业企业通过要素结构调整进行强链、补链、固链、延链。煤炭化工集群通过改善工艺提高煤炭的转化率、降低煤炭的污染指数,强化原有产业链水平。百盛生物、永华机械等企业,拓宽要素使用渠道,及时发现并弥补产业链上的缺失。太阳纸业、华勤集团等在原有生产链的基础上,引进新材料要素,不断延伸和拓展上下游产业链条。集群整体产业链的竞争力得到提升,先进制造业集群整体优胜劣汰,优化了先进制造业集群的内部结构。

(三)"扩面":注重动能调整,搭建集群发展平台

2015～2017 年集群进入动能调整期。这一时期兖州把实施新旧动能转换重大工程作为统领制造业集群发展的"一号工程",关闭了 90% 的煤电化工企业,关闭了其他高耗能企业 38 家。大多数先进制造业企业提高了对新旧动能转换的认识,注重对高科技新产品的研发以及对产品、项目、经营范围的更新升级。政府面向集群共性需求,着力打造了制造业集群的新旧动能转换示范区:造纸园区、化工园区、物流园区、颜店新城"三区一城",搭建起人流、物流、资金链、信息流汇聚的各类公共服务平台,实现了先进制造业集群革新式发展状态。不同集群间呈现融合态势,集群整体进入中高速发展阶段。

(四)"育群":注重创新引领,助推集群高质量发展

2017 年至今集群进入高质量发展期。这一时期兖州先后出台了《关于加快先进制造业集群开放创新发展的意见》《支持制造业高质量发展的政策措施》等文件,助企攀登挂图作战,整合一批、调整一批、创新一批、提质一批、引进一批,促进制造业集群发展实现"质"的突破。先进制造业集群内的煤炭化工制造业集群消失,以蒂德精机为主的高端装备制造业、以山东芯诺电子科技为主的战略新兴制造业呈现集群规模。这些企业以科技创新为主导、以环保高效节能为生产目标,科技创新开发比例达 45%,效益贡献率达 37%。实现了先进制造业集群科技化发展,橡胶化工制造业集群、机械制造业集群升级,战略新兴制造业集群壮大,制造业集群高质量发展的目标。

不可否认,兖州先进制造业集群既有成绩和机遇,也有问题和挑战:协作配套的产业体系不完善,只见龙头、不见龙尾。集群产业链核心竞争力不足,尤其是核心元件——芯片仍然掌握在外国企业手中,存在一定的风险,

影响集群做强、做大。集群企业市场竞争力不强,如造纸集群,面对疫情对于国际市场的影响,国内市场份额难以提升等。面对问题和挑战,兖州准确识变、科学应变,寻找破解路径,将重点打造一批科技平台,加快"园中园"建设,助力培育更高质量的制造业集群。

三、兖州先进制造业集群高质量发展取得的成效

兖州十几年来一直紧扣抓点、强链、拓面、育群几个阶段,久久为功,经济发展态势良好,先进制造业集群在经济、社会、生态各方面获得长足发展,尤其是面对疫情防控的严峻形势,五大集群效益呈现上升态势,成效凸显,助力经济社会全面发展。

(一)实现了先进制造业集群规模和质量的提升

产业规模和高质量发展是衡量先进制造业集群成效的重要指标。兖州先进制造业集群在政府和企业的共同努力下,无论是集群规模还是集群质量,都有了很大的提升。2021年五大集群重点企业数量增长到46家,其中龙头企业6家、领军企业5家、骨干企业16家、创新型中小企业19家,相比2007年增长率为318%,集群规模增加150%。集群内企业呈雁阵式格局,以梯队的模式增强了集群竞争力,产品市场占有率大幅提升。以股份制企业、中外合资企业为主的集群企业,在融资、吸引各种要素资源、市场竞争力等各方面实现了集群优势提升,成为兖州经济发展的重要增长点,拉动地方经济实现高质量发展。

(二)实现了兖州先进制造业集群产业链整体水平的提升

产业链水平分工和垂直整合的实现是先进制造业集群成效的重要标志。形成的五大集群为产业链上某一环节的同类型企业提供了集聚发展的平台,提升了产业链创新水平,提高了产业链的科技含量。制造业集群产业链上有自主开发创新项目1007项,产学研联合302项,申请专利5287件,授权3000件。形成了以龙头企业为"链主",引领和带动产业链上的梯队企业共同发展、"专精特新"中小企业共同发展的紧密配套的垂直分工体系。兖州地域内先进制造业集群产业链更加灵活并富有韧性,实现了兖州先进制造业集群产业链整体水平的提升。

（三）实现了兖州先进制造业集群融入国内国际双循环

国内国际双循环的实现是先进制造业集群成效的重要支撑。兖州五大先进制造业集群嵌入全球产业新链，提升了集群企业抗风险的能力。集群企业通过不断地"引进来"和"走出去"，利用兖州中欧班列优势，在生产经营方面实现了与国际合作、与国际接轨，国外的运营收入占企业总收入的40%。先进制造业集群内企业普遍成立了行业间协会，在面对包括金融风险在内的各种风险时，集群内部能够更好地协同配合，尤其是龙头企业能够帮助中小企业规避风险。实现了先进制造业集群企业扩大经营范围、共享市场机会，提升了市场话语权，融入了国内国际双循环。

（四）实现了兖州经济、社会、生态各方面良性发展，改善了精神面貌

经济、社会、生态各方面良性发展以及精神面貌的改善是先进制造业集群成效的归属。先进制造业集群高质量发展，直接增加了兖州的经济收益，改变了兖州社会、生态面貌。第一，提升了兖州经济发展水平。2020 年兖州地区生产总值 525.7 亿元、增长 3.7%，固定资产投资增长 3.5%，主要经济指标高于济宁市平均水平。第二，有效地提高了兖州的就业水平。兖州制造业集群内企业累计新增就业，有效地维持了全区 1/5 家庭的生活。加速了兖州城镇化建设，工业园区、高新区、颜店新城的建设促进了村镇土地的迅速流转，助推了乡村振兴。第三，改善了兖州生态人居环境。兖州雾霾天数减少 5%，泗河湿地生态达到 A 级质量标准，生态质量指数提升到国家级优良水平。

四、兖州先进制造业集群高质量发展的经验启示

兖州先进制造业集群高质量发展得益于习近平总书记作出的一系列指示精神，得益于兖州区委和区政府历届领导的科学谋划、高点定位、勇于担当，得益于兖州企业敢立潮头、敢为人先的豪气。这些发展思路和系统工作方法为进一步培育先进制造业集群、落实好黄河流域生态保护和高质量发展战略部署提供了一系列可学习、可借鉴的经验。

（一）坚持人民至上、美好生活的价值导向

习近平总书记指出，必须坚持以人民为中心，不断实现人民对美好生活

的向往。① 回顾兖州先进制造业集群发展历程,坚持以人民为中心的价值导向始终贯穿其中:在发展的过程中,人民群众对于制造业产品质量、科技含量、创新指数的要求越来越高,兖州政企努力克服自身困难,狠心砍掉落后产能,下大力气研发市场需要的产品,不断满足人民群众对美好生活的需要。政府和企业在考虑制造业发展的同时,兼顾企业职工的生活需要。家的理念是兖州制造业企业一贯坚守的信条,从员工工资、福利到持股,都充分凸显了兖州制造业集群发展给职工群众带来的红利。始终坚持以人民为中心的价值导向是兖州制造业集群发展壮大的核心经验,也是未来长久发展的灵魂。

(二)坚持科学谋划、高点定位的战略思维

面对形势,在战略上准确判断、科学谋划、高点定位、赢得主动。战略思维是兖州制造业集群发展的关键要素,其发展的每一个阶段无不闪耀着战略智慧的光辉。2007 年国内国际经济走势良好,兖州本可以继续走稳妥发展的模式,却提出先进制造业集群发展的目标。事实证明,兖州制造业集群结构调整之路是正确之举,有效地抵抗了 2008 年爆发的金融危机,实现了高质量发展。面对国内煤炭化工行业的衰颓,兖州其他制造业集群利用集群优势逆势而上,开始探索面向服务业市场的制造产品;及早捕捉高端装备和战略新兴制造业的发展潜力,如今高端装备、战略新兴产业的发展正逢其时,助推兖州向着高质量发展迈进。

(三)坚持辩证思维、系统方法的恰当运用

辩证工作方法就是用系统、发展、矛盾的观点工作的方法。在兖州制造业集群发展中,兖州重视政府顶层设计、企业能动作用、政企合作、产业链上下游企业协同,重视打造良好的社会氛围,这都是系统的工作方法。兖州重视市场发展规律,重视根据企业自身发展节奏制定相关制造业政策,这都是运用发展的眼光工作的方法。兖州重视制造业集群中龙头企业的带动作用,以龙头企业的发展撬动整体产业链的发展,重视企业中科技创新因素的利用,利用制造业集群融入国内国际产业链循环,这都是运用矛盾观点工作的方法。兖州制造业集群发展的历程,就是一部运用马克思主义科学的世

---

① 参见中共中央党史和文献研究院编:《十九大以来重要文献选编》(上),中央文献出版社 2019 年版,第 730 页。

界观和方法论解决经济发展问题的事实教材,其辩证的工作方法的运用是值得我们思考的。

(四)坚持科学调整、整合提升的新发展理念

习近平总书记指出:高质量发展就是体现新发展理念的发展。[①] 发展理念指导发展方向、方法,最终将关系事物发展的质量。兖州制造业集群在发展过程中,发展理念整体从粗放型转向集约型,尤其是党的十八届五中全会以后,将发展思路调整到新发展理念上,在坚持创新、协调、绿色、开放、共享的道路上做了大量的工作,完成了煤炭化工制造业的完美转型,企业间实现了成本节约、市场占有、科技创新。政企间实现了互助,兖州制造业集群每年投资公益事业的资金占兖州公益事业资金的比例达到30%。企业与社会之间实现美好人居环境的共享和人力资源的优势互补。

兖州先进制造业集群高质量发展案例是新时代中国制造业集群发展的一个缩影,既有共性也极具个性。面向"十四五",兖州将以习近平新时代中国特色社会主义思想为指导,进一步发挥先进制造业集群的引领和带动作用,落实好党的路线方针政策,实现经济、社会的更高质量发展。

中共济宁市兖州区委党校课题组负责人:李德玲

课题组成员:丁丽琼　张国栋　杨艳君

---

① 参见"本书编写组"编著:《〈中共中央关于制定国民经济和社会发展第十四个五年规划和二〇三五年远景目标的建议〉辅导读本》,人民出版社 2020 年版,第 185 页。

茌平区推动传统产业"智能+绿色"转型促高质量发展

深入推动黄河流域生态保护和高质量发展,共同抓好大保护,协同推进大治理,坚定不移走生态优先、绿色发展的现代化道路,既是事关中华民族伟大复兴和永续发展的千秋大计,也是黄河流域沿岸地区义不容辞的政治责任。以习近平总书记关于黄河流域生态保护和高质量发展的系列重要讲话精神为指导,本课题组立足聊城市茌平区成功实现传统产业转型的生动实践,深入到茌平区政府办公室、茌平区工信局、茌平区环保局等机关部门,深入到信发集团、金号织业、华鲁制药等茌平区龙头企业,以实地参观与座谈交流会的形式掌握第一手资料,总结茌平区自觉服从和融入黄河流域生态保护和高质量发展这一重大国家战略、实现高质量发展的主要做法,积极探求新发展阶段以传统产业转型升级推动高质量发展的一般规律性认知,力争为贯彻落实生态优先、绿色发展新理念提供有益的借鉴。

一、茌平区传统产业转型背景

茌平区在 2019 年 9 月撤县设区前曾是全国工业百强县,有铝电及深加工、纺织、生物制药、味精、密度板、木地板等六大支柱产业,传统产业占比 85%以上。但是茌平区传统产业大多处于产业链的低端,采取的是高投入、高耗能、高排放的粗放式发展模式,存在劳动强度大、精深加工薄弱、发展链条偏短等问题。2018 年茌平区经历了中央环保督察的检验,暴露出绿色发展理念不牢固、淘汰落后和过剩产能力度不大、大气污染依然严重、环境风险隐患较多等问题。在困难和挑战面前,茌平区没有退路,只有积极推动传统产业转型升级,走绿色低碳、高质量发展之路,才能在挑战中寻得出路、在竞争中赢得主动。

二、茌平区传统产业"智能+绿色"转型实践及成效

面对传统产业转型升级的压力与困难,茌平区坚持断尾求生、凤凰涅槃,继续瞄准"争创一流,走在前列"、加快推进制造业强区建设的目标定位,全域谋划,统筹协调,聚力在传统产业技术改造、产业链升级重构、资源循环利用等方面寻找突破,引领各市场主体笃定高质量发展的前行方向。经过三年多的努力,茌平区以"智能+绿色"为支撑点,坚持"项目为王"的理念,以优质项目激发创新动能、创造活力,推动"茌平制造"品牌全面升级。2021年9月,茌平区入选全国地级市市辖区高质量发展百强。茌平区以传统产业转型升级促高质量发展的主要做法如下。

(一)加快智能改造,推动传统产业蝶变升级

传统产业腾笼换鸟,技术改造是关键。立破并举,淘汰落后产能,加快生产换线、设备换芯、机器换人的步伐,是催生新动能、实现传统产业转型升级的根本出路。"十三五"期间,茌平区对传统产业智能化技术改造总投资375亿元,187家规模以上工业企业利润占聊城市的比例超4成,利润率超全市平均值3个百分点,"四新经济"①增加值占比达到45%,山东省"十强"产业②产值占比超过51%。一系列"老树发新芽"的优质项目,为茌平经济高质量发展注入了新的动力。

1.用好政策红利,引领智能改造

茌平区地处鲁西平原,具有京津冀协同发展区、中原经济区、省会城市群经济圈、山东西部经济隆起带等战略叠加优势。近年来,为激发企业进行智能改造的主动性,茌平区积极贯彻落实《山东省人民政府办公厅关于推进工业企业"零增地"技术改造项目审批方式改革的通知》要求,积极争取《聊城市支持数字经济发展的实施意见》《数字聊城建设三年行动计划(2020～2022年)》等一系列打造产业数字化示范工程项目的政策红利,把技术改造投资情况作为工业企业"亩产效益"综合评价改革的一项加分项,引导企业推动"零增地"技术改造,推荐符合条件的企业申请技术改造综合奖补资金,积极打造一批示范工程项目,引导企业以科技创新赋能产业发展,抢占企业

---

① "四新经济"即新技术、新产业、新模式、新业态经济。
② 山东省"十强"产业分别是新一代信息技术、高端装备、新能源新材料、智慧海洋、医养健康、绿色化工、现代高效农业、文化创意、精品旅游、现代金融。

数字化转型升级新机遇,努力实现绿色、智能转型。2020年茌平区实施重点技术改造项目80余个,其中总投资在500万元以上的重点技术改造项目达到26个,12个项目被列入市重点技术改造项目库,获得市级技术改造综合奖补资金750万元。2020年全年完成制造业技术改造投资27亿元,规模以上企业办公信息化、财务信息化普及率达到90%,8家企业入选山东省两化融合管理体系贯标试点企业,建设完成5G基站109个。2021年茌平区以"百企升级、百项技改""双百工程"为重点,新开工的新旧动能转换项目有6个被纳入省级新旧动能转换项目库,9个被列入聊城市大项目,大大激发了企业进行技术改造的积极性。目前,茌平区传统产业改造率完成98%以上,已经形成铝深加工、生物医药、木材加工等多个绿色循环产业链,促进了传统产业在产品设计、生产、物流、仓储等环节的智能高效协同。

2.精准对接需求,服务智能改造

传统产业智能化技术改造是决定企业未来发展方向、关乎企业能否在新形势下立足的关键。挖掘企业发展优势,对传统企业技术改造需求"把脉问诊"是必不可少的环节。近年来,茌平区通过调研传统产业短板,梳理企业技术改造及融资需求,先后组织了全国化工行业智能化绿色化改造升级现场会、山东省工业企业智能化绿色化技改现场会,邀请全国40余家石油和化工园区、行业协会、优秀技改服务商、银行金融机构与茌平区200余家企业面对面交流、一对一指导,介绍工程案例和类型丰富的技改金融产品,专业解答企业在技改方面的问题,现已签订多项技改服务协议。同时为深入推进传统企业技改工作,茌平区建立了技改服务微信群,帮助企业与技改服务商建立通畅的沟通渠道,明确技改努力的方向,激发企业转型升级的意愿,为传统产业转型升级提供强有力的支撑。

3.夯实载体支撑,保障智能改造

为发挥项目集聚、产业集群效应,加快传统产业转型步伐,茌平区积极统筹谋划中国绿色智慧铝精深加工产业园和省级化工产业园"两大百亿元产业园"建设,打造高端产业聚集服务中心,围绕做大优势产业、延展发展空间,对入园项目在土地保障、能源供应、基础设施配套和财税扶持等方面给予最大的支持。对重大招商项目实行"一事一议",坚持"一个重点项目、一个县级领导、一个工作班子、一套工作方案、一竿子抓到底"的"五个一"工作机制,挂图作战,倒排工期,全过程、全流程、全周期协调服务。为推动项目尽快落地,茌平区不断优化营商环境,在聊城市率先出台联合审批和模拟审批办法,推行"土地菜单"云服务+"标准地"供给模式,做到"一窗受理、同步审查、并联办理、限时办结、统一缴费、统一发证",加速形成了"创业苗圃—

孵化器—加速器—产业园"接力式产业孵化链条,为全力推动传统产业转型升级、新旧动能转换提供了载体支撑。

(二)强化绿色理念,打造高质量发展新引擎

坚持生态优先、绿色发展是落实习近平总书记关于黄河流域生态保护和高质量发展的系列重要讲话精神的基本原则。只有深耕绿色"沃土",才能激发发展潜力。茌平区坚持标本兼治、精准施策,以建立生态环境保护体系为导向,突出铁腕治理、全域治理、重点治理、科学治理"四个治理",圆满完成蓝天、碧水、净土"三大保卫战"任务,实现了生态环境持续改善。2020 年茌平区 PM2.5、PM10、SO_2 等三项主要大气污染物均值浓度较 2018 年分别降低 32.8%、31.7%、40%,降低幅度均居聊城市前列。

1.壮士断腕,倒逼改革

将绿色理念贯穿传统产业转型升级的全过程,既不能有任何含糊,也不能打任何折扣。为实现生态环境的根本性转变,茌平区不断健全网格化监管体系,扎实推进中央和省环保督察问题整改,强力开展铁腕整治环境三年攻坚行动,开展扬尘污染治理、污水处理和水质净化提标改造等专项攻坚行动,加强资源综合利用工程建设,加大危废转移处置监管力度,全面掌握土壤环境质量,解决了一批长期积累的重难点问题。2018 年以来,茌平区通过产业转型升级、环保搬迁、梯度转移以及优化技术路线、产品结构和产业布局等方式积极有序地淘汰了传统产业过剩和落后产能,取缔 8 家"地条钢"企业,关停53.05 万吨电解铝产能,集中整治"小散乱污"企业 622 家,拆除 11 台 30 万千瓦以下燃煤机组、145 台 30 万蒸吨以下锅炉,压减煤炭消费 207.8 万吨。实施燃煤电厂超低排放改造等 56 个减排项目,年减少污染物排放 5 万吨,减少了无效和低端供给,为茌平区经济发展触底反弹、全面起势打下了良好的基础。

2.龙头引领,共生共赢

积极构建绿色制造体系,着力推进资源全面节约、循环利用,是高耗能、高污染传统产业转向绿色高质量发展的重要方式。发挥龙头企业的示范带动作用,壮大或延展区域内产业链,能够推动相关企业形成共生互促、多方共赢的经济共同体,为传统产业向低碳绿色转型提供整体优势。一是"强链"树品牌。茌平区立足于独特的、成熟的铝电、纺织等产业链优势和品牌优势,借力政府性投资基金、聊城市新旧动能创投基金,引导企业从资源的循环再利用、变废为宝发力,瞄准中高端,突出精深加工和绿色高端发展市场定位,加快产业链向"高技术、低消耗、少污染"转型。茌平区信发集团、金号家纺集团、华鲁生物制药等龙头企业成功地从劳动密集型企业转向产业

高端化、智能化企业,从代加工生产转向培育自主品牌,成为全国行业学习的标杆。二是"延链"促发展。推动产业链条向"专精特新"延伸、向"高端高效"攀升,解决传统产业链条"粗老笨重"问题是降低传统产业资源能耗、挖掘发展潜力的突破口。近年来,茌平区以龙头企业为引领,延展前后端产品供应链,延展行业空白短缺产品供应链,推动铝电、纺织、生物制药产业全面提档升级,引导汽车配件、人造板产业集聚发展,实现企业危废转移处置规范化管理达标率95%。例如,在延伸铝精深加工产业链条方面,茌平区引入上海友升特斯拉项目,与上市企业——南京云海金属集团强强联合,弥补了新材料研发、应用空白,打造了国内最大的铝中间合金基地;在延伸密度板产业链条方面,茌平区全面推广世界上最先进的带式低温干燥工艺,利用电厂余热干燥,安全又节能,还一举解决了困扰人造板行业的甲醛污染问题。

3.招贤纳士,攻坚克难

为有效解决传统行业长期积累的生态环保隐患问题,茌平区出台了《关于进一步加强人才工作的实施意见》《招才引智"黄金20条"》等一揽子人才政策,瞄准茌平区主导产业,深入开展"兴茌产业人才高地建设工程",引进泰山学者等专家2名,落实高层次人才项目资助、股权投资、生活补贴等优惠政策,推动87家规模以上企业与124家高校、科研院所建立了长期技术合作关系,现已开发出纳米级金属粉末、双零铝箔、亲水铝箔等60余种高科技、高附加值产品,有4项技术填补了国内空白,200多项国内领先科技成果得以转化应用,培养引进高技能人才609名,成功打造2个省级企业研发中心,拥有研发能力的企业占比由不足10%提升至2020年的73.8%,为茌平区传统产业节能降耗、走低碳绿色发展之路提供了技术与人才支撑,为解决困扰茌平区多年的环境隐患难题提供了技术与人才支撑。茌平区引进的万人计划专家、泰山产业领军人才程钰博士带领团队,经过十年的持续攻关,成功掌握了改性赤泥路用的关键技术,并应用在济青高速、国道309改扩建等重点项目中,有效地解决了茌平区赤泥露天堆存的高风险环境隐患难题,实现了社会效益和经济效益共赢。

三、茌平区传统产业"智能+绿色"转型的启示

要深入推动黄河流域生态保护和高质量发展,必须摒弃以往依靠要素驱动和依赖低成本竞争的增长模式,解决好黄河流域产能过剩、要素成本上升、资源环境压力增大的传统产业转型升级问题。茌平区根据自身发展实际,直面传统产业转型升级带来的阵痛,逐步探索出了一条高质量发展路

径。从中可以得出以下几点启示。

(一)促进传统产业转型必须坚持全域统筹,凝聚攻坚合力

牢固树立"绿水青山就是金山银山"的发展理念,坚定不移地走生态优先、绿色发展道路是时代发展之需,是满足人们对美好生活的向往之需,也是高耗能、高污染传统产业"凤凰涅槃"的必经之痛。推动传统产业转型、实现高质量发展不是哪一个职能部门的事,更不是某个企业自己的事,不能一查了之,不能一关了之,而是必须坚持党的全面领导,发挥党委统筹协作职能,凝聚县域发展合力,以科学的顶层设计为先、以区域发展一盘棋为要、以优化服务环境为本,在用足用好政策上下功夫、在抢抓国家战略机遇上下功夫、在提高服务质量上下功夫,以政策扶持带动传统产业转型、以发展机遇激励传统产业转型、以保姆式服务引导传统产业转型,汇集各方面的力量探寻高质量发展之路。茌平区面对多领域、大块头传统产业转型压力和环评压力,不回避、不退缩,立足于"改",正视问题;着手于"建",把舵智能绿色发展方向;着眼于"治",突破产业链条资源约束;致力于"管",构建全域常态化环境治理体制,逐步走出了发展困境,以新科技支撑、以新产业激活,既为传统产业转型升级创造了良好的外部环境,又注入了内生动力,开启了高质量发展的新征程。

(二)促进传统产业转型必须坚持改革创新,激发市场活力

"穷则思变,变则通"。促进传统产业转型,实现高质量发展,必须坚持改革创新,要敢于打破常规,为传统产业转型寻找新的发展方向与市场定位。当然,坚持改革创新不是完全脱离传统产业发展现状,忽视市场需求与市场调研,贸然上新设备、贸然转投陌生的领域,而是必须坚持立足优势、挖掘潜力,蹄疾步稳地实现转型升级。传统产业的转型、升级、改造要以体制机制改革为抓手,以科技创新、制度改革为支撑,以激发企业的主体地位和发展活力为根本,因地制宜地发展产业集群,做大、做强优势产业,引导企业自觉贯彻落实生态优先、绿色发展理念,形成优势互补、资源共享、合作共赢的良性发展格局。茌平区有铝电及深加工、纺织、生物制药、味精、密度板、木地板等六大传统支柱产业,特别是铝电及深加工、纺织、生物制药产业既有厚实的发展根基,也形成了相对成熟的市场。茌平区以六大传统支柱产业为依托,在传统产业的资源循环利用上、在转型高精端市场上、在顺应市场需求的变化上做文章,发挥信发集团、金号集团、华鲁生物制药等龙头企业的引领带动作用,成功打造了多个特色产业集群,逐步形成了全产业链融

合发展新模式,为茌平区区域经济的顺利、平稳转型升级奠定了产业基础。

(三)促进传统产业转型必须坚持科技支撑,挖掘资源潜力

习近平总书记多次对加快传统产业优化升级作出重要指示,提出要"着力推动传统产业向中高端迈进,通过发挥市场机制作用、更多依靠产业化创新来培育和形成新增长点。"[①]这为传统产业"蝶变"指明了路径。以智能化、数字化为经济发展赋能,优化资源配置,推动互联网、大数据、人工智能、云计算、智能终端等与实体经济深度融合,以智能化推进制造业产业模式和企业形态的创新,让数字经济和实体经济在同频共振中融合发展,促进传统产业提质增效。在现代化新征程中,谋划发展布局,推动高新技术产业、战略性新兴产业发展,助力经济发展质量变革、效率变革、动力变革,将是不可逆转的时代发展潮流,也是坚持生态优先、绿色发展的优先选择。同时传统产业的供给侧结构性改革不是简单地去产能,而是要把着力点从需求侧转到优质供给上,强化人才智力支撑,全方位引进行业领军人才,朝高附加值方向发展,往下游产业延伸,向全产业链发展要效益。近几年,茌平区从加强科技创新园区载体建设、扶持企业技术研发、推动电商产业基地发展、完善智慧社区建设等方面全方位推动高新技术产业、战略性新兴产业发展,产业逐步由跟随变引领,实现由代加工生产到打响"茌平制造"自主品牌的更迭,挺进制造产业中高端市场,形成产业园区集群优势,并在公共服务、智慧生活、高精端应用等多领域培育出茌平区发展的竞争新优势,为创造高质量发展的新辉煌注入了持续的动力。

中共茌平区委党校课题组负责人:杨香菊

课题组成员:张俊辉　李保强　何红霞

---

① 中共中央文献研究室编:《习近平关于社会主义经济建设论述摘编》,中央文献出版社2017年版,第184页。

莘县古城镇发展循环农业
推动农村经济高质量发展

2021 年 10 月 22 日，习近平总书记在山东省济南市主持召开深入推动黄河流域生态保护和高质量发展座谈会并发表重要讲话。他指出："在实现第二个百年奋斗目标新征程上，要坚持生态优先、绿色发展，把生态文明理念发扬光大，为社会主义现代化建设增光增色。"①莘县古城镇践行习近平总书记关于黄河流域生态保护和高质量发展重要讲话指示精神，正确把握古城镇农业农村发展先机，提出发展循环农业，推动农村经济高质量发展，全面推进乡村振兴，走出了一条黄河流域依靠循环农业促进生态保护和农村经济高质量发展的新路子。

一、古城镇发展循环农业的背景

党的十八大以来，党中央提出大力发展环境友好型产业，通过节能减排技术措施实现经济发展与生态保护双赢、人与自然和谐共生，具体包括生产方式的绿色化和生活方式的绿色化。循环农业是指促进各种农业资源在农业系统中往复、多层次、高效流动的活动，以达到节能减排、增收的目的，促进现代农业和农村可持续发展。通俗地说，循环农业是一种综合运用物质循环再生原理和物质多层次利用技术，实现少浪费、资源高效利用的农业生产模式。循环农业是一种友好型环境农作方式，具有社会效益好、经济效益

① 《习近平在深入推动黄河流域生态保护和高质量发展座谈会上强调 咬定目标脚踏实地埋头苦干久久为功 为黄河永远造福中华民族而不懈奋斗 韩正出席并讲话》，2021 年 10 月 22 日，http://www.news.cn/politics/2021-10/22/c_1127986188.htm。

佳、生态效益强的特点。

古城镇位于莘县东南部,山东、河南两省四县交界处。明洪武十三年(1380年),黄河决口,原范县县城毁于水,从金堤河南向北迁移10公里,至金堤以北重建县城,即现在的莘县古城镇。古城镇是山东省重点扶贫乡镇,目前正处于小农经济向市场经济过渡的新阶段,其基本特征是"三低三差、两个不平衡、两个潜力大",即农业生产机械化、信息化水平低,农业基础条件差;农业产业发展水平低,农产品市场竞争力差;农业产业化水平低,农民脱贫致富能力差;数量规模和质量效益不平衡,一、二、三产业发展不平衡;农村农民闲置资产发展潜力巨大,生态建设和发展空间巨大。历史上由于受黄河多次决口、改道、泛滥的影响,泥沙堆积,形成了高中有洼、洼中有岗的微地貌。地势自西南向东北倾斜,岗、坡、洼相间分布,沙土、壤土、黏土各土质分明。独特的地形地貌和资源禀赋,决定了古城镇农业产业必须走也能够走出一条绿色有机、循环利用、高效发展的路子。

莘县古城镇总面积75平方公里,耕地5.7万亩,有67个行政村、5.7万人。全镇上下共同努力,围绕脱贫攻坚和乡村振兴重大部署,大力实施"产业带动、城镇拉动、绿色驱动"三大战略,突出党建带全盘,围绕产业抓发展,全镇经济实现了平稳较快发展,人民群众生活持续改善,脱贫攻坚取得明显成效,乡村振兴有了实施基础。2017年古城镇党委被评为山东省扶贫开发先进集体,2018年古城镇被省住建厅命名为山东省美丽宜居小镇。2021年2月,在全国脱贫攻坚总结表彰大会上,古城镇党委被党中央、国务院授予"全国脱贫攻坚先进集体"荣誉称号。2021年6月,古城镇党委被山东省委授予"山东省先进基层党组织"荣誉称号。

二、古城镇发展循环农业的实践

发展循环农业,推动农村经济高质量发展是时代的呼唤,是深化农业农村改革、推动乡村全面振兴、全面建成社会主义现代化强国的必由之路。

(一)古城镇发展循环农业的基础

古城镇发展循环农业在自然和人文两个方面都有一定的基础:一是物质条件具有一定的优势,二是古城镇党委、政府的保障措施得力。

1. 古城镇发展循环农业的物质条件

一是位置便利。古城镇地处鲁、豫两省两市四县交汇处,是山东省西部对外开放的门户,是聊城市的南大门,具有优良的区位优势。德上高速南北贯穿全境并设有古城出入口,古城镇东临京九铁路,南靠濮台高速,境内县级公路有古将路、朝古路、王古路,在全市率先实现"户户通",通车里程 160 公里。

二是气候适宜。属暖温带半湿润气候,气候温和,四季分明,适合发展优质高效特色种植业、畜禽养殖业、农产品加工业和生态康养、文化旅游、现代物流、电子商务等产业。

三是绿色生态资源丰富。南依金堤河,东靠金线河,辖区内沟渠星罗棋布,仲子庙干渠贯穿南北。金堤河水系生态环境良好,是聊城市金堤河生态旅游带核心区。

2. 古城镇发展循环农业的保障措施

古城镇党委、政府抽调各部门各管区的精兵强将,为循环农业项目实施主体提供全方位服务,全面负责规划、土地流转、融资、项目建设及提供环境支持,为循环农业的发展保驾护航。

一是土地保障。扎实开展农村集体资产清产核资。推进城乡建设用地增减挂钩、土地开发、高标准基本农田建设,加快形成农田集中连片、建设用地集中集聚的空间布局。积极引进工商资本,通过土地入股、股份合作、土地托管等方式,使土地向龙头企业、种植大户、专业合作社、家庭农场等新型经营主体集中。截至 2021 年 11 月,共集中土地 12000 多亩,以发展适度规模经营。

二是资金保障。健全投入保障制度,创新投融资机制,拓宽资金筹集渠道,形成财政优先保障、金融重点倾斜、社会积极参与的多元投入格局。统筹整合涉农发展资金,加大对循环农业的政策扶持与资金投入力度。研究制定金融机构服务循环农业的考核评估和奖励办法,落实完善融资贷款、配套设施建设补助、税费减免、用地等扶持政策。

三是主体保障。坚持培育与规范并重,重点扶持和引导种养大户、家庭农场、农民合作社、农业龙头企业等新型经营主体健康发展,降低农业全产业链运行成本。另外,健全农业社会化服务体系。加快培育病虫害统防统治、肥料统配统施、代耕代种、联种联收等经营性服务组织。发挥供销、邮政、农机等部门优势,创新"保姆式""菜单式""订单式"等服务模式。积极引导和组织小农户参与专业合作社,包括土地入股、股份合作、参与农业产业化经营等,实现风险共担、利益共享,保障农民收入稳步增长,实现发展为了人民。

(二)古城镇发展循环农业的典型案例

1.绿色循环农业产业园

产业园位于德商高速古城口西,金堤河扶贫大通道北,占地1500亩。产业园在发展上主要抓了"四个结合"。一是在投入模式上,实行扶贫资金和企业资本相结合。种植基地是古城镇和莘县农业发展公司合作建设的,截至2021年11月,扶贫资金投入1980万元,企业投资6000万元,建设了高标准钢架冬暖式大棚、大拱棚305座。2021年实现蔬菜总产值6000万元。蛋鸡养殖基地是山东爱佳集团作为主体建设的,总投资1.86亿元,其中扶贫资金1050万元。目前建成了12栋鸡舍,养殖蛋鸡60万只。二期工程包括8栋鸡舍和蛋库、气调库、饲料加工及有机肥加工车间。目前正在加快建设,2022年底全部投产达效,可实现蛋鸡存栏量120万只,年产值1.7亿元。二是在经营模式上,实行"公司+基地+村集体+农户"相结合。土地由村集体统一流转,然后由专业公司建设运营,集蔬菜种植、种苗繁育、新品种引进推广、包装、加工、配送于一体,提供统一种苗供应、统一技术指导、统一农业投入品、统一质量标准、统一品牌销售等全过程服务。目前冬暖式大棚由基地统管,主要种植樱桃西红柿。大拱棚承包给农户,主要种植芸豆、辣椒、黄瓜。基地安置就业400多人。扶贫资产产权量化到村,产生的收益兜底保障贫困村公益事业和贫困人口稳定脱贫。这样,群众有土地流转收入、大棚务工收入,村集体有资产收益,企业有经营收入,地方培植了产业,实现了多方共赢。三是在销售模式上,实行直供和电商相结合。比如,古城镇种植的樱桃西红柿,一方面和百果园、叮咚卖菜、盒马鲜生等大型销售平台和连锁商超对接;另一方面积极发展电商和网红带货,今年电商销售量可达到总销量的1/3。四是在发展模式上,实行种植养殖相结合。蔬菜种植和蛋鸡养殖两个项目实现种养一体,形成生态农业循环经济。大棚产生的瓜菜秧子、秸秆,养殖产生的鸡粪经过腐熟加工形成有机肥,用于大棚瓜菜种植底肥。一方面减少了农业面源污染;另一方面提高了地力,改善了农产品质量,形成生态循环发展模式。

2.牧原股份生猪养殖基地

牧原股份生猪养殖全产业链基地位于古城镇东北部,占地1000亩,总投资4.2亿元。基地涵盖生猪养殖、饲料加工、屠宰加工及其配套基础设施等,并延伸发展特色农产品种植基地,现存栏生猪20万头、母猪6000头,预计全部投产后年出栏40万头、年存栏母猪1.85万头。该项目以养猪为中心,拉长产业链条,吸引高档肉食品加工等下游产业入驻,实现一、二、三产业融合联动。生猪产业化项目发挥牧原股份的优势,为古城产业发展注入强劲的活力。项目提供500~600个就业岗位,实现劳动力就地转化增值,为农民家庭创造稳定的收入来源,实现物质富足,提高生活质量,带动农民致富。

基地率先在国内建立了集科研、饲料加工、生猪养殖、种猪扩繁、商品猪饲养、屠宰加工为一体的完整封闭式生猪产业链(见图1)。

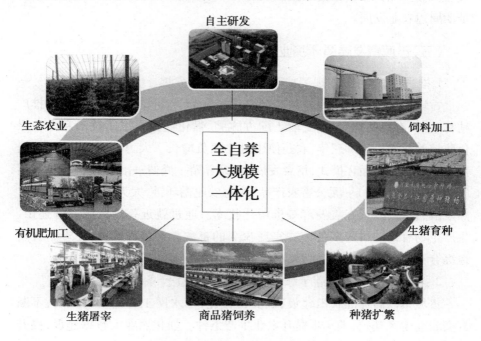

图1　牧原股份生猪养殖基地产业链

在发展过程中,牧原股份生猪养殖基地坚持可持续发展模式,大力发展循环经济,注重环境、社会与经济的协调发展,构建"养殖—沼肥—生态农业"的循环经济模式。坚持"减量化生产、无害化处理、资源化利用、生态化循环"的原则,以综合利用为出发点,确立"节约—环保—利用"的生态循环理念,创建了独具特色的牧原环保模式,并在各养殖场建设沼液工程配套设施,对养殖产生的粪水进行固液分离:固体用于生产有机肥,液体进行厌氧发酵,产生的沼气用于伙房做饭、发电。

同时,在养殖场周围铺设农田管网,在非施肥季节溶液储存于沼液储存池,在施肥季节通过支农管网输送至农田。该模式将养殖废弃物变废为宝,不仅实现了对环境的保护,而且带动周边农民节约化肥,发展生态农业,提高了资源利用效率,实现经济效益、生态效益和社会效益的有机统一。

在猪粪处理上,可根据土壤性质、作物种类、客户需求,采用固液分离、集中收集、发酵处理、专用加工、品牌销售的模式,生产各类专用有机肥。

在猪尿处理上,采用分级收集、厌氧发酵、沼气利用、沼液暂存、管网输送、施肥还田的模式,把猪尿变成资源,实现高效利用,促进农民减投增产,带动周边农业发展。

(三)古城镇发展循环农业的成效

1.推进科技应用,实现了种养结合生态循环发展

古城镇农业产业发展的基本定位和方向为"有机旱作、综合利用",推广秸秆还田、有机肥替代化肥、测土配方施肥、强化病虫害统防统治和全程绿色防控等技术。连续三年,农药使用量实现负增长。大力发展循环农业,提倡种养结合生态循环模式,培育发展"畜禽养殖—粪便—沼液(有机肥)—沼气(生产生活利用)—无公害农产品"生态农业循环链,大力推广畜禽粪便自然发酵、直接还田、好氧发酵等资源化技术。通过就近就地堆肥发酵还田、生产生物有机肥料等多种模式实现85%的畜禽粪污进入农田,促进了农用地综合养分平衡,实现了种养结合生态循环发展。

2.强化基础建设,改善了绿色有机循环农业生产条件

古城镇以高标准农田建设、农业机械化、小水网工程建设为抓手,不断夯实农业生产基础,进一步提升农业生产条件。强化农业大数据建设,提升了农业信息化水平。加快农业科技创新,强化标准化建设,推动全镇农业由粗放型向集约型转变。

3.强化主体培育,提升了农业产业组织化程度

古城镇以打造"乡村振兴综合体""绿色循环农业产业园""高效农业产业区"为依托,充分发挥山东爱佳农牧发展有限公司和莘县牧原农牧有限公司等农业龙头企业的带动作用,搭建从小农户、专业合作社到村级集体经济组织、龙头企业,最后到产业联盟的产业联合体,提升农业的产业化水平。大力培植农业产业化龙头企业,培育农民专业合作社,促进小农户与现代农业有效衔接。

4.强化链条延伸,提高了循环农业发展水平

古城镇科学规划"一心一带一轴一园一区"的空间布局,逐步健全"生产、产业、经营、生态、服务、运行"六大支撑体系,打造蔬果大棚基地、杞柳种植基地、藕虾种养基地、农产品加工基地、畜牧养殖基地五大精深加工产业基地,推进一二三产业融合、产加销配套、品牌化发展,实现了农业由规模数量型向质量效益型转变,提高了全镇农业的综合效益和市场竞争力。

5.强化示范带动,增强了循环农业引领能力

近年来,全镇上下围绕循环有机农业进行了有益的探索,创造出了4种有机循环农业发展模式,即"资源转化型""产业融合型""科技引领型""品牌带动型",分别以牧原股份生猪养殖基地、前三里营田园综合体、林洋公司100兆瓦农光互补项目、山东爱佳农牧发展有限公司为代表。最终实现了经济效益、生态效益和社会效益的有机统一。

三、古城镇发展循环农业的经验启示

(一)坚持以"两山"理论为主题

古城镇深入践行习近平生态文明思想,牢固树立"生态优先、绿色发展"导向,正确把握生态环境保护和经济发展的关系,大力发展循环农业,走高质量发展新路子,积极探索生态修复、生态旅游、生态农业、生态品牌、生态融合等"两山"转化路径,打通"绿水青山就是金山银山"转化通道,探索总结出"资源转化型""产业融合型""科技引领型""品牌带动型"等4种"两山"转化"古城模式"。

(二)坚持以保障农民的利益为核心

坚持一切发展以人民为中心,核心目的是让乡村人民群众的生活好起来。因此,推动有机循环农业,必须始终坚持农民主体地位不动摇,始终把农民的切身利益摆在首位,绝不能以牺牲农民的利益来换取乡村的繁荣发展。要保障农民的利益,注重体制机制创新,激发农民的内生动力。

(三)坚持以企业带动为主体

农业产业化龙头企业集聚资源开发、产品研发、资本利用、技术创新等生产要素,带动农户发展农业产业化、标准化、规模化、集约化生产加工,是

构建现代农业产业体系的重要主体,在推进农业产业化进程中具有重要的引领作用。要加大对龙头企业的扶持力度,积极发挥企业引领作用,推动小农经济与现代农业对接。

(四)坚持以改革创新为动力

要推动绿色有机循环农业发展,必须以改革创新的思路,清除农业农村发展的各种障碍,切实抓好"人、地、钱"三个关键,激发农村各类要素的潜能和各类主体的活力,引导社会资本和人才积极参与,不断为绿色有机循环农业发展注入新动能。

四、大力发展循环农业,推动农村经济高质量发展的建议

古城镇发展循环农业虽然取得了一定的成效,但仍存在许多不足,还需要因地制宜地创新发展,扎实推进黄河流域生态保护和高质量发展战略,在全面推进乡村振兴上"走在前"。

(一)夯实循环农业发展基础,构建黄河流域生态新格局

实现农业产业化和循环式发展,最重要的是在发展农业经济、增加农民收入的同时保护好生态环境,减少对资源的破坏性开采。为夯实循环农业发展基础,古城镇应贯彻黄河国家战略要求,时刻把生态文明建设放在重要位置,加大治理力度,减少农业面源污染,实现化肥、农药零增长。

(二)强化农业生产服务,解决"最后一公里"难题

以提升农民技术水平和科学种田为重点,持续开展农作物建档立卡工作,农技师对建档立卡数据进行分析整理,形成农业数据库,以更好地指导农户进行作物管理,帮助农户增产增收。邀请农业局、农技站、内部农技师等技术人员不断开展农技知识讲座,提升农户田间管理水平,带动周边农业经济发展,帮助农户脱贫致富。结合粪污还田、农户科学田间管理,优化农技知识及宣讲方案,引导农户加强田间管理,引领农业绿色发展。

(三)构建新型种养关系,实施多层次循环农业模式

要积极探索多层次的循环农业模式,可以从以下几个方面着手。一是

以村为单位,构建循环小农场发展模式,以节能减排、清洁生产以及加大技术创新为着力点,各个生产环节相互联系,相互利用彼此产出的废弃物、废水、废渣,提高资源综合利用率。二是从整体环境出发,充分发挥政府的主导力量及服务作用,通过能量物质和信息的整合,联系各农业产业,促进各个产业之间的原料、能源以及废弃物的相互利用。三是推进新型种养结合,通过种养配套、农牧循环实现粪污肥料化运用。实施猪、牛、羊粪污收集利用工程。倡导使用有机肥料,引导农户将猪粪、牛粪、羊粪堆积发酵后还田,集中深加工。在养殖示范村设立粪污收集处理点,在大型养殖场安装有机肥料加工设备,修建国有有机肥加工处理厂,形成"分散收集—集中处理—有机肥加工"全链条粪污加工处理模式,能够有效地减少农村污染源。

(四)充分利用清洁资源,探索光伏立体农业种植模式

古城镇太阳能资源较为丰富,可以充分利用这一优势在农村探索光伏立体农业种植模式。利用太阳能发电系统、物质循环系统、能量流动系统、生产系统、智能控制系统将太阳能转化为植物生长所需的有效辐射,节约土地,大大提高单位面积土地的经济效益,实现光伏发电与植物生产、动物养殖的有机结合,构建零排放的内循环系统,实现真正意义上的高效绿色循环农业。扎实推进黄河流域生态保护和高质量发展战略,努力开创古城镇乡村振兴新局面。

中共莘县县委党校课题组负责人:王燕

课题组成员:王亚丹　孔令轩　靳玉秀　夏桂萍　周素清

第 五 编

黄河流域"两山"实践创新和乡村振兴研究

黄河三角洲生态产品价值实现路径研究

2019 年,黄河流域生态保护和高质量发展上升为重大国家战略,其将作为"十四五"乃至更长一个历史时期的重点任务。2021 年,《黄河流域生态保护和高质量发展规划纲要》出台,系统搭建了黄河保护治理的"四梁八柱",明确指出要健全黄河流域生态产品价值实现机制。2021 年 10 月 22 日,习近平总书记在济南主持召开深入推动黄河流域生态保护和高质量发展座谈会,进一步指出,要确保"十四五"时期黄河流域生态保护和高质量发展取得明显成效。①

黄河三角洲地理区位重要,土地资源优势突出,自然资源丰富。由于地处大气、河流、海洋与陆地的交接带,它是世界上典型的河口湿地生态系统,生态产品供给潜力巨大,是国家实施黄河流域生态保护和高质量发展的重要区域。2021 年,东营市获批成为全国自然资源领域生态产品价值实现机制试点,成为黄河流域首个获批该机制试点的城市。推动黄河三角洲生态产品价值实现,是保护治理黄河、推动黄河流域生态保护和高质量发展的大事,既具有重要的生态、经济、社会和政治意义,又具有重大而深远的历史和现实意义。

---

① 参见《习近平在深入推动黄河流域生态保护和高质量发展座谈会上强调 咬定目标脚踏实地 埋头苦干久久为功 为黄河永远造福中华民族而不懈奋斗 韩正出席并讲话》,2021 年 10 月 22 日,http://www.news.cn/politics/2021-10/22/c_1127986188.htm。

一、推动黄河三角洲生态产品价值实现意义重大

（一）是加快黄河三角洲生态环境保护与治理，提高优质生态产品供给能力的重要抓手和突破口

1855 年，黄河在铜瓦厢决口，经过 9 次流路变迁流入渤海，因泥沙沉淀形成黄河三角洲。特殊的形成过程和地理位置决定了黄河三角洲生态具有洲面不稳定、生态环境脆弱、潮间带及近海湿地物种繁多等特点，是明显的湿地生态系统。受气候变化、海洋灾害等自然因素影响，人类水资源利用、土地利用、石油开采、沿海滩涂围垦及海岸工程、水产养殖等经济社会活动加剧，使得黄河三角洲入海水沙通量减少、湿地面积萎缩、环境污染严重、生物资源减少等生态系统恶化问题日渐凸显。以黄河入海水沙通量变化为例，1950~1985 年，黄河年均入海水量、沙量分别为 419 亿 m^3、10.537 亿吨。1986~2020 年，年均入海水量、沙量分别降至 156.5 亿 m^3，2.4 亿吨，仅分别为此前的 37.35% 和 22.78%。推动黄河三角洲生态优势转化为经济优势，前提和基础是黄河三角洲提供优质的公共生态产品。因此，必须以此为抓手和突破口，加大黄河三角洲生态环境保护与治理力度，恢复黄河三角洲湿地生态系统，促进河流生态系统健康。

（二）是保持河海生态系统平衡、维持生物多样性、增强调节功能的客观要求

黄河下游历来水资源短缺，河床改道频繁，地质灾害频发，生态系统脆弱。近年来，随着党和政府生态保护和修复的力度不断加大，黄河三角洲的生态修复取得了长足的进步，生物种类逐渐增多。目前，黄河三角洲已经成为世界上生物多样性最丰富的地区之一，截至 2021 年 12 月，有各类野生植物 411 种，各类野生动物 1763 种。这里是环西太平洋和东亚—澳大利西亚鸟类迁徙的重要停歇地、越冬地和繁殖地，也是黄渤海区域水生生物重要的产卵场、索饵场、越冬场和洄游通道。推动黄河三角洲生态产品价值实现，不仅有助于维护黄河三角洲河海生态平衡，而且将为维持黄河三角洲生物多样性、调节气候功能等作出重要贡献。

（三）是践行"绿水青山就是金山银山"理念、走绿色低碳发展之路的必然要求

"绿水青山就是金山银山"是习近平生态文明思想的重要内容。将生态优势转化为经济价值，不仅是生态文明建设中的重点问题，而且是践行"绿水青山就是金山银山"理念的物质载体和实践抓手。特别是在碳达峰碳中和的硬性约束下，推动经济社会绿色低碳转型发展已经成为必然趋势。黄河三角洲地区是重要的石油等能源基地，胜利油田 80% 的石油地质储量和 85% 的油气产量来源于此。黄河流域山东段 9 个设区市、25 个县（市、区）普遍生态环境脆弱，重大基础设施建设相对滞后，产业结构层次偏低，传统农业低效发展，工业技术含量偏低，服务业发展滞后，滩区迁建、脱贫攻坚与乡村振兴有效衔接任务繁重，经济社会与人口、资源、环境协调发展面临严峻挑战。因此，必须以绿色低碳发展为目标，将黄河三角洲的生态优势转化为经济优势、社会优势，推动黄河三角洲地区经济社会全面转型升级和高质量发展。

（四）是探索大江大河治理及黄河三角洲生态产品价值实现的"东营方案""山东经验"的现实选择

2019 年，习近平总书记在郑州主持召开黄河流域生态保护和高质量发展座谈会，正式提出推动黄河流域生态保护和高质量发展的战略构想。在深入推动长江经济带发展座谈会上，习近平总书记指出，要探索政府主导、企业和社会各界参与、市场化运作、可持续的生态产品价值实现路径。[①]《黄河流域生态保护和高质量发展规划纲要》也明确指出，要建立纵向与横向、补偿与赔偿、政府与市场有机结合的黄河流域生态产品价值实现机制。在济南召开的深入推动黄河流域生态保护和高质量发展座谈会上，习近平总书记强调，要大力推动生态环境保护治理，推进流域综合治理，提高河口三角洲生物多样性。[②] 山东要在黄河流域生态保护和高质量发展中走在前列，就要以生态文明理念为根本牵引，加大黄河三角洲生态保护和修复力度，推

---

① 参见习近平：《在深入推动长江经济带发展座谈会上的讲话》，人民出版社 2018 年版，第 12 页。

② 参见《习近平在深入推动黄河流域生态保护和高质量发展座谈会上强调 咬定目标脚踏实地埋头苦干久久为功 为黄河永远造福中华民族而不懈奋斗 韩正出席并讲话》，2021 年 10 月 22 日，http://www.news.cn/politics/2021-10/22/c_1127986188.htm。

进黄河三角洲生态产品实现生态、经济、社会价值,为保护治理黄河、实现经济高质量发展探索"东营方案""山东经验"和模式,作出山东贡献。

二、黄河三角洲生态产品的界定与价值实现面临的困境

(一)黄河三角洲生态产品的界定

生态产品第一次出现在官方文件中是 2010 年发布的《全国主体功能区划》。该定义从合理控制和优化国土空间格局,为制定主体功能区规划提供科学依据的角度,将生态产品界定为维系生态安全、保障生态调节功能、提供良好人居环境的自然要素。与生态产品概念相似的是国际研究中常用的"生态系统服务",即生态系统为人类提供供给服务、调节服务、支持服务和文化服务。这都是从狭义上理解生态产品,都是指生态系统本身所提供的产品和服务。随着我国生态文明建设实践的深入,生态产品由最初国土空间优化的一个要素逐渐演变为生态文明的核心理论基石。

我们在综合国内外研究的基础上,从自然生态与人类之间的供给消费关系和人与人之间的供给消费关系出发,将黄河三角洲生态产品界定为黄河三角洲生态系统通过生物生产及其与人类劳动的共同作用下提供给人类社会使用和消费的终端产品或服务,包括维系生态安全、保障生态调节功能、保障人居环境、提供物质原料和精神文化服务等人类福祉或惠益,是与农产品、工业产品并列的能满足人类对美好生活需求的生活必需品。根据政府主导、政府与市场混合、市场交易等不同的价值实现模式或路径,将黄河三角洲生态产品分为公共性、准公共性和经营性生态产品三类(见图1)。其中,公共性生态产品是黄河三角洲生态系统通过生物生产的过程为人类提供的自然要素,包括清新的空气、清洁的水源、宜人的气候、安全的土壤、森林林木、清洁的海洋等,以及河海平衡、物种保育、气候调节、生态减灾等维系生态安全的产品,是具有非竞争性、非排他性、效用不可分割性等特征的纯公共物品。准公共性生态产品是介于公共性生态产品和经营性生态产品之间的,在一定政策条件下满足产权明晰、市场稀缺、可精确定量要求,具有一定程度的排他性和竞争性的可以通过市场交易的公共性生态产品。其主要包括可交易的排污权、碳排放权等污染排放权益,取水权、石油等资源用能权等资源开发权益,以及总量配额和开发配额等资源配额指标。经营

性生态产品包括农林产品、生物质能等与第一产业密切相关的物质原料产品,通过清洁生产、循环利用、降耗减排等途径生产出的生态工农产品,以及旅游休闲、健康休养、文化产品等依托生态资源提供的精神文化产品。

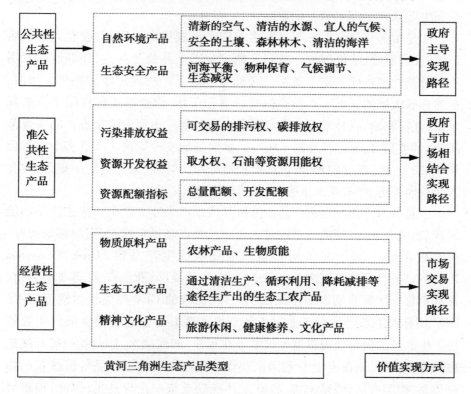

图1 黄河三角洲生态产品类型及其价值实现方式

(二)黄河三角洲生态产品价值实现面临的困境

一是黄河三角洲生态环境极为脆弱,生态保护、治理、修复的任务极其艰巨。黄河历来"体弱多病"。水资源短缺,水土流失严重,水少沙多,水沙异源,水沙关系不协调是黄河难治的症结所在。黄河流域约60%的径流来自兰州以上30%的流域面积,90%以上的泥沙来自黄土高原。花园口水文站的监测数据显示,1960~1989年花园口天然径流量多年均值为603亿 m³每年,1990~2019年花园口天然径流量仅为469亿 m³每年,天然径流量减少134亿 m³每年。黄河水沙变化直接影响下游河道变化,河口及三角洲湿地萎缩,生态系统退化,加之地质灾害频发,下游河段决溢与改道频繁,再加上海水侵蚀,土壤盐渍化程度高,外来物种入侵,使得黄河三角洲生态安全面临严峻的挑战。近年来,随着人类经济活动对生态环境的破坏,工农业用水粗放,进一步加大了黄河三角洲生态保护、治理和修复的难度。

二是黄河三角洲生态产品和生态资产产权界定不明晰,存在大量权属不清、交叉重叠、缺位现象。黄河三角洲生态产品的公共性、外部性和效用不可分割性等特征决定了黄河三角洲生态产品产权界定较为模糊。当前,虽然在省级层面开展了自然资源确权登记工作,但这项工作仅限于自然保护地、江河湖泊、森林草原等自然资源生态空间。黄河流域生态产品涉及范围广、种类繁多,界定标准尚不统一。黄河流域 9 个设区市 230 多个自然保护地、25 个县(市、区)85 个自然保护地分部门管理,未进行统一规划,存在大量权属不清、产权交叉重叠、缺位遗漏现象。

三是黄河三角洲生态产品价值核算体系尚未建立。由于生态产品功能多样、价值多元,我国尚未系统建立全面反映市场供求状况、资源稀缺程度、生态成本的生态产品价格制度。生态系统生产总值(Gross Ecosystem Product, GEP)核算虽在多个省份进行,生态环境部、浙江省、江苏省南京市、深圳市福田区等分别制定了国家、省、市、区级的 GEP 核算技术规范,但是 GEP 核算和生态产品真正通过市场交换实现其价值还有很多问题需要解决。生态产品价值实现机制也仅限于在福建、浙江丽水、江西抚州等开展地方性探索试验,尚没有上升到国家层面。黄河流域生态产品价值核算的指标体系、模型方法、数据来源、核算主体等缺乏统一指导意见,因此,很难对黄河三角洲生态产品价值进行精准的定量核算。

四是黄河三角洲生态产品价值实现的市场交易机制不成熟。当前,黄河三角洲生态产品价值实现主要是通过中央和山东省政府对重点功能区的专项转移支付资金,补偿范围仅限于东营黄河三角洲自然保护区。由于补偿功能有限,资金需求量大,因而需要转向市场手段。然而,我国水权、碳排放权、排污权等生态产品交易市场发育程度低,市场准入条件、交易技术规范与流程、各利益主体分配方式、交易价格和相关监督管理办法都不规范,尚未形成统一的生态产品自由交换和定价机制。

五是黄河三角洲生态产品价值实现的资金支持力度较弱。一方面,以财政转移支付为主要形式的政府生态补偿资金面临财政压力大、资金来源渠道单一、区域间协调不通畅等瓶颈;另一方面,由于黄河三角洲生态产品保护、修复和治理难度大,投资风险高,收益回报水平低,修复工期长,投资所需资金量大,因此私人资本参与黄河三角洲生态产品价值开发的积极性低,加之银行等金融机构在扶持黄河三角洲生态产品及其价值实现时还面临产权抵押困难、缺乏稳定的还款收益等关键难点,绿色信贷、绿色基金、绿色债券等绿色金融体系不完备,对黄河三角洲生态产品价值实现的支持力度极为有限。

三、国内外生态产品价值实现的模式与经验借鉴

通过对国内外生态产品价值实现活动及其具体模式进行比较分析,为黄河三角洲生态产品价值实现提供借鉴和启发(见表1)。

表1 国内外生态产品价值实现模式及经验借鉴

模式类型	特点	典型案例	适用范围	实现路径
生态补偿	政府单方面、普惠式地向生态产品供给方提供补贴	新安江流域生态补偿以跨省断面水质达标情况"对赌"形式决定补偿资金在浙、皖两省的分配	区域性的公共性生态产品	政府主导实施
		湖北鄂州通过科学核算梁子湖区生态价值,按照生态服务高强度地区向低强度地区溢出生态服务的原则决定补偿资金在上下级政府间的分配		
生态权益交易	生产消费关系较为明确的公共性生态产品在满足特定的条件成为商品后直接通过市场交易实现价值	浙江义乌通过出资购买东阳横锦水库的使用权,并承担综合管理费和饮水管道建设,以市场化交易水权方式解决两地水资源配置问题	公共性生态产品通过一定的条件变为准公共性生态产品或生态商品	生态商品供需双方通过市场交易实现

模式类型	特点	典型案例	适用范围	实现路径
资源产权流转	生态资源通过所有权、经营权、收益权等产权流转实现生态产品价值增值	重庆将农村闲置废弃的建设用地复垦为耕地等农用地,腾挪出建设用地指标经公开交易形成地票,耕地开发者购买地票补偿生态产品占用损耗	公共性生态产品或经营性生态产品	政府产权管控下的市场交易
		福建南平通过建立"森林生态银行""水生态银行"等,以赎买、股份合作、租赁、托管等流转方式对生态资源进行集中收储和规模化开发		
生态修复及价值溢价	生态产品价值通过二次分配实现	江苏徐州通过修复采煤塌陷区、复垦土地,并允许土地使用权可以依法流转来吸引开发企业参与矿区综合整治,优质生态产品的增加带动区域土地升值、产业转型升级和乡村振兴	生态损害严重的公共性生态产品	前期以政府主导实施为主,后期通过引入市场主体或通过市场交易实现
		山东威海华夏城矿坑修复及价值提升 福建厦门五缘湾生态修复与综合开发 北京房山史家营乡曹家坊废弃的矿山生态修复与价值实现		
生态产业开发	市场化程度最高的生态产品价值实现方式	浙江丽水、贵州等依托生态资源优势,实现生态产业化和产业生态化开发,发挥生态产品溢价,实现区域高质量发展	准公共性生态产品、经营性生态产品	市场交易为主
生态资本收益	生态资本通过其他活动实现价值增值	福建三明创新"福林贷"等金融产品,通过成立林业合作社以林权内部流转方式解决贷款抵押难题	准公共性生态产品、经营性生态产品	市场交易为主
		浙江丽水"林权IC卡"采用"信用+林权抵押"模式 福建顺昌林木收储中心为林农林权抵押贷款提供担保		

续表

模式类型	特点	典型案例	适用范围	实现路径
资源配额交易	政府生态资源管控下的生态产品交易,是纯指标交易,交易对象是生态资源存量	重庆通过设置森林覆盖率这一约束性考核指标,形成森林覆盖达标地区和不达标地区指标交易	准公共性生态产品	政府管控生态资源总量和交易配额、市场交易相结合
		美国的湿地缓解银行明确湿地"零净损失"管理目标,设计"补偿性缓解"制度,激发湿地补偿需求,形成由第三方建设湿地并负责后期维护管理的交易市场		

(一)生态补偿模式

生态补偿模式是按照"谁受益、谁补偿,谁保护、谁受偿"的原则,由各级政府或生态受益地区以资金补偿、园区共建、产业扶持等方式向生态保护地区购买生态产品,是以政府为主导的价值实现路径。我国最早实施的天然林保护工程,美国耕地休耕保护项目以及芬兰、瑞典森林生态补偿都属于此类。"新安江生态补偿"是在原环保部(现生态环境部)、财政部主导下浙江、安徽实施的全国首个跨省流域生态补偿机制试点。根据《新安江流域水环境补偿试点实施方案》,通过跨省断面水质达标情况"对赌"形式确定新安江流域水环境补偿方式。补偿资金来源于中央财政专项转移支付资金和浙江省补偿资金,专项用于新安江流域水环境保护和水污染治理。

湖北鄂州市实施生态价值工程,在生态价值计量、生态补偿、生态资产融资、生态价值目标考核等方面开展制度设计探索。在政府前期对生态环境良好的梁子湖区各类自然资源进行调查、确权登记的基础上,鄂州市与华中科技大学合作,依据自然资源基础数据和相关调查数据,采用当量因子法对梁子湖区生态资源价值进行核算。按照生态服务高强度地区向低强度地区溢出生态服务的原则(价值多少代表强度高低),以及各个区4类服务(气体调节、气候调节、净化环境、水文调节)的价值量,分别核算各区应支付的生态补偿金额。在实际测算的生态服务价值的基础上,对需要补偿的生态价值部分,试行阶段先由鄂州市财政给予70%的补贴,剩余30%由接受生态服务的区向供给区支付,再逐年降低市级补贴比例,直至完全退出。从2016年至今,因溢出生态服务价值,梁子湖区共获得鄂州市及其他区的生态补偿资金 2.4 亿元,全部用于农村污水处理、环湖水源涵养林带建设、水生植被修复、沿线生态保护修复。梁子湖区还利用优美的生态环境和毗邻武汉等优势,重点发展有机农业、乡村旅游等生态产业,在保护生态的同时带动了村民致富增收,以生态制度责任化引领各区经济转型和转变发展方式,向着"生态优先、绿色发展"的目标迈进。

(二)生态权益交易模式

该模式是指生态系统服务权益、污染排放权益和资源开放权益的产权人和受益人直接通过市场交易实现生态产品价值,它是公共性生态产品唯一通过市场机制实现价值的模式。典型代表是在浙江省东阳、义乌两市开展的我国首例水权交易。东阳和义乌两市面临水资源余缺不一的情况,探索以市场化交易水权方式解决水资源配置问题。义乌市一次性出资 2 亿元购买东阳横锦水库每年 4999.9 万 m^3 水的使用权。转让用水权后水库原所有权不变,水库运用工程维护仍由东阳负责,义乌按当年实际供水量每 m^3 0.1 元支付综合管理费(包括水资源费)。从横锦水库到义乌的引水管道工程由义乌市规划设计和投资建设,其中东阳境内段引水工程的有关政策处理和管道工程施工由东阳市负责,费用由义乌承担。东阳、义乌买卖水权,运用市场优化配置水资源,为跨流域或跨区调水探索了市场协调机制,虽然在法律上还存在产权困境和问题,但为准公共性生态产品交易提供了有价值的参考借鉴。

(三)资源产权流转模式

资源产权流转模式是指通过资源产权买卖、入股、租赁、托管等产权流转方式实现价值增值。重庆将农村闲置、废弃的建设用地复垦为耕地、林地、草地等多种生态用地,腾出来的建设用地指标经公开交易后形成地票。通过明确新增经营性建设用地"持票准用"制度,地票的产生地必须在城镇规划建设用地范围之外,地票的使用必须符合国土空间规划的要求,严禁突破规划的刚性约束。占用耕地、林地、草地等生态产品的开发者通过市场化机制购买地票,对由于耕地等占用损失造成的生态产品供应能力下降实施付费补偿。明确地票收益归农、地票价款扣除复垦成本后的收益,由农户与农村集体经济组织按照85∶15的比例进行分配。重庆地票制度对增加生态空间和生态产品、促进城镇化中城乡用地的协调发展以及提高"三农""财产性"收入具有积极的促进作用。

福建省南平市顺昌开展"森林生态银行"试点,借鉴商业银行分散化输入、整体化输出方式,构建"生态银行"这一自然资源管理、开放和运营平台,通过林权赎买、股份合作、林地租赁和林木托管等林权流转方式,对碎片化的生态资源经营权和使用权进行集中收储和规模化的整合优化,转化形成权属清晰、可交易的优质连片的"资产包",并且委托专业且有实力的产业运营商实施管理,引入社会资本投资,打通了资源变资产、资产变资本的通道,探索出了一条把生态资源优势转化为经济发展优势的生态产品价值实现路径。

(四)生态修复及价值溢价模式

该模式是指在自然生态系统被破坏或生态功能缺失的地区,通过生态修复、系统治理和综合开发恢复自然生态系统功能,增加生态产品的供给,并通过优化国土空间布局、调整土地用途等政策措施发展接续产业,实现生态产品价值提升和价值"外溢"。江苏省徐州市以"矿地融合"理念推动潘安湖采煤塌陷区生态修复,充分发挥规划的引领作用,按照"多规合一"的要求,统筹考虑区域内矿产、土地、水等资源管理和接续产业发展以及新农村建设等,科学规划潘安湖采煤塌陷区生态修复和后续产业发展。以增加生态产品为核心推进土地综合整治,通过水土污染控制、地灾防治、生物多样性保护、生态旅游建设等一系列措施,系统治理采煤塌陷区受损的自然生态系统。同时允许采煤塌陷区复垦后的土地使用权依法流转,吸引开发企业参与矿区土地综合整治,通过采煤塌陷地征收、土地收购储备、居民点异地安置、土地承包经营权再分配等一系列资源产权流转方式,切实维护了采煤塌陷区土地所有者的权益,为生态修复项目和产业转型腾出了发展空间。大力发展"生态修复+"产业,通过增加优质生态产品的供给带动了区域土地升值,推动了区域产业转型与乡村振兴。

福建省厦门市五缘湾片区通过实施生态修复与综合开放工程,由市土地发展中心代表市政府作为业主单位,负责片区规划设计、土地收储和资金筹措等工作,联合市路桥集团等建设单位,整体推进环境治理、生态修复和综合开发。以土地储备为基础,完善交通基础设施、学校、医院、文化体育场馆等科教文卫体配套设施建设,全面推进五缘湾片区综合开发。通过生态修复和综合开放工程,五缘湾生态产品功能持续增加,带动周边土地溢价,以土地为载体实现生态产品价值,为市民提供优美的生态环境的同时也使参与投资的企业得到了收益。

(五)生态产业开发模式

生态产业开发模式是经营性生态产品通过市场机制实现交换价值的模式,是生态资源产业化的过程,也是市场化程度最高的生态产品价值实现方式。浙江丽水地处浙西经济欠发达地区,是浙江省的重要生态屏障。为了变"经济后发"为"生态先发",打通"绿水青山"变"金山银山"通道,丽水立足生态优势,大力培育生态经济,使生态环境变成现实生产力。为发展生态精品农业,丽水打造了覆盖全区域、全品类、全产业链的公用农业品牌"丽水山耕",大力发展绿色环保、高端低碳和高效低耗的生态工业,推进农旅融合,有效地促进了旅游全区域、全要素和全产业链发展。贵州省依托"醉美贵州"的好山、好水、好风景以及独特的地形地貌、自然生态环境、穿堂风"有限但重要的优势"吸引大数据产业入驻,实现了区域经济"弯道超车"和转型跨越式发展。这些地区凭借自身丰富的生态资源,通过生态产业化和产业生态化开发,充分发挥生态产品溢价,走出了具有地方特色的生态产品价值实现的路子。

(六)生态资本收益模式

该模式是指生态资源资产通过金融方式融入社会资本,盘活生态资源实现存量资本经济收益的模式。福建省三明市为了盘活小额林业资产,破解林农贷款难、担保难的难题,创新推出"福林贷"金融产品,通过成立林业专业合作社以林权内部流转方式解决贷款抵押难题。在此模式下,由村委会牵头成立村级合作社,贷款林农按一定比例缴纳保证金形成林业担保基金。贷款时,合作社提供担保,林农以自留山、责任山、林权股权等农业资产反担保,如果出现不良贷款,则由村委会牵头对该林农的林权进行村内流转。除了"福林贷",三明市还推出林权按揭贷款、林权"支贷宝"等多种金融创新产品,推动林业资源向林农的钱袋子和区域金山银山转化。此外,福建顺昌县依托县国有林场成立"顺昌县林木收储中心",为林农林权抵押贷款提供兜底担保。浙江丽水市"林权IC卡"采用"信用+林权抵押"模式实现了以林权为抵押物的突破。这是一种以土地、林地、林木、水域和湿地等生态资源的使用权通过一定的形式入股或抵押来获取资本收益的方式,是"资源变资产"中与生态资源资产有关的收益。

(七)资源配额交易模式

资源配额交易模式是指政府通过管控或设定限额使生态资源具有稀缺性,促使生态资源匮乏的经济发达地区或需要开发占用生态资源的企业、个人付费达到国家管制要求,通过市场交易生态资源配额,以达到保护、修复和开发生态资源的目的。重庆实施的森林覆盖率指标交易就是这种方式。重庆市为了完成到2022年森林覆盖率达55%的任务,将森林覆盖率作为约束性指标,明确每个区县的任务,分类划标,统一考核。根据各区县自然条件不同、发展定位各异及部分区县国土绿化空间有限等实际,对完成森林覆盖率目标确有困难的地区,允许其购买森林面积指标,用于该地区森林覆盖率指标的计算,让保护生态地区得补偿、不吃亏,探索建立了基于森林覆盖率指标交易的生态产品价值实现机制,形成了区域间生态保护与经济社会发展的良性循环。美国的湿地缓解银行通过法律明确了湿地资源的"零净损失"管理目标和严格的政府管控机制,设计了允许"补偿性缓解"的制度规则,从而激发了湿地补偿的交易需求,形成了由第三方建设湿地并进行后期维护管理的交易市场。

四、推进黄河三角洲生态产品价值实现的路径选择

(一)以创建黄河口国家公园为契机,加大黄河三角洲生态修复与治理力度,提高黄河口优质的公共性生态产品的供给能力

黄河三角洲最重要、最基本的生态产品就是河口公共性生态产品。加大黄河三角洲生态修复和治理力度,提供优质的公共性生态产品,是实现黄河三角洲生态产品价值的基础和保障,也是建设黄河口国家公园的基础条件和要求。一是大力推进黄河三角洲生态修复,加快实施湿地保护和修复,实施生物多样性保护,形成稳定的生态保护修复格局。建议按照河、海、路

统筹的思路,实施湿地生态修复、生态补水、湿地水系联通、近海水环境与水生态修复、海岸带生态防护、互花米草治理、流域防洪河道治理、盐碱地综合利用、黄河三角洲生物多样性保护、生物多样性动态监测等重大生态保护和修复工程。二是加快黄河口国家公园规划编制,科学利用黄河口公共性生态产品。在优化整合黄河流域自然保护地的基础上,科学编制黄河河口国家公园规划。在严格保护黄河三角洲生态系统原真性、完整性和系统性的基础上,科学设置生态科普、湿地观光、研学旅行培训等项目,设计高品质的观海、观鸟等生态文化旅游线路,科学利用黄河口公共性生态产品。同时,在自然保护地周边合理规划建设特色小镇、森林人家、特色民宿等,推动文旅和体育等服务产业发展。

(二)建立健全黄河三角洲生态产品价值实现基础性制度

黄河三角洲生态产品价值实现尚处于起步阶段,为此,必须以东营这一首个生态产品价值实现试点市为契机,建立健全黄河三角洲生态产品价值实现的各项基础性制度。一是加强黄河三角洲生态产品调查监测,完善生态产品产权制度。要摸清黄河三角洲区域水源、林地、湖泊、池塘等生态产品的家底,对各类生态产品进行确权、登记、颁证,进一步明确生态产品所有权、经营权以及出让、转让、出租、抵押、入股等各项权能,为生态产品市场化交易奠定基础。二是建立黄河三角洲生态产品价值评价制度,推动生态产品价值核算标准化,保证核算结果能运用。建议按照 2020 年生态环境部发布的《陆地生态系统生产总值核算技术指南》,吸收并借鉴在江西抚州、浙江丽水等地开展生态系统服务价值核算试点经验,准确评估黄河三角洲生态产品的价值,做到评估价值科学合理、规范适用,并逐步推动生态产品价值核算结果的运用。三是建立健全黄河三角洲生态产品价值评级、考核制度。将黄河三角洲 GEP 作为各地绩效评估、等级考核、干部职位晋升的重要参考,推动形成保护和治理黄河三角洲生态环境的倒逼机制。

(三)加快完善黄河三角洲生态产品价值实现的补偿制度

在纵向补偿上,除积极向上争取中央财政对黄河三角洲生态保护和修复、重点功能区、生态价值实现等专项转移支付资金外,省级财政也要按照黄河三角洲生态产品价值核算结果、生态环境保护面积等因素,重点完善黄河三角洲19个县(市、区)转移支付资金分配体系。要创新省域范围内上下级政府间的生态补偿方式,滨州、潍坊、德州、淄博、烟台等地市同山东省级层面可采取反向竞标和绩效支付等方式提高生态补偿资金的使用效益。在横向补偿上,可以借鉴浙江、安徽两省实施的新安江流域横向生态补偿模式,探索建立黄河上中下游、鲁豫两省跨区域横向生态补偿制度。同时,要加大对黄河三角洲重点生态保护区和生态产品相关企业的补偿比例,提高这些地区和企业维护黄河三角洲生态安全、生物多样性、河流健康的积极性。要建立健全黄河三角洲生态产品保护区损害赔偿机制。完善损害赔偿相关政策法规,增加违法成本,加大对生态保护区损害赔偿的监督管理力度。

(四)创新黄河三角洲生态产品市场化经营开发、交易机制

黄河三角洲生态价值转化为经济价值最关键的就是通过市场机制实现生态产品经营开发、货币化交易,为此,必须以政府为主导,创新黄河三角洲生态产品市场化经营开发、交易机制。一是探索建立黄河三角洲水权交易市场(初期可在山东省内试行,待完善后可申请建立黄河流域水权交易市场,为用市场化方式解决黄河流域9省区、11个供水省区水资源短缺严重制约经济发展的问题积累经验)。以历史用水量或人口和流域面积为基数确定水权,建立水权交易市场,通过市场化实现用水结构调整,提高用水效率。鼓励开展黄河三角洲流域的污染权、石油等资源开发权的生态权益交易。可借鉴美国的湿地缓解银行的做法,采取"湿地配额交易"的方式,建立一整套湿地信用的市场交易机制。湿地以"信用"形式在同领域开发项目与湿地缓解银行间交易,湿地开发者需购买湿地信用来弥补低效开发建设项目对湿地的占用,激发湿地补偿并进行后期维护管理,从而创造黄河三角洲生态产品市场化交易的条件。二是借鉴福建等地实施的"森林生态银行""水生态银行"模式,搭建黄河三角洲生态资源产权流转、市场化运营和开发的交易平台,储备生态资源权能,以特许经营方式授权平台进行生态修复、治理和市场化开发。三是积极引导、鼓励和支持社会主体参与黄河三角洲生态产品市场化开发。《国务院办公厅关于鼓励和支持社会资本参与生态保护修复的意见》明确指出,社会资本参与生态修复要在规划管控、产权激励、资源利用、财税支持和金融扶持等方面提供政策支持。

（五）加大沿黄生态走廊经营性生态产品开发，推动黄河三角洲生态产业化

在黄河三角洲生态产品修复、保护、治理的基础上，逐步提升生态产品溢价。以沿黄生态走廊为重点，加大黄河三角洲经营性生态产品开发，推动黄河三角洲生态产业化。大力发展生态农业、循环农（林）业、海洋生态牧场，要通过技术改造和提升，繁育耐盐碱的粮食、牧草、经济作物，发展盐碱地生态农业。加快工业绿色化转型，引领资源型城市新旧动能转化，优先发展新材料、生物医药、新能源、清洁环保等高新技术产业。大力发展循环经济。加强能源结构绿色调整，减少污染源和碳排放，构建以新能源为主体的新型电力系统，继续开发碳捕集、利用与封存技术，努力实现资源型城市绿色转型发展。依托黄河湿地高标准发展生态旅游、教育、医养等"生态+"服务业，努力实现黄河三角洲生态优势转为产业优势和经济优势。

（六）完善财税和金融手段，健全黄河三角洲生态产品价值实现的资金支持政策

建议建立黄河三角洲生态补偿基金，制定符合黄河三角洲生态资源开发的行业指导目录，引导社会资本投入黄河三角洲生态产品价值开发。发挥财政在黄河三角洲生态资源价值实现中的基础性和支柱作用，通过产业政策、土地政策、税收政策等支持黄河三角洲生态产品价值实现。抓紧制定和完善济南、青岛等国家城乡融合发展试验区集体土地入市交易制度。加大绿色金融支持力度，依法依规开展黄河三角洲流域水权、林权等生态资源使用权抵押、产品订单抵押等绿色信贷业务，探索"生态资产权益抵押+项目贷"模式，融资收益用于黄河三角洲区域绿色产业、一二三产业融合发展以及生态环境保护。鼓励银行等金融机构创新金融产品和服务，加大对生态产品经营开发主体中长期贷款的支持力度，通过收储、托管等形式进行资本融资，为黄河三角洲生态产品开发主体提供融资担保服务。鼓励区域内的生态资源资产管理机构发行绿色债券，在资本市场融资，探索黄河三角洲生态产品资产证券化的路径和模式。

（七）加强区域合作，打造区域协同绿色发展共同体

区域协同发展是指生态供给区域与受益区域在经济、科技、人才等方面

建立一对一或多元区域互补合作机制,使重点生态功能区有效减少人口规模和进行大规模工业化、城镇化开发。区域协同发展既是生态补偿的一种方式,也是充分发挥中国特色社会主义制度优势、破解公共性生态产品市场失灵难题的重要模式。东营与济南、淄博、潍坊、德州、烟台、滨州等黄河三角洲各市,济南与淄博、泰安、聊城、德州、东营等省会都市圈各市,青岛与烟台、潍坊、威海、日照等胶东半岛各市之间要加强区域合作,建立利益分享机制,探索"双向飞地""异地孵化""共管园区"等跨区域生态产业合作新模式、新业态,共创绿色低碳发展新局面。

中共青岛市委党校课题组负责人:魏丽莉

生态好 乡村兴 群众富 可持续

——蒙阴县"绿水青山就是金山银山"的转化路径解析

在习近平总书记的亲自谋划、亲自部署、亲自推动下，黄河流域生态保护和高质量发展重大国家战略积极推进。2021 年 10 月 22 日，习近平总书记在济南主持召开深入推动黄河流域生态保护和高质量发展座谈会，指示沿黄河省区要落实好黄河流域生态保护和高质量发展战略部署，坚定不移走生态优先、绿色发展的现代化道路。① 蒙阴县积极围绕习近平总书记的重要指示精神谋划发展，整治生态环境问题，推进生态保护修复，高质量发展取得新进步。

一、蒙阴县推进"两山"转化背景

2021 年 10 月，中共中央、国务院印发了《黄河流域生态保护和高质量发展规划纲要》，规划范围包括黄河干支流流经的青海、四川、甘肃、宁夏、内蒙古、山西、陕西、河南、山东 9 省区相关县级行政区。《山东省黄河流域生态保护和高质量发展规划》将涉及的干支流直接流入黄河的 43 个区域列为黄河流域重点县，临沂市蒙阴县、平邑县位列其中。如何更好地融入国家战略、落实国家战略、服务国家战略，是蒙阴县面临的新课题。

蒙阴县位于沂蒙山腹地，境内的蒙山主峰海拔 1156 米，是山东省第二高峰。岸堤水库是山东省第二大水库和临沂市饮用水源地。为增加收入，蒙

---

① 参见《习近平在深入推动黄河流域生态保护和高质量发展座谈会上强调 咬定目标脚踏实地埋头苦干久久为功 为黄河永远造福中华民族而不懈奋斗 韩正出席并讲话》，2021 年 10 月 22 日，http://www.news.cn/politics/2021-10/22/c_1127986188.htm。

阴人民曾尝试毁林垦荒、挖山采石、网箱养鱼等。但这种"靠山吃山、靠水吃水"的传统做法对自然生态环境造成巨大破坏,山体损坏、植被破坏、水土流失、水体污染等问题越来越突出。蒙阴县逐步意识到生态环境保护的重要性,通过系统推进生态保护与修复,全面推动绿色循环发展,生态文明建设取得重要成绩,成为山东省首个同时获得"绿水青山就是金山银山"实践创新基地(2018年)和国家生态文明建设示范县(2020年)两项荣誉称号的地区。2021年先后在生态文明贵阳国际论坛、联合国生物多样性大会上,围绕"绿水青山就是金山银山"理论创新与实践探索作了典型发言,蒙阴经验模式被列入"绿水青山就是金山银山"实践模式与典型案例(第一批)。但是坐拥的绿水青山如何才能变成百姓的金山银山,怎样找准生态与富民的契合点,让群众尽享"两山"转化红利,这是蒙阴必须着力解决的首要问题。

二、蒙阴县推进"两山"转化实践创新

党的十八大以来,蒙阴县深入贯彻习近平生态文明思想,紧扣生态保护和高质量发展两个关键,致力于探索"两山"转化路径,全力打造"南有安吉,北有蒙阴"生态品牌,让生态文明建设成果惠及全县百姓。

(一)坚持生态立县、生态富民、生态强县这个转化路径

1.生态立县,即坚持生态优先,系统推进绿色保护与生态治理

实施山川绿化工程,按照"山不露土、有土皆绿"的要求,每年新增造林2万多亩,积极推行"林长制""山长制",对45万亩生态公益林实施封闭管护,建立古树名木、野生动植物资源保护制度。实施水系生态工程,按照"生态带、产业链、风景线"的标准,把维护水源地"一湖净水"作为政治任务,修建水利工程6000余处,总蓄水达9亿立方米。绿色成为蒙阴县发展最靓丽的底色,蒙阴陆续被评为国家园林县城、全国绿化模范县、中国最具绿意百佳县市,践行了"人不负青山"的诺言。

2.生态富民,即坚持绿色发展,促进经济增收

以大生态为背景,以实现经济高质量发展为目标,积极探索符合县域实际和国家产业政策要求的优势产业,努力构建特色农业循环化、生态工业集约化、新兴产业融合化的生态产业体系,真正促成了生态保护和绿色发展相辅相成、有机融合。百姓尽享"两山"转化红利,2021年10月之前金融机构新增存款38亿元,居民人均储蓄存款达到4万元,真正实现了"人养山、山养人""人

养水、水养人"的良性循环,体现了"人不负青山,青山定不负人"的规律。

3.生态强县,即拓宽"两山"转化路径,放大生态价值

以建设动能转换生态经济实践区为抓手,建设生态工业强县。依托中国科学院、南方科技大学产业化体系的科技、人才、招商资源优势,突出生产、研发、孵化等功能,着力培育电子信息、尖端材料、工业电商等双创型高新技术企业,构建产业集聚、产城融合、资源共享的创新创业中心,做大绿色GDP蛋糕。2020年全县规模以上工业企业增加值增长9.6%、工业投资增长65.2%、工业技改投资增长85.1%,县域综合竞争力不断提升。

(二)抓住生态与产业融合这个转化重点

1.生态产业化,即推动好生态孕育好产品、好产品做成好产业

一是调整产业结构,形成了果、兔、蜂、菌四大富民产业。坚持"好山好水出好果",发展优质果园100万亩,其中蜜桃71万亩、年产量23.5亿斤。"蒙阴蜜桃"品牌价值266亿元,被列入"中国农产品百强品牌"。蒙阴被誉为"中国桃乡"。长毛兔、肉食兔存栏700万只,年产兔毛4000吨,占全国的30%。蒙阴是"中国长毛兔之乡"。全县存养蜜蜂5.8万群,其中中华蜜蜂2万余群,是国家级中华蜜蜂保护区。蒙山蜂蜜为农产品地理标志产品,年产量1720吨,产值2.23亿元。食用菌产业形成菌棒加工、菌种研发、菌菇养殖及深加工等全产业化链条,建成香菇养殖基地1500亩,产品出口日韩、欧盟等地区。蒙阴被评为全国优秀香菇出口基地县。

二是以果业为基础,构建了"兔—沼—果""果—菌—肥""农—工—贸"三大循环链条。果叶喂兔,兔粪入沼,沼液沼渣还田,既提升了果、兔产业附加值,又减少了化肥使用,实现了经济效益和生态效益"双赢"。果树残枝粉碎后做成菌棒种植香菇,发菇后的菌棒再次粉碎成有机肥,还田增强地力,达到资源利用最大化、最优化。依托林果业和畜牧业等产业,发展农业龙头企业46家,从水果罐头、果汁饮料加工,延伸到桃木、桃花、桃胶深加工领域,以及农资、包装等前后端配套产业。三大链条系统化发展,实现生态好、群众富、可持续的良性循环。

三是以实施"南接北融"工程为抓手,推动产业融合发展。向南对接"长三角",巩固长三角地区"果篮子";向北融入济南省会经济圈,向京津冀延伸。为促进产业融合,蒙阴县提出"双全双领"模式,即坚持全生命周期、全产业链条,镇党委领办联合社、村党组织领办合作社的发展模式,推动高质

量发展。

2.产业生态化,即对产业进行生态化改造提升,推动产业绿色发展

一是建设了现代农业科技园。2020年与中国农科院、上海农科院合作,打造产品研发基地和成果转化中心,全面推广品种研发、无人机全地形飞防、生态农业大数据等,提升农业产业生态化水平。

二是建设了"两山"理论实践创新产业园。2021年围绕绿色转型、零碳经济、生态工业建设专业园区,开展科技创新、研发新材料,实现"数字化+高端化+绿色化"发展。

三是建设了现代综合物流园。坚持生态化、数字化、智能化,一期建设占地3600亩,是集产业、仓储、冷链、配送、汽贸、会展等"业、仓、流"一体化的现代综合物流园,并融入"一带一路"建设。

(三)扭住改革创新这个转化关键

1.创新管理服务体制

在山东省县级层面率先设立专门的工作推进机构——县委生态文明发展中心,编制实施县级"三线一单",创新工作推进和落实措施,建立涉农资金整合投入等22项制度机制。

2.构建三个创新平台

一是构建数字生态平台。与山东省科学院新一代技术标准化研究院合作,县级层面建成了全国第一个生态文明大数据平台,推动蒙阴数字化生态标准成为全国样板。二是构建"两山"实践创新产业研究平台,研究"两山"转化路径、生态产品价值实现机制。三是构建县域生态产品交易平台,盘活乡村生态资源。

3.实施四项创新行动

一是实施GEP核算行动,在北方率先开展生态产品功能量、价值量核算。2021年9月发布了山东省首份村级GEP核算报告。蒙阴县桃墟镇安康村生态产品总价值9947.91万元,单位面积生态产品价值为24.26万元/公顷;百泉峪村生态产品总价值7270.56万元,单位面积生态产品价值为29.67万元/公顷。二是在全省率先建设"绿色银行"。依托GEP核算成果,与山东农担公司合作,实施"助栗贷""楸树贷"等生态金融项目,因地制宜地探索与生态产品价值核算挂钩的"生态贷"模式,发挥"绿色银行"存入绿水青山、取出金山银山的作用。三是聚焦国家碳达峰碳中和战略,探索开展"净零碳"乡村建设。四是实施林业碳汇创新行动。2021 年 6 月完成山东省林业碳汇首单交易。山东锣响汽车制造有限公司以 10 万元购买 4000 吨二氧化碳排放权，成为北方碳汇交易先行先试的典范，是蒙阴县绿水青山源源不断转化为金山银山的又一次创新实践。

4.创新质效考核评价机制

按照差异化考核的思路，在乡镇综合考核中设置了生态文明建设目标任务落实、生态环境、生态经济、生态宜居、生态文化、改革创新等指标，生态发展分值占比达 73%。以绿色考核"指挥棒"倒逼"两山"转化，引导各乡镇向生态"赛道"靠拢，将所有力量集中到建设生态蒙阴这个共同目标上。

三、蒙阴县推进"两山"转化取得的成效

蒙阴县牢固树立"绿水青山就是金山银山"的发展理念，"两山"转化初显成效。

(一)生态更美，形成了绿水滋润青山、青山涵养绿水的良性循环

全县 90% 的水土流失面积得到有效治理，75% 的荒山得到开发绿化，森林覆盖率达到 62.2%，"林长制"工作经验在全省推广。水源地水质达标率连续 20 年保持 100%，在国家良好湖泊项目绩效考核中名列全国第一。创建省级美丽乡村 5 个、市级美丽乡村 18 个。实施云蒙湖生态治理和农村污水处理工程，形成"百里长堤、千处荷塘、万顷云蒙湖光山色"的立体生态系统。区域小气候不断改善，蒙阴被评为"国家级生态示范区""国家级重点生态功能区""国家水土保持生态文明县""全国绿化模范县"。

(二)产业更旺，促进了产业发展和"双招双引"

既让山头绿，又让群众富，蒙阴初步构建起以农业为基、以生态为本、农商文旅互促互融的"大健康产业"。发展特色农业产业，建成优质农产品基地 65 万亩，有农业农村部农产品地理标志认证产品 4 个，成为山东省特色农产品优势区和国家农产品质量安全县。发展全域旅游产业，建成国家 A 级旅游景区 15 家、省级旅游特色村 12 个，"崮秀天下、世外桃源"的品牌进一步打响，成为"中国十佳休闲旅游名县"。发展电商产业，发挥"国家级电子商务进农村综合示范县"优势，发展网商微商 5200 家。2020 年网络零售额达 5.3 亿元，同比增长 60%。发展"生态+""康养+"等新兴业态，实现了产

区变景区、果园变公园、农耕变体验、空气变人气的完美蜕变。良好的生态产业优势,吸引着外来资金和人才。2021 年 10 月,举办了践行"绿水青山就是金山银山"理念蒙阴会议,建立"新时代生态文明理论与实践研究基地",成立"两山"经济研究院,签约了涵盖生态文明实践区建设、红色文旅、科研成果转化、农业资源循环利用等领域的 6 个"两山"转化项目,总投资额约 51.5亿元。

(三)生活更好,提升了群众幸福感、满意度

城乡群众安居乐业,收入稳步提升。2020 年全县实现生产总值 175.39 亿元,居民人均可支配收入 26349 元,比 2019 年增长 4.9%。淳朴的民风不断发扬光大,涌现出"中国好人"6 名、"山东好人"28 名,文明家庭占总户数的 40%。全县人均寿命提高到 79 岁,有百岁以上老人 52 人。蒙阴成为中国宜居宜业典范县和山东省长寿之乡,人民群众的满意度达 90%以上,幸福感不断提升。

四、蒙阴县推进"两山"转化的经验启示

蒙阴县"绿水青山就是金山银山"的转化之路是落实黄河流域生态保护和高质量发展国家战略的具体实践,也积累了一些经验。

(一)坚持正确的政绩观,准确把握保护和发展的关系

习近平总书记多次考察沿黄省区,每每谈及黄河,都会提到"保护"二字。他一再强调,必须把大保护作为关键任务,守住生态保护这条红线。蒙阴县的绿水青山是历届县委、县政府几十年初心不变,坚持保护生态环境就是保护生产力、改善生态环境就是发展生产力,正确处理好保护与发展的关系的结果。党员干部思想认识不断提高,严格落实重在保护、要在治理的要求,把生态保护放在压倒性位置,牢牢守住了这条红线。通过深入开展农村人居环境整治,持续打好污染防治攻坚战、生态保护修复攻坚战,生态环境质量持续向上,水安全保障能力稳步提升,流域生态面貌明显改善。仅云蒙湖生态文明实践区及周边万亩湿地公园就有数百种野生动植物,取得了调节气候、涵养水源、净化水质、维护黄河流域生物多样性的多重效果。良好的生态环境成为经济社会持续健康发展的支撑点、人民美好生活的增长点、展现蒙阴良好形象的发力点,是子孙后代可持续发展的"绿色银行"。

（二）提高战略思维能力，系统观念贯穿生态保护和高质量发展全过程

习近平总书记指出，把握好全局和局部关系，增强一盘棋意识，在重大问题上以全局利益为重。[①] 2018 年，蒙阴县率先在临沂市整建制推进生态文明建设，打造在全国有影响、有特色、有标准并且符合中央要求的生态文明建设样板。按照生态系统的整体性、系统性及内在规律，全流域高质高效推进山水林田湖草沙综合治理，实现从生态赤字向生态盈余的根本性转变。2021 年 9 月 18 日，山东省召开全省黄河流域生态保护和高质量发展现场推进会，临沂市分会场专门设在蒙阴县沂蒙山区域山水林田湖草沙一体化保护和修复工程施工现场。此工程是 2021 年全省集中开工的第二批黄河流域生态保护和高质量发展重点项目之一，涵盖蒙阴、沂水、沂南、平邑、费县等 5 个县域，总面积 9217 平方公里，总投资 53.3 亿元。工程完成后，仅蒙阴县就可新增生态补水 193 万立方米、河塘水面 3.27 平方公里，综合治理河道 187 公里、小流域 99.6 平方公里，恢复破损山体 0.33 平方公里，河湖水质、土壤环境质量、森林覆盖率明显提高，蒙山区域生态屏障功能将得到全面提升。

（三）坚定地走绿色低碳发展道路，推动县域经济高质量发展

加快农业、能源现代化发展，是黄河流域生态保护和高质量发展的题中之意。习近平总书记指出，绿色低碳发展，这是潮流趋势，顺之者昌。蒙阴县坚定地走绿色低碳发展道路，严格控制"两高"项目盲目上马，淘汰碳排放量大的落后产能和生产工艺，重点围绕优化空间布局、加快转型升级、加强集约节约、完善保障体系，着力推进区域格局功能化、产业发展低碳化、资源利用高效化、绿色发展制度化，逐步走出一条科技含量高、能源消耗低、绿色无污染的特色新型工业化道路。2019 年以来，累计清理退出化工类企业 7 家，关闭矿山 43 家，取缔"小散乱污"企业 140 多家，拒批项目 100 多个。全县致力于打好"绿色牌"、念好"山字经"、唱好"林中戏"，趟出了一条实现县域经济发展质量变革、效率变革、动力变革的新路。

（四）坚持把深化改革和创新驱动作为基本动力，引领绿色发展

我国经济发展进入新常态，想要破解发展的难题，关键在于全面深化改

---

① 参见《习近平在深入推动黄河流域生态保护和高质量发展座谈会上强调 咬定目标脚踏实地埋头苦干久久为功 为黄河永远造福中华民族而不懈奋斗 韩正出席并讲话》，2021 年 10 月 22 日，http://www.news.cn/politics/2021-10/22/c_1127986188.htm。

革、实施创新驱动发展战略。蒙阴县生态文明建设成果的取得,得益于持续深化林长制、山长制、河湖长制改革,得益于把创新作为基本动力。生态资源大数据中心牵手"绿色银行",在摸清生态家底的基础上,为生态资源赋能。净零碳乡村、GEP 核算、林业碳汇交易、差异化考核等,这一项项改革措施、一个个创新举动畅通了"两山"转化的通道,促进了经济社会发展全面绿色转型,努力将蒙阴打造成黄河流域生态保护和高质量发展先行区。

中共蒙阴县委党校课题组负责人:张娟

课题组成员:孙昌新　龚佃强　许有华

东平县"绿水青山就是金山银山"实践探索

黄河流域生态保护和高质量发展上升为重大国家战略,为沿黄地区的生态保护、高质量发展提供了难得的历史机遇,为推进"绿水青山就是金山银山"实践探索创造了条件。东平湖作为黄河流域唯一的重要蓄滞洪区、南水北调的重要枢纽、京杭大运河的重要节点,是推进黄河流域生态保护和高质量发展的重要一环。在黄河流域生态保护和高质量发展座谈会上,习近平总书记明确提到东平湖,指出"沿河两岸分布有东平湖和乌梁素海等湖泊、湿地"①。《黄河流域生态保护和高质量发展规划纲要》中也提到了东平湖。省市委多次到东平湖调研,研究东平湖生态保护和高质量发展规划和措施。东平县深入学习习近平总书记关于黄河流域生态保护和高质量发展的重要论述,认真贯彻落实习近平总书记在济南主持召开的深入推动黄河流域生态保护和高质量发展座谈会精神,扛牢主体责任,主动担当作为,自觉服从和融入黄河流域生态保护和高质量发展重大国家战略,落实国家和省委、省政府关于东平湖黄河流域生态保护的部署,立足当地实际,统筹推进生态环境保护和生态经济发展,厚植生态优势,扮靓绿色品牌,着力探索绿水青山向金山银山的转化路径,既加强了东平湖生态保护,也助推了东平湖高质量发展,"两山"实践取得明显成效。

一、东平县"两山"实践历程

东平县位于山东省西南部,辖 14 个乡镇(街道)和 1 个省级经济开发区,716 个村(社区),80 万人口,总面积 1343 平方公里。黄河流经 36.3 公里,

---

① 《习近平在黄河流域生态保护和高质量发展座谈会上的讲话》,2019 年 10 月 15 日,http://www.gov.cn/xinwen/2019-10/15/content_5440023.htm。

滩区面积 92 平方公里。东平境内山、水、田"三分天下",黄河、长江、大汶河"三水汇集",公、铁、水"三式联运",文化底蕴深厚,生态环境优美,自然资源丰富,区位优势明显。近年来,东平县深入贯彻落实习近平生态文明思想以及习近平总书记在黄河流域生态保护和高质量发展座谈会上的讲话精神,特别是认真贯彻落实习近平总书记在深入推动黄河流域生态保护和高质量发展座谈会上的讲话精神,坚持"生态立县、产业兴县、绿色发展"战略不动摇,以生态环境综合治理为抓手,以生态保护修复工程为依托,聚焦东平湖,做足水文章,坚定不移地践行绿水青山就是金山银山的理念,着力推进绿水青山转化为金山银山的实践探索,努力打造黄河流域生态保护和高质量发展示范区,奋力建设"生态美、产业兴、百姓富"的美丽东平,走出了一条绿色产业发展、生态环境治理与人民生活改善相结合的新路子,在黄河流域生态保护和高质量发展中展现了东平担当。

(一)东平湖区历史上的粗放型发展、生态脆弱之痛:绿水不清、青山不绿

东平湖处于黄河流域生态保护和高质量发展、南水北调东线工程两大国家战略的地理交汇点,既肩负着保障黄河长久安澜的历史重任,又承担着保障南水北调水质安全的新使命。坐拥东平湖,是东平人的幸运。生态既是东平县的最大财富、最大优势,也是未来发展的最大潜力。保护、开发、利用好"绿水青山",推动东平湖区生态保护和高质量发展具有重大的现实意义。但出于历史原因,长期以资源消耗、粗放型发展获得经济增长,导致东平湖水质下降、生态退化,"绿水不清,青山不绿"。一是山体破损,青山不绿。靠山吃山,靠水吃水。以前,东平县丰富的山水资源养育了一方百姓,使湖区部分村集体收入大增,但由于人们没有正确认清"绿水青山"和"金山银山"的关系,没有厘清"开发"和"保护"的关系,因此带来了一些问题。部分山石开采企业重开发、轻保护,无序开采环湖山体,噪声、扬尘污染严重,沿湖群众长期深受其害。由于开采矿山修复治理不及时,导致植被破坏、水土流失、青山不绿,植被覆盖率低。二是水质下降,绿水不清。受多种原因影响,东平湖一度被滥捕滥捞、乱圈乱占、乱采乱挖等问题困扰,网箱网围面积曾一度占到水域面积的 55%。过度投饵养殖造成水质下降,绿水不清,浮游生物和野生鱼类锐减。三是产业不兴,群众贫困。历史遗留问题导致移民失地或少地,丧失了基本生活保障,部分无地移民无法享受国家惠农政

策。旅游要素不健全,比较优势发挥得不明显,生态产业不兴,绿水青山难以转化为金山银山,群众守着东平湖过着穷日子。四是机制不活,保护乏力。东平湖区管理部门多,跨越多个行政区划,存在"九龙治水"现象,"谁都管谁都不管"问题突出。这些问题成为库区群众心中挥之不去的"痛",既影响了生活,又不利于生产,成为制约高质量发展的障碍。东平人为之困、为之惑,也为之深思。黄河流域生态保护和高质量发展上升为重大国家战略,如春雷打破了平静,给黄河流域唯一的重要蓄滞洪区东平湖带来难得的历史发展机遇。走绿色发展之路,让绿水青山变成金山银山,推动东平湖区生态保护和高质量发展成为其不二选择。

(二)扛起黄河流域生态保护和高质量发展重大政治责任,努力践行"绿水青山就是金山银山"理念

黄河流域生态保护和高质量发展重大国家战略的提出,是习近平生态文明思想在黄河流域的具体展开,为新时代黄河治理指明了前进方向、提供了根本遵循,为黄河流域高质量发展注入了强大动力。对东平县来讲,主动融入黄河流域生态保护和高质量发展这一重大国家战略,既是抢抓机遇、加强生态保护、推进高质量发展的现实需要,也是重大的政治责任。东平县通过举办领导干部培训班等多种方式,认真学习习近平总书记关于黄河国家战略的系列论述,增强贯彻各项决策部署的自觉性,切实把思想和行动统一到中央战略部署上来,统一到省市委要求上来。深刻理解"绿水青山就是金山银山"的内涵,树牢"绿水青山就是金山银山"的理念,牢记省委"打造黄河流域生态保护和高质量发展示范区"的嘱托,科学谋划、全面部署、奋力推进,将保护管理好东平湖作为践行"两山"理念的首要任务,坚决扛起历史责任,主动融入、服从、服务黄河流域生态保护和高质量发展重大国家战略,学习白洋淀,对标千岛湖,委托中国城市规划设计研究院高水平编制《东平湖生态保护和高质量发展专项规划(2020~2035年)》,与《黄河流域生态保护和高质量发展规划纲要》《泰安市城乡一体空间发展战略规划》《东平县空间战略规划》等衔接,构建"山水湖城"协同一体的空间发展格局。举全县之力,坚定不移地推进东平湖生态保护和高质量发展,努力把东平湖打造成水清、岸绿、景美以及人与自然和谐共融、共生的生态发展高地和绿色宜居高地。

（三）强力推进东平湖生态环境综合整治,重构绿水青山

保护生态环境是一场关乎民生的硬仗。彻底治理东平湖,还东平湖湖平水清、碧水蓝天,既要有壮士断腕的勇气和决心,也要有真正管用的硬办法,还要有不负时代的责任和担当。为了保卫黄河安澜,保护东平湖生态环境,确保东平湖水质常年稳定达标,东平县委、县政府将发展注脚归根于"一湖碧水",以壮士断腕的魄力,以"明知山有虎,偏向虎山行"的勇气,以不达目的誓不罢休的决心,锚定"打造黄河流域生态建设先行区"目标,扎实推进东平湖生态环境综合整治,举全县之力打造东平湖区域生态高地。按照湖面干净、湖水清澈、岸线优美的要求,突出问题导向,在84公里的湖岸线可视范围内全面打响清网净湖、取缔餐船、清理砂场等"九大攻坚行动",一个个"老大难"问题得以彻底解决。一湖碧水和绿水青山成为东平人民永远的幸福和骄傲。另外,扎实推进山水林田湖草生态保护修复工程。抢抓泰山区域山水林田湖草生态保护修复工程实施重大机遇,围绕东平湖大生态带建设,总投资 32.29 亿元,先后规划实施了 18 个大项目、61 个子项目。实施矿山生态修复、工矿废弃地复垦及荒山绿化等治山项目,打造"山秀东平"。统筹"岸下"与"岸上",打造绿色生态屏障。众志成城打造环东平湖生态隔离带,铸就生态屏障,既保护了东平湖的水质,又改善了群众的出行条件,带动了旅游业的发展。建立"全域生态"格局,持续开展全域植绿增绿。山头封山育林,山坡荒山造林,山脚退耕还林。大力开展沿湖、沿河农业面源污染治理,退耕还湖。强化生态湿地修复建设,修复各类湿地,净化入湖水质。扎实推进人居环境综合整治,强化环湖村庄基础设施建设,坚持宜绿则绿、见缝插绿、全面覆绿,加大村庄绿化、亮化、美化力度,提升村庄植被覆盖率,打造美丽宜居环境,实现了全域绿化从"重生态"到"种生态"的转变。如今的东平绿意盎然、风景如画、天蓝水清、空气清新,呈现出一幅幅美丽的生态画卷,展现出强大的绿色发展动力。

（四）厚植生态产业"沃土",把绿水青山转化为金山银山

绿水青山就是金山银山。东平县在突出保障黄河防汛安全和加强生态环境保护的基础上,咬定绿色发展不动摇,统筹保护和发展,厚植生态产业"沃土",积极培育新兴绿色产业,实现产业培植从"简单粗放"到"生态绿色"的转变,着力打造践行"两山"理论的示范区,走出一条护水与兴水并举、

环保与富民共赢之路。一是发展壮大湖区"保水渔业",打造生态高效渔业。东平县山、水、平原"三分天下",水资源优势明显。但长期以来,水产业发展一直在粗放、低端、低质、低效中徘徊。为此,东平县坚持问题导向,创新机制方法,进一步优化营商环境,通过招大引强与招新引高相结合,与中林集团合作,借鉴千岛湖的经验,将"保水渔业"发展模式成功引入东平。湖内发展"保水渔业",大力发展生态渔业,提升湖产品附加值。目前3万亩"保水渔业"试验区、水产品加工车间正加快建设。湖外发展小龙虾、鲈鱼、鳜鱼等规模化繁育养殖基地,打造东平湖渔业品牌和产业体系,擦亮东平湖水产品品牌。东平湖开启了"以鱼护水、以鱼名湖、以鱼富民"的新时代,以实现"提质增效、绿色发展、富裕渔民"目标。二是实现文旅融合,以优势产业促"百业旺"。东平县推行"生态+旅游"发展路径,做好"旅游+"文章,环湖打造"影视小镇""旅游康养小镇""田园综合体"等项目,积极培育发展生态旅游产业,陆续推出一批有影响力的景区景点和线路,逐步构建起全域旅游新格局。东平湖文旅集团倾力打造的"网红打卡地、大宋不夜城"等项目,极大地增强了东平旅游的知名度和美誉度。大力发展乡村旅游,培育农家乐、采摘园游乐园等,举办环湖马拉松、垂钓赛、骑行赛等活动,让"洗脚上岸"的渔民和当地群众吃上"生态旅游饭"。大力培植壮大文旅康养、农副产品加工、临港经济等特色产业,以优势产业带动相关产业发展,以优势产业促"百业旺"。三是推进生态产业升级,推动绿色富民。找准"生态"与"富民"的契合点,把生态优势转化为产业优势、发展优势。着力推动产业发展与生态资源深度融合,依托东平湖生态资源优势,推进生态产业升级,探索推进"林+中草药"模式,大力发展林下经济,引导群众走"林上有产品、林中有旅游、林下有经济"的经营之路,推动生态效益变成民生福利。四是严把项目环保准入关。"宁肯不要钱,也不要污染,严格防止污染搬家、污染下乡",将生态保护因素纳入产业发展中,严把产业准入关,对于高污染、高排放、高能耗的产业,一律不引进。

二、东平县"两山"实践成效

经过实践探索,东平县生态文明建设取得了明显成效,天更蓝了、山更绿了、水更清了、环境更优美了。

（一）通过持续开展东平湖生态环境综合整治，东平湖区生态环境大幅改善

东平县累计清理网箱网围12.6万亩，关停沿湖淀粉加工企业、山石开采企业683家，清理各类废弃"僵尸"船只575艘，拆除餐饮船只21艘，清除违法建筑物447处，及时清理菹草，彻底解决了东平湖长期以来"脏、乱、差"的顽疾。东平湖区生态环境大幅改善，"碧波万顷、水天一色"，水质稳定在国家地表水Ⅲ类水标准以上，局部达到Ⅱ类标准。东平湖终于碧波再现，一个天蓝、水清、山绿的大美东平华丽蝶变、惊艳登场。

（二）通过持续开展全域植绿增绿活动，绿色成为东平县最靓丽的主色调

在"绿色"理念的引领下，东平县始终秉持"绿水青山就是金山银山"的发展理念，统筹推进植树造林、山水保护、生态修复、功能提升，夯实绿色本底，全力推进生态文明建设。2019年以来，东平县成片造林7.6万亩、农田林网12万亩、路边绿化1000多公里。投资3.8亿元完成荒山造林1.5万亩、矿山生态修复8600亩，绘就了一幅精美的绿色生态新画卷。昔日"满目疮痍"的矿山和荒山披上了绿装，出现了"群山绵延、林木深秀、植被葱郁"的景象。通过打造绿色生态屏障，涵养了水源、调节了气候、减少了水土流失、净化了入湖水质。通过"蓝天、碧水、净土"保卫战，提升了环境空气质量综合指数，真正让老百姓呼吸到新鲜的空气、喝到干净的水、吃到放心的食物、生活在宜居的环境中。

（三）通过生态产业的培育，推动绿水青山变成金山银山

在上产业、上项目方面，东平将生态保护因素纳入产业发展中，取缔"小散乱污"企业，最大限度地减轻对生态环境的影响，真正使绿色发展理念融入产业发展各方面和全过程。充分利用东平县丰富的山石资源，大力发展具有东平特色的高档建材、特色优质农产品等产业，加强产业技术创新，把产业结构调"高"、经济形态调"绿"、发展质量调"优"，做大、做强现有企业，构建起以绿色发展为导向的产业体系，推动一、二、三产业融合发展，提升生态经济发展水平，推进生态产业化，推动绿水青山变成金山银山，使群众的获得感、幸福感大大提升，真正让东平湖成为造福人民的"幸福湖"。

（四）通过搬迁社区、产业园区"两区共建"，实现就业与富民双赢

在实施黄河滩区迁建、移民避险解困、易地扶贫搬迁"三大工程"中，在每个社区附近建设了至少一个产业园区，积极建设服装加工、军鞋制造等劳动密集型产业，实行搬迁社区、产业园区"两区共建"，让迁建群众在家门口实现就业，带动了乡镇产业发展，增加了群众收入，让群众既能"住得下"，又能"住得起"。

三、东平县"两山"实践启示

东平县立足实际对东平湖生态保护和高质量发展进行的行之有效的探索，对"绿水青山就是金山银山"的践行，引发我们的深思，给人们以深深的启示。

（一）践行"两山"理念必须坚持以习近平生态文明思想为指导

习近平生态文明思想是生态文明建设的思想指引和行动指南。推动黄河流域生态保护和高质量发展，践行"绿水青山就是金山银山"的理念，必须坚持以习近平生态文明思想为指导，深刻理解"两山"理念的丰富内涵，牢固树立"绿水青山就是金山银山"的理念，坚持生态优先、绿色发展，努力实现经济社会发展和生态环境保护协同共进，做到既要金山银山，又要绿水青山。

（二）践行"两山"理念必须正确处理好保护和发展的关系

生态保护与高质量发展是相辅相成、相得益彰的良性循环。推动黄河流域生态保护和高质量发展，必须正确处理好保护和发展的关系，牢固树立保护生态环境就是保护生产力、改善生态环境就是发展生产力的理念，坚持在发展中保护、在保护中发展，正确处理经济发展和生态环境保护的关系，坚定不移地走生态优先、绿色发展的路子。

（三）践行"两山"理念必须创新体制机制

创新是引领发展的第一动力，是激发活力的源泉。以创新促发展，以体制机制创新推动东平湖生态保护和高质量发展，是东平县实践创新的重要经验。东平县立足实际，推进制度创新，着力推进生态保护和高质量发展的

制度建设,特别是为铁腕推进东平湖生态治理进行了系列制度创新。比如,整合公安、交通海事、东平湖管理综合执法大队等部门执法力量,建立实体化的区域联合执法机制。建立法检、司法、黄河河务、生态环保等部门联席会议制度,构建了"信息共享、资源互补、执法协作"共建、共治、共享的治理新模式。制度创新增强了工作的实效和可持续性,形成了长效机制,变"九龙治水"为"攥指成拳",为东平湖长治久安提供了有力保障。

(四)践行"绿水青山就是金山银山"理念,必须着力培植富民产业,增强群众的获得感、幸福感

环境就是民生,青山就是美丽,蓝天也是幸福。让群众融入发展、从生态保护中受益,真正使群众从保护青山绿水中得到更多利益和实惠,既是推动黄河流域生态保护和高质量发展的应有之义,也是人民群众的热切期盼。东平的经验表明,把绿水青山转化成金山银山,一定要把富民视为工作的重中之重,着力保护好生态、发展好富民产业,让农业"因湖而兴"、让工业"因湖而生"、让第三产业"因湖而旺",推动生态效益变成群众福祉。

中共东平县委党校课题组负责人:杨爱华

课题组成员:李　泉　王芮　李祥彦

乐陵市践行"两山"理念 推进县域绿色发展

黄河流域生态保护和高质量发展已上升为重大国家战略,而坚持"两山"理念、生态优先是高质量绿色发展的基本遵循。我们以乐陵为例,对践行"两山"理念、推进绿色发展有关问题进行了调查研究,对乐陵市绿色发展县域样本案例的应用情况、路径探索、取得的成效、案例应用的启示以及案例实施的未来性和长远性措施等进行了总结,以期通过对乐陵市"绿水青山就是金山银山"实践创新进行探索,为推动新时代黄河流域生态保护和高质量发展的创新思路提供参考。

一、乐陵市"两山"实践背景

乐陵市位于山东省西北部,属华北平原。东毗庆云县,西邻宁津县,南接商河县,北隔漳卫新河与河北省盐山、南皮两县相望,东南和阳信县相连,西南与临邑县、陵城区接壤。古有"齐燕要塞"之说,今有"鲁冀枢纽"之称,是山东省的北大门和主要进京门户。1988 年 9 月 1 日,经国务院批准,撤销乐陵县,设立乐陵市(县级市)。乐陵市现辖 9 镇、3 乡、4 个街道办事处、1 处省级开发区、1 处国家级农业科技园区和 1 处被列入国家黄河三角洲高效生态经济区发展规划的循环经济示范园,人口 74 万,行政区划面积 1172 平方公里。乐陵以盛产金丝小枣驰名中外,被国家命名为"中国金丝小枣之乡"。迄今为止,乐陵市已获得"中国金丝小枣之乡""中国富硒金丝枣都""中国最佳休闲旅游城市""中国特色魅力城市""全国平原绿化先进县(市)""全国经济林示范市""全国百佳全民创业示范市""国家级工农业旅游示范区""国家级生态示范区""国家可持续发展实验区""全国粮食生产先进县""山东省文明城市""省级卫生城市""省精神文明工作先进市"等荣誉称号。

2021年8月,乐陵市入选农业农村部公布的全国第一批绿色种养循环农业试点县。

二、乐陵市"两山"实践探索

党的十八大以来,特别是党的十九大以来,乐陵市贯彻落实习近平生态文明思想,坚定践行"绿水青山就是金山银山"理念,推动高质量发展,奋力打造绿色发展县域样本,着力推动"绿水青山"转化为"金山银山"。

(一)"两山"实践创新基地

2020年12月,山东省生态环境厅正式公布了第一批省级"绿水青山就是金山银山"实践创新基地名单。全省命名了11个县(市、区)、乡镇、村为第一批省级"绿水青山就是金山银山"实践创新基地,乐陵市名列其中。2021年10月,乐陵市被生态环境部授予第五批国家"绿水青山就是金山银山"实践创新基地称号。生态环境部对"两山"基地乐陵实践创新示范案例和先进经验予以展示推广。

(二)工作路径探索

1.坚持战略引导

乐陵市坚持"两山"理念,生态优先、绿色发展,把建设富美和谐区域性中心城市作为全市重大发展战略。实行生态环境保护委员会工作机制,建立书记市长"双主任"、14位专业委员会主任和"专兼"办公室主任的"2+14+2"市级领导体系,全面夯实"统一领导、分线作战""谁分管、谁负责""管行业必须管环保"的生态环保大格局。

2.坚持规划先行

对区域国土空间功能进行统筹安排,划分生态、生产、生活等不同的空间单元,强化主体功能定位,明确产业主导区位。科学划定循环经济发展园区,充分利用现代高科技手段,以保护环境为核心,坚持预防为主、综合治理,强化从源头防治污染和保持生态。建设了山东省第一个由政府投资主建的化工园区智慧监管平台,构建了生产企业污水处理站出水、园区污水处理厂出水、人工湿地出水全覆盖监管的"污水三级防控体系"。同时智慧监管系统还对各企业危废产生与处置情况进行监控,结合企业产能对比危废产生量,在线核查企业危废产生、处置和暂存情况,实现了对企业危废产生、运输和处置过程的跟踪。2020年,乐陵市循环经济示范园主营业务收入达到24.7亿元,税收达到1.2亿元,保持三年稳步增长,开创了生态保护与科学发展协调并进的新局面。

3.坚持全民参与

乐陵市始终坚持共建共享、全民参与,充分发挥财政资金的引导作用,引导社会资本和民间资本推动"两山"转化,鼓励社会投资向"两山"建设的关键领域聚集。一是注重发挥企业"两山"转换器作用。培育推动生态产品价值实现和增值的企业,发挥其在生态资源和市场之间的纽带作用和"绿水青山"转化为"金山银山"的转化器作用。近几年,齐鲁制药、凯瑞英医药中间体、有研新材料、金高丽新材料产业园等一批项目纷纷落地,亩均投资都在300万元以上,亩均税收都在50万元以上。二是环保产业异军突起。先后引入固废处置、垃圾发电、秸秆发电、废盐资源化等项目,集中打造静脉产业园,推进"无废城市"建设,既带来了直接的经济效益,也产生了良好的生态效益和社会效益。三是发挥新型农业经营主体的引领作用。面对乡村空心化、人口老龄化等问题,乐陵市积极培育新型农业经营主体,引导其发挥引领带动作用。杨安镇崔刘社区党支部引领创办合作社、家庭农场等各类农村经济合作组织,带动农民发展调味品加工、特色农业种植、休闲农业等特色优势产业,并加强规范管理,以"三产融合促增收"的理念转活农业、转富农村,在现代农业示范园区内发展垂钓园、樱桃采摘园、草坪种植基地、调味品种植基地等特色项目。该社区先后被评为省级生态文明社区、全省妇联基层组织建设示范社区、全市两区同建示范社区、全市民主法治示范社区、农村红旗党支部、十佳和谐社区。

4.坚持惠民富民

坚持生态环境惠民,统筹美丽城乡建设。乐陵市在生态环境领域投入20.8亿元,以景区的理念规划全市,着力打造生态宜居的区域中心城市。乐陵市城市建成区面积30平方公里,规划建设了人民广场、元宝湖公园、枣林公园、人工湿地等公共休闲场所,建成15处城区公园、5处游园、4处枣林湿地。为对接"两高一铁",确立了"中疏、东进、北优、西兴、南拓"的城市发展方向。向西依托经济开发区规划了西部新区。新区以"两湖、一带、一环、七组团"为空间布局,由南向北依次规划了现代商贸物流区、生态保护区、现代农产品加工区、新型工业聚集区。向南规划了循环经济示范园,已被批准建立省级化工园区。向东北部规划了山东德州国家农业科技园区,成功通过国家农业科技园区验收。

坚持生态经济富民,增强发展内生动力。作为金丝小枣的原产地,乐陵拥有 30 万亩金丝小枣基地,已被列入国家原产地地域保护体系,拥有全国唯一的标准化示范区,产量占全国的 1/10,素有"百里枣乡""天然氧吧"之美誉,被列为国家 AAAA 级旅游景区。调味品占全国调味品 40% 的市场份额,已形成买全国、卖全国的格局。建成全球最大的马铃薯种质资源库,"希森 6 号"创下亩产 9.58 吨的世界高产纪录。是国家"黄三角"规划确定的优质粮棉区、绿色果蔬区、生态畜牧区,先后成为国家级农业高新技术产业示范区、国家级商品粮生产基地、国家农业产业化示范基地、全国优质小麦吨粮田百强县、全国棉花生产百强县。按照"试点先行、产业驱动、以点带面、循序渐进"的思路,规划了 53 平方公里的南部生态区,打造乡村振兴"样板区"。2022 年 8 月,杨安镇被认定为乡村振兴齐鲁样板省级示范区。

三、乐陵市"两山"实践成效

乐陵市对"两山"理念的践行创新,始终把"加强生态环境保护"放在第一位,取得显著成效。

(一)生态环境质量持续改善

"十三五"以来,乐陵市空气质量优良天数逐年增加,2020 年空气质量优良天数 226 天,居德州市前列;PM2.5、PM10 平均浓度逐年改善,2020 年 PM2.5 浓度同比改善率、PM10 现状浓度居德州市第一;PM2.5、PM10 平均浓度较 2015 年分别改善 44.44%、40.94%;二氧化硫、二氧化氮年均值稳定达到环境空气质量二级标准;水环境质量是德州市最佳。土壤环境总体安全,生态红线总面积保持稳定。开创全员执法新模式,环境信访投诉持续下降,生态环境产业占比不断提高。2021 年上半年,空气优良天数达 111 天,优良率 61.3%;O_3 浓度为 $165\mu g/m^3$,同比改善 11.3%;PM10、PM2.5 浓度分别为 $88\mu g/m^3$、$46\mu g/m^3$,分别同比改善 8.3%、16.4%;平均降尘强度 5.2 吨。乐陵市生态环境导向开发项目获批省级生态环境导向的开发(EOD)模式试点项目。

(二)水生态系统良性循环得以实现

乐陵市结合区域水资源、水环境、水生态特征,以"三线一单"编制原则和初步目标为遵循,统筹实施了河湖连通循环工程,贯通了马颊河、跃马河、马家沟三大绕城水系,在实践中探索出"消滞活水、清源洁水、正本治水"的"三水共治"构建城市海绵生态水系模式。具体成效如下。

1.缓解了水资源匮乏现状

污水处理厂尾水、雨水等非常规水源的生态再生循环利用和"清水润城"等一系列项目的实施,年可补充地下水量约 11.39 万 m^3,实现压采能力205 万 m^3,城区河网总蓄水能力达到 367.32 万 m^3,扩容 303.39 万 m^3,有效地补给了地下水,促进了地下水生态环境的恢复,破解了水资源短缺难题。

2.改善了水环境质量

"三水共治"将水环境管控单元细化到乡镇,提升了源头治理效果,对截留面源污染、削减入河污染负荷、促进指标改善起到积极作用。目前,主要河流断面水质年均值稳定达标,每年可实现化学需氧量削减 225.96 吨、氨氮削减 49.35 吨。2015 年全市化学需氧量、氨氮分别为 51.1 mg/L、0.99 mg/L,2020 年分别为 28.8 mg/L、0.42 mg/L,分别改善 43.6%、57.6%,提升了河道自净能力,改善了流域环境质量。

3.提升了生态环境管理效能

围绕"三线一单"生态环境分区管控要求,完善了生态环境管理体系,推动生态环境协同治理,建立健全了县级统一管理、镇街具体落实的整体管理和运行机制。同时,增强纵向执行力和横向协同力,充分融合管理及执法职能,整合人员、设备、车辆等资源力量,实行全员执法、联合执法、综合执法,推动县域污染排放治理精准化、科学化、无缝隙、全覆盖监管,形成了全行业、全链条、全领域、全社会齐抓共管的工作格局。

(三)生态保护和高质量发展实现"双赢"

乐陵市秉承"两山"理念,抓实环境治理,美化"绿水青山",逐步推进高质量绿色发展,变"颜值"为"价值",铸就"金山银山",实现了环境效益和提升收益的"双赢",催生了大孙乡生态采摘园、枣林枣乡人家景区、红色旅游、澳林文旅康养小镇、南部生态区、杨安镇崔刘社区生态宜居新农村等多处生态亮点特色项目。

按照"产业化、集群化、关联化、园区化的"发展思路,产业集聚效应明显。文旅康养、体育、生物医药、红枣、调味品等业态蓬勃发展。泰山体育(国际)产业园、星光食品(国际)产业园、医药化工产业园、五金机械产业园四大产业园区发展迅速,将创造近千亿元产值。

四、乐陵市"两山"实践启示

基于对乐陵市绿色发展县域样本案例的总结,对新时期黄河流域生态保护和高质量发展的创新思路进行探索,以期为推进"绿水青山就是金山银山"实践创新提供参考。

(一)坚持"两山"理念、生态优先是高质量绿色发展的基本遵循

2005年8月,时任浙江省委书记的习近平在浙江省湖州市安吉县余村考察时,首次提出"绿水青山就是金山银山"的重要论断。在17年理论指导和实践探索的过程中,"两山"理论已经成为高质量发展的最美底色,成为中华民族伟大复兴的中国梦的生态依托。生态保护和经济发展可以实现"双赢",不但成为全社会的共识,而且带来了深刻的变化,取得了丰硕的成果。绿色经济、绿色发展在越来越多的地方扮演着越来越重要的角色。"因绿而退"的毛乌素沙漠、"因绿而美"的河北塞罕坝、"因绿而富"的全国若干地方的"两山"理论实践,一次又一次地证明:在生态保护和绿色发展这条路上,坚决贯彻"绿水青山就是金山银山"的理念,是推动高质量绿色发展的基本遵循。

(二)做好顶层设计、完善政策措施是"两山"转化的第一举措

"两山"理论乐陵实践创新基地的成功做法,与对党和国家政策的理解、把握有关,与对经济社会历史和未来发展趋势的研判有关,与对市情民情的了解有关,与因地制宜地整合资源、加大投入有关,与维护制度刚性并严格执行有关。只有以此为基础做好顶层设计,才能加强领导,统筹联动,协同推进。从乐陵市在"两山"转化方面的积极实践中可以看到,因地制宜地做好顶层设计、完善政策措施是贯彻落实习近平生态文明思想、实现"两山"转化的第一举措。

(三)坚持问题导向是"两山"转化的第一推动力

围绕"两山"理论与乐陵经济社会全面发展战略定位、当地群众生活水平改善及管理服务,乐陵把问题一一列出,集中精力研究如何"变劣势为优势""让生态变经济",亮点频出。无论是立足乐陵小枣价格下降、枣树被砍

伐、枣林撂荒种种情况,把金丝小枣产业发展作为引领现代农业崛起和促进农民增收的重要突破口,实现了特色资源多元开发,成功打造了生态循环经济新模式;是针对铁营盐碱地打造生态渔业利用新模式;还是针对杨安镇调味品市场,打造乐陵市调味品产业的多元融合及绿色发展模式,都是加强对重大问题研究的结果,也是最接地气、最精准的模式。

(四)创新体制机制是"两山"转化的第一保障

乐陵在绿色发展方面的机制创新、设计与执行都走在了全国前列,并逐步成为全省乃至全国环保部门以及各级政府研究的对象。乐陵市为把"绿水青山"变成"金山银山"提供第一保障的是体制机制创新。

五、乐陵市"两山"实践展望

经济要上台阶,生态文明也要上台阶。乐陵市要下定决心,实现对人民的承诺。生态文明建设具有艰巨性、复杂性、长期性,乐陵市要把眼光放长远,建立常态化保障机制。

(一)坚实的政治生态保障机制

乐陵市委、市政府坚持以习近平新时代中国特色社会主义思想为指导,牢固树立"绿水青山就是金山银山"的理念,坚定不移地走全面从严治党之路,紧紧扭住干事创业主基调,牢固树立尊崇干事创业的鲜明导向,积极营造和鼓励干事创业的浓厚氛围,全力打造热爱干事创业的干部队伍,不断完善有利于干事创业的制度体系,着力提升"想干事、能干事、干成事、不出事"的本领,持续净化、优化政治生态,为"绿水青山"变成"金山银山"提供了坚实的政治保障。

(二)完善的生态环境保障机制

乐陵市成立生态环境协同治理委员会,对"两山"实践创新基地建设过程中遇到的重大问题给予统筹指导。生态环境协同治理委员会下设四个生态环境协同治理巡查办公室,进一步完善生态环境管理体系,形成完整、顺畅、有效的县级统一管理、镇街具体落实的整体管理机制。进一步压实部门生态环境保护行业监管责任,强化纵向执行力和横向协同力,形成全行业、全链条、全领域齐抓共管的局面,彻底打通基层污染防治攻坚"最后一公里"。进一步巩固压力传导机制,促进基层生态环境监管执法机构实体化运作,夯实乡镇(街道)党委、政府主体责任,解决基础环保网格员责任不清、任务不明、管理不到位等问题。进一步优化生态环境管理资源,充分融合管理及执法职能,整合优化人员配置,统筹安排人员、设备、车辆等资源,实行全员执法、联合执法、综合执法,实现辖区污染排放治理精准化、科学化,做到生态环保执法、监管执法无缝隙、全覆盖。

(三)健全的科技创新和人才保障机制

乐陵市与多家高校、科研院所建立合作关系,集聚科研团队力量。建立了网格化环境监管网络,加强对生态环境资料数据的收集和分析,及时跟踪区域生态环境变化趋势,提出对策措施,定期发布"两山"实践创新基地建设指标体系检测评估报告,不断提高生态环境动态监测和跟踪水平,为"两山"转化提供科学化的信息决策支持。推进环境科技创新,在清洁生产、生态环境保护、资源综合利用与废弃物资源化、生态产业等方面,积极开发、引进和推广应用各类新技术、新工艺、新产品。

(四)多形式、多渠道地宣传以"两山"理论为内容、以绿色发展为目标的社会保障机制

乐陵市建立了生态环境教育中心、环境教育基地等,通过多种形式开展生态环境教育,开展了"生态夏令营""绿色学校""绿色社区"等公益活动,强化对各级领导干部和企业法人、个体经营者的相关知识培训,大力推进对广大村民的环境教育,开展"环境宣传教育下乡"活动,增强全民的环保意识、生态意识,使"两山"实践创新基地建设家喻户晓、深入人心,营造爱护生态环境的良好社会风气。

乐陵作为山东省和国家"绿水青山就是金山银山"实践创新基地,绝不停留在口头上,而是通过切实的创新努力和探索,在乐陵市实际情况的基础上不断完善体制机制,形成践行"两山"理念、推进绿色发展的县域样本。

中共乐陵市委党校课题组负责人:张英杰

课题组成员:张媛媛　刘婧　刘爱霞　宋晓雯

高青县常家镇"绿水青山就是金山银山"的生动实践

习近平总书记指出,沿黄河省区要落实好黄河流域生态保护和高质量发展战略部署,坚定不移走生态优先、绿色发展的现代化道路。① 我们以高青县常家镇为案例,系统梳理了常家镇用好黄河资源、从"绿水青山"向"金山银山"转变的主要做法和取得的成效,揭示了常家镇的实践探索对于沿黄地区深入践行"两山"理念的重要启示,对沿黄地区将生态优势转化为经济优势具有重要的借鉴意义。

一、常家镇基本情况

常家镇位于高青县北部,北依黄河(黄河过境13.8公里),面积85平方公里,下辖23个行政村,人口3.5万,有险工1处、刘春引黄闸1座,具有独特的黄河景观和地域文化。近年来,高青县常家镇抓住黄河流域生态保护和高质量发展上升为重大国家战略的历史机遇,深入践行"绿水青山就是金山银山"理念,以绿色生态为根本、以黄河旅游为灵魂,在"两山"转化中突出"黄"字、彰显"特"字、写好"绿"字,着力打造具有深厚文化底蕴的黄河湿地旅游小镇,实现了从绿水青山向金山银山的转化,走出了一条惠民富民的新路子。这一实践将险工险滩变为丽景、将荒芜之地变为生态公园、将偏野之地变为国际化慢城,先后建成了黄河安澜湾、天鹅湖国际温泉慢城等一批

---

① 参见《习近平在深入推动黄河流域生态保护和高质量发展座谈会上强调 咬定目标脚踏实地 埋头苦干久久为功 为黄河永远造福中华民族而不懈奋斗 韩正出席并讲话》,2021年10月22日,http://www.news.cn/politics/2021-10/22/c_1127986188.htm。

AAA 级景区。依托黄河湿地资源发展乡村旅游,把蓑衣樊村建成美丽乡村,为黄河沿岸人民带来了巨大的福祉,使黄河成为促进地方经济社会发展的"福河"。2020 年,常家镇被授予第一批省级"绿水青山就是金山银山"实践创新基地以及"省级生态镇""山东省休闲农业示范点""中国乡村振兴示范镇"等称号。2021 年,高青县常家镇"两山"实践创新基地建设项目被列入山东省沿黄九市一体打造黄河下游绿色生态走廊暨生态保护重点项目。

高青县常家镇"绿水青山就是金山银山"的生动实践,探索出了"两山"转化的有效路径,推动了生态保护与生态价值互促共赢,形成了可复制、可推广的"两山"实践经验,成为黄河流域生态保护和高质量发展的镇域样板。

二、常家镇"两山"实践的主要做法

高青县常家镇"两山"实践创新基地围绕黄河资源、特色文化探索黄河流域"两山"转化路径,大力发展生态旅游和生态农业,带动其他产业融合发展,实现新旧动能转换。这既是推动黄河流域生态保护和高质量发展的生动实践,也是常家镇实现高质量发展的重要途径。

(一)抓好顶层设计,积极构建生态优先的制度体系

1.建立并完善"党政同责""一岗双责"的生态环境保护责任体系

成立镇环境保护委员会,定期召开环境保护工作会议,研究和分析工作开展情况,协调解决推进过程中遇到的困难和问题。全面实行河长制、湖长制、林长制,制定并出台《常家镇全面实行河长制实施方案》《常家镇全面实行湖长制实施方案》《常家镇全面建立林长制实施方案》,夯实生态环境保护责任。成立由常家镇主要领导同志任组长的"绿水青山就是金山银山"实践创新基地建设领导小组,负责对"两山"实践创新基地建设工作的组织领导、协调指导和督促检查,协调解决"两山"实践创新基地实施中的重大问题。建立"两山"实践创新基地建设目标分解落实制度,将"两山"实践创新基地建设纳入重要议事日程,制定具体的政策措施,高位推动"两山"实践创新工作。

2.加强自然生态空间用途管控,建立生态环境分区管控体系

根据用地自然条件,将常家镇划分为生态功能区、农业生产区、城镇建设区,对不同地区分类实施政策引导,进而根据空间资源的不同特性进行强制性保护和控制,实现区域的整体最优发展。积极衔接镇总体规划及相关

规划要求,建立以"三线一单"(生态保护红线、环境质量底线、资源利用上线和生态环境准入清单)为核心的生态环境分区管控体系。严格遵守生态红线保护和管理的相关规定,加强对林河湿地等生态用地的保护,强化对生态保护红线区及规划禁建区的空间管制,建立生态保护红线制度,确保生态功能不降低、面积不减少、性质不改变。开展土壤环境质量风险评价,识别大气、水、土壤环境优先保护与重点管控区域,实施分区管控。坚持自然资源资产"保值增值"的基本原则,加强对自然资源数量减少、质量下降区域的自然资源开发管控,提升自然资源开发利用效率。明确禁止和限制的环境准入要求,建立环境准入清单,促进精细化管理。

3.加强生态环境监督执法体制建设

强化公安、环保"规范化联勤、实体化联动、信息化联通"三联机制,加强信息互联共享,加大对环境违法犯罪行为的打击力度,提高对违法排污行为的震慑力。保持对环境违法犯罪的严打严处高压态势。

(二)抓好生态环境综合治理,构筑绿色发展生态屏障

1.提高生态产品供给能力

精准抓好大气污染防治,打好蓝天保卫战。加大燃煤机组、燃煤锅炉淘汰力度,降低污染物排放强度,持续强化"散乱污"企业治理,扎实推进清洁能源替代,完成了 15 家企业重点行业挥发性有机物治理工作。加大扬尘污染防治力度,按照专项治理要求,所有建筑工地实施网格化、台账化管理。深入开展水污染防治工作。加强工业点源环境管理和污染治理,对辖区内工业企业全盐量、总氮和氟化物等指标开展深度治理。加强污水处理厂运行管理,建立污水、污泥处理处置管理台账,确保达标排放。全面推行河长制,聘用 35 名河管员对镇域 20 条河进行日常巡查监管,镇、村二级河长体系全面建立。深化土壤污染防治。加强面源污染治理,开展重点行业土壤详查,规范危固废处置,推进规模畜禽养殖污染治理、宏远石化场地土壤治理、一般固体废物综合利用、聚润环境危废处置等重点项目建设,确保土壤环境安全。深化农村人居环境整治行动,清理农村垃圾约 900 吨、"三大堆"1300余处,治理裸露土地 300 余处。

2.加强水利基础设施建设

常家镇境内有约 4 平方公里的黄河沉沙池和西干渠、南干渠等多条引黄干渠,河水水质优良。刘春家引黄闸设计引水流量 37.5 立方米每秒,引黄灌

溉面积 41.67 平方公里。年均引水 1.148 亿立方米。基于此,常家镇实施了黄河百里长廊绿化提升工程,全面实现了"旱能浇、涝能排"的便捷优势,推进形成了"清水润城""江北水乡"的优美生态。

3.加强黄河防汛信息化建设

建成覆盖辖区全部工程和重要堤段的视频监控系统和冰凌观测系统,集成显示区域黄河工程情况、防汛部署、物资料物储备、滩区状况等信息,为防汛决策提供数据和资料支撑。

4.加强湿地系统保护与修复

根据涵养水源、调蓄水源、保护生物多样性以及保持自然本底、保障生态系统完整和稳定性等要求,划定湿地保护区。建立健全湿地保护修复制度,在相关村落建立专门的行政协调机构,对湿地保护和开发利用进行统一的协调管理,合理保护和科学开发湿地资源。建立健全湿地保护管理机构和湿地资源监测网络体系,加强湿地保护规范化管理,采取工程围栏封育及设置警示牌、界碑等措施进一步保护生态系统。

(三)坚持生态赋能,推进产业绿色高质量发展

1.立足地域,打造特色生态农业品牌

依托乡村振兴齐鲁样板示范带的资源优势,稳定一产、拓展三产,不断强化特色产业提升工程。做大、做强粮食产业,以大米产业为优势,铸造高青大米主产地。激活"高青大米"品牌,提升"大芦湖""荒土地"的品牌影响力,形成区域性公共品牌。引入"米的驿站"等大米产品加工项目,对大米进行集中加工销售。加快培育产品品牌,构建品牌农产品营销体系,同时做好农产品品牌的宣传工作。推进精品养殖业,打造"鱼菜共生"项目,总结说约李村、天鹅湖村白莲藕龙虾及襄衣樊村水稻螃蟹等立体种养经验,提高产出效益,形成产、学、研一体化运营模式,形成品牌亮点。实施特色农产品优势区建设工程,统筹调整粮经种植结构,规范特色农产品优势区创建标准,探索溪之悦农场与许管村集体经济有机结合的发展形态,引导土地有序流转,适度扩大水稻种植规模,推动形成"一村一品"品牌农业。

2.加快动能转换,推动工业产业绿色发展

常家镇大力发展新兴产业,培育特色产业。建设健康医药产业园、新材料产业园、新能源设备产业园、新兴产业园等四大产业园区。坚决落实"四减四增""四上四压",对污染排放不达标、工艺落后生产企业或不按期淘汰

的企业,依法予以关停。推动企业清洁生产,减轻污染物末端处理的压力,建立节水型产业体系。积极采用不用水或少用水的工艺技术及设备,做到源头用水减量化,推行工业废水资源化,提高工业用水重复利用率,降低单位工业增加值新鲜水耗。抓好重点企业清洁生产审核和环境影响评价工作。构建废弃物综合利用的平台,搭建资源循环利用的经济链。制定和完善能源消耗高、污染严重行业的污染防治政策。加大生产用水的循环利用,推进企业清洁生产,减少废物排放和环境污染,积极推动"国家环境友好企业"和省、市环境友好企业创建工作以及 ISO 14000 环境管理体系的认证。

3.坚持做好生态文章,推动生态旅游业发展

常家镇积极探索黄河流域生态保护和高质量发展与黄河旅游开发保护相结合的路径,打造黄河资源开发特色样板。以"一湾一城一村"为抓手,整合黄河、生态、农业、温泉、文化等资源优势,积极发展黄河文化、温泉养生、乡村旅游等精品旅游线路,打造黄河生态休闲和特色乡村旅游地。一是利用黄河刘春家险工段,积极与黄河管理部门对接,仔细对照"河长制"及黄河主管部门的相关要求,制定了一套可行的黄河刘春家险工段旅游开发利用方案,将保护与开发有机结合起来,打造了黄河安澜湾景区,成为省内外最知名的黄河旅游精品样板工程之一。在安澜湾景区内,深度挖掘和整理黄河文化资源,建设黄河文化长廊,弘扬黄河文化的时代价值。二是依托黄河沉沙池,建成天鹅湖国际温泉慢城,发展黄河生态养生休闲游。该项目集观光旅游、休闲度假、研学科普、康体养生、生态宜居等多功能为一体,将黄河风景文化与国际慢城理念深度融合,并获评国家 AAA 级景区。景区内突出讲好"黄河故事",打造了漫修堂,内设黄河情、黄河颂、黄河水、黄河人、黄河源五个黄河文化展馆,系统地展示黄河精神,其成为体现黄河文化的点睛之笔。该项目的开发带动了周边 15 个村庄旅游产业的发展。三是探索黄河流域农、商、文、旅互促互融路径,打造乡村旅游示范村。将黄河旅游与乡村振兴、脱贫攻坚紧密结合起来,开发黄河湿地资源,加强蠡衣樊村配套建设,整合黄河自然风情、传统乡村、民宿文化等资源,培育以农耕农事休闲、民俗文化体验为主的沿黄乡村旅游产品,打造蠡衣樊村湿地景观及环村水系。充分利用高青西瓜、葡萄、雪桃、桑葚等特色农产品优势,完善各采摘园旅游基础设施建设,着力打造四季瓜菜科普基地和自助采摘精品线路,推动了乡村游、采摘游、农家乐、民宿、特色餐饮等业态的发展,构筑起脱贫致富、乡村振兴的"四梁八柱"。常家镇逐步形成"一湾一城一村"的特色样板,推动黄河

流域生态保护和高质量发展。

三、常家镇"两山"实践的成效、挑战及启示

（一）成效

1.生态质量显著提高

高青县常家镇持续践行"两山"理念,促进生态环境质量不断提高。2020年,高青县空气质量良好天数226天,同比增加31天。湿地与绿化面积大幅增长,仅天鹅湖国际慢城湿地总面积就达5000亩,形成绿化2850亩。吸引了100多种鸟类栖息,是震旦鸦雀、白鹭、天鹅等珍贵鸟类的重要栖息地。常家镇内约6000亩黄河沉沙池和多条引黄干渠水质优良,实现耕地和地块零污染。乡村绿化和林业生产成效显著,三季有花、四季常绿,主要道路绿化普及率达100%。

2.人居环境大幅改善

通过开展饮用水水质保障和地下水污染防控工作,农村水质得到了较大改善。蓑衣樊村污水管网、无害化厕所改造提升,胡家堡美丽乡村提升以及刘春村公厕建设的完成,有效地推进了村容村貌的大幅提升。建成垃圾中转站,配备垃圾清运三轮车、垃圾桶,配备保洁队伍定时打扫,使生活垃圾收运处置变得有序,实实在在地改善了农村生态环境,从整体上提高了农村人居环境质量。

3.乡村旅游势头良好

高青县常家镇全面构筑集休闲农业、生态观光、餐饮娱乐、康养度假等为一体的乡村旅游新模式,推动了黄河旅游带乡村游、采摘游、农家乐、民宿、特色餐饮等产业的发展,使蓑衣樊、刘春家、菜园等一批沿黄村成功脱贫、致富、奔康,在美丽乡村建设中走在了全省前列。目前,常家镇范围内先后建成黄河安澜湾、天鹅湖国际温泉慢城等AAA级景区,拥有省级农业旅游示范点9个、省级旅游特色村5个、中国美丽乡村1个、四星级农家乐30家、三星级农家乐20家、省级乡村旅游"开心农场"16家、省级精品采摘园14家。

4.镇域经济活力强劲

高青县常家镇着力打造的占地58亩的小微产业园,为黄河滩区迁建搬迁上楼户及周边村庄提供了200余个多元化就业岗位。荒土地"米的驿

站"、10万吨/年高蛋白生物有机肥、"鱼菜共生"等项目的建设,实现了资源整合、产业融合、经济联合,将"绿水青山"有效转化为农村发展、农业增效和农民增收,使区域内的农业产业经济得到快速增长,有效地增强了镇域经济发展的后劲。目前,高青县常家镇地区农民人均可支配收入达到18000元,高于高青县平均水平20%以上。已培育市级以上农业化龙头企业3家、市级以上农民合作社示范社15家,发展龙虾池5541亩。2019年,常家镇实现总产值102.6亿元,工农业总产值贡献95.6亿元,荣获"2019年度全国综合实力千强镇"等荣誉称号。高青县常家镇先后被评为市级农产品质量安全示范镇、山东省第一批"中国乡村振兴示范镇"。

5.社会和谐持续稳定

坚持安全生产常抓不懈,安全生产形势总体稳定。实施"全要素"网格化社会治理创新机制,健全信访维稳包保责任体系,调处一批重点矛盾纠纷,社会治安水平得到有效提升。

（二）挑战

1.生态环境质量仍需改善

常家镇生态环境保护工作虽然取得了显著成果,但生态环境质量的改善程度距离老百姓对美好生活的期盼仍有较大差距。环境空气质量距离二级标准仍有差距。农村人居环境改善仍存在短板。

2.生态产业发展有待提升

文化旅游业方面,休闲、度假、体验、研学等产品发展不够。文化挖掘深度不够,对本地文化的有效保护、传承和发扬光大还有较长的路要走。生态农业方面,有机农业基地规模还不够大,农产品竞争力还不够强,滩区等区域农业基础设施滞后,农业机械化水平仍有待提高。

3.生态文明体制机制建设有待完善

生态环境保护责任体系不完善,存在职责交叉或职责边界不清晰的情况,各部门保护生态环境的责任亟待厘清。生态文明制度短板亟待补齐。绿色发展的制度和政策尚未形成系统推动力,一体化的生态保护制度体系尚需完善。

4."两山"文化挖掘和弘扬有待加强

对"两山"文化的挖掘不够深入,对黄河文化中所蕴含的民族精神、价值观念的挖掘还不够深入,急需重视对山水文化精神的认识、理解和弘扬。生态文明宣传与教育尚未形成完整的体系,全社会深厚的生态文明氛围尚未真正形成。

(三)启示

1.坚持尊重自然、生态优先

常家镇能够成功创建"绿水青山就是金山银山"实践创新基地,一个重要的原因就是坚持生态优先的原则。常家镇最大的优势是生态环境。发挥常家镇的生态优势就要坚持尊重自然、保护自然,以生态环境保护为核心,构建生态安全格局,守好绿水青山。在此基础上,坚持保护与利用相结合,通过经营把生态资源转化成生态效益和经济效益。

2.坚持科学规划、绿色发展

常家镇按照黄河流域生态保护和高质量发展的总体规划部署,依据乡村振兴战略总要求,立足于"生态常家""富裕常家"的发展目标,强化顶层设计,以科学规划为引领,把黄河流域高质量发展与乡村产业振兴相结合,完善生态产业发展思路,出台推进生态产业化发展的扶持政策。坚持创新符合常家镇实际、富有地方特色、有利于生态文明建设的体制机制,充分发挥好政府的宏观引导和推动作用,破除制约绿水青山转化为金山银山的体制机制障碍,形成符合常家镇实际的"两山"建设管理体制和生态治理体制。

3.坚持内生动力、高效发展

常家镇依托特色农业延伸产业链条。以农业优势产业联动发展推进绿色工业化,严格筛选科技含量高、污染排放少的工业项目予以扶持。推进文旅、农旅融合发展,积极拓展农业功能,重点发展休闲农业和乡村旅游,引领农村服务业发展,实现乡村旅游规模和效益倍增,打造乡村振兴样板。

4.坚持共建共享、生态惠民

坚持以人为本,牢固树立生态惠民、生态利民、生态为民的思维,把良好的生态环境作为最公平的公共产品、最普惠的民生福祉,着力拓宽城乡居民增收渠道,不断增强人民群众的获得感和幸福感。常家镇对黄河资源的保护和开发,不仅改善了当地群众的生存环境,还成为当地群众的主要收入来源,得到当地群众的支持,进而促进了当地经济社会的发展,实现了黄河资源开发和利用的良性循环。

中共高青县委党校课题组负责人:孝青利

课题组成员:聂丛

"小对虾"撬动产业链 黄河岸边蹚出振兴路

——博兴县乔庄镇特色产业体系发展案例

黄河是中华民族的母亲河,哺育着千千万万的中华儿女,孕育了伟大而深厚的中华文明。在黄河下游滨州博兴县,距离黄河入海口西60公里处,素有"中国白对虾生态养殖第一镇""生态乔庄、鱼米之乡"美誉的乔庄镇,以生态保护为"本",走绿色发展之路;以对虾养殖为"基",打造产业链闭环生态圈;以对虾养殖为"媒",推动一、三产业融合发展;以改善百姓生活为"标",建设生态宜居美丽乡村。历经20余载,蹚出了一条"产业升级、生态秀美、人才返乡、组织有力、文化传承"的振兴路,将黄河变成了老百姓的"致富河""幸福河"。

一、乔庄镇特色产业体系发展基本情况

背倚黄河水、脚下黄河滩,乔庄镇是黄河下游的重要水源地,是引黄济青工程渠首、国家4A级旅游景区——打渔张森林公园所在地,隶属于山东省滨州市博兴县。东临东营市东营区,西与滨城区接壤,北与东营市利津县为邻,区域面积129.9平方公里,镇域黄河河道长10.6公里。境内林田湖草水等生态资源丰富,有打渔张灌区引黄闸,有小型水库10余座,年蓄黄河水达0.8亿立方米,森林面积40多平方公里,森林覆盖率达35%。荣获"全国乡村特色产业十亿元镇""中国白对虾生态养殖第一镇""国家级水利风景区""省级生态乡镇""山东省旅游强镇""省级卫生乡镇""省级健康乡镇"等荣誉称号。

乔庄镇以南美白对虾养殖作为农民致富的支柱性产业,坚持走"和谐共

生、永续发展"的绿色发展之路,积极推动一、三产业融合发展,改善人居环境,建设生态宜居美丽乡村,开启了百姓致富、乡村振兴的"幸福车"。

(一)调整产业结构,打造白对虾养殖产业链

自 2001 年农业产业结构调整、试养南美白对虾以来,乔庄镇在盐碱地上"摸着石头过河",依靠养殖南美白对虾,历经 20 年的拼搏,成为北方最大的白对虾淡化标粗基地,并于 2021 年 11 月荣获"全国乡村特色产业十亿元镇"荣誉称号。截至 2021 年 12 月,全镇 66 个村养殖白对虾,养虾户 5000 余户,虾池达 1.2 万个,占地 3.5 万余亩。2021 年,白对虾产量达 2 万余吨,产值超 11.7 亿元,占中国市场的 2%以上,实现净利润 4.5 亿元。在发展"小对虾"特色优势产业的过程中,坚持走"规模化、标准化、科学化、系统化、品牌化、产业化"发展道路,形成了"虾苗淡化、饲料供应、病害防治、产品销售、冷储加工"完整的产业链闭环生态圈。

(二)坚持生态优先,打造沿黄生态观光休闲景观带

乔庄镇依托黄河资源,发挥区位优势,坚持走绿色发展生态之路,打造国家 4A 级旅游景区——打渔张森林公园、博华农业海棠乐园、双台湿地等众多生态保护、旅游观光项目。打渔张森林公园集自然景观与人文景观于一体,以引黄济青渠首为核心,形成渠首观黄区、国家级水利风景区、森林花卉主题公园、沿黄百果园、农业采摘观光园、天然湿地、万亩林场等极具北国水乡特色的景观。博华农业海棠乐园围绕黄河文化、农耕文明,依托"齐鲁第一海棠园",打造集旅游、休闲、文化、体育、娱乐、养生、医疗、教育等为一体的"森林康养"新型田园综合体。

(三)改善人居环境,打造生态宜居美丽乡村

乔庄镇坚持以人民为中心,从各村实际出发,因地制宜地积极改善农村人居环境,打造黄家村、梁楼村等生态宜居美丽乡村。黄家村整合闲散的土地资源,搭建乡村众创平台,坚持"政府基础设施投入创环境+支部搭建平台整资源+社会资本参与添活力+村民共建共享保持续"的经营理念,实现"激活一个村、带动一方人"的发展目标。梁楼村利用城乡建设用地增减挂钩项目区(拆旧安置项目),腾出 130 余亩建设用地指标,建设镇委党校、老年幸

福院、为民服务中心、村史馆、文体活动中心、移风易俗大礼堂等基础设施，并实施"三清、四改、四通、五化"农村环境综合整治提升工程。

二、乔庄镇特色产业体系发展主要做法

（一）培植特色产业，发展全产业链运营模式

乔庄镇在抓好黄河流域生态保护的前提下，结合本地气候、土壤、水质等综合因素，以白对虾养殖为突破口，合理规划产业布局，构建白对虾产业链闭环生态圈。

1.对虾养殖，开辟特色产业发展新路径

乔庄镇白对虾养殖产业经历了大浪淘沙、优胜劣汰的艰辛历程，走出了一条"规划先行、产业兴旺、特色优势"的产业振兴路，探索出现代农业发展的"乔庄模式"，开启了淡水养殖的"二次创业"，加快推动品种向高端化、服务向一体化、管控向智能化转型，现已形成以南美白对虾为主，美国加州鲈鱼、澳洲龙虾等特色品种齐头并进的养殖格局。

20多年来，乔庄镇科学谋划、积极探索、反复实验，探索出三种创新型养殖模式：一是高密度精养，每亩池塘投放5万尾白对虾苗种，并投放少量草鱼、鲤鱼以优化水质。二是与罗非鱼混养，每亩池塘投放3万~4万尾白对虾苗种，待到20天左右投放罗非鱼苗，实现鱼虾双丰收。三是暂养棚养殖模式，共建暂养棚350余个，提前一个月放虾苗，后转入大塘，可实现一年两茬养殖。历经20年的耕耘，乔庄镇白对虾养殖面积由2001年的不足400亩扩大到3.5万亩，产量由亩产200公斤提高到1000公斤，效益由原先的每亩纯收入3000元提升到1.5万元。虾农养虾的技术越来越好，涌现出榆林、鲍王、黄家3个白对虾收入过1000万元的村，谭家、河徐、三合、姓黄等10个收入过500万元的村，20个纯收入过50万元、1000个纯收入过10万元的南美白对虾养殖专业户。

2.以虾为媒，构建产业链闭环生态圈

乔庄镇深挖禀赋、广泛借智，将政府所期与群众所需有机结合，围绕白对虾养殖建立"龙头企业+专业合作社+基地+农户"的运营模式，吸引山东三荣水产、美高美生物科技有限公司等入驻，建设高产、高效白对虾生产加工基地，带动标准化基地同步建设，推动科技、信息、运输、服务等第三产业

深度融合发展。

山东美高美生物科技有限公司的业务覆盖水产培训、检测、育苗、工厂化养殖、加工、饲料等水产品产业链的各个环节。养殖全程以生态、环保、安全为出发点,启用先进的工厂化循环水、可视监控等水产高端配套设施,从苗种源头出发,以点带面地帮助养殖户进行池塘改造、模式升级并辅以可视性、可控化养殖技术培训,建立并完善水产品冷链加工运输产业,拓展线上线下渠道,打造集特种水产饲料加工、对虾养殖、水产品安全检测、养殖生物制剂、科学养殖培训为一体的综合产业园,逐步由水产生产商向综合服务商转变,最终形成了"苗种+营养+动保+物流+加工+互联网"六位一体的全产业链模式。

（二）1+1>2,做深做精"一三互动、农旅融合"

乔庄镇立足黄河资源优势,秉承"一三互动,农旅融合"的发展思路,将壮大白对虾特色产业与发展黄河旅游相结合,按照"以农造景、以景带旅、以旅兴农、以农促旅"的理念,依托打渔张森林公园、黄河风景带等景区建设,发挥渔业产业特有的休闲属性,开发具有休闲渔业特色的旅游产品,拓展旅游观光路线,建设黄河农家乐、安澜渔趣园,发展餐饮、住宿、休闲、垂钓等娱乐休闲项目,促进一、三产业有机结合,走本土化、差异化、可持续发展的绿色发展之路。

整合资金,加强景区基础设施建设。筹措各类资金4000万元深度开发打渔张森林公园旅游景区,建设打渔张花卉主题公园,配套建设黄河生态文化长廊、民宿、水煎包体验店、高品质水吧、自行车驿站、打渔张大舞台、松鼠乐园、木屋房车、思源亭、停车场、游客服务中心等,修建改造园区道路32公里,完善景区网络、有线电视、灯光、音响以及排污系统,安装负氧离子即时监测系统,开通微信公共平台和官方网站。

突出特色,做好一、三产业融合文章。积极打造以田园风光为主题的森林公园、黄河风景带,突出"幽、静、秀、野、氧、赏"特色,科学规划五大景区:一是打渔张渠首观黄区,该景区有引黄闸、渠首花园、大禹治水、黄河母亲雕塑等景点。人们可以站在渠首黄河大堤俯视黄河水滚滚东去,赏黄河日出日落。二是渠东自摘鲜果区,该景区有冬枣、苹果、桃、梨、葡萄等名优果品,供游人观赏并自选采摘,让人流连忘返。三是渠西赏荷区,该景区有千亩荷花池、万亩观赏水稻、引黄济青沉沙池等景观,如一颗明珠镶于齐鲁大地之中。四是打渔张水库风景区,该景区占地 4600 亩,碧波粼粼、垂柳成荫、野鸭翔集、锦鳞游泳。游客乘船游于其中,尽享南国水乡之风情。五是堤外湿地风景区,该景区有 5000 亩黄河堤外湿地,苇草青青、鱼虾肥美、物种多样,使游客感受自然之美。

(三)以人民为中心,建设生态宜居美丽乡村

乔庄镇始终坚持发展为了人民的初心,积极改善人居环境,建设生态宜居美丽乡村,突出"一村一品""一村一景""一村一韵"和"村村有故事"的建设主题,并融入滨州市沿黄旅游规划中,以白对虾养殖为"底色",推动美丽乡村与旅游业融合发展。

实施"黄河安澜地、幸福黄家村"改造提升工程。一是坚持规划引领,着眼顶层设计。围绕乡村振兴战略,在顺应村庄发展规律和演变趋势的前提下,合理规划村庄布局,按照规划明方向、定功能,分类、有序地推进生态宜居美丽乡村建设。盘活农村闲置宅基地、闲置住宅,与打造"美丽乡村""美丽田园""美丽庭院"以及农村人居环境整治、黄河流域生态保护和高质量发展等工作结合起来,同步谋划、统一规划、整体实施,一张蓝图绘到底。二是明确发展定位,突出"白对虾"特色。将壮大白对虾养殖与发展乡村旅游相结合,高标准建成黄河农家乐、渔趣园、黄河民宿 1 号院、游客服务中心、追梦驿站、乡村大舞台等配套服务设施。三是要素联动,保障持续发力。政府扶持撬动社会资本参与。政府投入 260 万元连片整治项目资金,引入社会资本 1000 万元,对闲置农房、宅基地进行设计、装修、改造提升。支部牵头,激发村民共建热情。黄家村党支部通过"强村贷"50 万元及 3 亩土地入股,建设 2000 平方米"渔趣园"。农户自愿签订协议,将闲置农房整体或者部分使用权作为资本参与项目建设。村集体、经营主体统一开发经营,促进农户、村集体、经营主体三者共同发展增收。平台支撑,招引人才返乡创业。政府通过搭建乡村众创平台,对内外资源进行整合,吸引个体投资人、文化创客、民间艺术家等多元人才集聚,形成多主体参与的"共创、共建、共享"模式。强基固本,加强基础设施建设。实施地下排污管网改造,弱电下地、燃气管道埋设、旱厕改造、路灯安装、村庄绿化、墙体 3D 艺术画设计以及村委办公大院、打渔张水库骑行绿道等改建提升。

三、黄河下游特色产业体系发展经验与启示

（一）强化生态保护，推动高质量发展

生态兴则文明兴，生态衰则文明衰。乔庄镇全面贯彻落实习近平总书记视察山东重要讲话精神和重要指示，牢固树立"保护生态环境就是保护生产力、改善生态环境就是发展生产力"的发展理念，坚持生态优先，统筹推动黄河流域生态保护和高质量发展，实现经济效益、社会效益、生态效益有机统一，积极做好"水""林""农"三篇文章。

1.做好"水"的文章

充分挖掘黄河流域的天然水系和自然风光，整合资源，保护好、开发好、利用好黄河水，大力发展特色水产养殖，实现休闲观光、绿色生态、度假购物、娱乐餐饮的融合发展。充分保护好、利用好黄河下游的湿地资源，走湿地开发、生态旅游创新之路，积极开发湿地旅游项目和产品，让游客亲近自然、敬畏自然、尊重自然、保护自然，实现生态效益、社会效益、经济效益有机统一。

2.做好"林"的文章

整合黄河下游多样、特色、天然的花卉、林果、森林等资源，科学规划、巧妙布局，打造以繁茂的森林为主，以田园风光、黄河水系、百鸟鸣唱、野趣浓郁为辅的绿色生态长廊，形成"月月有花、季季有果、四季常青、岁岁可赏"的山水林田湖草一体的黄河流域生态发展格局，描绘姹紫嫣红、硕果累累、产业兴旺、生态宜居的美丽乡村画卷。

3.做好"农"的文章

农业是立国之本、强国之基。科学推进、大力发展绿色生态循环农业，将种植业与养殖业有机融合，种植户将农作物的秸秆供给养殖户饲养牲畜，养殖户把牲畜粪便集中统一腐熟处理后供给种植户，用于有机粮食、有机蔬菜、高端瓜果等农产品种植，形成生态农业良性循环。中国要美，农村必须美。美好的生活离不开干净、整洁、有序的美丽乡村，要开展农村人居环境综合整治工作，建设生态宜居美丽乡村。中国要富，农民必须富。要走绿色生态、可持续发展的农民增收之路。记住乡愁，打造农史展馆，弘扬农耕文化，让游客感受田园风光，体验腌制农家菜、推磨碾米、扶犁耕作、住农家屋、

干农家活、吃农家菜等日出而作、日落而息、回归自然的乡村生活。

(二)注重顶层设计,发挥党建引领作用

紧紧抓住党建引领"牛鼻子"不放松,发挥基层党组织"红色引擎"和党员先锋模范作用,努力成为黄河流域生态保护和高质量发展的坚强堡垒。

1.整体布局建设,让特色产业形成规模

抓好农村基层党建这个关键,筑牢战斗堡垒,培育先锋队伍,助力乡村振兴。根据中央、省、市关于黄河流域生态保护和高质量发展的要求,因地制宜、科学布局中长远规划,让基层干有方向、行有遵循,推动特色产业适度规模经营,实现特色产业向集约化、专业化、组织化、社会化新型经营体系转变。

2.头雁领航破题,让人民群众倍感希望

群众富不富,关键在支部;队伍强不强,全靠领头羊。实践证明,办好农村的事情,关键在于要有一个好的带头人和一个坚强的农村党支部。要不断深入推进农村党支部建设标准化和对软弱、涣散的党组织的整顿工作,本着"覆盖全面、设置规范、运行高效、作用突出"的原则,在区域块、产业线上加强党的全面领导。

3.产业发展聚力,打造富民强民景象

充分发挥党组织战斗堡垒作用和党员先锋模范作用,着力把组织优势转化为特色产业发展优势,把组织活力转化为特色产业发展动力,形成组织凝聚党员、党员推动产业、产业助推群众致富的党建引领产业发展新格局。

(三)打造产业品牌,提升产品竞争力

积极推进特色产业规模化、产业化、现代化、专业化、标准化生产,进一步提升特色产业的价值优势和市场竞争力。

1.标准化生产强"基"

围绕特色产业,分类建设产业基地,建立并完善标准评价体系,规范推广生产技术,制定以产品标准、试验方法标准、投入品使用准则为主的标准体系。

2.安全认证提"质"

加强特色产品质量安全源头监管,建立特色产品生产记录档案,将绿色

食品、有机农产品、地理标志农产品纳入追溯管理体系,增强特色产品质量安全保障能力,提升特色产业质量水平。

3.名牌认定扬"名"

重视特色产业品牌建设,实施特色产业品牌化、标准化战略,打出品牌建设组合拳,提升特色产业影响力。合理引导龙头企业、规模户、行政村开展"三品一标"特色产品认证建设,线上销售本土特色产品,提高特色产业的知名度和美誉度。

(四)加强产业融合,实施一体化发展

产业融合是乡村振兴发展的必由之路。实现乡村产业振兴,应围绕主导特色产业优化升级,加快一、二、三产业融合发展。

1.加强特色产业配套支撑

抓好基础设施建设,增强特色产业发展的融资能力,突破地理区位限制,实现产业贸易便利化。推进乡村产业信息化,利用现代信息通信技术,使特色产业生产更加智慧、特色产业发展更加现代。

2.培育特色产业新型业态

按照"宜农则农、宜牧则牧、宜果则果"的原则,深化供给侧结构性改革,构建特色优势现代产业体系,积极培育观光农业、体验农业、创意农业新业态,推动传统农业转型升级。延伸产业链条、补齐链条短板、强化链条衔接,促进特色产业向现代化发展。

3.发展特色产业融合新模式

通过"互联网+"公共服务平台整合信息发布,缩短经营主体与市场之间的距离,实现农产品销售新模式。建立更加完善的线下流通服务网络,与互联网O2O完美结合,打造融合发展新模式。

(五)深挖黄河文化,强化文化支撑

黄河流域特色优势现代产业体系发展应深挖黄河文化,弘扬黄河精神,发挥黄河文化的经济效应和社会影响力。

1.保护、治理让黄河两岸"美"起来

统筹布局、合理规划、因地制宜,加大资金投入,保护和改善黄河两岸的生态环境,加强黄河泥沙治理、水资源管理,擘画集大自然景观和人文景观

于一体且极具北国水乡特色的美丽画卷。

2.弘扬、发展让黄河经济"连"起来

加强黄河流域基础设施建设,修建、改造黄河两岸道路,打通黄河东西发展大通道,形成贯穿东西的黄河流域经济长廊,推进黄河流域宜居、宜业、宜游产业有机融合,构建黄河流域经济发展共同体。

3.文化自信让黄河旅游"火"起来

建立弘扬黄河文化的立体传播体系,加强黄河文化推广,创作一批以黄河文化为主题的戏曲、戏剧和歌舞剧目,讲好黄河故事,形成以黄河文化为主线、突出区域特色的沿黄文化圈。

中共博兴县委党校课题组负责人:高传清

课题组成员:张洪涛

科技赋能致富路 三产融合促振兴

——泰山区邱家店镇王林坡村乡村振兴案例

实施乡村振兴战略是解决新时代"三农"问题的新指针和整体性治理的新方略,显示了党中央对"三农"工作的高度重视,是以习近平同志为核心的党中央基于中国国情并对中国经济社会发展的阶段性特征进行深入分析后作出的重大决策部署。

泰安市泰山区邱家店镇王林坡村是泰山脚下的网红打卡村,《新闻联播》《大众日报》《泰安日报》等媒体先后播放或刊发过相关报道。近年来,王林坡村以科技引领为依托,围绕村里的明清驿道遗址打造乡村生态文化体验游,将农业产业、工业企业、乡村旅游有机整合,实现了三产的融合发展。

一、王林坡村基本情况

王林坡村位于泰城东部、汶河之滨,距泰城 12 公里。全村占地总面积 2000 亩,其中村庄占地 600 亩,耕地 1200 亩,空闲建设用地 110 亩。全村有 1630 人,其中有 71 名党员。先后被授予"山东省先进基层党组织""省级文明村""省级卫生村""山东省美丽村居示范村""泰山红旗党支部"、新时代"泰山先锋先进集体"等荣誉称号。

王林坡最早名曰清泉官庄,因村西有清泉涌出,流入清泉湾再汇入大汶河而得名。随着时光的流逝,到清朝道光年间,泉水枯竭,因村北有一片王姓林地,故而得名王林坡。王林坡又是明清时期的古驿道,承载着王林坡村的历史文化内涵。

王林坡依据本村的资源优势、区位优势和发展过程中积累的其他比较优势,确定自己的主导产业,形成能够充分利用自身资源并符合市场需要的产业结构,着重发展特色产业。王林坡村立足村庄实际,高标准编制《王林坡村乡村振兴发展规划》和《湾塘治理规划》,确定了"一场(文化广场)、两湾(姜家湾、泉子湾)、三区(特色农业区、高端工业区、休闲民宿区)"布局,先后投资1280余万元实施明清驿道改造、姜家湾生态治理工程和氧化塘污水处理项目,通过雨污分流和绿化提升实现了臭水沟向荷塘月色的华丽蜕变,村容村貌美丽宜居、乡风文明管理高效。2021年王林坡村集体新增收入261.7万元。

王林坡村修复"明清御道",增设音乐喷泉、玻璃栈道,打造"汶水画廊"景观带,成功实现乡村生态文化体验游的转型。当夜晚来临,王林坡夜景美如画,霓虹和着月光,音乐伴着喷泉,游人徜徉在"泉乡玉带",仿佛能看到,阵阵马蹄声传来,一位身穿兵甲的士兵绝尘而去,只有马蹄声还在耳边回荡的场景。王林坡每日吸引数千名游客,成为远近闻名的网红打卡村,宁静的乡村如今一派热闹繁华景象。

近年来,王林坡村以科技引领为依托,将农业产业、工业企业、乡村旅游有机整合起来。一是打造村东南特色农业片区,先后盘活160亩土地,高标准建设了现代农业产业示范园,并与山东农业大学合作,从事新品种培育和组培生产,大大延伸了农业产业链,实现了农业由低端向高端的转变。二是打造村西部新兴工业片区,升级改造村办工业产业园60亩,引进凯力机械加工企业等7家工业企业,每年为村集体增收140余万元。三是打造村中部休闲旅游区,回收明清驿道附近的40套闲置房屋,打造"陌上花开"农家小院,吸引游客前来,提高村集体收入。为村居民开办幸福食堂,让村民共享科技赋能致富、美丽村居升级带来的福利。

二、王林坡村推动乡村振兴的经验做法

近年来,王林坡村党支部坚持创新驱动,着眼新旧动能转换,初步构建起以苗木组培为龙头的特色农业、以装备制造为主业的高端工业、以民院住宿体验为依托的乡村旅游等三产融合的新业态,探索出一条三产融合、富民兴村的振兴之路。村集体收入从2018年的不足20万元增长到2020年的240万元。

(一)技术升级,一产从"低"到"高"

1.科技育苗促转型

王林坡村有一个近500亩的农业产业园,过去承包给农户种植海棠、樱

花等苗木,规模小、缺技术、少销路,收益较低。2018年,村党支部邀请村里的产业大户和技术能手共同商议,通过外出考察、市场调研、专家指导,确定了"引进新技术,专攻樱桃育苗"的产业转型思路。大家一致同意集体收回土地统一经营,走科技育苗的路子。

2.招才引智提质量

要实现农业转型,需要新型实用技术和相关专业人才。一方面,王林坡村邀请省农科院、省果科所的专家到村指导,引进了美早、布鲁克斯等品相好、口感佳的新型优质苗种,实现技术和农业的融合;另一方面,王林坡村结合"五乡"行动,回引4名苗木专业技术人员和管理人才,手把手地培训合作社成员。经过两年的努力,王林坡村建成现代化组培育苗中心和大樱桃采摘基地,配套育苗大棚5个、冬暖式樱桃种植大棚30个,培育樱桃、蓝莓等果苗300万株,销往内蒙古、河北、辽宁等地。村集体年可增收50万元,全村樱桃种植面积达260余亩,种植户人均增收8000元。目前,王林坡村正策划推出樱桃酒、樱桃文创等系列产品,延伸樱桃产业链条,让更多村民在家门口增收致富。

(二)筑巢引凤,二产从"滞"到"活"

发展村集体经济是带领村民致富的必经之路,集体要增收,用好资源是关键。

1.盘活资源增活力

王林坡村集体有80多亩工业用地,以前简单发包,年租金不足10万元,承包企业大多规模小、档次低,甚至经营不善、拖欠租金。2018年村党支部下定决心,将清理"三资"作为工作中的重中之重,彻底清理"三资",盘活工业资源。为了服众,村书记王红军从占着村里四层楼7000多平方米厂房经营面粉厂的本家大哥"开刀",耐心细致地做工作。王书记为此前前后后跑了几十趟,把道理给他讲明白,把政策给他讲清楚,最后一点点地把他磨得没了脾气,成功收回了厂房。有了这个好的开头,2个月的时间,共收回建设用地40余亩、耕地50余亩,规范各类承包合同17份。通过清理陈年旧账,共清缴欠款38万元,彻底刹住了"歪风"、树起了"正气",为集体经济快速发展壮大铺平了道路。

2.选商选企添动力

2018 年王林坡村集体投资 300 余万元建起了 3200 平方米的高标准车间,并完成了对三个企业的承包,实现税收 60 万元,当年村集体新增收入20 万元。

2018 年以来,王林坡村共自筹资金 900 余万元,建成 1 万多平方米钢结构厂房,完善水、电、路等配套设施,有了自己的工业园。在全市开展"百企联百村"行动中,企业纷纷递来"联袂帖"。王林坡村优中选优,按照技术含量高、效益优、前景好的原则,确定凯力机械、众腾建材等 11 家无污染企业入驻,并以凯力机械加工和三合机械设备安装两家企业为龙头,带动凯飞、富凯、鸿浩等企业在汽车装具、索道、设备安装等领域快速发展,形成了以装备制造为主,以玩具生产、生物科技为特色,多点支撑的产业体系,每年为村集体增收 140 余万元,实现利税 380 多万元。

3.创新模式增收益

王林坡村在租赁厂房收取租金来增加集体收入的基础上,2021 年又创新村企合作模式,通过土地入股方式,实现村集体土地资产的转型升级,并引进泰晟环保建材项目。项目投产运营后,村集体每年可分红 300 余万元。

(三)文旅融合,三产从"无"到"优"

村集体赚得了"第一桶金",村党支部不等不靠,紧抓美丽乡村建设契机,积极对上争取,先后投入 1000 余万元,以"明清御道"为主题,增设音乐喷泉、玻璃栈道,打造"汶水画廊"景观带,培育乡村旅游新业态,不断满足群众对文化生活的需求。

1.净化治理优环境

王林坡村投资 220 万元,对全村主街两侧的排水沟进行了整修,修建了两侧人行道,完成了村西 3000 平方米广场公园的建设以及村内中心文化广场的升级改造,硬化了 1 公里长的村西南北路,并对全村道路进行了重新亮化和绿化。投资 300 多万元,完成了氧化塘污水处理项目,使昔日的臭水沟、垃圾湾变成了现在休闲娱乐的文化公园。

2.美丽乡村亮名片

王林坡村先后投资近 500 万元,硬化村内大街小巷 7000 多米,村外全部道路高标准硬化,形成全镇第一个户户通水泥路的村、全镇第一个有环村路的村,为经济发展打下了坚实的基础。投资 67 万元建设了村碑、牌坊、迎门墙等,实现了全村美化、绿化、亮化、净化,村面貌焕然一新。焕然一新的清泉湾为王林坡带来了远方的游客,省级文明村、省级卫生村等一项项荣誉接踵而至。

3.休闲旅游提效益

王林坡村依托古驿道历史文化,利用好"两湾环绕、明清故道"的环境优势,规划打造了"林水相依满庭芳"的生态带,盘活闲置的宅基地、湾塘等"沉睡资源",使沟宅河大变样。对核心区老宅实施风貌提升改造,让 40 余户老宅重焕新生,发展休闲旅游。在驿道旁建水上乐园、樱桃园和农家风情小院。来到这里,游客既可以体验玩水的快乐,又可以去樱桃园采摘樱桃,体会收获果实的劳动快乐,累了乏了,可以品尝农家乐特色美食,晚上入住特色民宿、风情小院,让心静下来,感受乡村的宁静致远。为提升接待能力和服务水平,王林坡村设立游客接待服务窗口和集散处,搭建数字乡村平台,实现全村免费无线网络全覆盖,提升旅游体验。

2021 年,王林坡村游客接待数量突破 10 万人次,带动集体增收 30 余万元。目前,王林坡村正利用现有的闲置房屋,高标准设计打造 50 套精品民宿,延伸"过夜游"消费链条。

(四)办好民生实事,共享发展成果

在前期大力开展村庄建设的基础上,2021 年 6 月,王林坡村启动实施了"数字化乡村建设",全村实现了无线网络全覆盖。集党群服务、电商培训、幸福食堂、游客接待等为一体的党建联合体项目,已完成装修施工,即将投入使用。王林坡村全面落实老年人免费餐饮、公费医疗补贴、村民生日祝福及学生奖扶、贫困救助等福利政策,不断提升村民的幸福感和获得感。王林坡村的幸福食堂为全村 75 岁及以上老人和二级及以上重残人员、低保人员、特困供养人员提供免费午餐,自开张至今,已然成了村内每天都办的"流水席",老人们来来往往,分时就餐,仅能容下 15 张饭桌的小屋里充满了幸福的味道,切实提高了广大老年人的幸福指数。

三、王林坡村乡村振兴实践的启示

王林坡村从村集体年收入 10 万元的小乡村发展到村集体年收入 240 万

元的经济强村,实现乡村巨大转变的根本原因是有效地解决了"人""地""钱""业"等乡村振兴的关键问题。

(一)党建引领振兴,解决"人"的问题

乡村振兴离不开热爱乡土的带头人、领路人。打造乡村人才队伍,就是为乡村振兴播下能够形成星火燎原式的乡村繁荣局面的种子。

1.过硬支部强引领

近年来,在乡村振兴战略的指引下,按照市区打造"过硬党支部"的要求,王林坡村党支部守初心、担使命,积极作为,使王林坡村从名不见经传的小村一举发展为远近闻名的"富裕村""先进村""网红村"。

王林坡村充分发挥党组织领头雁作用,党支部领办专业合作社,村干部就带头垫资 60 万元,并依托大樱桃组培育苗项目申请"强村贷"资金 98 万元,为实现农业的现代化转型奠定了坚实的经济基础。王林坡村将党员干部分成特色农业、先进工业、民俗旅游和环境整治四个功能小组,制定发展目标,盘活集体资源,激活乡村振兴源动力。村党支部今年被评为省、市先进基层党组织,支部书记也被评为"全市学做新时代泰山'挑山工'先进个人"。王林坡村强化使命担当,锤炼过硬队伍,为乡村振兴打下了坚实的组织基础。

2.数字乡村增引擎

王林坡村围绕"富民强村"的目标大力开展数字化乡村建设,在网络全覆盖的基础上创新工作模式,培育新的经济增长点。实现互联互通的王林坡村,发挥妇女在生产中的主导作用。一是组织抖音直播培训,赋闲在家的妇女实现了家门口就业,仅直播带苗木、带畜禽一项就带动家庭户增收超过100 万元。二是开展妇女技能培训,村级工业园、农业园吸纳妇女劳动就业50 余人。"半边天"通过发展小产业孕育出乡村发展大事业。

王林坡村农业的转型升级主要是依靠山东农业大学和科技公司带来的新型苗木花卉。乡村振兴要依靠吸收现代科技成果改造传统农业和农村,依靠现代科技发展现代农业,促进农村产业融合发展。要打造乡村信息人才队伍,促进乡村全面融入信息化浪潮,依靠互联网高效接受新政策、新技术、新思路和新商机。因此,人才路径是实现乡村振兴"以一当百"效应的重要路径。

（二）区域合作共建，解决"地"的问题

泰山区坚持区域发展、融合发展和共享发展的理念，建设融合发展"主阵地"，统领各类组织、统筹各方力量，变村级单打独斗为协同作战。王林坡村作为中心村，新建了集党群活动、资源整合、产业融合、服务群众于一体的"一站式"区域化党群服务中心，推动了发展要素、人才资源、公共服务打包整合，打造了抱团发展坚强阵地，带领周边几个村子实现融合发展。王林坡片区党委深化"五联五同"工作机制，以组织联建带动产业联育，整合资金200万元，流转片区内土地260余亩，建设冬暖式恒温大棚18个，带动片区各村集体平均增收20万元。通过组织联建带动周边5个村抱团发展乡村旅游，共创汶水旅游新名片，带动效应非常好。

（三）城乡互助发展，解决"钱"的问题

体制机制是社会发展活力的总开关，体制顺了、机制活了，乡村社会才会涌现出活力，各项事业才能够蓬勃发展。近年来，泰山区深入实施"融城促乡"行动，开展了城乡互助"3+1"行动，打破街道和镇的地域界限，找准部门、企业、强村（社区）和集体经济薄弱村的有机结合点，结成帮扶对子。王林坡村抢抓机遇，积极和区直部门对接，和企业开展项目联建，与强村（社区）实现资源共享，探索"飞地经济"发展模式，推动产业转移，收获发展空间，实现了优势互补、互利共赢。所以，全面深化农村改革，就是要全面激活市场、要素和主体，打通渠道，让广大农民最大限度地分享改革红利，并实现乡村整体振兴。

（四）规划融合三产，解决"业"的问题

乡村振兴问题归根结底是发展问题，产业兴旺是乡村振兴的根本。王林坡村在加强古村落保护的同时，结合产业发展进行规划开发，在充分挖掘和保护古村落民居、古树名木和民俗文化等的基础上，依托古驿道历史文化打造乡村历史文化体验游项目，将历史文化底蕴转变为特色文化旅游产品。游客评价说"醉美王林坡"，醉人的不是酒，是王林坡悠久的文化底蕴和美丽的自然人文风光。

王林坡村的发展表明，发展乡村旅游，需要深入挖掘区域农耕文化、山

水文化、人居文化中的生态因素,开发具有区域特色的文旅产品,拉长旅游资源链条,抱团发展乡村文化游、美食游、民宿游,引导传统农耕逐步向农业观光、农事体验、农居度假等附加值高的乡村文旅融合发展。

王林坡"一产兴村,培强特色农业;二产强村,壮大汽配产业;三产活村,破冰乡村旅游"的成功实践表明,促进乡村振兴必须充分挖掘和拓展农业的多维功能,促进农业与二、三产业尤其是文化旅游产业的深度融合,大力发展农产品加工和农村新兴服务业,为农民持续稳定增收提供更加坚实的产业支撑。

中共泰安市泰山区委党校课题组负责人:李仁山

课题组成员:尹伟华　孙文波　张庆荣　王红军

山亭区创建乡村振兴齐鲁样板
示范区的实践与思考

实施乡村振兴战略,是党的十九大作出的重大决策部署,也是决胜全面建成小康社会、全面建设社会主义现代化强国的重大历史任务,更是解决新时代我国社会主要矛盾、实现中华民族伟大复兴中国梦的必然要求。近年来,枣庄市山亭区认真贯彻落实习近平总书记关于乡村振兴系列讲话指示精神,坚持把实施乡村振兴战略作为新时代"三农"工作的总抓手,立足"生态是最大优势、发展是最重任务"的基本区情和最大实际,坚定不移地践行"绿水青山就是金山银山"的发展理念,聚焦"五美"目标,加快乡村振兴,探索出了一条从"绿起来"到"富起来""强起来"的山亭乡村振兴之路,成功创建"省部共同打造乡村振兴齐鲁样板示范区暨率先基本实现农业农村现代化试点区"(全市唯一),被评为"2020 中国乡村振兴百佳示范县"。

一、山亭区创建乡村振兴齐鲁样板示范区的背景

山亭区开展乡村振兴齐鲁样板示范区创建工作,不是空穴来风,而是有其特定的背景。党的十九大作出了实施乡村振兴战略的重大决策部署,这是新时代做好"三农"工作的总抓手。习近平总书记在江苏考察时强调,发展特色产业、特色经济是加快推进农业农村现代化的重要举措。① 李克强总理指出,要科学实施乡村振兴战略规划,继续加大"三农"投入力度,落实好惠农富农政策,深入推进农业供给侧结构性改革,加快农业科技进步,构建

---

① 赵久龙、郑生竹:《"小香包"成为我们致富的"金荷包"》,2022 年 7 月 4 日,http://www.news.cn/politics/leaders/2022-07/04/c_1128802602.htm。

现代农业产业体系、生产体系、经营体系。① 山东省委原书记刘家义同志曾撰文指出,山东在实施乡村振兴战略过程中,要注重突出各地特色,不能搞"一刀切",严格功能区定位,牢固树立"绿水青山就是金山银山"理念,坚定不移走绿色发展之路;因地制宜推进产业振兴,宜粮则粮、宜经则经、宜林则林、宜牧则牧、宜渔则渔;以多样化为美,保持乡村固有的历史、文化、风俗、风貌等,使乡村振兴各具特色,让人们记得住"乡愁"。② 2018 年,山东省委、省政府印发《山东省乡村振兴战略规划(2018~2022 年)》和《山东省推动乡村产业振兴工作方案》《山东省推动乡村人才振兴工作方案》《山东省推动乡村文化振兴工作方案》《山东省推动乡村生态振兴工作方案》《山东省推动乡村组织振兴工作方案》,提出了打造生产、生态、生活统筹一体布局,生产美产业强、生态美环境优、生活美家园好"三生三美"融合发展的乡村振兴齐鲁样板。2020 年 2 月,山东省委、省政府印发《贯彻落实〈中共中央国务院关于建立更加有效的区域协调发展新机制的意见〉的实施方案》,明确实施省会、胶东、鲁南三大经济圈的区域发展战略,推动形成全省区域一体化发展新格局。鲁南经济圈重点发展高效生态农业、商贸物流、新能源新材料等产业,打造乡村振兴先行区、转型发展新高地、淮河流域经济隆起带。

基于此,枣庄市山亭区委、区政府立足于自身资源优势,根据生态保护和高质量发展的要求调整农业农村产业结构,确立了"特色农业立区"和"乡村生态休闲旅游强区"的发展定位,形成了"粮棉油、林果、蔬菜、畜牧渔业、生态农业"五大主导产业,建成了火樱桃、长红枣、板栗、优质桃、马铃薯、红椒等一批成规模、有特色、效益高的种植园区。在发展高效、优势和特色农业产业的同时,大力实施"休闲山亭"战略,依托特色农业资源优势,抓好乡村生态休闲旅游产业发展,建成了"春踏青赏花、夏避暑纳凉、秋登山采果、冬戏雪泡温泉"的乡村生态观光园,并于 2014 年被列为第二批省级现代农业示范区。2019 年,山亭区委、区政府又确定了"一核两翼"发展战略,规划并实施了全域有机农业创建工作。2020 年出台了《山亭区人民政府关于促进全区乡村产业振兴的实施意见》《2020 年度美丽乡村建设工作实施方案》等文件,进一步有力地推动了乡村振兴齐鲁样板示范区创建工作。2021 年

---

① 参见《落实乡村振兴战略 打造"辽宁建昌古城"样本》,2018 年 7 月 12 日,http://news.cctv.com/2018/07/12/ARTIzHv4RkF3Z50ETEz4UzSE180712.shtml。

② 参见刘家义:《打造乡村振兴的齐鲁样板(深入学习贯彻习近平新时代中国特色社会主义思想)》,《人民日报》2018 年 5 月 11 日。

10月20~22日,习近平总书记来到山东考察,并主持召开了深入推动黄河流域生态保护和高质量发展座谈会,强调坚定不移走生态优先、绿色发展的现代化道路;适度发展生态特色产业;农业现代化发展要向节水要效益,向科技要效益;要坚持创新创造,提高产业链创新链协同水平。他勉励山东努力在服务和融入新发展格局上走在前、在增强经济社会发展创新力上走在前、在推动黄河流域生态保护和高质量发展上走在前,不断改善人民生活、促进共同富裕,开创新时代社会主义现代化强省建设新局面。① 这为山亭区推动乡村振兴战略向纵深发展指明了前进方向。

二、山亭区创建乡村振兴齐鲁样板示范区的做法与成效

近年来,山亭区立足自身实际,创新思路举措,贯彻落实中央和省委、市委关于乡村振兴工作的决策部署和政策措施,推出了很多具有山亭特色的做法,形成了乡村振兴的"山亭模式",成功创建了乡村振兴齐鲁样板示范区,取得了显著成效。

(一)健全"三个体系",汇聚强大合力

坚持党建引领、多方发力、共同推进,汇聚起乡村振兴的强大合力。一是构建三级联动领导体系。成立了区委书记担任主任的区委农业农村委员会和县级领导牵头的五个乡村振兴工作专班,建立了党委统一领导、政府负责、农业农村工作部门统筹协调的工作体制。各镇街也成立了相应的组织机构,压实区镇党政"一把手"和农村基层党组织书记第一责任人职责,形成区、镇、村三级联动工作格局。二是构建协同高效推进体系。出台了《山亭区乡村振兴战略规划(2018~2022年)》和5个工作方案,构建了"1+1+5+N"的政策体系。每年都将乡村振兴工作列入区委常委会工作要点和区政府工作报告。出台了《中共山亭区委农业农村委员会关于落实"四个优先"推进省部共同打造乡村振兴齐鲁样板示范县的实施意见(试行)》等文件,明确目标、分解任务、压实责任,做到责任明晰、措施方法有效。建立了联络员制度,明确工作职责,确保乡村振兴工作协同推进、高效运转。三是构建考核奖惩体系。把乡村振兴工作纳入区委、区政府年度综合考核,成立乡村振兴

---

① 参见《习近平在深入推动黄河流域生态保护和高质量发展座谈会上强调 咬定目标脚踏实地埋头苦干久久为功 为黄河永远造福中华民族而不懈奋斗 韩正出席并讲话》,2021年10月22日,http://www.news.cn/politics/2021-10/22/c_1127986188.htm。

战略实绩考核工作领导小组,制定考核细则,对作出突出贡献的表彰重奖,对影响考核成绩的单位直接评为"较差"等次并且主要负责同志作深刻检讨,确保乡村振兴工作落到实处。

(二)聚焦"五美"目标,建设美丽山亭

山亭区立足实际、多措并举,探索出了一条从"绿起来"到"富起来""强起来"的乡村振兴实践之路。一是培育壮大"产业美"。大力发展特色林果和优质杂粮、农产品加工、乡村旅游等特色产业,建成林果基地55万亩、杂粮基地20万亩,发展市级以上农业龙头企业100家。规划建设洪门、月亮湾、岩马湖等田园综合体5个,建成省级以上休闲农业和乡村旅游示范园区30余处,市级以上现代农业精品特色园区50个,培育"中国乡村旅游模范村"2个、国家和省级工农业旅游示范点25个,旅游强镇实现全覆盖。成功注册"百味山亭"农产品区域公用品牌,成立百味山亭农业投资开发有限公司,统筹推进全区农产品生产、销售、推广,进一步打响了山亭农产品品牌。截至2021年12月,山亭区"三品一标"认证达到201个,创建中国驰名商标1个、国家地理标志保护农产品5件、山东省知名农产品区域公用品牌2个、山东省知名农产品企业品牌8个。大力发展农业新型经营主体,农产品加工企业230余家,其中市级以上农业龙头企业100家。规模以上农产品加工企业24家。2021年1~9月规模以上农产品加工企业营业收入达到37.23亿元,增长34.27%。农民专业合作社、家庭农场、种养大户等各类新型农业经营主体累计达到1881家。大力实施村级集体经济增收计划,通过党组织领办合作社、闲置小院复活工程、问题合同清理等方式,多渠道增加村集体和农民收入。村集体收入5万元以下的村全部消除,10万元以上的村达到209个,占76.8%。二是全面提升"乡村美"。按照"鲁南山村、山村民居"的总体定位,围绕"三湖三带一湿地"实行整体规划、连片打造,重点是环岩马湖、翼云湖、灵芝湖规划建设湖光山色示范区,沿店韩路、北留路、103省道规划建设田园风光示范带,环月亮湾湿地规划建设湿地韵味示范点。着力规划建设诗话山水型、古风民俗型、农事风情型、运动休闲型、生态养生型等特色村居,做到"一镇一韵、一村一色"。目前,建成美丽乡村精品片区3处、美丽乡村示范村158个。冯卯镇创建成省级美丽乡村示范镇,桑村镇、北庄镇成功创建成山东省乡村振兴示范镇,环岩马湖—朱山流域被评为乡村振兴齐鲁样板省级示范区。扎实推进农村人居环境和镇域、路域环境整治,累计

投资 10.6 亿元,大力实施"五化""七改""四好农村路"建设,实现城乡环卫一体化、农村无害化卫生厕所全覆盖。三是深入挖掘"人文美"。深入挖掘和提炼红色文化、农耕文化、民俗文化,让"乡愁"植根美丽乡村,建成冯卯镇库区移民博物馆、水泉镇酱油公社、小邾国历史文化展览馆、王家湾峄县抗日民主政府旧址等乡村记忆馆 12 处,新时代文明实践中心(站、所)实现全覆盖。投资 1.2 亿元在城市东部文化休闲居住区建成开放翼云阁、小邾国历史文化展览馆、城市规划展览馆,打造了山亭"文化之根"。投资 1.2 亿元建设山亭市民中心,文化馆、图书馆、党史馆、非遗馆、文化艺术博物馆"五馆"全部免费开放,山亭文化产业进入加快发展期。枣庄泥塑被列入省级非遗保护名录,荣获第六届中国非遗博览会传统工艺大赛优秀奖,枣庄泥塑传承人刘进潮入选全国乡村文旅能人。四是持续增进"生活美"。坚持把精准扶贫、精准脱贫作为最大的政治任务和第一民生工程,全区贫困人口全部实现脱贫,重点贫困村全部摘帽退出。"旅游+扶贫"典型经验成功入选世界旅游联盟减贫案例,光伏扶贫、医保扶贫、旅游扶贫典型做法在全国推广。区扶贫办荣获"全国脱贫攻坚先进集体",山亭区被评为"全省扶贫工作先进集体"。坚持把教育事业放在优先位置,连续七年把学校建设列入政府"惠民实事",教育投入占财政收入的近 1/3。2017 年以来新建和改扩建中小学 107 所、幼儿园 50 所,义务教育学校"大班额"全部清零,成功创建国家义务教育发展基本均衡县。落实《山东省基层医疗卫生服务能力提升行动三年规划》,区人民医院综合病房楼建成运营,区妇保院完成升级改造。10 个镇街实现省级卫生乡镇全覆盖,创建国家卫生镇 6 个。全区基本医疗保险参保率巩固在 99% 以上,贫困人口基本医保、大病保险、医疗救助实现全覆盖。新建、改建通村道路及村内主街 503 公里,开通公交线路 37 条,实现村村通公交、镇街公交换乘站等"六个全覆盖",城乡公交一体化运营经验在全国推广。群众幸福感持续增强,全市群众满意度调查实现"十二连冠"。五是着力打造"班子美"。出台村党组织带头人队伍整体优化提升"1+X"制度,高质量推进村党组织带头人队伍建设,调整优化村党组织书记 14 人,其中选派机关干部 5 人。全面推进村党组织书记专业化管理,首批纳入区级专业化管理 121 人,纳入市级专业化管理 8 人。实施村级活动场所及匾牌规范整治提升专项行动,27 个软弱涣散村党组织整顿升级。建立县级领导干部、区直部门主要负责人包村居制度,打造"山亭 e 诉通"社会治理品牌,探索开展"三级联动、五治融合、一网贯通"乡村治理模式,打通服务群众"最后一公里"。

(三)强化"四大保障",筑牢坚实后盾

强化各类要素保障,着力破解困扰乡村振兴的人、地、钱等问题。一是强化人才保障。在干部配备上优先考虑,配强 4 个农业农村任务较重的镇街的领导班子,优选 2 名具有丰富的农业农村工作经验的优秀干部担任区农业农村部门主要负责人,提拔年轻优秀干部 21 人,提拔优秀"三农"干部 125人。累计选派 122 名干部到镇街担任党委副书记、到荣成挂职锻炼、参与"万名干部下基层"活动、担任第一书记和到"加强农村基层党组织建设"工作队工作。在人才要素配置上优先满足,落实镇街公务员的待遇高于区直同职级人员收入 10%的标准,人均增资 1000 余元。增设基层卫生高级岗位30 个,11 人获评副高职称。遴选科技示范户 272 户,培训农技人员 190 人、高素质农民 275 人。新增"齐鲁之星"1 人、省优秀乡镇农技人员 3 人、市级农技推广人才 6 人。引进农业高端人才 6 人,优选青年人才 207 人,入选泰山产业领军人才 1 人。二是强化土地保障。按照"控制总量、优化增量、盘活存量、释放流量、实现减量"的目标,开展城乡建设用地增减挂钩,有计划地开展农村宅基地、工矿废弃地等存量建设用地复垦,用地指标和调剂收益优先用于支持乡村振兴战略的实施。目前完成报备入库土地整治项目 7 个,新增耕地 2602 亩。三是强化资金保障。在资金投入上优先保障,2020 年区级财政投入农林水资金 5.25 亿元,土地出让金 4860 万元用于乡村振兴,统筹整合涉农资金3.5 亿元用于乡村振兴。2021 年统筹整合涉农资金项目 26 个、资金 2.2 亿元。成功争创财政金融融合支持乡村振兴省级试点县,获得中国人民银行50 亿元的再贷款额度和省财政 1000 万元的贷款贴息。加大金融扶持力度,截至 2020 年 11 月底,全区涉农贷款余额 37.23 亿元,增长 9.57%。普惠型涉农贷款增速总体高于各项贷款平均增速 0.38 个百分点。发放强村系列贷款 8200 万元,引导督促涉农金融机构加大"鲁担·惠农贷"投放力度,新增担保 190 笔,涉及资金 1.11 亿元。鲁担·惠农贷累计担保贷款 4.71 亿元。四是强化政策保障。在公共服务上优先安排,出台了《关于创新"山亭 e 诉通"社会治理模式推进基层社会治理"一张网"建设的实施办法》《关于实施新时代年轻干部培养选拔"薪火"行动的意见》《关于加快推进健康山亭建设的实施意见》《山亭区村级集体经济发展三年强村计划(2021~2023 年)》《山亭区职业教育创新发展实施方案》等涉及农村教育、医疗卫生、社会保障、养老、文体、交通、供电、改厕、供暖、危房改造、供水等乡村公共服务领域

的政策文件20余个,加快补齐农村公共服务短板。全面推进村庄类别划分和村庄规划编制工作,完成山亭区村庄分类及42个村庄的村庄规划编制。出台了《关于鼓励引导城市工商资本下乡推进乡村振兴的指导意见》《2020年全区招商引资招才引智工作方案》,加快形成多元投入、协调互动的格局,推进农业农村高质量发展。

三、山亭区创建乡村振兴齐鲁样板示范区的问题和不足

山亭区乡村振兴工作虽然取得了一定的成效,但也存在一些问题和不足,主要表现在以下几方面。

(一)群众传统观念有待转变

一方面,大部分农民的思想观念还停留在"抱地养老""抱房养老"的层面,农村的一些闲置土地、房产难以通过流转、入股等形式得到合理利用,导致民宿经济、观光经济在发展壮大的过程中遭遇土地瓶颈;另一方面,一些相对比较成熟的农家乐、乡村民宿经营业主因为欠缺现代经营理念、产品服务比较单一,难以吸引中高收入人群用餐入住,产生的经济价值、综合价值相对有限。

(二)农业产业发展水平不高

规模大、效益好、带动能力强的农业龙头企业、链主企业不多,缺少投资额度大、科技含量高、辐射范围广的大项目、好项目。农产品品牌知名度不高、竞争力不强。受农资价格上涨、自然灾害等因素影响,产业投入成本持续增高、收入不稳定因素增多,农民持续增收的难度加大。

(三)农业农村基础存在短板

全区田地分散、地块较小,不利于农业机械化生产。农业基础设施欠账较多,虽然实施了高标准农田改造、水利设施建设和村村通硬化路等项目,但"田网、路网、渠网"等配套设施仍不完善,农业基础条件较差。农村教育、医疗、养老等公共服务不健全,保障力度有待进一步加强。

(四)社会治理水平有待提高

乡村干部和村民的自治意识不强,部分村民参与基层治理的积极性不

高。乡村社会治理缺少统筹规划,专业人才短缺,治理体系尚未健全,自治、法治、德治有机结合得还不够紧密。部分村级集体经济不强,导致乡村治理资金不足,在一定程度上影响了乡村治理的基层组织建设和公共基础设施建设,难以达到预期的自治目的。

四、山亭区创建乡村振兴齐鲁样板示范区的启示和打算

山亭区创建乡村振兴齐鲁样板示范区的成功实践,既带给我们很多深刻的启示,也给我们今后全面深入推进乡村振兴指明了方向。

(一)升级培新强产业

紧紧围绕"工业强区、产业兴区"三年攻坚行动和"双十镇"建设,构建农村现代产业体系。坚持改造升级传统产业和培育农业新业态"两手抓",突出"产业智慧化、数字化、高端化、绿色化、品牌化引领""产业链条化、集群化引领""供给侧改革引领"这三个引领,推行"围绕农业抓工业"新模式,不断做优做强精品薯类、特色林果、优质杂粮、畜禽养殖等主导产业。培育壮大智慧型、终端型、循环型等农业"新六产"业态,发展农村在线新经济产业、云经济产业、智慧产业、创意产业、数字产业、定制经济产业、新能源产业、新材料产业、培训经济产业、要素经济产业、旅游共同体产业等新产业。打造绿色物联网产业、绿色区块链产业、康养产业等山亭特色产业。构建以"百味山亭""山亭山宝"区域公用品牌为龙头,以企业和产品品牌为主体,以"三品一标"为基础的品牌体系,配套培育支撑产业发展的"链主企业""隐形冠军企业""独角兽企业""瞪羚企业""专精特新企业"和特色农业园区、农业产业强镇以及包括技术市场、资本市场、数据市场等在内的农村各类市场体系。到"十四五"末,力争实现市级以上现代农业产业园 9 个以上、市级以上农业产业强镇 8 个、50 亿元以上优势特色产业集群 1 个。

(二)提标扩面美乡村

借助开展"山水林田大会战"和创建国家全域旅游示范区的契机,聚焦"全域建设美丽乡村",按照"全域景区化"的思路,以乡村游为主线,以环湖、沿路、景区周边为重点,统筹推进美丽景区+美丽道路+美丽河湖+美丽园区+美丽乡村+美丽城市"六美共建",将景区游、文化游、工业游、乡村游、体验游

"串联融合",精心塑造核心吸引点,全力打造"山亭大公园""五彩花慢城",倾力发展大美全域游,高水平打造美丽乡村示范区。实施农村人居环境整治提升五年行动和乡村建设行动,持续深化农村"厕所革命",加强农村生活垃圾、污水治理,健全管护机制,升级建设美丽、实用的田网、渠网、路网等设施,推进智能终端设施建设,打造应用于民生服务、医疗卫生、教育、交通等领域的公共服务物联网系统,进一步培育一批具有鲁南乡土人情、特色风貌的美丽乡村示范村,实现美丽乡村全覆盖。

(三)强基固本兴人才

坚持党管人才原则,将乡村人才振兴纳入全区人才工作总体部署。加大人才培养、引进和使用力度,组团式对接中国农科院、山东省农科院、青岛农业大学等科研院校,着力引进农业领域的高层次人才,鼓励申报市级以上人才工程,加大本土人才、管理人才、技能人才、创意人才等各类人才的培养力度,推行"订单式"培养高技能人才等新举措,每年培育 100 名懂技术、善经营、会管理的农业经理人、乡村工匠和非遗传承人。到"十四五"末,力争实现全区乡村人才总量达到 1.5 万人以上。实施"一企一专家""一企一高管""一企一平台""一企一团队"工程,主动满足企业升级发展的人才需求。探索创新人才灵活使用机制,采取兼职、挂职、项目合作等方式使用人才,建设一批"候鸟型"人才队伍,在产业园区、特色产业村建立专家工作站,开展"雁归兴乡"创业行动,不断搭建人才参与乡村振兴的舞台。加强企业家人才队伍建设,深入实施企业家素质提升培训工程,突出抓好"新生代""创二代"等企业经营管理人才素质提升工作,加大优秀企业家评选表彰力度,锻造一支参与乡村产业振兴的高素质企业家队伍。

(四)文化建设育乡风

以创建国家文明城市为抓手,按照高质量、高标准、真落实的原则,深入推进新时代文明实践建设,组织各种形式的文明实践活动,持续加强"四德工程"建设,逐级开展道德模范评选表彰活动,推广志愿服务,完善志愿服务体系,打通服务群众的"最后一公里",不断提高山亭区的社会文明程度。推进城乡公共文化服务一体化建设,培育发展文化社会组织、文化团体、文化中介机构、文化剧社等新型文化组织。持续加强区公共图书馆、文化馆和镇村文化服务中心、文化广场等公共文化场所对外免费开放的力度,深入推进乡村记忆馆、家风家训馆、民俗展示馆等乡村记忆载体建设，深入开展戏曲进乡村暨"一年一村一场戏"文化惠民演出、公益电影放映等文化服务活动，打造15分钟公共文化服务圈，不断提高乡村公共文化服务水平。实施中华传统文化元素渗透工程，鼓励在产品包装、建筑设计、室内装修等方面加入中华优秀传统文化元素，推动中华传统文化和各产业融合发展，共育文明乡风。充分发挥媒体在育风、化人方面的作用，加快推进媒体深度融合发展，做大、做强区级新型主流媒体，建强、用好区融媒体中心，构建全媒体建设体系，依靠媒体的力量推动农村移风易俗，帮助农村群众转变落后的养老、婚丧等观念，不断打造新时代优良乡风。

（五）规范提升强堡垒

严格落实村党组织书记备案管理、考评奖惩、动态调整、选派第一书记等制度，加大村级运转经费保障力度，开展"红色堡垒"提升行动，高标准打造村级活动场所。以开展"三资"清理百日攻坚专项行动为抓手，深入推进村级集体经济发展三年强村计划，坚决打好"破十攀百"攻坚战，确保2022年集体经济收入过10万元的行政村数量占比达到80%，过100万元的行政村数量达到6个。到2023年底，行政村集体收入全部达到10万元以上，集体收入100万元以上的村冲刺13个以上。继续推广村党组织领办合作社，通过集体自主经营、村企联合经营、村民入股经营、对外承包经营等方式着力加强合作社制度建设，提升合作社管理运营质量。发挥村党组织成功领办打造的诚豆豆制品专业合作社、洪旺水产养殖专业合作社等合作社的示范带动作用，以点带面，着力在建章立制、政策扶持、跟踪培育、示范带动上下功夫，力争三年内在全区范围内打造10个明星合作社。完善全区党组织领导的城乡基层治理体系，构建全区党组织领导的政治、自治、法治、德治、智治相结合的城乡基层治理体系，不断打造党建引领社会治理的"山亭样板"。

中共山亭区委党校课题组负责人:吴清江

课题组成员:李健伟　葛延芬　白书生　张　岳　田　利

刘春雷　辛　瑞　沈长春　赵绪伟

以绿色发展引领乡村振兴的莱州实践

实施乡村振兴战略,是党的十九大作出的重大决策部署,是决胜全面建成小康社会、全面建设社会主义现代化国家的重大历史任务,是新时代做好"三农"工作的总抓手。绿色发展既是乡村振兴的内在要求,也是农业供给侧结构性改革的主攻方向。近年来,莱州市把绿色发展作为引领当前和未来乡村发展的方向,进行了诸多探索和实践,走出了一条独具特色的乡村生态振兴之路,被确定为省部共同打造乡村振兴齐鲁样板示范县,荣获"2020中国乡村振兴百佳示范县市""2020中国最具绿意百佳县市"等称号。

一、莱州乡村振兴背景介绍

实施乡村振兴战略,走中国特色社会主义乡村振兴道路,绿色发展既是题中之意,也是必然选择。习近平总书记多次强调乡村绿色发展的重要性,"小康全面不全面,生态环境质量很关键"[①]"要推动乡村生态振兴,坚持绿色发展"[②]。党的十九大以后,党中央、国务院相继出台了一系列关于乡村振兴的文件,对推进绿色发展作了明确规定。

近年来,莱州市乡村绿色发展取得的成效有目共睹,但囿于主客观因素,仍存在一定的问题:农村环境卫生问题时常反弹,乡村产业绿色发展程度较低,乡村绿色发展体制机制不健全,乡村绿色发展的主体合力弱化。针对存在的问题,莱州市以乡村绿色发展、环境靓丽为主攻方向,坚持人与自

---

① 中共中央文献研究室编:《习近平关于社会主义生态文明建设论述摘编》,中央文献出版社2017年版,第8页。

② 邹怡婧:《习近平要求乡村实现"五个振兴"》,2018年7月16日,http://news.cnr.cn/native/gd/20180716/t20180716_524301525.shtml。

然和谐共生的原则,牢固树立"绿水青山就是金山银山"的理念,从顶层设计入手,出台《莱州市乡村振兴战略规划(2018～2022年)》等文件,成立由2名市领导担任组长的乡村生态振兴专班,为乡村生态振兴保驾护航。加大生态保护和修复力度,聚焦聚力农村"七改",着力改善农村人居环境,强化农业绿色发展,推进循环产业打造、生态产业培育,激发内生动力,打造人民安居乐业的美丽家园。

二、莱州以绿色发展引领乡村振兴的主要做法

(一)高点定位,力促现代农业高质量发展

一是创新监管模式。在全省率先开展食用农产品监管追溯改革探索,推出易操作、可追溯、可防伪的农产品电子二维码合格证。创新打造智能化监管模块,实现种植业基地、农资经营门店等监管智能化,保障农产品质量安全。二是创新发展模式。开展苹果免套袋栽培和生物疏花疏果试验探索并取得成功,逐步探索出"数字果园""果菌间作"等果业绿色发展模式。"三品一标"产品认定数量和产地认证面积均居全省县级市前列。三是打造"海上粮仓"。依托丰富的海洋及陆域水生生物资源,利用现代科技和先进设备,采取多种形式将可利用的海域开发建设成能持续、高效地提供水产食物的"粮仓",实现种粮于海、产粮于海、存粮于海。四是构建生态循环农业体系。在市域层面、优势农产品主产区及辐射带动强的农业生产基地分别形成大循环、中循环、小循环,力促农业整体发展水平提升。

(二)控促结合,加大农地资源污染防治力度

一是多措并举推动农药、化肥减量增效。加强病虫害监测预警体系建设,推动高效植保机械发展,设立23个土壤养分长期定位监测点,落实耕地质量监测。连续4年实施耕地质量提升和化肥减量增效项目,掌握土壤状况。测土配方施肥技术和有机肥替代化肥技术获得有效推广。二是科学防治地膜污染。按照不同作物的覆膜面积和种植区域分布,推广双降解地膜和生物降解地膜栽培技术。推动探索地膜生产企业责任延伸制度,实现供膜、回收、利用"三统一"。三是分类施策整治畜禽养殖污染。针对505家规模畜禽养殖场建立常态化巡查机制,在养殖密集区建设多处有机肥处理场,集中收集畜禽粪污进行资源化利用。针对引进的海大养殖、环山养殖和新希望

六合等国内畜牧业 500 强企业,以种养结合型生态循环农业技术模式实现"以种带养、以养促种"。针对小型养殖户,在全省率先引进生物酶薄床养殖技术,目前已发展 200 余户生物酶薄床养殖场户,推广薄床面积达 30000 平方米。

(三)补齐短板,有序改善农村人居环境

一是推进农村垃圾综合治理。建立完善"村收集、镇运输、市处理"的城乡生活垃圾一体化处理体系,推广建立农村保洁专业化、精细化、市场化运作模式。提升改造环卫基础设施,实现路网、水网、绿网全覆盖。开展非正规垃圾堆放点排查整治,解决垃圾围山、垃圾围村等问题。二是加快推进农村"厕所革命"。合理选择改厕模式,推广市场化运作模式,做好改厕后的管护和服务工作。莱州市 300 户以上自然村基本完成农村公共厕所无害化建设改造。三是积极推进农村生活污水治理。有序解决胶东调水工程输水沿线、集中式饮用水水源地、自然保护区等环境敏感区域村庄的生活污水治理问题。对于位置偏远且达到一定规模的村庄,采用生态处理工艺,建设经济、实用的生活污水处理设施。四是加快推进"美丽乡村"建设。开展美丽庭院创建活动,近 15000 个家庭被评为"美丽庭院"示范户。推进村庄绿化、亮化,建设绿色生态村庄。提升农村自来水普及率、冬季清洁供暖覆盖率。加大传统村落保护力度及对历史文化要素的保护和利用。

(四)强化培训,全面培育农技人才

一是加大新型职业农民培育。针对苹果、大樱桃、大姜等优势主导产业,累计培育包括现代青年农场主、新型农业经营主体带头人等在内的新型职业农民 739 人。二是加大农村实用人才培养力度。2019 年以来,农业农村局科教科牵头累计培训农村实用人才、农技人才 6000 人次。针对疫情防控形势,创新推出"双线"培训服务模式。线上开展"网络课堂"云指导,利用微信等网络平台在线帮助农户解决问题,科学指导农户生产;线下利用集中培训、田间课堂等形式开展技术服务,每年培训近 20000 人次。一些村庄把培育本土人才作为乡村振兴的重点。城港路街道朱旺村依托东方海洋育苗场技术优势培育的 300 多名本土专家、养殖技术人员成为全村渔业发展的骨干力量。

(五)提质增效,推动实现生态资源价值

一是进一步健全生态保护补偿机制。研究制定以地方补偿为主、中央

和省级财政给予支持的横向生态保护补偿机制办法,对现有的生态补偿政策进行整合,建立生态保护红线生态补偿机制、流域生态补偿机制,实现森林、湿地等重点领域和禁止开发区域、重点生态功能区等重要区域生态保护补偿全覆盖。二是增加生态产品和服务供给。开发观光农业、游憩休闲、健康养生、生态教育等服务,大力发展"生态+"产业,实施原生态保护,打造一批以小草沟村、初家村为代表的特色生态旅游示范村和精品线路,做精做优农家乐、民宿等业态,延伸乡村生态旅游产业链。三是积极推动一、二、三产业融合发展,大力开发"新六产",建设东岗果蔬专业合作社田园综合体、新永盛田园综合体、土山海盐小镇田园综合体等,形成特色产业模式。

三、莱州以绿色发展引领乡村振兴取得的成效

(一)农业发展质量更"优"

莱州市着力构建现代农业产业体系,加快促进农业转型升级,实现了"种养结合、生态循环",推动了农业生产"节本增效、药肥双减"。琅琊岭生态果园连续两年荣获"中国好苹果"大赛金奖等七大奖项。小麦绿色模式攻关田多次打破全国冬小麦单产纪录。农产品监管模式的创新实现了农产品质量安全监管、农业投入品追溯及品牌推广一体化发展,真正实现了"从产地到餐桌"的监管模式,保障了人民群众舌尖上的安全。农业农村部原副部长于康震曾专程到莱州市就此监管模式进行调研视察,并给予高度评价。莱州市粮食绿色发展的做法及成效也先后被《新闻联播》、新华社等媒体推广报道,并被农业农村部收录推广。

(二)农业生态系统更"好"

化肥、农药使用量实现双下降。"十三五"期间,莱州市实现肥料减量14.3%,远超上级要求减量6%的工作目标,被评为全国第一批农作物病虫害"绿色防控示范县"。高效植保机械发展势头良好,先后荣获全国主要农作物生产全程机械化示范县和全省第一批"两全两高"农业机械化示范县称号。种养结合和技术革新等创新措施推动畜禽粪污资源化利用和综合治理,实现生态效益和经济效益双提升。生物酶薄床养殖技术实现环保养殖"零排放",提高了生猪产能,带动了养殖户增收。《中国环境报》《农民日报》等媒体进行了宣传推广。"泽潭渔业模式"提高了对自然环境养分、能量

的利用率,有效地减轻了水产养殖造成的水体污染,实现了海域利用的净化、高效。该经验做法也在全省推广。

(三)农村人居环境更"美"

经过三年的集中攻坚行动,农村人居环境明显改善。基本实现村庄规划、生活垃圾收运处置全覆盖,无害化卫生厕所普及率达到90%以上。生活污水处理率大幅提高,农村新型社区基本实现污水收集处理。75%以上的村庄实现冬季清洁供暖,90%的村庄实现村内硬化道路"户户通",村容村貌明显改观。有制度、有标准、有队伍、有经费、有督查的农村人居环境管护长效机制建立完善并规范运行,农村生态环境质量显著提升。各村庄形成了户户争先进、人人做表率的氛围,850多个村庄完成美丽乡村整治提升,其中28个村庄成为特色鲜明、生态宜居的美丽乡村示范村。

(四)生态产品价值更"高"

各村庄依托独特的自然禀赋对生态产品价值实现模式进行了多样化、合理化的探索,多路径、科学化地推动了生态产品价值的实现。一些独具特色的村庄以盘活自然生态资源、释放生态价值为目标,综合考虑村庄资源条件、区位优势和文化底蕴,根据村庄总体规划、土地利用规划和生态功能区规划科学编制绿色发展规划。有的村庄将各类生态产品纳入品牌范围,实现了生态产品溢价。有的村庄促进农旅融合发展,实现了生态要素向生产要素、生态财富向物质财富的转变。好生态应用到好产业、好产业实现好收入,充分体现了生态融合,确保了开发和保护同步推进,加快促进绿水青山转化为金山银山。

(五)绿色发展意识更"强"

生态环境的持续改善、生活环境的日益美化、生态产品价值的不断提升,让乡村有了看得见的生态高颜值,让群众既有了摸得着的生态获得感,也深刻认识到了绿色发展的重要意义。"绿水青山就是金山银山"的理念已经成为越来越多人的共识。在衣、食、住、行中自觉践行绿色环保理念,勤俭节约、绿色低碳、文明健康的生活方式和消费模式已经成为越来越多人的选择。在人居环境整治、美丽乡村建设等过程中,群众从"等、靠、看"变为"动手干",形成了人人尽责、人人出力、人人受益的良好局面。

四、莱州以绿色发展引领乡村振兴的启示

（一）以"两山"理论为引领,科学规划村庄发展

推动乡村振兴就要深入践行"绿水青山就是金山银山"的理念,让良好的生态成为乡村振兴的支撑点。郭家店镇小草沟村从造"绿"改善生态环境、增"绿"彰显生态产业优势到点"绿"成金,40多年来,始终心无旁骛地推进绿色发展,咬定"青山"不放松,成为践行"两山"理论的莱州标杆。从小草沟村的发展历程可以看出,村庄发展要突出规划引领的作用,按照"政府引导、专家评估、公开征询、群众讨论"的办法制定整体性、系统性和前瞻性的村庄发展规划,统筹考虑区域特点、文化传承、风土人情等因素,在彰显特色中突出绿色标准、体现生态之美,真正把乡村打造得有品位、有特色、有内涵,让村庄留得住乡情,让村民记得住乡愁,提升"绿水青山"的颜值,做大"金山银山"的价值。

（二）构建优质高效的产业体系,加快形成绿色发展新格局

要大力发展高效农业、特色农业,放大现代农业的综合效应,按照"农业现代化发展要向节水要效益、向科技要效益"的要求推进高标准农田建设,实现农业集约、高效发展。推动现代农业园区和绿色产品基地建设,走生态种植、生态深加工之路,充分挖掘自身优势,做大做强特色品牌,让绿色产业插上"互联网+"的翅膀扩大销路。要大力推进三产融合,培育新业态、新模式,因地制宜、因势利导,立足本地优势产业、风土人情、历史文化等资源,依托科技进步和国家政策的支持,整合上下游产业链,提升乡村旅游档次和规模,丰富乡村旅游的内涵,引导乡村旅游向集观光、参与、康养、休闲、度假、娱乐为一体的综合方向发展,让生态资源焕发生机。

（三）推进乡村生态治理,打造宜居的生活环境

要加强农业面源污染治理,实施源头控制、过程拦截、末端治理和循环利用相结合的综合防治,开展农用地土壤污染状况详查,划定农用地土壤环境质量类别,实施分类管控。因地制宜地选择水肥调控、土壤调理、秸秆回收利用等技术,逐步实现生态环境保护和国家粮食安全"双赢"目标。要持续推进农村人居环境整治,以增绿添彩、提升质量为总体要求,以农村垃圾、

污水治理和村容村貌提升为主攻方向,实施乡村绿化、美化工程,坚持因地制宜、适地适树、功能多样的原则,打造"村在景中、景在村中、村景交融、游在画中"的美丽画卷。要持续加大农业农村基础设施投入,进一步深化农村公共空间治理,着力提升农村生态文明和绿色发展水平,厚植群众的绿色获得感和幸福感。

(四)加强制度供给及创新,夯实绿色发展的保障

要创新和完善乡村生态责任监督考核制度,建立健全镇街、村级干部的生态振兴绩效评价体系和考核奖惩制度,充分调动各方面的积极性和主动性。要进一步健全生态保护补偿机制,提高自然资源的科学利用水平,盘活森林、湿地等生态资源,支持各类经营主体集中连片建设生态保护和修复工程,完善旅游、康养、设施农业等相关产业开发的优惠政策。要建立健全生态产品价值实现机制,坚持保护为先的原则,扩大生态产品的有效供给、充足供给、优质供给、高效供给、永续供给,提高优质生态产品的"增量"。加强生态技术创新和推广应用,实现生态产品的价值持续赋能增值。积极探索多元共融的生态产品价值实现路径,协同并举,使美好的蓝图变成美丽的现实。

(五)发挥农民主体作用,营造绿色风尚

要充分运用广播、电视、报刊、网络等多种媒体大力宣传绿色发展的理念、政策、路径和成果,及时总结和推广推动生态振兴和农业绿色发展的先进经验、典型事迹和技术模式。要积极倡导绿色生产生活方式,把绿色价值观内化于心、外化于行,努力营造全民支持、全民参与乡村生态振兴的良好社会氛围。要引导农民提升文化素质和科技意识,提高农民对乡村生态振兴的责任感、使命感,促使农民积极参加新型职业农民培训等,不断学习和应用大批先进实用的农业科技成果,为农村经济社会发展提供有力的人才支撑。

中共莱州市委党校课题组负责人:贾书丽

课题组成员:桑晓蕾　王吉刚

村居养老服务全覆盖的"岚山方案"

习近平总书记在山东视察时讲道,要深入推动黄河流域生态保护和高质量发展,并对山东工作提出了"三个走在前"的指示要求。随着我国逐渐进入中度老龄化阶段,推进养老服务事业高质量发展既是我国当前在民生领域增强创新动力、推动供给侧结构性改革、提供高质量服务供给的重要内容,也是影响黄河流域实现高质量发展的重要一环。日照市岚山区坚持改革创新,努力在增强经济社会发展创新力上走在前,用实际行动践行总书记"让所有老年人都能有一个幸福美满的晚年"①的重要指示,努力探索出一条符合经济社会发展的养老之路。

一、岚山区推进村居养老服务的背景

第七次全国人口普查数据显示,我国 60 岁及以上人口已达 2.64 亿,将从轻度老龄化进入中度老龄化阶段。据联合国测算,21 世纪上半叶,我国 60 岁及以上人口比重的上升速度比世界平均速度快一倍多。截至 2020 年 11 月,中国 65 岁及以上老龄人口为 1.9 亿,占总人口的 13.5%,远远超过联合国制定的老龄化社会 7% 的标准。而山东省 65 岁及以上人口所占比重为 15.13%,社会老龄化尤为严重。不仅如此,全国老龄工作委员会办公室公示的数据显示,预计到 2050 年中国老年人口占比将超 30%,而山东省更是提前至 2035 年达到这一数据。人口老龄化发展趋势十分严峻,这也使得养老服务事业发展任重而道远。

日照市岚山区下辖 9 个乡镇街道,户籍人口 43.6 万。截至 2020 年底,

---

① 中共中央党史和文献研究院编:《习近平关于注重家庭家教家风建设论述摘编》,中央文献出版社 2021 年版,第 26 页。

全区共有 60 周岁及以上老年人 10.46 万人,占总人口的 23.99%,其中75 周岁及以上老年人 2.6 万人,占总人口的 5.96%。人民群众的养老问题日益突出。当前,由政府托底的集中供养、分散供养的老年人有 2044 人,占 60 周岁及以上老年人的 2%;在商业机构养老的老年人有 232 人,占 60 周岁及以上老年人的 0.2%;在村居生活的老年人约有 10.23 万人,占60 周岁及以上老年人的比例约为 97.8%。经调研发现,大部分老人因年老体弱或子女外出务工身边无人照顾,老年人吃饭将就、凑合是普遍现象。与此同时,因为少有人照应,独居、高龄、孤寡、留守老人的健康、安全状况也堪忧,一旦发生意外,很难及时得到救助。

人口老龄化既是一个摆在我们面前的挑战,也是寻找经济新动能的一个突破口。危机之中育新机,"银发浪潮"也能变成"长寿红利"。习近平总书记指出:"满足数量庞大的老年群众多方面需求、妥善解决人口老龄化带来的社会问题,事关国家发展全局,事关百姓福祉,需要我们下大气力来应对。"①因此,走出一条符合岚山区情的养老之路至关重要。

二、岚山区推进村居养老服务的主要做法

2021 年新年伊始,岚山区就把养老服务中心建设作为全区民生"一号工程"部署推动。全区各乡镇、街道按照"试点先行、全面覆盖""两步走"战略,探索打造"政府主导、镇街主责、村居主体、社会参与"的养老服务体系,坚持高起点谋划、高标准落实、高质量推进,以村居养老服务中心建设为突破口,为老年人提供生活照护和精神慰藉等服务。全区利用四个月的时间,共建成并运营养老服务中心 374 处,实现了村级养老服务中心全覆盖,全区 2.6 万名 75 周岁及以上的老人全部吃上了免费的午餐。实现了养老服务村村全覆盖,初步解决了辖区老年人家门口养老难题。岚山区的主要做法如下。

(一)党建引领,上下联动

1.党政共抓

2021 年 2 月 10 日,岚山区委、区政府印发《关于完善养老服务体系加快推进养老服务高质量发展的试行意见》,成立养老服务高质量发展工作领导小组,由区委书记、区长任双组长,形成"党委领导、政府主导、镇街主责、部门配合、村居主体、社会参与"的养老服务工作机制。建立完善区、镇、村三

---

① 江大伟:《新中国成立以来人口安全思想研究》,人民出版社 2018 年版,第 157 页。

级养老服务体系,重点推进村居养老服务中心建设。区委将养老服务发展纳入科学发展观季度观摩评比和年度绩效考核,在千分考核分值中,对相关部门和乡镇街道分别给予150分和100分的权重赋分,形成了工作部署和督导落实相呼应的考核机制。

2.部门联动

打破养老服务单纯地由民政部门负责的工作格局,动员职能部门按照职责创新参与建设服务,实现力量整合。区住建、消防、市场监管、卫健等相关部门自觉强化主体意识,依据各自部门的职责积极靠上督导,主动介入土地保障、乡村振兴、消防建筑及食品安全等工作,合力推进养老服务中心的建设运营。区文明办及时组织志愿服务队伍到养老服务中心开展帮厨、清理卫生、捐助等志愿服务活动,开展养老服务志愿者培训,为农村(社区)养老服务中心的建设运营作出了积极贡献。

3.村居主体

全区各村(社区)在区委、区政府的指导下,积极参与、创新办法、克服困难、全力推进。各村(社区)不等、不靠、不推、不拖,坚持"干字当头、快字为先、好字为上、实字托底"的工作干劲和作风,努力克服场所、资金等困难,大力推进村(社区)养老服务中心建设运营。

(二)统筹规划,试点先行

1.突出规划引领

坚持以老年人养老服务需求为导向,强化养老服务阵地建设,建立区、镇(街道)、村(社区)"1+8+N"三级养老服务网络。在区级层面,规划建设了1处有200张床位的失能特困人员集中供养中心。在乡镇街道层面,将8处敬老院转型升级为镇域养老综合服务中心,优先满足特困人员和困难老人供养、托养服务需求。在村(社区)层面,岚山区统一规划养老服务中心374处,目前已全部启动运营。

2.制定标准规范

制定并印发《关于岚山区村(社区)养老服务中心建设运营标准的指导意见》《关于做好村(社区)养老服务中心适老化建设有关事项的通知》《关于在全区村(社区)养老服务中心设置卫生室服务点的指导意见》等9个规范性文件,明确养老服务中心配建文化娱乐室、食堂、理发室、中医康复室、洗澡间和小菜园等"六小"场所,实现规划、建设、功能、标识、服务、联系"六个统一"。

3.试点先行

各乡镇街道采取试点先行、压茬推进、全面推行、部门联动、及早介入、立说立干、跟进调度等措施,集中精力、人力、财力开展养老服务中心建设。从 2021 年 3 月开始,在抓好 32 个试点、提取经验的基础上,全面推开村居养老服务中心建设。截至 2021 年 6 月 30 日,岚山区 9 个乡镇街道的 374 处养老服务中心全部建成运营。

(三)因地制宜,一村一策

各乡镇街道、村(社区)结合自身实际,盘活有效资源,在养老服务中心建设、"长者食堂"运营等方面摸索出了一些新经验、新做法。

1.灵活选址

岚山区村居养老服务中心场所建设受原有的条件以及资金、土地、完成时限等因素的影响,大致分为以下三种模式:一是对社区(村委会)的闲置房屋或原有的幸福院进行升级改造,二是租赁村民闲置的房屋宅院,三是选址新建。

2.多渠道筹措资金

首先,以政府财政投入为主。为保障运营,岚山区制定完善养老服务资金补助政策,对建成并运营的村居养老服务中心,区级财政给予一次性建设补助 10 万元,区、镇两级财政每年分别给予 2 万元、1 万元的运营补助。对 75 周岁及以上老人就餐的,区级财政给予每人每天 5 元的就餐补助。区财政预算投入 1.5 亿元对养老服务中心进行建设和运营补助。

其次,以村集体投入为辅。充分发挥村级党组织的作用,支持村(社区)党支部领办合作社、创办公司,利用乡村振兴政策,立足资源、区位等优势,发展村居集体经济,将收益的一部分用于村级养老,为养老服务发展提供强有力的经济支撑。结合各村实际发扬"自己动手、丰衣足食"的精神,种好"小菜园"、开辟"养老田",将"丰收成果"用于老人伙食补贴。

最后,社会捐助补充。村集体发动本村富户、在外能人捐款、捐物、捐服务,形成"有钱出钱、有力出力、有人出人"的良好氛围,为养老事业贡献力量。例如岚山区巨峰镇相家峪村自从养老服务中心建设启用以来,依靠政府补贴一块、村里补助一块、村民捐助一块、社会捐赠一块"四块"资金来源,确保了养老服务中心的长期正常运转。

3.运营模式灵活

岚山区各村(社区)积极探索、大胆创新,形成了机动灵活的养老服务中心运营模式,大致分为两种模式。第一种是由村委会(社区居委会)自主运营管理;第二种是采取公办民营的模式,由第三方进行管理运营。岚山区引入普天安泰、天惠颐养等6家专业养老服务组织参与运营,并融入医养康养、家庭照护等元素,村委会主要起监督管理作用,形成了建管并举和多元化运营的发展态势。目前,社会化运营占比达到84%。

(四)强化管理,规范运营

1.强化建设管理

根据养老服务中心建设运营标准的指导意见,重点加大文化娱乐室和"小菜园"的建设。利用文化娱乐室为老人提供健康养生咨询、惠民政策宣讲、安全防范讲座等学习课程。组织老年人在端午节、中秋节等传统节日开展书画、音乐、文艺汇演等形式多样的文娱活动,让养老服务中心有"人气"、有"温度"。充分利用好"小菜园",鼓励身体条件允许的老年人参与到"小菜园"的建设、运行中,通过产出的瓜果蔬菜满足其部分需求,实现老年人"自我教育、自我管理、自我提升"的良性循环。

2.加强运营管理

严格落实《关于岚山区村(社区)养老服务中心建设运营标准的指导意见》,确保养老服务中心运营、管理达标,对无食品经营许可证的养老服务中心实行备案管理,确保规范运营。注意引导老年人合理就餐,树立正确的餐饮观念,避免出现"饥一顿、饱一顿"的现象。利用区级智慧养老综合管理平台,对村(社区)养老服务中心"长者食堂"和老人公共活动区域进行实时监控,加强对第三方运营机构的管理,对标外地先进地区出台"长者食堂"运营管理暂行办法,规范第三方运营质量。

3.加快推进医养康养相结合

加大医疗卫生和养老服务的配置力度,鼓励第三方机构开展医养康养项目,进行医养资源整合、融合。各乡镇街道充分发挥乡镇卫生院的平台作用,将康复服务延伸到养老服务中心,为老年人提供相应的医疗康复服务。同时,开展高发疾病的筛查和早期干预,普及慢性病知识,指导老年人自我健康管理,形成"乡镇卫生院—村级卫生室—养老服务中心—老年人"的康复医疗服务链,为老年人提供防治结合的健康服务。

4.压实部门责任

养老服务涉及方方面面,老年人的安全关系千家万户。各单位强化职责、齐抓共管,形成了工作合力。民政部门"牵头抓总",负责对养老服务中心建设、运营的总体监管,针对工作推进情况动态化地出台规范性的文件、政策,主动防范各种安全隐患,协调自然资源、城乡住建、生态环境、消防等部门对养老服务中心的消防等进行监督检查,以消除隐患。市场监管部门严格把好食品安全"入口关",重点加大对食品的检查力度,保障老年人舌尖上的安全。卫健、医保部门负责养老服务的职业技能评定、医养结合、护理保险等工作并提供相应的政策支撑。

(五)数字赋能,网络助力

1.积极推进智慧养老

升级改造"12349"养老服务平台,依托区级智慧养老综合管理平台实现区、乡镇街道、村居三级数据共享,形成60周岁及以上老年人基本信息数据库,扩大养老服务覆盖面。推进智能化养老服务,进一步提高养老服务水平,使养老服务更有针对性和有效性,做到让老年人对养老服务信息"一目了然"、社会对养老服务行业资源"一站获取",为老年人提供对路且多样化的养老服务。

2.织密助餐服务网络

继续推进集膳食加工、外送、集中用餐于一体的"长者食堂"建设,合理布局可集中用餐的助餐点,通过互联网平台实时汇总订餐老年人数量等信息。完善老年人助餐配送体系,通过"政府购买服务+个人付费"等方式,和市场化物流、外卖公司加强合作配餐,探索发展"移动型"助餐服务。

3.树起文明敬老新风尚

利用区媒体平台,广泛宣传村级养老服务的现实意义和爱老敬老的优良传统,呼吁社会更加关注老年人、爱护老年人,积极构建"养老、敬老、孝老"的社会氛围,倡导养老新生活,树立养老新观念,推动养老服务工作高质量发展。

(六)以人为本,服务至上

养老服务中心把倾注爱心、营造幸福作为着眼点、着力点和落脚点,既关注老年人的物质生活需求,初步解决了全区75周岁及以上老年人"将就一顿是一顿"的现实问题,同时又关注其精神文化需求,丰富了老年人的精神文化生活。

首先,确保每一位老人吃上放心的免费午餐。部分老人因为路途遥远难以到养老服务中心享受免费午餐,村里的巧厨志愿者们便将午餐亲自送到这些老人家中,让老人都能吃上热乎乎的饭菜。其次,扩大"精神养老"供给。与养老服务中心建设同步,岚山区还出资 100 万元设立了村级养老服务中心志愿服务扶持奖励资金,大力发展志愿服务,充实老年人的精神文化生活。老年人在这里拉家常、下棋、看报、跳舞,排解了孤独和寂寞,文化生活更加丰富多彩。最后,打造稳定的社区志愿者队伍,为老人提供助餐、助洁、助医、助乐等服务,用"志愿红"温暖"夕阳红",织密、织牢、织好家门口的养老服务网。

三、岚山区推进村居养老服务取得的成效

(一)坚持全领域布局、全方位推进、多触角延伸,初步构建了区、镇、村三级无缝衔接的农村养老服务体系

建立并完善区、镇、村三级养老服务体系,重点推进村养老服务中心建设。根据服务人数、用地规模因地制宜地建设了 374 处各具特色的养老服务中心,应对全区老龄化问题的"四梁八柱"日益清晰,解决了辖区老年人家门口养老的难题。

(二)推进村级养老服务中心建设,推进养老服务全覆盖,稳稳托起了岚山老年人的幸福晚年

自村里的养老服务中心启用后,巨峰镇李家庄村 86 岁的刘秀芝老人再也不孤独地坐在大门口"瞅光景"了。每天上午 10 点半,老人就收拾齐整去养老服务中心。用刘秀芝老人的话讲,养老服务中心"不光能免费吃饭,还能量血压、测血糖、理发、推拿,愿意看电视的就看电视,愿意下棋的就下棋,大伙儿一起拉拉呱儿也很好"。从 374 处各具特色的养老服务中心提供免费的午餐到依托村(社区)的多样化养老服务,再到社区机构相协调、医养结合的城乡全覆盖的养老服务体系,稳稳托起了岚山老年人的幸福晚年。

（三）以党支部领办为抓手构筑社会养老网络，形成了全社会共同助力的工作局面

发挥党支部"主力"作用，将"老有所依"作为脱贫攻坚后乡村振兴的重要工作着力点，实施村（社区）党支部领办养老服务，把党建工作和养老事业有机结合、深度融合。发挥党员的"引领"作用，结合党史学习教育，动员全区党员干部开展"我为群众办实事"爱老、助老行动。发挥志愿者的"带动"作用，持续深化新时代文明实践中心建设全国试点，在全区所有村（社区）养老服务中心成立"红辉暖心"志愿服务队。发挥社会的"协同"作用，引导社会资本投资、开办专业化养老机构，支持养老服务组织参与村（社区）养老服务中心建设运营，提高村级养老服务标准化水平。

夕阳无限好，人间重晚情。岚山区应对人口老龄化的"岚山方案"真正实现了老有所养、老有所医、老有所依，更好地满足了老年人对美好生活的新期待。

四、村居养老服务全覆盖的"岚山方案"带给我们的启示

（一）坚持党建引领，发挥基层党组织战斗堡垒作用和党员的先锋模范作用

民心是最大的政治，人民立场是党的根本政治立场。服务好农村老年人，赢得老年人的心，也就赢得了子女的心，进而赢得了广大群众对党的信任和拥护，这样党在农村的执政基础就会更加牢固。因此做好农村养老服务工作不仅是一个民生问题，还是党建的关键问题。

各级党组织把提升养老服务水平作为"我为群众办实事"的重要内容，统筹谋划、协同发力，建立村级为主、区镇兜底、城乡统筹、全面覆盖的养老服务载体。区委书记领衔、乡镇（街道）党委书记统筹、村（社区）支部书记领办养老服务，把党建工作和养老事业有机结合、深度融合。引导党员干部开展爱老、助老行动，主动认领服务岗位，化身为老年人的"红色服务员"，以先锋示范树立标杆和榜样。

养老服务中心建设也进一步树立了党的威信。养老服务中心的建设是区委、区政府深入实践以人民为中心理念的具体体现，实现了发展成果共同享有，是社会主义本质属性的生动体现，增强了老年人的幸福感、获得感、归

属感,增强了基层党组织的向心力和号召力,带动了越来越多的群众积极参与村级治理,推动社会治理迈入高质量发展的阶段。

(二)坚持政府主导、社会参与,发扬尊老、爱老、敬老、助老文明新风尚

养老事业作为一项重要的民生工程,不仅政府起主导作用,还调动了全社会的力量形成合力;不仅构建区、镇、村三级无缝衔接的农村养老服务体系,满足农村老年人多层次的养老服务需求,还提升了农村老年群众和家庭的获得感、幸福感、安全感。同时,把建设养老服务体系作为一项系统工程,与深化新时代文明实践中心建设全国试点相结合,调动全社会的力量形成全员参与、全民行动的养老服务格局。和养老服务中心建设同步,利用文明实践双向对接平台完善志愿服务队伍建设,启用"积分商城",实行积分制管理、信用激励回馈,推动志愿服务常态化、长效化,将养老服务中心建成传递党和政府的关爱的"暖心驿站"、凝心聚魂的红色阵地、文明实践的重要载体。另外,鼓励发动爱心企业、村(社区)群众以及在外的岚山人员为养老服务体系建设提供力所能及的物资捐助和人力支持,帮助家乡老人安享幸福晚年,以实实在在的举措托起幸福"夕阳红"。

(三)坚持以人民为中心的发展理念,推动养老事业高质量发展

民之所盼,政之所向。党中央高度重视养老问题,不仅因为养老是经济社会可持续发展的重要依托,而且体现了以人民为中心的发展理念。不仅要满足老年人的物质生活需求,更要给他们带来精神关怀。养老服务中心有专人负责,集中调配饮食,制订餐饮计划。根据老年人的营养需求、喜好等制订配餐计划,使老年人的用餐不仅花样繁多,还营养均衡,改变了以往"将就一顿是一顿"的局面。养老服务中心为老人配置多样化的助医、助洁、助乐等免费服务项目,丰富了老年人尤其是孤寡老人、空巢老人的精神生活。

推进农村养老产业和事业发展是以人民为中心的重要体现,是补齐民生短板的要务之一,是促进黄河流域实现高质量发展的有力支撑。岚山区坚持改革创新,探索出养老服务的"岚山方案",以期为推动黄河流域养老服务事业的高质量发展提供助益。

中共日照市岚山区委党校课题组负责人:梁启玲

课题组成员:黄建立　田冠华　魏剑阁　杨翠翠

"拥河发展"描绘"三生三美"莒县画卷

——莒县生态保护和高质量发展的做法和启示

党的十八大以来,习近平总书记对黄河流域生态保护和高质量发展发表一系列重要讲话,作出一系列重要指示要求。为深入贯彻落实习近平总书记关于黄河流域生态保护和高质量发展重要讲话精神、重要指示要求及习近平生态文明思想,莒县县委、县政府紧密结合山东省委、省政府提出的打造"三生三美"(生产美产业强、生态美环境优、生活美家园好)乡村振兴齐鲁样板的要求,以沭河流域为全县发展的主战场、主阵地,创新实施"拥河发展"战略,推动沭河流域生态保护和高质量发展,保护了环境资源、激活了产业资源、创造了美好家园,描绘出一幅"三生三美"的斑斓画卷。将全县作为"大棋局"通盘考虑,以主干流域为纽带牵引带动县域生态保护和高质量发展的做法对于各地尤其是沿黄区县生态保护和高质量发展具有一定的借鉴意义。

一、重大意义:"拥河发展"——多重政策组合下提出的"三生三美"莒县方案

沭河纵贯莒县县域,是莒县的"母亲河"。沭河莒县段全长76.5公里,流域面积1718.4平方公里,占全县总面积的94%。沭河流域是全县乡村振兴的主战场、主阵地,沭河兴则乡村兴、乡村兴则莒县兴。"拥河发展"是在贯彻落实习近平总书记关于黄河流域生态保护和高质量发展重要讲话精神、重要指示要求和一系列重大政策的过程中提出来的,它结合了莒县实际,是新时代实现莒县"三生三美"的总体方案。

（一）实施"拥河发展"战略是加快乡村振兴的关键举措

党的十九大作出了实施乡村振兴战略的重大决策部署，这是新的历史条件下做好"三农"工作的总抓手。山东省委、日照市委把实施乡村振兴战略摆在重中之重、优先发展的位置，先后作出安排部署。贯彻习近平总书记重要指示要求、实施"拥河发展"是莒县加快乡村振兴的重要抓手和关键举措，是乡村振兴战略在莒县的具体化、本土化、现实化，有利于以点带面、整体提升，加快打造乡村振兴齐鲁样板的莒县示范区。

（二）实施"拥河发展"战略是促进城乡融合的内在要求

重塑城乡关系、加快城乡融合不仅是"四化同步"的本质要求，还是乡村振兴的题中要义。沭河流域城乡格局兼备，沭河"一河春水"纵贯莒县，自古至今都是莒县统筹城乡、辐射全域的发展轴和中心带。贯彻习近平总书记重要指示要求、实施"拥河发展"是体现以人民为中心的发展思想、贯彻共享发展理念的根本要求，是落实区域协调发展战略、可持续发展战略的具体行动，有利于进一步加大以城带乡的力度、培育经济新增长点，加快形成乡村全面振兴、城乡一体融合的县域均衡协调发展新局面。

（三）实施"拥河发展"战略是实现莒县高质量发展的重要载体

围绕加快后发崛起、提升莒县发展质量，莒县把振兴工业、新型城镇化、文化旅游和现代农业"四大战略"作为实现路径，推动经济社会发展跑出莒县"加速度"，各方面呈现出勃勃生机。近年来，莒县推进"四大战略"的一系列重点工作布局和举措都是围绕沭河做文章、把沭河作为重要载体，全县已经形成了事实上的"拥河发展"格局。实施"拥河发展"是推进"四大战略"、实现莒县高质量发展的重要载体，有利于进一步保护环境资源、激活产业资源、创造美好家园，书写莒县"三生三美"的壮美画卷。

二、重点措施：产业、环境和家园"拥河发展"，生产、生态和生活"美美共舞"

（一）构建现代农业产业体系，让"生产美产业强"有支撑

1. 产城融合发展

莒县 2020 年成功入选首批省级城乡融合发展试验区，确立了建立城乡

有序流动的人口迁移制度、搭建城中村改造合作平台、搭建城乡产业协同发展平台、建立公共服务均等化发展体制机制、健全农民持续增收体制机制等5项创建任务。坚持把产业作为城乡融合发展的核心支撑,大力推进产城融合、产城一体,在沭东新城规划建设8平方公里的高新技术产业园,招引落地了医疗器械产业园、绮丽创谷产业园、耀普智能科技、Zigbee智能家居等一批"四新四化"项目。

2. 强化设施建设

坚持城乡一体发展,大力实施城乡基础设施扩容提质工程,天然气实现"镇镇通",环卫、公交、供水等实现城乡一体化,实施城乡公交三级服务体系建设,公交站点实现500米半径全覆盖,公交化率达100%。打造全县惠民交通网络,破解沭河两岸的交通"瓶颈",缓解交通压力,拓展全县经济社会发展空间。通过城乡公共设施一体化、农村危房改造、清洁取暖、美丽乡村建设、特色小城镇培育创建等工作让农村环境更加整洁、优美。

3. 推进重点工程

按照"三城同创"标准,坚持以产兴城、产城融合的思路,借鉴国内先进经验,聘请专业团队,编制了《莒县"拥河发展"行动规划》。充分发挥农业大县优势,加快"拥河发展"规划落地,大力发展现代高效农业。目前,总投资21亿元的曲坊现代农业产业园一期已建成启用。着力打造全省乃至全国的乡村振兴标杆项目,新创建市级现代农业产业园3个、市级田园综合体1个。高新技术产业引进博科医疗、华驰、恒誉等13家企业入驻医疗器械产业园,齐鲁高科、旭昇半导体、硕凯电子等18个项目落户电子产业园和创新创业园。

4. 创新工作机制

成立城乡融合发展领导小组,协调推进城乡融合发展,建立责任清单,定目标、定任务、定时间,做到"一切工作具体化、具体工作项目化、项目管理责任化、责任落实高效化"。建立督导报送机制和联席会议制度,及时调度和梳理各相关单位城乡融合发展工作进展和推进过程中的典型经验做法并汇总上报,定期召开推进会分析、总结城乡融合发展工作取得的成果和存在的不足。2020年12月,"莒县:探索城镇化高质量发展'四化'模式"经验被《山东省城镇化暨城乡融合发展工作领导小组办公室关于印发"山东省新型城镇化改革创新典型经验"的通知》发文推广。

（二）加强生态工程和措施推进，让"生态美环境优"有抓手

1.实施林水"会战"

"十三五"期间，莒县投资 41.5 亿元接续开展两轮林水"会战"，建设各类水利工程 1677 项，极大地提升了水利基础设施保障水平，推动了生态文明建设。一是大力推进"清清河流行动"。从 2017 年开始投资 11.7 亿元对宋公河、鹤河、洛河、袁公河等 12 条长度 10 公里以上的河道进行全流域综合治理，通过"左右岸、上下游、主河道、干支流"治理，融合"河道拦蓄、生态护坡、河堤通行"等工程措施，逐步将这些河道打造成为"水清、岸绿、景美、堤固、路畅"的景观型河道。二是深入推进河道综合治理。投资 5.7 亿元实施沭河上游堤防加固工程，治理河道 57.9 公里，新建堤防 9.4 公里，加高培厚堤防 9.1 公里，建设跨河防汛交通桥 2 座等。投资 4900 万元实施青峰岭水库生态湿地工程。投资 1.59 亿元完成潍河河道综合治理工程，治理河道 23.1 公里，极大地改善了河道生态环境，提高了防洪标准。三是深入开展汪塘、门前河治理。投资 1.88 亿元对 339 处汪塘、门前河进行了治理，通过配置芦苇、荷花、花鲢鱼等净化动植物，将农村的汪塘、门前河打造成村庄的"生态明珠"。四是全面实施病险水闸水库除险加固工程。投资 2.23 亿元对张宋、杨店子、韩家村、三角汪、小庄子拦河闸这 5 座大中型闸坝及青峰岭水库溢洪闸进行除险加固，全面提升了水库水资源承载能力。投资 1.23 亿元对 145 座小型水库进行了除险加固，恢复兴利库容 450 万立方米，水库所有安全隐患全部消除，取得了生态效益、经济效益和安全效益兼得的良好效果。五是全流域治理水土流失。投资 7750 万元实施了 10 个小流域的水土保持治理工程，实施了天湖生态农业科技园、丹凤山小流域等一批特点突出的水土保持治理工程，共治理水土流失面积 81.8 平方公里，有效地改善了区域生态环境。

2.加强渔政监管

近年来，农业农村局、综合行政执法局等职能部门在沭河、柳清河、袁公河等自然水域组织渔政联合执法活动近 40 次，共出动执法车辆 91 台次、执法人员 363 人次，缴获"三无"船舶 22 艘、禁用渔具 10 套，清理禁用网具 2700 余米，严厉打击了各类违法捕捞行为，有效地保护了渔业资源，维护了水域生态安全。

3.保护野生动物

2020 年以来共出动执法车辆 116 台次、执法人员 376 人次，检查河湖自

然水域、养殖场等场所 366 处次,散发水生野生动物保护等宣传资料 560 余份。采取多种宣传形式,积极开展野生动物救助活动。通过悬挂宣传标语、设立野生动物保护宣传牌、分发明白纸,结合"爱鸟周""野生动物保护宣传月""提倡不食野生动物,树立饮食新观念"等主题宣传活动,在全县广泛宣传保护野生动物。设立野生动物救助电话,适合放生的选择合适的生境放生,将受伤的或病弱的送至野生动物救护中心进行救护。

(三)加强水污染综合治理,让"生活美家园好"有保障

1.加强流域水环境治理

一是制定《莒县碧水保卫战攻坚方案》。对方案中涉及的水环境问题进行科学分工、压实责任,对每一项整改事项倒排工期、挂图作战。二是加大河流水质监测力度,及时分析水质状况。按照"点位频次全加密、超标项目全纳入、直排废水全防控"的原则,制定实施加密监测方案,在入境断面、支流汇入、污染源风险点下游增设了监测断面,分段溯源监测。重点断面、重点时段每日监测,其他时段每周监测。三是加强水源地污染防治工作,确保全县饮水安全。先后印发并实施了《莒县农村饮用水水源保护区(范围)区划调整方案》《莒县集中式饮用水水源突发环境事件应急预案》等,提升了水环境管理水平。四是开展河道"四乱"排查整治工作。相继印发了《莒县深化清理整治河湖"四乱"专项行动实施方案》《关于开展河湖污染源排查工作的通知》,创新实施保障、督查、考核、培训、攻坚"五项机制",有力地推动了全县河湖长制工作落地落实,有关经验被《人民日报》、省水利厅山东河长制等推广。五是开展沭河夏庄达标攻坚行动。针对沭河水质超标情况,由县政府主要领导带队,通过"大排查、快行动、严整治"的方式对全县涉水企业、沭河干支流开展 24 小时不间断排查整治,严厉打击恶意排放污水行为,消除水环境污染隐患。

2.加强畜禽养殖污染整治

全面开展肉鸭、生猪养殖污染整治工作,普遍推广发酵床、沼气工程等。2017 年以来莒县按照《莒县畜禽养殖"三区"划定方案》要求,禁止在饮用水水源地一级保护区内从事牧业活动。对沿河乡镇街道畜禽养殖情况进行溯源排查,加大畜禽养殖污染治理力度,严格按要求落实整改措施,对畜禽养殖整改不到位的一律予以取缔,确保畜禽养殖废水零排放。二级保护区内规模化养殖场全部关闭。准保护区内所有规模化养殖场应建设完善、规范

的畜禽粪便(尿)治理及综合利用设施,污染物不得直接排放,养殖场要逐步搬离保护区。全县各乡镇街道根据《莒县畜禽养殖"三区"划定方案》规定对辖区内禁养区内的养殖场(户)进行拆除取缔。截至2021年7月,全县共关停2700余家养殖场(户)。

3.实施污水处理提标改造

扎实做好沭河水污染防治工作,改善沭河水环境质量。根据《莒县水污染防治行动计划实施方案》《莒县全面实行河长制实施方案》《莒县水污染防治控制单元达标方案》等文件要求,2018年县政府印发《莒县沭河道口断面达标工作实施方案》,实现全县涉水直排企业排放标准均低于国控断面监测指标(化学需氧量≤30 mg/L、氨氮≤1.5 mg/L),避免对接纳水体造成影响。2021年1~10月的沭河水质和2015年相比,化学需氧量改善率为22%,氨氮改善率为81%。

三、重要启示:让"三生三美"人间正道"生生不息"、越行越宽

从以实施"拥河发展"战略为突破口到"拥河发展"雏形基本形成,自2018年以来,"拥河发展"创造了一条河流、一座县城、一个县域高质量发展的"莒县速度"。一是生产上产业成规模。从全局出发,因地制宜地规划现代农业、文化旅游、生态环保、休闲康养等沿河绿色产业,形成上游抓生态、中上游抓现代农业、中游抓文化、下游抓创新、上中下游联动的"产业拥河"布局。青峰岭先行区成功创建"沭水青峯"区域公共品牌,建设完成"沭水青峰"酒庄一期110亩葡萄基地,绿色生态经济板块和湖区产业体系初具规模。招贤镇曲坊现代农业产业园产业体系框架基本建成。沿河"拥河发展"43个重点项目建设如火如荼。沭河水资源和旅游产业深度结合,以生态产业、美丽乡村为主的新业态初显效益。二是生态上环境大改观。总投资5.07亿元的沭河上游堤防加固工程治理范围自沭河莒南界至洛河章庄桥,治理河段总长57.98公里。这为打造水清、岸绿、河畅、景美的生态沭河提供了有力保障,沭河国家湿地公园已成为莒县人民休闲、健身、创业的首选地。沭河综合治理提升改造工程新建桥梁6座、改建1座、扩建1座,路面加宽、硬化94.5公里,新建立交4座、绕行道路4处。一个近10座桥、近百公里的滨河绿道和近千平方公里的乡村振兴、生态文明、新型城镇示范带徐徐绘就。三是生活上家园更美好。莒县创新提出"一河两城、拥河发展""老城做

文化、新城现代化、乡镇特色化"的城乡融合发展思路。"十三五"期间,县城建成区面积从 31 平方公里拓展到 55 平方公里,城区人口由 18.5 万增长到 33 万,常住人口城镇化率提高 11 个百分点,城乡面貌焕然一新。2020 年全省群众满意度调查中,莒县在全省列第 14 位。这些成效的取得有赖于正确的工作思路、有力的推进机制以及强大的执行能力。

(一)坚持规划引领,明确发展梯次

坚持以人为本、尊重自然、传承历史、绿色低碳的理念,增强规划的前瞻性、严肃性和连续性,实现"拥河发展"一张蓝图干到底。根据《莒县"拥河发展"行动规划》,莒县以沭河流域生态保护和高质量发展为突破口,把沭河流域打造成山清水秀的生态文明建设示范区、创新驱动发展的新旧动能转换示范区、宜业宜居宜游的乡村振兴战略示范区,形成"一带六区"(乡村振兴生态产业带,林水"会战"生态区、现代农业产业区、振兴工业聚集区、城市中央活力区、文化旅游景观区、美丽乡村宜居区)的发展格局,构建起"生态产业化、产业生态化"的生态拥河、产业拥河、文化拥河、旅游拥河发展体系。

(二)统筹保护和发展,提升发展质量

深入贯彻落实习近平生态文明思想,规划出台《沭河保护管理办法》,通过建立沭河及两岸区域生态环境共治和生态保护补偿、岸线保护、生态修复等制度全面加强沭河流域生态环境保护,改善生态环境质量。准确把握沭河的保护和利用、乡村振兴和生态建设的关系,坚持保护优先、生态优先、绿色发展,在保护中合理利用、科学利用。统筹山水林田湖草系统治理,构筑"一河碧水、两岸秀色、天蓝地绿"沭河流域生态格局。统筹区域产业发展、文化建设、社会建设、人居建设,完善城乡发展格局和功能布局,提升莒县经济社会发展和生态环境质量。

(三)打造"一盘棋"格局,凝聚发展合力

"拥河发展"事关全县发展大局,在推进过程中,各部门树立"一盘棋"思想,相互配合、形成合力。健全统筹推进机制,坚持统分结合,按照"统一规划、统一重大基础设施建设、统一重大产业布局,分别筹资、分别建设、分别营运"原则,建立健全县和各乡镇街道联动机制,落实目标责任制。强化大局意识和全局观念,加强区域合作,制定重点区域规划,提出相关的配套政

策措施,提高办事效率,形成推进"拥河发展"的强大合力。

(四)狠抓重点项目,增强发展韧劲

坚持以项目为抓手,推进项目目标化、目标责任化、责任考核化,明确路线图、时间表和责任制。结合乡村振兴战略规划,围绕生态优化、功能提升、产业转型规划实施一批重大生态保护项目、公共文化服务项目、交通基础设施项目和产业项目,带动沭河两岸重点区块和重大平台建设。坚持领导包联制,加大协调和考核力度,及时解决项目建设过程中出现的各类问题。项目之间布点连线,这样带动全流域生态保护和高质量发展就有了抓手,最终形成全流域鲜活生动的发展局面。

中共莒县县委党校课题组负责人:解剑波
课题组成员:倪守敏　李晓云

创新提升"诸城模式" 文化助力乡村振兴

——以蔡家沟古老村落的华丽蜕变为例

诸城是农业产业化经营的发端地,创造了乡村振兴"诸城模式"。习近平总书记对"诸城模式"的充分肯定和高度评价,激励着全市上下再造优势、再创辉煌。在创新升级"诸城模式"、争创乡村振兴齐鲁样板的新征程中,诸城市坚持结合县域各地经济状况、地域特点、民俗风情等研究规划并出台了一系列政策措施,各地涌现出了一大批因地制宜、各具特色、各有优势、各展活力的乡村振兴典型案例。南湖区蔡家沟村通过乡村和艺术的深度融合,以文化人拔穷根、以文旅融合促发展,推动乡村全面振兴,将一个闭塞落后的小自然村发展成为集文创旅游、社会服务、艺术创作、学术研讨等功能于一体的特色艺术试验场,实现了古老村落的华丽蜕变。

一、蔡家沟的变迁

诸城市南湖生态经济发展区蔡家沟村地处诸城南部、西临常山,只有一些山岭薄地,没有灌溉、机耕条件,庄稼也没有什么收成。以前交通闭塞,村里没有产业,截至 2017 年春节,原来的 150 户已经剩下了不足 80 户,大部分年轻人都进城安了家,剩下的老人当中 80 岁以上的就有 36 位,蔡家沟成了名副其实的"空心村"。地处偏僻使蔡家沟远离城市的喧嚣,最大限度地保持了原汁原味的古朴风貌,灰墙土瓦之间尽显素雅。

源于对古朴、自然、独特的乡愁文化的痴迷,从 2017 年 12 月开始,7 位来自潍坊的本土农民画家入驻村庄,打造艺术试验场,以艺术之美重塑古朴村落文化之源。原本一个人迹罕至的古朴村落,却随着一批农民画家的入驻而迎来了大批游客,蔡家沟萌动着变化。

乡村振兴给蔡家沟插上了腾飞的翅膀。在诸城市委、市政府和南湖区政府的指导下,蔡家沟以乡村振兴战略为指引,深入挖掘自身特色资源,一场文旅融合乡村振兴的试验迅速展开。本着"以政府为主导、以农民为主体、艺术家入驻"的原则,一方面,政府大力投入资金改善村内基础设施、硬化道路、整修小巷、绿化街道、改建和修缮废旧的房屋,破旧的村貌发生了翻天覆地的变化;另一方面,邀请多位本土艺术家返乡,为蔡家沟注入艺术灵魂,开启艺术家和老百姓融合、画风和民风融合、艺术和乡情融合、艺术点燃乡村的魔力之旅。张破是首批入驻蔡家沟的艺术家之一,在他的带动下,北京、上海、广州等地的首批10余位艺术家来到这里,从事摄影、雕塑、音乐创作、文艺创作等。搭建起了诸城南部山区农民增收致富的平台,打造出了乡村振兴新引擎。2018年8月17日,全省乡村振兴暨扶贫攻坚现场会期间,时任省长龚正来诸城蔡家沟村检查指导乡村振兴和扶贫攻坚工作,对蔡家沟村探索打造艺术试验场、大力发展乡村旅游的做法给予高度评价,当即决定把蔡家沟村作为自己的工作联系点。2019年8月蔡家沟所在的环常山社区被确定为全省乡村振兴示范区,9月蔡家沟成为全省美丽乡村示范村。

蔡家沟艺术试验场秉持"艺术家农民化、农民艺术家化、艺术生活化、生活艺术化"的理念,一方面,艺术家驻村,深度融入本地,虚心求教农民,汲取乡村养料,挖掘创作源泉,开创新的艺术价值;另一方面,让农民深度、广泛地参与艺术创作,真切地体会艺术。将文化、旅游、产业合而为一,生产、生活、生态融为一体,大力传承乡土文化,重塑乡村精神,推动乡村振兴,激活乡村再生能力,积极开发建设集乡村文旅开发、艺术创作消费、文创产品展销、乡村文化活化传承等多功能、高品质于一体的旅游目的地,努力打造全国知名的文化旅游品牌。

截至2019年底,蔡家沟已投资近1亿元建成艺术家工作室、图书馆、美术馆、公共空间、乡村记忆馆、百工传习馆、古琴馆、乡村民宿、乡味餐厅等场馆20余处。举办画展、摄影展、创意市集、跨年艺术周、乡村艺术节、仲夏夜之约音乐会等活动20余场,邀请海内外知名艺术家举办艺术展览、艺术交流等活动10余次,同时培养出蔡家沟本村农民艺术家10余位。来蔡家沟常住的国内外知名画家、摄影师、影视艺术家、艺术设计师、琴艺师等有30余人,在这小小的山乡村落里各类精美的艺术作品不断问世,每日余音绕梁、游人如织。蔡家沟正在打造集产业发展、社区服务、艺术创作、学术研讨等功能于一体的乡村振兴新版图,较好地实现了辐射带动环常山旅游文化发展,打造了乡村旅游发展新格局,搭建了诸城南部山区农民增收致富平台。

二、蔡家沟的实践

蔡家沟艺术试验场是国内首创的由政府主导、艺术支撑、艺术家驻地发起、农民全程参与的乡村艺术试验场。政府大胆探索、创新思路,以人才招引为突破口,实现艺术家和农民、艺术和乡村的两极碰撞,坚持文化引领,推动产业融合,助力乡村振兴。

(一)依托自然美,让山村"靓"起来

恢复蔡家沟一带的自然生态,初步实现区域内生态平衡和元素循环。一方面,政府加大扶持力度,投入财政资金 1000 多万元改善村内基础设施,引入社会工商资本 2000 多万元下乡改善村居环境。引领村民就地取材,用本地石材、木材改造各家门前的面貌。在保持村庄原貌的基础上对路面进行改造,主要道路铺设柏油路,村内道路以石板路为主,同时对下水道、排水沟等进行全面整改,硬化道路 1.2 万平方米,整修背街小巷 20 余条,绿化街道 3000 平方米,治理河道 1200 米。开展以硬化、绿化、美化、亮化、净化和连村路畅通为重点的"五化一通"工程,通过苗木、花卉的交叉栽植并用艺术装置、指示牌、墙绘等装饰扮美村庄环境。推行"厕所革命",全村采用水冲式直进污水管道进行改厕,投入 20 万元新建高标准公共厕所 2 处,促进了农村生态文明建设。投资 160 万元新建污水处理厂一座,实行污水集中处理。进行电力、通信改造,对村内老旧的电表电线、低矮电线、通信线路等进行全面整改,杜绝安全隐患,提升村内形象。

实施"彩虹计划",村落的大街小巷,充满趣味和个性化的艺术创作随处可见。古朴的墙头有着五颜六色的涂鸦画,如憨态可掬的老牛、农妇拾穗、3D 南瓜破墙而出、海豚跳出水面……50 多幅绘画和墙体艺术作品跳跃在墙面上,带来浓郁的艺术气息,古老的乡村建筑和充满现代气息的艺术创作交织在一起,营造出浓厚的人文气息。

为使保护人居环境和项目建设协同发展,南湖区成立了蔡家沟艺术试验场指挥部等服务机构,1 名科级干部常驻蔡家沟,其和社区干部一道为保护人居环境、项目建设和驻村艺术家提供服务。鼓励村民保留自家的老砖老瓦、原有的竹木、旧磨盘、老门窗、废瓦罐等,还原原生态的乡村环境,打通

人居环境保护"最后一公里"。加大传统文化和环境保护经费投入,安装人工鸟巢600个,形成良好的生态氛围。同时为使游客更便捷地使用网络设备,与电信、移动等网络公司多次协商沟通,对蔡家沟及周边区域进行网络能力提升、无线网络提质、光网提质、智能支撑能力提升等网络保障计划,实现村落及环常山周边设施网络全覆盖,全力打造生态宜居典范。

(二)打造现代美,让群众"富"起来

首先,考虑完善产业发展功能要素。先后建起了艺术酒吧、小剧场舞台、乡味餐厅、乡村民宿、乡村面包坊、环常山小火车、乡村图书馆等。其次,考虑怎样使农民增收。因地制宜地创办百工传习所,针对当下村庄老龄化、空心化的实际状况,让中老年人有事可做,包括一些产品前期粗加工的工作,在传承传统古法工艺的同时让中老年人实现再就业。培养本土农民成为手艺人、守艺人、创意人。将艺术植入各类手工艺制作,做强做优剪纸、黑陶、柳编等10余类非遗传承项目,实现"家家有一技之长、户户有一门营生"。最后,创造乡村发展盈利点。创办蔡家沟创意市集,包含展览、展售和交流,既搭建起蔡家沟文创产业发展平台,又能满足游客的购物需求。广泛挖掘和收集民间手工艺精品在蔡家沟美术馆进行展示,并和国外艺术展馆合作举办跨国展览,以展促游。文化旅游产业的发展带活了农事体验和田园采摘以及乡村食宿产业的发展。蔡家沟1130亩土地被流转出去,农民获得每亩800元的土地租金,仅此一项户均年增收3500元。除此之外,农民在周边农场、田园综合体打工,又获得一笔不菲的收入。村民的腰包慢慢鼓起来,许多外出打工的年轻人也陆续返村,在自家门口开起了小酒馆、小饭馆和乡村民宿。

(三)注重个性美,让特色"显"出来

蔡家沟借助常山乡村振兴齐鲁样板示范区打造的有利时机,积极招引万兴集团建设苹果乐园田园综合体。该项目投资2亿元、占地6000亩。建立健全利益联结机制,村里成立土地股份合作社,村民以土地入股,可优先到园区打工,获得"保底分红+工资"的双份收入。以前靠天吃饭的山岭薄地变成了旱涝保收、参与分红的"股份田"。吸引返乡创业农民工近百人,人均年增收2万元,全村居民年收入从不足1万元提高到2万元,村级集体经济收入达到20多万元。

依托苹果乐园、永辉农场等 6 处生态采摘园共 11000 亩,设计开展农民丰收节、农民运动会等活动。开设东坡酒馆、榆生火锅、东坡书吧等,研发制作蔡家沟野菜宴、传承制作煎饼、酿制美酒。举办寻找乡间味道美食节活动,发掘蔡家沟一带的传统美食。利用废弃物、经济作物和自然资源创作艺术衍生品,将艺术植入各类手工艺制作,并邀请广大村民共同参与,做大、做强蔡家沟文化产业。

以艺术为主轴,在产业设计、环境打造、文化创作、乡村文化旅游产品打造等方面推动乡村文化旅游发展,形成综合、多元的艺术旅游试验场形态。建立蔡家沟及周边村民广泛参与的大众文化创作输出机制,带动部分村民参与形成以蔡家沟人为主体的创作群体,形成包括农民画、农民摄影、农民电影、乡村戏剧、微视频、原创手工艺、乡村文学等多元繁荣的区域文化旅游产业局面。截至目前,来自北京、上海、广州等地从事摄影、雕塑、绘画、音乐等职业的艺术家 30 多人相聚于此,他们举办的画展、跨年艺术周、乡村艺术节等活动吸引了众多艺术爱好者前来旅游体验。目前来看,每年来村旅游人数能够达到 30 万人次,游客亲身体验到"食甘其味、居安其寝、行安其道、游乐其景、活乐其心"的新乡村生活方式。

目前已先后建成艺术家工作室、公共空间、韩三明电影工作室、图书馆、古琴馆、农民画舫、美食一条街等,多次举办画展、跨年艺术周、乡村艺术节等活动,吸引农民艺术爱好者参与。

同时,闲置的房屋改造后租赁出去,引导扶持村民特别是贫困群众发展民宿旅游,全面提升村庄内涵品质。对闲置房屋分 3 个类别进行改造提升,贫困群众精心打造"美丽庭院",形成一家一品,传承历史脉络。

(四)构筑整体美,让活力"进"出来

蔡家沟将艺术植入乡村文化旅游的模式成为其可持续发展的活水,同时以蔡家沟为核心带动了周边地区的生态旅游、民宿餐饮、娱乐配套服务的发展,形成了环常山特色旅游带。蔡家沟艺术试验场率先建成了第一间真正意义上的民宿和餐厅,打造了第一间艺术画廊酒吧并起到示范作用,带活了金查理小镇、苹果乐园、东方田园、永辉农场、海洋馆等多个旅游景点,带动了东山坡餐饮、西山坡艾灸、东皇庄国学、沈家沟国画、小展村年画、李家庄子石雕等的发展。以"文化自信"为灵魂打造蔡家沟文旅融合振兴乡村的文化艺术综合试验场,构建了集产业发展、社区服务、艺术创作、学术研讨等

多功能于一体的乡村振兴艺术乡建新模式。

三、蔡家沟的启示

蔡家沟开启的文旅融合振兴乡村的试验场,是政府、艺术家和农民一起打造的新时代乡村振兴"诸城模式"的新版图,为诸城南部山区的发展迎来新的曙光。蔡家沟通过文旅产业带动一、二、三产业融合发展的实践是落实习近平总书记重要指示的生动案例,为广大农村实施乡村振兴战略提供了有益的启示。

(一)高点谋划出路子

蔡家沟的成功得益于党委和政府的高点谋划。一方面,对村庄及周边进行整体设计规划,主要规划了"一核三园一带":"一核"即蔡家沟艺术试验场,"三园"即绿色大农园、文化大观园、旅游大乐园,"一带"即环常山景观带。另一方面,制定产业发展规划。立足蔡家沟实际,开发了乡情寻根游、快乐亲子游、多彩研学游、温馨家庭游、乡野旅居游、田园观光游、农耕体验游、文化创意游、登山休闲游等多条文化旅游线路。依托蔡家沟一带的传统文化和手工艺研发了民俗手工艺品、休闲农业旅游购物品、特色农副产品、乡村活动用品等乡村文化旅游购物商品。

(二)立足长远赚票子

深入挖掘蔡家沟的资源禀赋,吸引工商资本下乡发展特色产业,实行公司化运营,培育、做强乡村文化旅游新业态,让村庄具备持续盈利的能力。主要盈利模式为"1+4",即一个平台、四轮驱动:一个平台是指蔡家沟艺术旅游试验场,四轮驱动分别指参与效应、围观效应、媒体效应和延展效应。蔡家沟走出了一条村庄吸引游客、媒体扩大宣传、游客前来消费、村民服务游客、消费拉动发展的良性循环之路。

(三)以点带面扩圈子

诸城市委、市政府认真总结蔡家沟的实践和经验做法,在南湖区和皇华镇等周边山区镇(区)认真加以推广,一方面通过蔡家沟带动周边村庄加快发展,另一方面借鉴经验让更多的村庄实现振兴。对于所有乡村文化旅游项目,文化和旅游局都安排专人包靠,在策划筹备、项目启动、设施建设、产业发展等方面全面提供专业化服务。邀请浙江大学、南京大学、山东大学等高校文化旅游专家十余人不定期来诸城指导。每年组织举办文化旅游培训班,提高乡村文化旅游项目管理运营水平,让更多的农村通过文化旅游业走上振兴之路。

蔡家沟的蜕变是常山乡村振兴齐鲁样板示范区近年来发展的缩影。以文化引领乡村振兴、将艺术植入乡土、通过文化扶贫来实现脱贫的模式已在常山生根开花。按照片区化发展的思路,根据自然禀赋、产业特点、区位交通等基础产业和开发潜力,诸城市打破行政区域界限,高起点制定片区规划、高标准绘就发展蓝图,着力实现农业增效、农村增美、农民增收,打造园区、社区、景区融合发展新格局。截至2021年底,示范区内有1个国家级农林科技孵化器、1个国家级农民合作社示范社、1个省级乡村振兴"十百千"示范社区、3个省级美丽乡村、2个市级美丽乡村、1个市级田园综合体、5家市级龙头企业。诸城市依托常山的历史文化、自然生态等优势打造常山乡村振兴示范区,大力推动产业发展,强力招商引资,推进农业和旅游、文化、健康养老等产业深度融合,带动了整个常山片区的发展,引领了诸城传承乡土文化、文旅融合发展、赋能乡村振兴。

中共诸城市委党校课题组负责人:张茂辉
课题组成员:于秀芳　张建春　孙桂财

第 六 编

黄河流域城乡发展新格局和
黄河文化研究

以人为核心、城乡融合、内涵式发展，开启新型城镇化建设的新征程

——以威海市新型城镇化建设为例

党的十八大以来，威海在"全域城市化、市域一体化"发展战略的指引下，围绕城镇化率这一指标不断探索城镇化发展之路。截至 2020 年，全市城镇化率达到 60.72%，威海城镇化建设达到新的高度。但是，新"成绩"和 2013 年全市城市化工作会议确立的"到 2020 年，常住人口城市化率达到 70%以上，户籍人口城市化率达到 68%以上"的定量指标相比还存在较大的差距，这也对新时期威海进行城镇化建设提出了新的要求。新时期，威海的新型城镇化发展之路应立足现实、厘清方位，以人的城镇化为核心，坚持常住人口和户籍人口的城镇化率并重，以常住人口的城镇化率为重点；坚持就地城市化和异地城市化并重，以就地城市化为重点；坚持统筹谋划和落实推进并重，以落实推进为重点。围绕公共服务均等化、优质化，城乡居民生产生活条件显著改善，坚持统筹谋划、重点推进、城乡融合、内涵式发展，实现威海由"最适合人类居住的城市"向"最适合人类居住的生态、人文城市"迈进，开创"精致城市·幸福威海"建设新局面。

自威海市第十四次党代会确立了"全域城市化、市域一体化"发展战略，尤其是 2013 年 7 月全市城市化工作会议以来，威海市以全域城市化为主要特征的新型城镇化进程稳步推进。

一、威海市城镇化的人口指标分析

2020 年，全市常住人口为 2906548 人，其中，居住在城镇的人口为

2040910 人,占常住人口的 70.22%①;分别高出全国(63.89%②)、全省(63.05%③)6.33 个和 7.17 个百分点。全市户籍人口 256.61 万人,户籍人口的城镇化率为 60.72%。④ 威海城镇化达到了新的高度。

但是,如前文所述,这与 2013 年全市城市化工作会议确立的"到 2020年,常住人口城市化率达到 70%以上,户籍人口城市化率达到 68%以上"的定量指标相比还存在较大的差距,对新时期进行城镇化建设提出了新的要求。

针对上述情况,我们以《威海市第七次全国人口普查公报》所采用的统计口径及公布的数据为基础,通过计算得出了 2020 年威海市常住人口情况(见表 1),以便于更清晰地了解威海城镇化情况。

表 1　2020 年威海市常住人口情况

常住人口　290.65 万人			
人户合一的户籍人口	离威不满半年或在境外工作学习的户籍人口	人户分离人口	
		市辖区内人户分离人口	市辖区外人户分离人口(流动人口)
185.56 万人		16.58 万人	88.51 万人
户籍人口 202.14 万人			

说明:

1.本表的计算口径,以及"常住人口""人户分离人口""市辖区内人户分离人口""市辖区外人户分离人口(流动人口)"中的数据均来源于《威海市第七次全国人口普查公报》。

2.常住人口包括:居住在本乡镇街道且户口在本乡镇街道或户口待定的人,居住在本乡镇街道且离开户口登记地所在的乡镇街道半年以上的人,户口在本乡镇街道且外出不满半年或在境外工作、学习的人。

3.人户合一的户籍人口是指"常住人口"中居住在本乡镇街道且户口在本乡镇街道或户口待定的人。

---

① 资料来源:《威海市第七次全国人口普查公报》。
② 资料来源:第七次全国人口普查数据。
③ 资料来源:《山东省第七次全国人口普查公报(第六号)》。
④ 资料来源:《2020 年威海市国民经济和社会发展统计公报》。

4.人户分离人口是指居住地和户口登记地所在的乡镇街道不一致且离开户口登记地半年以上的人口。

5.市辖区内人户分离人口是指一个直辖市或地级市所辖的区内和区与区之间,居住地和户口登记地不在同一乡镇街道的人口。

6.流动人口是指人户分离人口中扣除市辖区内人户分离人口的人口。

7.户籍人口为计算数据,计算方法为:户籍人口 = 常住人口—人户分离人口+市辖区内人户分离人口。

由表1可以看出,2020年,在全市域内的常住人口中,有威海户籍或户籍待定的人口为202.14万人,占比为69.55%。无威海户籍的人口为88.51万人,占比为30.45%。换言之,威海的常住人口中有30.45%是从威海市域以外来威海居住且超过半年以上的人口。

事实上,囿于统计口径,即《威海市第七次全国人口普查公报》是以户籍和居住是否超过半年为统计依据的,因此,表1中所呈现的全市常住人口,既非"现实生活中常年在威海居住的人口",也非"在威海居住人口的实际数量"。如果将现行的统计口径和现实情况相结合,在某一时间内或某一时间点,在威海实际居住的人口可能多于或者少于290.65万人。这部分人口中,有的是具有威海户籍但在威海市域外居住不满半年的;有的是没有威海户籍但在威海居住不满半年的(这部分人并未被纳入威海常住人口的统计范围)。所以,事实上居住在威海的非威海户籍人口可能多于甚至远远多于88.51万人。

基于上述判断,依据表1以及《2020年威海市国民经济和社会发展统计公报》的统计口径和数据,通过计算得出了2020年威海市户籍人口情况表(见表2)。

表2 2020年威海市户籍人口情况

户籍人口 256.61万人			
人户合一的户籍人口	离威不满半年或在境外工作、学习的户籍人口	市辖区内人户分离人口	离威半年以上的户籍人口
185.56万人		16.58万人	54.47万人

说明：

　　1.本表的计算口径以及"人户合一的户籍人口""离威不满半年或在境外工作、学习的户籍人口""市辖区内人户分离人口"中的数据均来源于表1。

　　2.本表的"户籍人口"的数据来源于《2020年威海市国民经济和社会发展统计公报》,其统计口径来源于市公安机关,即户籍人口是指在公安户籍网上有威海户籍的人口。

　　3.本表的"离威半年以上的户籍人口"为计算数据,计算方法为:离威半年以上的户籍人口＝户籍人口－人户合一的户籍人口－离威不满半年或在境外工作、学习的户籍人口－市辖区内人户分离人口。

　　综合分析表1和表2可以看出,由于统计口径的不同,威海的户籍人口数量出现了54.47万人的"差额"。我们分析认为,这部分人口应属于对威海的户籍城镇化率指标没有贡献的户籍人口。

　　由表2可知,威海256.61万的户籍人口中,存在着54.47万虽然保留户籍但不在威海居住的人口(又称"流出人口")。同时,又存在着88.51万户籍不在威海但在威海居住的人口(又称"流入人口")。因此,对威海而言,关注常住人口的城镇化率指标并以该指标为基础谋划威海未来新型城镇化的发展之路更具有现实价值。

二、威海市城镇化率的实现路径分析

　　党的十八大以来,威海在"全域城市化、市域一体化"发展战略的指引下,围绕城镇化率这一指标走出了一条"异地城市化"和"就地城市化"并举的城镇化发展之路。

(一)异地城市化

　　异地城市化又称为"人口的城镇化",主要是通过农村人口向城镇的流动和集中而实现城市化,既包括市域内人口的流动和集中,也包括市域外人口向威海域内的流动和集中。

　　基于上述界定,结合表1和表2,威海常住人口的"异地城市化"过程主要表现为"人户分离人口"即"市辖区内人户分离人口"和"市辖区外人户分离人口(流动人口)"数量的变化。其中,"市辖区内人户分离人口"16.58万人属于域内户籍人口的异地城市化，"市辖区外人户分离人口（流动人口）"88.51万人属于域外来威人口的异地城市化。①

在此，需要特别说明的是：由于2010年开展的第六次全国人口普查工作没有对"人户分离人口"进行统计，缺少必要的比较基数，因此无法对威海市自第六次全国人口普查以来的异地城市化人口情况作进一步的分析。

（二）就地城市化

就地城市化又称为"户籍城镇化""土地城镇化"，是和异地城市化相对应的，主要是指农村人口不离开户籍登记地的乡镇，而是随着户籍登记地的城乡属性的改变即由原来的农村变更为城镇，从而这部分农村人口转变成城镇人口。

根据2008年国务院批复的国家统计局与民政部、住房城乡建设部、公安部等部门共同制定的《统计上划分城乡的规定》，将民政部门确认的居民委员会和村民委员会作为城乡最小的划分单元。城镇人口主要包括：一是城市街道办事处所辖的居民委员会地域内的全部人口，城市公共设施、居住设施等连接到的其他居民委员会区域和村民委员会地域内的全部人口。二是镇所辖的居民委员会地域全部人口，镇的公共设施、居住设施等连接到的村民委员会地域内全部人口。三是与政府驻地的公共设施、居住设施等不连接，常住人口在3000人以上的独立的开发区、大专院校等特殊区域内全部人口。

按此划分标准，威海市2012～2019年的城乡单元变化情况如表3所示。

表3　威海市2012～2019年的城乡单元变化情况

年份	镇/个	村委会/个	街道办事处/个	居委会/个
2012	49	2513	22	398
2013	48	2512	24	405
2014	48	2496	24	425
2015	48	2496	24	428
2016	48	2494	24	432
2017	48	2462	24	429

---

①　尽管这些人口中不排除部分人口居住在威海农村的可能，但由于缺少必要的数据并且根据人口流动的总体趋势，本课题组分析得出的该结论仅供参考。

年份	镇/个	村委会/个	街道办事处/个	居委会/个
2018	48	2451	23	430
2019	48	2425	24	323

从表3可以看出,自2012年以来,威海市的建制镇和街道办事处的数量基本未变,全市居民委员会的数量增幅较大。① 与此相对应,村委会的数量则在逐年减少,缩减总量达88个。这基本可以说明,威海城市户籍人口数量的绝对增加主要源于就地城市化。

另外,从威海市域内人口户籍属性的变化情况看,与城市户籍人口数量的增加相对应的是农村户籍人口的减少。② 基于此,本课题组结合2012年以来的威海统计年鉴及公报得出了威海市2012~2019年的人口变化情况(见表4)。

表4　威海市2012~2019年的人口变化情况

年份	常住人口		户籍人口			
	数量/万人	城镇化率/%	数量/万人	非农业人口/万人	农业人口/万人	城镇化率/%
2012	279.75	59.25	253.57	130.25	123.32	51.37
2013	280.56	60.31	253.75	130.89	122.86	51.58
2014	280.92	61.31	254.75	140.74	114.01	55.25
2015	280.53	63.16	254.75	142.72	112.03	56.02
2016	281.93	65.00	255.86	146.58	109.28	57.29
2017	282.56	66.46	255.73	149.60	106.13	58.50
2018	283.00	67.81	256.54	153.14	103.40	59.69
2019	283.60	68.72	257.01	154.52	102.49	60.12

从表4可以看出,从2012年到2019年,威海市的农业人口减少了20.83万人。如果不考虑人口的自然增减以及因户口迁移而产生的人口增减等因素,农业户籍人口减少的数量可以被视为因就地城市化而转移为城镇居民

① 2019年威海市居委会数量减少主要是城市社区合并所导致的。
② 农村户籍人口的减少也不排除其他比如死亡、迁出威海等原因。

人口的数量,即 20 万人左右,大于表 1 中"市辖区内人户分离人口"①数
(16.58 万人)。于是再次得出威海城镇化以就地城市化为主的结论。

三、威海市城镇化建设的重点工作和成效

自 2014 年威海入选国家新型城镇化综合试点以后,特别是 2018 年 6 月
习近平总书记视察威海时作出了"威海要向精致城市方向发展"②的重要指
示以来,为落实习近平总书记的重要指示精神,围绕提高新型城镇化质量,
统筹推动城乡融合发展,写好农业转移人口市民化"下半篇"文章,威海市又
迈出了坚实的步伐。

(一)构建城乡规划体系,统筹谋划新型城镇化发展空间

坚持城乡空间结构一体塑造,构建以城区为核心、以沿海城镇带为重
点、美丽乡村示范带环绕分布的城乡融合空间体系。一是加大市级统筹力
度。先后出台了 12 个促进城乡融合发展的政策文件,对于市域内事关城乡
融合发展的重点区域、重点镇、重点示范村的布局规划和重大产业、基础设
施、公共服务设施项目的选址等,由市级统一进行审查。二是打造沿海特色
城镇带。统筹考虑城乡融合发展需要,在全市布局了 6 大重点区域。通过这
些重点区域和城区将沿海 26 个小城镇串联成带,目前已培育 2 个国家级特
色小镇、6 个省级特色小镇、1 个省级新生小城市试点、3 个省级重点示范镇、
7 个镇入选"全国综合实力千强镇"。三是一体化布局重点乡村。编制了
《威海市域乡村建设规划》,在全市规划了海景线、山景线、红色旅游线和环
城带"三线一环"美丽乡村示范带,通过财政奖补资金引导城市要素向乡村
集聚。

(二)推进城乡要素融合,促进农业转移人口全面融入城市

持续推进户籍制度改革,不断建立健全城乡要素平等交换、双向流动的
政策体系。一是放开农业转移人口落户限制。明确没有法定事由,任何组
织和个人不得违法调整农户承包地,不得以退出土地承包权作为农民进城

---

① 本课题组认为,"市辖区内人户分离人口"中包含市内因进城生活或工作等所形成的威海市
农业户籍人口。
② 周人杰:《读懂精致城市发展的"辩证法"——山东省威海市推进城市治理现代化的实践探
索》,2022 年 3 月 2 日,http://sd.people.com.cn/n2/2022/0302/c166188-35157018.html。

落户的条件,农民户口迁移后继续享有农村土地承包经营权及其他经济权益。二是激励引导城市人才入乡。对毕业5年内的高校毕业生和本市户籍登记失业人员建立家庭农场、专业合作社等新型农业经营主体并经过工商登记的,给予租赁补贴和创业补贴。三是推动农村土地有序流转。组织文登区申报全国第二轮土地承包到期后再延长30年先行试点,试点方案已通过省厅审核并报农业农村部核准。引导农村土地有序流转,累计流转土地总面积113万亩,占农村家庭承包耕地总面积的56%,其中规模流转面积95万亩,占流转面积的84%。

(三)推进公共服务融合,持续提升新型城镇化发展水平

坚持以"同城同待遇"为目标,着力破除市民化体制障碍。一是推动义务教育优质均衡发展。探索建立中小学片区一体化、城乡联片学区、城乡教育共同体等城乡学校合作发展模式,保证城乡学生接受公平的教育,实现全国义务教育发展基本均衡县"满堂红"。二是统筹提升就业创业能力。全市城乡社区全部设立了人力资源社会保障服务站,整体实现了基层公共就业服务平台网络全覆盖。三是统筹提高社会保障水平。实行城乡统一的居民基本养老和医疗保险制度,将企业职工五险、居民基本养老和医疗保险纳入市级统筹范围。

(四)加快城乡基础设施建设,全面强化新型城镇化发展支撑

打破行政区域限制,加快城乡基础设施一体化建设,推进基础设施向农村延伸。一是构建综合交通运输体系。全面实施"公路升级、铁路提速、港口搬迁、机场扩建"等工程,高速公路通达所有区市,所有行政村实现"村村通"。荣成市被评为全国"四好农村路"示范县,文登区、乳山市被评为全省示范县。二是统筹推进农村改厕治污。累计实施农村改厕41.7万户,市域实现改厕全覆盖目标。其中环翠区实现农村污水处理全覆盖,并被列为农村改厕提升省级试点。荣成市改厕治污经验被《人民日报》等国家媒体集中宣传报道。三是稳步推进农村供暖。编制《威海市农村供暖技术导则》,全市累计完成农村公共场所清洁供暖改造726处,新增农村清洁供暖用户16.5万户,到2022年底农村清洁取暖覆盖率可达45%。四是深入开展城乡生活垃圾分类工作。推动文登区垃圾焚烧厂建设,实现全域生活垃圾焚烧处理,在荣成市开展农村生活垃圾分类试点,制定了生活垃圾分类管理

办法和评分细则,在 143 个社区和 1866 个村推进生活垃圾分类,覆盖群众 69.9 万户。

(五)加快推进新型城镇化与城乡融合发展试验区建设工作

组织编制了《威海市文登区新型城镇化与新型城镇化城乡融合发展规划(2021~2035 年)》,联合筹建了威海市城乡融合发展集团有限公司,探索实施了首席专家制度,建立了镇级农业社会化服务中心和村级服务站,文登区基础设施一体化建设和公共服务均等化发展体制机制已初步形成。

四、威海市新型城镇化建设面临的主要问题

威海市新型城镇化的发展充分利用和发挥了国家和省、市多级政策叠加效应,集中破解了一些阻碍城市化进程的体制机制障碍和关键性问题,但依然面临着很多问题。

(一)人口质量问题

城镇化首先是人口转移的过程,是由农村人口向城镇人口转变的过程。因此,农业人口的数量和质量直接影响着城镇化的定量指标即城镇化率。从第七次全国人口普查数据看,威海市常住人口总量为 290.7 万人,仅多于东营市的 219.4 万人,位于山东省倒数第二。自第六次全国人口普查以来的 10 年间人口增量为 10.17 万人,位于全省倒数第三。与此同时,人口老龄化现象比较突出。在全市的常住人口中,60 岁及以上人口占比为 27.3%,人口老龄化程度处于山东省第一位,远高于全省 20.9% 的平均水平,高出第二位的淄博市 4.06 个百分点。由此带来的农村人口老龄化、农村空心化等问题必将影响农村人口向城镇转移的能力,从而制约城镇化水平的进一步提升。

(二)城乡差距问题

威海市地处东部沿海,经济相对比较发达,区域发展相对平衡。近年来,市委、市政府在推进城乡一体化发展、着力改善民生方面不遗余力,农村居民的生活水平、生活环境不断提高和改善,城乡差别逐步缩小(见表5)。

表5 2012~2020年威海市城乡收支情况对照表

年份	城市居民人均收支		农村居民人均收支		全日制就业劳动者月最低工资/元
	可支配收入/元	消费性支出/元	纯(可支配)收入/元	消费性支出/元	
2012	28630	18549	13962	7547	1240
2013	31442	20127	15582	8493	1380
2014	34254	22549	17296	9725	1500
2015	36336	23525	16313	9938	1600
2016	39363	25639	17573	10780	1710
2017	42703	27898	18963	11728	1810
2018	45896	29975	20423	12704	1910
2019	49044	31767	22171	13722	1910
2020	50424	31252	23351	13807	1910

注:自2015年起,农村居民的"纯收入"改为"可支配收入"。

从城镇就业的吸引力来看,以2020年为例,城镇就业劳动者的最低工资为22920元/年,而农村居民的人均纯收入为23351元/年。[①] 二者相比,农村居民可支配收入要高于城镇就业者的最低工资收入。从城乡居民的生活水平来看,城镇居民的人均结余为19172元/年,农村居民的人均结余为9544元/年,如果平均分配到每个月,差距也并不十分明显。

从全市域内基础设施建设和公共服务水平来看,随着道路和交通、学校和教育、医院和医疗、水电气暖、环卫等城乡一体化建设步伐的加快,农村居民所享受的公共服务和城市居民越来越接近。

如果再综合城乡间消费性支出的差别、不断增长的农村福利等因素,大部分的农村居民更愿意在离家较近的城镇生产和生活,目前甚至还不同程度地出现了"逆城市化"现象。

(三)城市承载能力问题

无论是新型城镇化还是城乡融合发展,其根本和核心都是人的城市化。而人的集中居住和生活必然受到城市承载能力的限制,这种承载能力首先表

① 资料来源:历年威海统计年鉴和公报。

现为资源的承载能力。威海是一个资源短缺型城市,特别是人均水资源占有量还不到全国的1/4,按国际标准测算,中心城市最多能容纳150万人。①

目前,包括环翠区、火炬高技术产业开发区、经济技术开发区在内的威海中心城区人口已达到了106.31万人。从2020年城市体检情况来看,居住区泊车、垃圾分类、社区卫生门诊分担率、高密度医院占比等属于预警项或者"城市病"。预计到2035年,威海市城镇化率能达到80%,城市人口增加30万人左右,城市基础设施和医疗、养老、教育等公共服务将随着人口饱和度的增加而面临着巨大的压力。

(四)体制机制问题

除上述因素外,影响城市化进程的更多的还是体制机制方面的问题。只有破除政策体制限制,才能让更多的居民充分享受到城市化带来的机会和便利,尤其是要让市域内更多居住在农村、直接从事农业生产的居民改变生产生活方式,并逐步实现"同城同待遇"。

从威海现有人口的户籍结构来看,仍然有88.51万的流动人口不具有威海户籍。这一数字的背后实际反映的是流动人口的落户意愿、户籍制度以及户籍的吸引力等导致流动人口愿不愿意落户、能不能落户的主客观因素。

从人口要素的流动情况看,城镇化进程更多的是强调人口从农村向城镇的单向流动,而从乡村振兴、城乡融合发展的角度看,更多的是强调人口等要素的双向流动。因此,要实现城乡融合发展,应当从政策、体制机制等方面打通城乡资源要素双向流动的渠道,尤其要改革和创新资源要素向农村流动的体制机制。

从提升城镇化质量水平来看,近年来,从中央到地方对农村投入了大量的人力、物力、财力,开展了大量的工作,在显著改善农村软硬环境的同时也不同程度地存在着公共服务投入和硬件投入不匹配的现象。同时,对于城市自身而言,随着时间的变迁,城市更新也成了其必须面对的问题。城市更新具有较强的公益性,盈利点少、回报期长,社会主体参与的积极性不高。以老旧小区改造为例,威海市2005年底前建成的老旧小区有633个,按照400~500元每平方米的改造标准,大约需要资金70亿元。目前,威海市实施的93个老旧小区改造项目,计划投资9.3亿元,国家补贴4.5亿元,其余全部由地方财政承担。如何既能保证改造标准,又能可持续推进,急需在体制机制上探索出可持续的城市更新路径。

---

① 2013年7月,孙述涛在威海全市城市化工作会议上的讲话中提出。

五、威海市新型城镇化建设的新路径

根据城镇化发展规律和发达国家的实践,当城镇化率达到50%时,城镇化进程将进入高速发展期,城镇化率到70%～80%时则进入平台期。基于此,威海市的新型城镇化应当在提升人口城镇化率的同时更加关注城市的内涵式发展,更加关注城乡一体的融合发展,真正实现"同城同待遇"的区域城乡一体化发展战略,实现从"土地城镇化"向"人的城镇化"的转变。

(一)调整布局:以规划引领农村居民集中居住点建设

按照现有的城市空间布局,除继续增强中心城区、次中心城市、重点区域的要素集聚和辐射带动功能外,应着力加大重点镇尤其是不在重点区域内的重点镇的建设,同时关注能满足人口集聚需求的非重点镇、中心村的建设。

首先,从现有的城市主体或重要节点的人口集聚和辐射功能上看,如果分别以重点区域、重点镇为核心,以与其毗邻的建制镇为辐射半径,那么全市的建制镇中仍有部分镇域在覆盖范围之外,如乳山市的崖子镇、诸往镇、下初镇,文登区的高村镇等。这些非重点镇大多属于内陆农业镇,短期内实现人口转移的难度较大。其次,从威海全域的视角来审视,由于受行政区划的限制,部分处在市(区)域、镇域交界的农村居民在转移方向的选择上存在困难。比如乳山市的冯家镇东和文登的葛家镇接壤、南黄镇东和南海新区接壤,文登区的大水泊镇东和荣成城区接壤,这些镇因无法突破区划限制实现就近转移,所以只能维持现状。

因此,下一步的新型城镇化建设应在已确立的"加快重点镇建设的同时,严格控制一般镇无序扩张"战略框架内,通过思路创新、空间布局调整,一方面明确并着力推进各重点镇的发展特色,以便更有效地集聚人口;另一方面研究确定并加快建设部分非重点镇、中心村,以实现从市、镇、村三个层面统筹推进城市化。

(二)双向流动:交互推进农村居民市民化

在传统的城镇化思想下,城市化就是人口向城市流动的单向过程。但新型城镇化思想既包括居民由农村向城市的单向流动,也包括促进公共资源尤其是公共服务设施和服务向农村集中居住点流动和配置。

当前,民生领域的改革正随着改革的全面深化而不断加速,社会保障的城乡全覆盖、分级诊疗制度及医生多点执业机制的启动、文化和教育资源的一体化配置和城乡间的流动、财政转移支付、城镇建设用地新增指标与农业转移人口市民化数量挂钩等,都将释放出巨大的改革及政策红利。城镇化建设应顺势而为,以城市基础设施、公共服务设施、居住设施的延伸和连接为抓手,按照村镇和城市各有侧重的原则,着力推动中心村、非重点镇和重点镇、重点区域融合发展,并将其打造成为辐射周边的服务和产业新区。

(三)产权改革:让农村居民无忧无虑"离得开"

农村居民的自愿流动是推动城市化加速发展的内生动力,根源在于他们能够没有后顾之忧且充满希望地进城。

调研中发现,农村居民进城的后顾之忧主要源于对利益的权衡、对城市生活的信心不足及对未来缺乏安全感。首先,尽管大部分的农村居民都表示向往城市生活,但他们并不愿意同时放弃在农村的各种现有权益。其次,他们长期习惯了农村低成本的生活,不愿承担也担心无力承担进城后在衣、食、住、行等各方面的生活支出。更多的农村居民担心的则是进城后维持生计的问题。

消除农村居民进城的后顾之忧是一项系统的、长期的社会工程,任何一蹴而就的想法和做法都是违反城市化发展规律的。当前首要的工作是让农民"离得开",即通过加快推进农村产权制度改革让农民有稳定可期的财产权。这项工作是基础性的,也是根本性的。

近年来全市农村土地承包权的确权工作虽然取得了很大的进展,但确权不均衡、不彻底等问题在一定程度、一定范围内依然存在,尤其是受到初始承包权流转失序、二轮延包不规范等历史原因的影响,加之农村家庭人口增减变化较大的现实,大大增加了土地承包权的确权工作的难度。正因为如此,更应该集中力量进行专题研究、加快推进。

(四)社会协同:合力加速推进就地城市化

1.政府引导是就地城市化加速的推动力

威海市委曾指出,"能否让农村居民没有后顾之忧地离开农村,充满希望地进入城市、融入城市……各级各部门都要立足本职,互相配合,积极主动地想办法、深入细致地做工作,努力让更多的父老乡亲共享城市化成果,让农村居民成为推动全域城市化的重要力量。"[①]

我们在调研中发现,有些地方尤其是农业地区的部分干部对全域城市

---

① 孙述涛 2013 年 7 月在威海市城市化工作会议上的讲话。

化还存在着认识上的误区，甚至认为城市化只是中心城区、重点区域及其周边区域的事情，与本区域尤其与镇域无关。还有些地方的干部没有真正地将发展镇域经济和推进城市化结合起来，存在产业项目各自引进、分散布局，城市化发展各自为政等现象，未能有效地形成对周边地区产生要素集聚和辐射带动作用的局面。

问题的根源在于体制机制的创新不足，尤其是在起着指挥棒作用的考核机制上，一方面未能有效地突破原有的条块考核模式，另一方面未能形成差异化的考核指标体系。因此，需要研究制定有利于城市化水平提升的考核机制和体系。

2.社会参与是就地城市化加速的助推力

城市化需要的各类设施都离不开资金的支撑。在以往的城市化进程中，政府始终充当公共设施和服务的生产者和提供者的角色，也因此背上了沉重的债务。由于财政资金的有限性及支出的法定性，在新型城镇化的进程中尤其是在城市更新所需的资金筹措方面，要大胆创新，主动引入市场化机制，必须学会用市场化的办法来解决资金问题，用市场来整合、盘活、配置城市资源，将城市资产纳入市场化经营轨道，实现融资渠道多样化。

综观国内乃至国际上解决城市化建设资金问题的方法，无外乎政府平台投融资和社会资本参与投资。随着我国政府投融资体制改革的深化，政府举债融资的能力将会大大降低，吸引社会资本参与城市化进程中公共基础投资的市场化运作模式将成为主流。除传统模式外，现行的政府和社会资本合作（PPP）、金融租赁等都将成为筹措城市化建设资金的有效渠道。

因此，要创新公共服务提供方式，能由政府购买服务提供的，政府不再直接承办；能由政府和社会资本合作提供的，应广泛吸收社会资本参与。

（五）内涵提升：新型城镇化建设的落脚点和着力点

党的十九届五中全会提出推进以人为核心的新型城镇化要求，为推进新型城镇化建设提供了遵循。威海市委提出"统筹区域一体化发展，打造精致城市典范"，为推进新型城镇化指明了方向和路径，即坚持以人为本，实现产业结构、就业方式、人居环境、社会保障等一系列由"乡"到"城"、由"土地城镇化"到"人的城镇化"的转变，在城镇化过程中促进人的全面发展和社会公平正义，全市居民共享城镇化成果。

一是要突出内涵式发展的理念。新型城镇化不但要看城市发展的速度规模，更要看城市发展的质量功能。内涵式城镇化发展道路可以在提高城镇化质量中充分发挥城市对乡村的辐射和带动作用，推进城乡一体化发展。

为此,在新时期,威海新型城镇化建设要以提升城市的文化、公共服务等为中心,加快产城融合发展。

二是要着力提高城镇的内在承载力。城镇的空间规模、人口数量应与城镇的总体发展水平相适应。城镇化建设应与威海精致城市建设相契合,将发展的着力点放到对城镇的"精雕细琢"上,变城镇化发展的"向外扩张"为"向内求索",充分挖掘、开发、整合、利用城镇现有的各种资源尤其是人力资源,从而提高城镇的内在承载力。

三是要加强对传统文化的保护和继承。文化基因是城市综合竞争力的灵魂。新型城镇化建设要时刻考虑城镇发展的历史和文脉,注意对传统文化的保护和继承,不仅在"土地城镇化"中体现现代性和历史性的融合,更要注重对新进人口的文化注入和培养,让其从思想、文化、认知上真正实现"人的城镇化"。

四是要积极助推公共产品转型升级。新型城镇化建设要坚持统筹城市建设和产业发展,同步规划、同步推进,以产兴城、以城聚产。要大力培育现代服务业,为"流动人口"提供更多有针对性的就业创业服务,进一步破解其在市民化过程中的住房、子女教育、医疗等难题,不仅使其能"留得下",还要"过得好"。唯有留住人才,方能促进经济社会持续发展,助推新型城镇化高质量发展。

五是要注重和谐文化建设。威海的"人居环境生态和谐"已卓有成效,新型城镇化建设要将生态文明理念和原则全面融入城镇化过程,把节约能源资源、保护生态环境作为新型城镇化的重要导向,突出资源节约和循环利用,实现城乡建设和自然环境保护协调发展。同时,赋予和谐更宽泛、更浓厚的内涵,实现对生态系统、人文社会、人居环境三大部分统筹考虑的"生态、人文、社会环境"的和谐。

中共威海市委党校课题组负责人:王文祖
课题组成员:马拥军　谷俊杰　苗晓倩

"双碳"背景下低碳城市建设研究

——以烟台为例

实现碳达峰碳中和是以习近平同志为核心的党中央统筹国内国际两个大局作出的重大战略决策。党的十九届五中全会吹响了实现"双碳"目标的集结号。2021 年 10 月,中共中央、国务院印发《关于完整准确全面贯彻新发展理念做好碳达峰碳中和工作的意见》和《2030 年前碳达峰行动方案》,要求把碳达峰碳中和纳入经济社会发展全局,有力有序有效做好碳达峰工作,确保如期实现 2030 年前碳达峰目标。城市作为人口、建筑、交通、工业的集聚区域,其作为碳达峰碳中和的重点具有重大的意义。本课题组以烟台市为例,围绕"双碳"背景下低碳城市建设进行初步探讨。

一、研究背景

(一)"双碳"目标的提出背景

实现碳达峰碳中和不是可选项,而是必选项。随着全球气候变化对人类社会构成重大威胁,越来越多的国家将"碳中和"上升为国家战略,提出无碳未来的愿景。芬兰提出在 2035 年实现净零排放,瑞典、奥地利、冰岛等国家将净零排放时间确定在 2045 年,欧盟、英国、挪威、加拿大、日本等将时间节点定在 2050 年。我国是世界上最大的煤炭消费国和最大的碳排放国,和其他国家共同努力到 21 世纪中叶左右实现二氧化碳净零排放,对应对全球气候变化至关重要。

（二）我国实现"双碳"目标面临的重大挑战

一是我国仍处于工业化阶段，工业化和城镇化任务远未完成，既要发展又要控制能源消耗和二氧化碳排放，既要关注长期问题，也要解决紧迫的现实问题。二是我国能源消费主要以化石能源为主，2019 年占比 85% 左右，仅煤炭就占 57% 左右，能源结构优化调整任务艰巨。三是我国实现碳中和的时间跨度较短，从碳达峰到碳中和仅有 30 年时间，而发达国家一般有 50~60 年的过渡期。四是没有现成的经验可以借鉴。发达国家是在完成工业化、城市化后逐步实现碳达峰碳中和的，而我国是要在工业化中后期完成这两项任务。作为后发国家，虽然有后发优势，特别是新一轮技术革命带给我们很多机遇，但在总量和强度"双高"的背景下实现碳达峰碳中和难度很大，需要探索符合中国国情的碳达峰碳中和之路。

（三）实现"双碳"目标的重点在城市

城市是人口集中和经济社会发展集聚的地方，是能源消费和碳排放的主力军、主战场。2019 年末，我国人口城镇化率超过 60%。这意味着我国城市承载着 60% 的常住人口的吃、穿、住、用、行，同时我国经济活动的 90% 以上集中在城市。研究表明，城市的碳足迹比农村大两倍，城市产生的碳排放量占全球碳排放量的 70% 以上。只有找到并普及低碳能源供应方式，大力推动低碳生产方式、生活方式转型，广泛应用低碳技术，我国的"双碳"目标才可能实现。

（四）我国低碳城市建设的启动及建设现状

低碳城市是指经济活动以低碳为特征、居民生活体现低碳理念和行为特征、政府管理及运行以低碳社会为建设标本和蓝图的城市。低碳城市建设重在构建低碳理念、塑造低碳思维，推动低碳经济、低碳科技、低碳交通和建筑、低碳消费，从而最大限度地减少温室气体的排放，最终实现城市可持续发展的目标。

建设低碳城市、应对全球气候变化是国际大趋势，是伦敦、东京等很多国际大城市的共同追求。适应国际趋势，承担国际责任，2010 年我国启动低碳城市建设试点工作。国家发改委分别于 2010 年 7 月、2012 年 12 月、2017 年 1 月推出三批低碳城市试点，共计 87 个。相对于非试点城市，试点城市的单位

GDP碳强度或电力消费强度均有降低。但与此同时,城市低碳发展还有很大的上升空间。

第一,城市空间布局不合理问题突出,居民通勤距离较远。以北京为例,平均通勤距离11~13.2公里,通勤耗时49~56分钟,远距离的通勤必然带来较高的碳排放。

第二,城市建筑能耗较重。城市建筑是温室气体排放的主体,市内大型建筑能耗浪费十分严重。《中国建筑节能年度发展研究报告2007》显示,我国大型公共建筑单位建筑面积的耗电量为70~300 kW·h/(m²·年),为住宅的5~15倍,是建筑能源消耗的高密度领域。大型公共建筑建筑面积占城镇建筑总量的不到4%,但是消耗了建筑能耗总量的22%。2019年,全国建筑全过程碳排放总量占全国排放总量的比重为50.6%。

第三,城市能源消费仍以化石能源为主。从能源消费结构角度来看,我国城市能源消费日趋多元化,但高碳能源替代规划远未形成,高效利用的低碳能源供应结构和体系尚未形成,2019年非化石能源占比仅为15.3%。

第四,从前三批试点城市的评估结果来看,试点城市在低碳发展目标设定、转型路径探索和低碳发展动力转换等方面与社会的预期相比仍有差距,尤其在经济下行的压力下,一些试点城市表现出一定程度的动力不足。

二、烟台市低碳城市建设实践

烟台市2017年被国家发改委批准为全国低碳城市试点。作为国家低碳试点城市,烟台市委、市政府深入贯彻党中央、国务院和省委、省政府工作部署,提前布局、系统谋划,通过建设清洁能源、推动绿色发展、强化交通和建筑减碳等举措推动低碳城市建设并取得明显成效。

(一)推进能源革命,能源产业实现"四个第一"

其一,实现了山东第一的清洁能源规模体量。2020年,烟台清洁能源装机容量达到850.8万kW·h,占全市能源装机总量的45.5%,两项指标均居全省首位。其二,发出了山东第一度核电。海阳核电一期工程自2018年10月投运以来累计发电556亿kW·h,相当于节约标煤1677万吨、减排二氧化碳4393万吨。其三,发出了山东第一度海上风电。2021年9月13日,半岛南4号风场首批风电机组并网,实现山东海上风电"零"的突破,半岛南3号风场首批风电机组也成功并网。其四,实现了全国第一次核能供暖。海阳核能清洁供热工程开国内先河,供暖能力达到450万平方米,服务半径覆盖整个海阳城区,海阳因此成为全国首个零碳供暖城市。

(二)推进顶层设计,谋划建设低碳示范区

以重点区域为低碳城市建设的突破口,积极实施"一谷一区一岛"低碳发展示范区、试验区、零碳岛建设。"一谷":烟台丁字湾"双碳"智谷。依托海阳丁字湾核电产业,引进培育绿色低碳高端装备、新材料、科技研发、大数据等新兴产业,打造国家级零碳产业发展示范区。"一区":烟台中心城区"3060"创新区。规划建设清洁能源高端装备和节能环保特色产业园,打造国家清洁能源技术创新策源地、国内绿色低碳产业发展新高地、山东省绿色金融创新发展试验区。"一岛":建设长岛国际零碳岛。依托长岛海洋生态文明综合试验区,开展"碳汇+数据+金融+文旅+民生"深度研究,实现岛上车辆、渔船等绿色能源替代,探索5G+无人车、无人机、无人船零碳立体场景,高水平打造全国首个国际零碳岛。

(三)推进城市更新,建设绿色城市、智慧城市

1.坚持规划先行

聘请清华大学同衡规划设计研究院等专业机构为烟台"把脉",设计绿色智能城市系统方案,探索制定了以"系统优化、五网融合、单元支撑、项目协同"为标志的国内首个城市全域《智能低碳城市规划》。该规划最大的优点在于,系统性地解决城市低碳经济发展面临的所有问题,从城市基础设施网络架构到基本功能单元为城市智能低碳转型构建一套由"棋盘""棋谱""棋子"组成的技术框架。"棋盘",即"五网融合"城市综合基础设施架构;"棋谱",即在能耗"双控"和碳排放动态约束下的城市产业、能源、人居发展框架和解题思路;"棋子",即城市低碳转型中的单元支撑,如园区单元、社区单元、服务单元等应用场景和重点项目。该规划的核心理念是"五网融合+单元支撑"。拟通过智能化管理、系统整合全方位打造低碳城市发展的"四梁八柱"。

2.打造绿色交通

推广低碳公交。截至2020年底,市区新能源公交车占比达57%,新能源和清洁能源车占比超过90%。坚持科技赋能,打造全要素交通环保体系。公路建设注重老旧路面改造、废弃材料的循环利用。烟台市公路事业发展

中心开发废旧轮胎循环利用项目,生产应用净味橡胶改性沥青,可延长道路使用寿命 5~10 年。一举解决废旧轮胎"黑色污染"问题,年消耗废旧轮胎540 万条,减少二氧化碳排放 3 万~4 万吨。

3.推动装配式建筑

2018 年,烟台市获批住建部首批装配式建筑示范城市。2019 年,市政府下发《关于进一步推动烟台市装配式建筑发展的意见》。烟台市政府办公和公建项目全面按照装配式建筑标准建设的要求进行生产,政府投资工程如棚户区改造、公共建筑等进入全过程绿色建造时代。

(四)推进改革创新,为低碳城市建设提供支持和保障

1.强化组织领导

成立由书记和市长任双组长的碳达峰碳中和工作领导小组,加强与国内高校院所和央企、大企业的合作,成立碳中和发展集团,组建碳中和研究院,全面开展烟台"双碳"摸底调查和"双碳"发展规划与实现路径研究,积极申报国家碳中和试点城市。

2.强化政策引导

先后印发实施了《清洁能源产业链"链长制"实施方案》《推动清洁能源产业园区特色化发展的实施方案》《促进清洁能源产业高质量发展的若干意见》《促进清洁能源产业高质量发展的若干政策》等顶层设计文件,聚焦核电、风电、液化天然气、氢能等重点产业及生物质能、光伏、海洋能等潜力产业,做强新能源产业园区,规划打造以新能源为主体的"东方电都"。建立"双碳"产业发展基金,支持建设专业园区基础设施、拓展清洁能源综合利用等事项。谋划区域性碳交易中心,探索建立碳账户、碳评价、绿能码、碳激励机制,鼓励并推动企业绿色改造转型。

3.强化倒逼机制

建立用能台账管理。对重点用能企业,根据单位产出效益的高低划分为四类:优先发展、鼓励提升、监管调控、落后整治。不同类别的企业在电价、用能等方面执行不同的政策,形成"一个企业一本用能"台账。搭建一个池子,如核能供暖腾出的原煤指标由市级统一收储,形成指标池子交易平台。

三、烟台市低碳城市建设存在的主要问题

自 2017 年烟台市获批低碳城市试点以来,其在低碳城市建设方面取得

显著成效,绿色发展有较大进展,对于加快实现经济增长与碳排放脱钩起到重要作用,但也存在不少问题,主要表现在以下几方面。

(一)低碳城市建设缺乏系统谋划

2017年获批低碳城市试点后,烟台市编制下发了《烟台市低碳城市试点方案》。该方案的重点放在绿色建筑推广(目前政府投资建筑项目推广使用装配式建筑)、清洁能源发展方面,绿色发展也取得一定的成效,但由于缺乏整体性、系统性的部署,推进的举措呈碎片化、点状分布状态。

(二)对于"双碳"目标下如何建设低碳城市尚未出台实质性举措

2021年10月,烟台市举办全国首个高规格、高层次"2021碳达峰碳中和烟台论坛"。之后,烟台市委、市政府采取了一系列行动。但我们调研发现,在推进低碳城市建设实践方面,目前烟台市仍停留在概念、口号层面,具体举措仍停留在在原有的基础上推进清洁能源建设层面。对于落实党中央把碳达峰碳中和纳入生态文明建设整体布局的总要求和协同推进减污降碳的工作方针,尚没有形成系统、清晰的思路和提出有效举措。

(三)实现"双碳"目标面临较大挑战

1.经济社会活动总量较大

烟台是山东半岛城市群的重要城市,经济总量在全国城市中居前25位。2020年GDP为7816.42亿元,其中工业和建筑业总产值占比达到41%。《烟台市第七次全国人口普查公报》显示,截至2020年11月1日,常住人口为710.21万人。

2.城镇化仍处于较快增长态势

2021年7月17日,烟台市委十三届十三次全体会议审议通过《中心城区"12335"建设思路和实施意见》。2021年11月,烟台获批全国首批城市更新试点城市,并发布《新型城镇化与城乡融合发展规划(2021~2035年)》。预计2025年烟台市城区人口将以年均3万~4万人的速度递增,2035年城镇人口总量占比将达到76%。

3.制造业仍将持续增长

烟台是制造业大市,2020年工业对全市经济增长的贡献率为58.3%。从全市规模以上工业企业营业收入情况看,2019年末为7733.6亿元,2020年达到 8166 亿元。从全市规模以上工业企业户数看,2019 年为 1911 家,2020 年为 1928 户,2021 年为 2264 户。数据显示,未来烟台制造业仍总体保持稳步上升态势。2021 年烟台市委、市政府印发实施的《关于推进制造业强市建设三年行动方案》提出,到 2023 年培育形成 2 个 2000 亿元级、4 个千亿元级和 3 个百亿元级产业集群。

总之,烟台市仍处于工业化、城市化快速发展时期,经济活动、人口活动规模基数大、增长快,伴随人均收入增加、制造业发展、城镇基础设施建设快速推进,烟台市能源消费仍处于快速上升的通道。尽管清洁能源建设有较大进展,但碳减排方面仍存在较大压力。

(四)实现"双碳"目标的准备不足

思想上没有做好准备,缺乏应对性常识认知,制度设计严重滞后。绿色节能建筑应是实现"双碳"目标的工作重点,但我们对烟台建筑行业调查发现,大多数开发商对装配式建造、绿色建造、绿色材料应用存在认知偏见,认为这会导致成本极大地增加,并抱有"不敢用、不想改"的态度。对建筑全生命周期设计、建造、运维等集成策划、系统管理带来的整体效益认识不深,导致许多建筑尚未建成就已经落后,精打细算拼成本、最低价中标等导致建筑品质差,后期运维阶段因不断维修而增加碳排放和能源浪费。另外,建筑行业尚不清楚如何参与到"碳经济"的碳汇创造、碳汇分享的整体机制中,国家尚未建立覆盖建筑全生命周期、全产业链、严格计算碳排放指标及碳汇的激励和分配体系,使得建筑企业不像能源企业那样进行系统化变革。

四、"双碳"目标下烟台市低碳城市建设的优化策略

实现碳达峰碳中和是一场广泛而深刻的经济社会系统性变革,节能降碳是多专业、跨学科、跨部门的综合性工作,涉及能源、工业、交通、建筑、土地利用等多个领域。"双碳"目标下推动低碳城市建设,必须完整、准确、全面贯彻新发展理念,坚持系统谋划、整体推进,做好顶层设计和配套措施的有机结合,做好政府政策、行业举措和个人消费行为齐抓共管、齐头并进。

(一)科学编制低碳城市建设规划

应充分了解城市自身的经济社会发展现状,全面摸清家底,列出碳排放清单,科学监测并计算重点用能企业的碳排放量,明确全市碳排放重点,统筹考

虑低碳生产、低碳物流、低碳建筑、低碳交通、低碳生活、增加碳汇等,制定合理的城市低碳建设方案,明确减排、脱碳实现路径,确保经济增长与碳排放双赢。烟台市低碳城市建设规划的重点至少有六个方面:工业领域,做好节能减排、清洁生产和能源替代;能源生产领域,做好总量控制和能源结构调整;交通领域,要大力推动家庭轿车的新能源推广和替代、绿色交通出行;建设领域,推动装配式建筑的应用、建筑节能及基础设施高效运行;土地利用领域,抓好产城融合、建设用地混合兼容、集中式风光发电用地的保障;生活领域,要大力倡导行为节能,引导居民养成低碳生活习惯。

(二)将城市更新与节能降碳有机结合

2020 年,烟台已启动城市更新三年行动方案。烟台市委、市政府明确提出围绕"生态环境、绿化品质、景观特色、市容秩序、城市交通、居住环境、旅游资源、城市管理"八个方面提升城市品质、提升城市颜值、完善城市功能的城市更新行动目标。截至 2020 年底,烟台市城市更新在实施"三化"(绿化、亮化、美化)、"三治理"(治乱、治堵、治差)、补齐基础设施和服务设施短板、实施服务和保障民生示范工程方面取得明显成效。应在此基础上,将城市更新作为城市建设向绿色低碳转型、实现"双碳"目标的重要契机,在做好城市提靓、建筑提新等"面子"工程的同时,更加注重"里子"工程。应将城市更新作为促进城市功能布局、产业结构调整乃至改变市民的行为习惯的重要契机,推动城市更新和居民绿色出行相结合,推动老旧小区改造和建筑节能、绿色低碳化改造相结合,推动口袋公园建设和绿化城市的"碎片化"空间、碳汇增加相结合。应将城市更新作为城市绿色发展、绿色规划、绿色设计的重要契机,从根本上解决城市建设中的"大量建设、大量消耗、大量排放"等问题。

(三)开展低碳示范园区建设

党的十八大以来,我国生态文明建设和绿色发展理念深入人心。推动绿色发展落地生根,必须具备有效的技术支撑和实现路径。通过低碳示范园区建设,形成低碳技术和实现路径的示范,对于低碳技术研发推广、拓宽低碳城市建设路径具有重要意义。烟台市应结合重点产业集群和园区建设,发挥骨干企业的带动作用,以增加低碳产品品种、发展延伸产品及深加工产品、提高产品附加值为方向,在工业、服务业和现代农业园区中选取资源综合利用、园区生态环境、公共服务设施等方面较好的园区进行示范。通过低碳示范园区的带动作用,在产业聚集过程中最大限度地降低资源能源消耗,有效控制二氧化碳排放,实现园区发展的低碳化、生态化和可持续化。

(四)大力推动重点产业关键技术绿色低碳研发及应用

绿色低碳技术研发与广泛应用是建设低碳城市、实现"双碳"目标的重要力量。中共中央、国务院《关于完整准确全面贯彻新发展理念做好碳达峰碳中和工作的意见》提出,要加强绿色低碳重大科技攻关和推广应用,强化基础研究和前沿技术布局,加快先进适用技术研发和推广。《2030年前碳达峰行动方案》也作出同样的部署和安排。烟台是经济大市、工业大市,为提升工业优势,推动实施制造业强市战略,烟台科技部门前期梳理了100多种关键的"卡脖子"技术,市委、市政府出台了一系列扶持政策,目前政策效应开始显现。2021年9月8日,山东省科学技术厅和山东省生态环境厅联合发布《关于发布〈2021年山东省绿色低碳技术成果目录〉的通知》,烟台力凯数控科技有限公司提供的"智能高速双工位多线切割设备生产技术"、中节能润达(烟台)环保股份有限公司提供的"污泥低温干化技术"、烟台东昌供热有限责任公司提供的"热网分布式输配供热技术"成功入选该目录。有关部门应通过已有的企业联系人制度,实时跟踪了解"卡脖子"技术的进展及存在的问题,真诚地帮助企业排忧解难,加速低碳技术开发利用。应提高工业和制造业的信息化、数字化水平,以企业全要素生产效率的提高促进能源资源节约高效利用,推动减污降碳协同增效。我国新能源装机容量全球第一,但是由于储能电池研发跟不上,因此新能源应用市场受阻。因此,"十四五"时期,国务院高度重视新能源储能技术的研发工作。烟台应充分利用清洁能源产业走在全省、全国前列的优势,吸引业内优秀人才,争取在新能源储能技术创新方面有所突破。烟台市同时是农业大市、海洋大市,应高度重视并推进农业、海洋碳汇价值的开发利用,在推动农林牧渔等生态产品价值实现方面探索经验。

(五)全面推动低碳生活方式转型

一要实施政府机关低碳示范工程,广泛推动合同能源管理、合同节水管理等服务模式,推动公共机构节能降耗,打造低碳型机关。二要实施中小学低碳生活理念教育工程。应编写适合烟台市情需要的教材,将烟台低碳城市建设内容渗透到各级各类学校的教育教学中,培养青少年的节约、环保和低碳意识。三要实施低碳文化市民普及工程。利用微信公众号、城市公益广告、社区管家群、城市公园等方式和场景传播和普及低碳文化和理念,推进节能减碳全民行动,提倡"低碳饮食""低碳着装""低碳出行",引导市民崇尚节约、反对浪费、合理消费、适度消费。企事业单位、社区等组织开展经常性的低碳宣传,引导广大企业和群众自觉树立节能低碳的消费模式和生活方式。四要实施低碳示范社区工程。选取设施相对完善、群众基础较好的社区推广建筑节能改造、新能源和可再生能源利用、节能照明产品、垃圾分类与回收和社区绿化等,开展低碳家庭活动,制定节水节电、垃圾分类等低碳行为规范,建设低碳社区。

(六)打好低碳城市建设的政策"组合拳"

一要研究制定促进低碳产业发展的扶持政策。把低碳项目列为招商引资工作的重点,优先保证低碳项目的建设用地。在政府采购、城市建设等方面优先考虑本地化的低碳产品。制定财税政策,对低碳发展的重大项目和科技、产业化示范项目通过优先贷款或税收减免等方式给予支持。二要激发低碳城市建设的内生动力。应改变通过行政考核、行政问责层层传导压力的城市管理模式,科学研究低碳城市建设规律和企业发展规律。在政策设计上要激励与约束并举,综合采用行政、法律、经济等多种手段,激发企业实施低碳行为的积极性和主动性。三要制定实施鼓励居民低碳生活的消费政策,鼓励和引导市民绿色出行、公交出行、低碳购买,在城市公园、社区、基础设施等各种场景中应用绿色节能技术,鼓励居民使用,缩短碳链。

中共烟台市委党校课题组负责人:王喜红

课题组成员:王占益

日照市打造黄河流域陆海联动转换枢纽研究

《中国共产党日照市第十三届委员会第十一次全体会议公报》提出，要深入贯彻落实习近平总书记在深入推动黄河流域生态保护和高质量发展座谈会上的重要讲话精神，以更大的力度打造黄河流域陆海联动转换枢纽、黄河流域综合能源协同保障基地、大宗商品进出海骨干通道、陆海统筹绿色发展先行地，努力在服务和融入黄河流域生态保护和高质量发展上聚焦聚力、重点突破。日照并不是真正意义上的沿黄流域城市，但在区位上优势明显——东向日韩，西连黄河流域九省区、中亚、西亚、欧洲，北接京津冀、东三省，南望"长三角""珠三角"。日照因港设市、因港而兴。日照港作为中国最年轻的沿海主要港口，设立以来快速发展，2020 年已稳居全球第 10 大港。日照港口型国家物流枢纽也成功入选"十四五"首批国家物流枢纽建设名单。日照市将推动日照港向枢纽港、贸易港、金融港转换，完善现代物流体系，促进特色产业集群港产城融合发展，高质量推动黄河流域陆海联动转换枢纽建设。这是日照市把握"切入点"，找准角色定位，打好优势牌，为黄河流域生态保护和高质量发展作出新的更大贡献的战略选择。

一、日照市打造黄河流域陆海联动转换枢纽的比较优势分析

（一）多重国家战略叠加优势

1.日照在国家区域协调发展战略中的地位日益凸显

日照是"一带一路"、黄河流域生态保护和高质量发展、我国东部区域协调发展等国家战略的重要支撑节点。随着黄河流域生态保护和高质量发展

468

等重大国家战略的深入实施,日照主动融入山东自贸试验区、上合示范区,立足优势,抢占政策高地,积极谋划,积极融入区域一体化发展大局,助推区域协调联动发展。

2.日照是国家对外贸易战略的重要口岸城市

日照是国家跨境电商零售进口试点市、国家级外贸转型升级基地、国家散粮铁水联运对接节点,入选中国外贸百强城市。日照聚力内外联动,正在高质量参与中日韩自贸区、RCEP 等自贸区建设。《山东省人民政府关于印发落实〈区域全面经济伙伴关系协定〉先期行动计划的通知》(鲁政字〔2021〕64 号)提出,在日照等口岸,对抵达海关监管作业场所且完整提交相关信息的 RCEP 缔约方原产易腐货物和快件、空运货物、空运物品,实现 6 小时内放行便利措施。强化日照港等战略支点作用,打造山东半岛港口群集装箱国际枢纽、全球重要的能源和原材料中转基地。支持日照港等拓展日本关东、关西和韩国航线。建设东北亚国际航运枢纽,加快构建贸易物流"黄金大通道"。

3.日照是深入推进山东新旧动能转换综合试验区建设的重要组成部分

《山东省国民经济和社会发展第十四个五年规划和 2035 年远景目标纲要》提出,推动瓦日铁路成为黄河流域重要出海通道,支持日照打造黄河流域陆海联动转换枢纽。支持日照打造先进钢铁制造基地、北方能源枢纽,建设现代生态活力港城。打造鲁南物流能源廊带,以"日照—临沂—枣庄—济宁—菏泽"为主轴,综合发挥港口、铁路、机场联通加密后发优势,创新"枢纽+通道+网络"资源配置模式,建设全国重要的物流中心和能源基地。推动炼化、钢铁向沿海集中,打造鲁北高端石化产业基地,优化提升日照—临沂沿海先进钢铁、莱芜—泰安内陆精品钢等基地。

(二)港口能力优势

1.日照港是全球重要的能源及原材料中转基地

日照港是我国重点发展的沿海主要港口之一,是"一带一路"重要枢纽港、全球重要的能源和大宗原材料中转基地,拥有石臼、岚山两大核心港区,共规划 274 个泊位,设计能力达 6 亿吨以上,已建成生产性泊位 84 个,成为全国重要的矿石、原油进口港和煤炭、粮食、木材中转港。

2.日照港是吞吐量过 4 亿吨的综合大港

2020 年日照港完成货物吞吐量 4.96 亿吨,在全国沿海港口中排名第

7位,在"2020全球TOP 20货物吞吐量"港口排名中跻身全球前十,其中8个货种(铁矿石、集装箱、原油、煤炭、木片、钢铁、大豆、铝矾土)过千万吨,5个货种(镍矿、大豆、原木、木片、焦炭)居全国首位,内贸集装箱吞吐量居全国第五位。日照港被列入国家40万吨铁矿石码头布局,口岸扩大开放通过国家验收。石臼港区码头岸线29.7公里,陆域总面积35.9平方公里,是以煤炭、矿石等大宗散货、集装箱和杂货运输为主,逐步发展成的规模化、现代化的综合性港区,具备装卸仓储、临港产业、现代物流、综合服务和旅游客运等功能。其包括东、北、西、南作业区。东作业区正在实施"东煤南移"工程,将煤炭物流功能转移至南作业区,这一工程被列入国家"十四五"重点项目及山东省港产城融合重点项目。岚山港区以石油及液体化工品、大宗干散货运输为主,兼顾粮食、钢铁、木材等散杂货运输,预留远期发展集装箱运输功能,以服务临港工业为重点,逐步发展成为服务腹地经济和临港工业物资运输的综合性港区。

(三)集疏运优势

1.多式联运初步形成

经过30多年的建设与发展,日照已形成港口、高铁、航空、高速、重载铁路等海陆空立体交通网络。日照港地处环太平洋经济圈和新亚欧大陆桥经济带的接合部,与韩国、日本隔海相望,与100多个国家和地区通航。陆上通过新菏兖日铁路向西与陇海铁路相汇,从新疆阿拉山口出境,横贯亚欧30多个国家和地区,直接对接新亚欧大陆桥经济走廊,未来可对接中蒙俄经济走廊、中巴经济走廊。日兰、沈海、潍日3条高速和4条国省干线直联日照港,石臼港区疏港高速直通港区,岚山港区经疏港大道连接高速与国省道,为国家物流枢纽实现区域分拨与配送功能提供了良好的公路集疏条件。

2.面向沿黄地区集疏运条件优越

与港口相连的瓦日、新菏兖日这两条千公里以上的铁路串联起黄河流域20多个城市,同时形成了连接日照和山西煤炭主产地的东西走廊,实现重载万吨列车的常态化运营。瓦日铁路位于陕西榆林市及山西忻州市境内的冯红铁路正在建设中,届时将形成"冯红铁路+瓦日铁路"物流新通道,串联起陕北能源化工基地与山西中南部通道,进一步吸引陕北、内蒙古的煤炭通过日照港下水出海。日照港是沿黄地区最便捷、最经济的出海口之一。

3.能源集储运体系不断推进

日照有目前国内最大的原油输送管道,现已建成日照至江苏仪征、日照至山东东明、日照至京博、日照至河南洛阳、日照至广饶等5条原油输送管线,年总运力接近1亿吨,总长2000公里,具备原油储备能力1300万吨,有效连通原油码头与后方石化企业,是全国最大的原油上岸和中转基地。同时,青宁、南干线等国内重要天然气主干管道在日照市交汇,配套储气能力达3.2亿立方米。日照作为国家沿海发展通道重要中继节点、山东半岛沿海"T"字廊道重要节点,正在加快构建"米"字形国内物流通道,东西向连通河南、山西、陕西等省份,南北向连通北京、上海两大中心城市以及辽宁、江苏、安徽等省份。物流节点设施分布日趋集中,初步形成了"综合物流园+专业物流园"的发展形态。

(四)对外开放新高地优势

1.对外经贸良性发展

2020年,日照出口总额占进出口总额的比例上升至33.6%,累计实现进出口总值4702亿元,利用外资9.2亿美元。由日照港集团发起成立的山东大宗商品交易中心的交易额2020年已经突破10000亿元。中韩(日照)国际合作产业园被列为省级国际合作园区。日照出口的商品以钢材、汽车零部件等为主,对外贸易国家和地区有194个,贸易市场主要集中在日本、韩国、美国、澳大利亚和东盟等,与"一带一路"沿线国家贸易呈现出持续升温态势。2020年,日照港口岸扩大开放通过国家验收,新开内外贸航线13条,"照蓉欧"国际班列运营244列,并新开中日韩海上高速公路·中欧班列日韩陆海快线,在以国内大循环为主的双循环发展新格局下推动日照在服务和融入新发展格局中发挥更重要的作用。

2.国家平台联动助推"朋友圈"扩大

日照拥有国家级经济技术开发区、国家综合保税区、国家海洋经济发展示范区、国家首批先进制造业和现代服务业融合发展试点区域、全国沿海主要港口等多个国家级平台,"区港联动""东西双向互济"推动腹地经济快速发展。日照港直接经济腹地包括鲁南、豫北、冀南、晋南、陕西关中等地区,间接腹地包括甘、宁、新等西北广大地区,海上腹地遍及中日韩、21世纪海上丝绸之路及环太平洋经济带。

3.以通道优势培育开放增长点

根据国家能源安全战略、保持国际供应链稳定要求,日照市正在加快建设北方能源枢纽,推动形成"南有宁波、北有日照"的沿海能源发展格局,进一步发挥日照港在铁矿石、原油、粮食等大宗物资进口领域的比较优势,促进大宗商品交易、数字贸易、供应链管理等融合发展。按照《日照市建设北方能源枢纽实施方案》,日照加快实施北方能源枢纽扩能行动,打造我国北方重要的综合能源集散中心、交易中心、供应中心,形成北方最大的大宗散货集散中心,全面提升日照在国家能源安全战略中的地位。山东大宗商品交易中心构建起以港口为核心的供应链金融体系,已获批铁矿石、煤炭、钢材、原油、天然气、橡胶等 11 个大类品种,集聚产业客户 1800 余家,覆盖全国 82% 的省份,各项指标持续保持山东省交易场所龙头地位,在全国首创调期交易模式,正在创新推出山东港口"焦炭指数""木材指数""粮食指数"等大宗商品价格指数。鲁南(日照)航贸中心"一站式"通关水平不断提升,进口木片检验周期、大宗粮谷类产品通关周期、出口冷冻蔬菜平均流程周期分别缩短 41%、71% 和 96%。

(五)物流业快速发展优势

1.物流业进入高质量发展阶段

2020 年,全市交通运输、仓储和邮政业实现增加值 150.63 亿元,占 GDP 的比重为 7.5%,成为日照重要的支柱产业。全市综合运输完成货运量 1.95 亿吨,年均增长 7.9%,其中铁路货运量年均增长 16.4%,绿色物流优势明显。港口货物吞吐量 4.96 亿吨,居全国沿海港口第 7 位、全球港口第 10 位。物流枢纽建设日趋完善。日照市已获批港口型物流枢纽承载城市,正在创建港口型国家物流枢纽,积极开展内陆物流基地建设,实现了物流腹地向周边地区拓展,推进了鲁南区域物流中心建设,已建成日照物流分拨中心项目、中瑞智慧物流园、莒县凯达物流园、通达物流园、日照迎宾商贸物流园、日照交运物流园等一批重点物流园区项目,进一步发挥物流园产业集群功能。物流市场主体活力持续增强,物流新模式、新业态创新持续加速。

2.新模式、新业态快速发展

智慧物流发展迅猛,日照港建成国内首个规模化、平行岸线布置的双悬臂自动化堆场,建成并投用日照港物流区块链平台。网络货运等"互联网+"高效物流新业态加速培育。日照港集团有限公司等 3 家企业取得网络货运资质,共整合社会车辆 16.54 万辆(其中日照港打造的"舟道网"服务平台已整合 4 万余辆)。绿色物流发展成效显著。日照港荣获首批四星级"中国绿色港口"称号,提前完成交通运输部"港口生产单位吞吐量综合能耗"节能目标。"生鲜电商+冷链宅配""中央厨房+食材冷链配送"等新模式不断涌现,助力日照打造冷链物流发展示范城市。日照港"一带一路"集装箱公海铁"一单制"联运示范工程入选省级多式联运示范项目,未来将形成以"照蓉欧"集装箱国际班列为载体,以日照港集装箱码头、铁路物流通道、网络货运平台、成都城厢等内陆服务网点为支撑的多式联运中转集散基地,向东可承接韩国、东南亚国家出口到中国及欧洲的货源,向西可吸引欧洲、中亚和中国西部地区的货源,进一步打通山东省东西双向经贸交流新通道。

二、日照市打造黄河流域陆海联动转换枢纽面临的挑战

(一)城市品牌影响力不强

日照市建市晚、城市品牌塑造时间短,对沿黄城市决策层面的宣传推介不够,导致信息不对称。河南、陕西等对日照市的认识大多停留在滨海旅游城市层面,甘肃、宁夏更是对日照市的情况知之甚少。在与郑州国际陆港公司、西安国际港务区管委会、银川市委政研室座谈时,他们听到日照港年吞吐量突破4亿吨都极为吃惊,用他们的话说就是"我们认为连云港是一个大港,日照港只是一个小港"。近年来,针对沿黄地区,日照港集团在企业与企业"点对点"宣传上做了大量的工作,但是从全市层面开展的党政、企业、理论研究等的对接比较少。

(二)铁路集疏运体系不健全

一方面,主干线路运能"饱饥不均"。石臼港区有新菏兖日和瓦日2条千公里铁路。目前新菏兖日铁路运能接近饱和,瓦日铁路因沿线铁路物流园区、铁路专用线建设进展缓慢而导致园区货物接卸能力、铁路运输能力不足。据统计,瓦日铁路设计的运能近期(2020年)为1亿吨、远期为2亿吨,2020年全线运输量在8000万吨左右,其中到达日照港的仅有1400万吨左右。岚山港区目前仅有坪岚铁路,该铁路设计运能1800万吨每年,2019年运能达2100万吨,已达饱和。另一方面,港铁衔接不畅。岚山疏港铁路正在建设,坪岚铁路扩能改造、港区铁路专用线、山钢日照公司铁路专用线、日照钢铁铁路专用线等正开展前期工作,铁路专用线建设滞后于"公转铁"货运需求。

（三）物流配套体系不完善

主要是综合枢纽配送能力不强。市内过境铁路运费较高，地方补贴不到位，导致部分国际中转业务流失，国际中转业务发展进入瓶颈期。日照市虽有过境铁路运输资格，但目前仅有依托新菏兖日铁路开行的照蓉欧正常运营，中亚班列、日照至俄罗斯班列停运。瓦日铁路的短板没有补齐，神瓦铁路建设停滞，蒙陕优质煤炭无法外运，铁路运能短期得不到发挥。物流信息集成度不高。日照大宗商品交易中心、传化交通公路港、日照港舟道网等物流服务平台各成体系，资源共享不畅。平台与工商贸企业的生产经营对接不深，供应链物流的作用没有得到充分发挥。

（四）对外合作水平不高

日照虽然有着东西双向互济、陆海内外联动的区位优势，但过去多年的开放多是"单打独斗"式的开放，眼界和视野还不够开阔，重视政策超过创新实践，认知边界束缚了发展。有些部门虽然在对外开放领域争取了多项国家级试点，但存在"只会抢帽子不会戴帽子"的问题，有时候只将试点当作反映成绩的"荣誉奖章"，而不是探索创新的难得机遇，没有抓住试点机遇先行先试。开放平台建设滞后，载体支撑能力不足。日照综合保税区起步较晚，在腹地经济基础、产业基础、政策服务等方面优势不突出。国家海洋经济发展示范区效应尚未充分释放。中央活力区平台作为全市最大的平台，与各区县及园区主动对接、服务不够。会展平台利用率低，高能级平台供给不足。科研院所、高校等创新平台欠缺服务和金融支持能力。园区类平台动力、活力不足，引领作用不强，配套建设及协调合作滞后，质量不高。这些问题使得日照市无论是在合作层次上还是合作规模上都与周边港口城市青岛、连云港存有差距。缺少区域融合发展的专业机构，缺少实质性、带动作用强的具体合作项目。

三、日照市加快打造黄河流域陆海联动转换枢纽的对策建议

（一）提升以日照港为龙头、以瓦日铁路和新菏兖日铁路为两翼的交通运输体系能级，提升"东出海"地位

1.不断强化港口功能建设

日照港是日照市的核心战略资源和最大的比较优势，是我国在新发展

格局下的核心战略资源进口保障港口。其应坚持"适度超前"原则,完善港口基础设施,重点发展大型化、专业化煤炭、矿石、原油、集装箱和通用散杂货泊位,不断适应泊位深水化和船舶大型化的发展趋势。持续提高装卸效率。立足集成生产,推进"大生产"模式,发挥"大操作部"和智慧控制中心优势,不断优化抵港船舶的靠泊流程,全方位地提高船舶作业效率和加快中转速度,在提高船舶直靠率的同时大大提升港口装卸效率,压缩船舶在港时间,加快船舶到港周转。开辟"散改集"、火车敞顶箱、集疏港车辆"绿色通道",提高取送车效率,缩短火车班列在港停时,不断提升大票货的接卸能力。持续降低物流成本。积极争取国家层面及沿黄省市的支持,争取菏兖日线、瓦日线实施运价优惠,推动客户物流成本进一步降低。持续提升货运服务质量,持续打造最佳商贸环境。加快港口转型升级,提升港口增值服务能力,借助山东港口平台加快集结贸易、金控、期货、物流等板块的优质资源,提供质押监管、调期交易、融资担保、保税物流等增值服务。为了缓解港口企业的资金压力,可探索引入多元化投融资体制和进行市场化运作,重点面向沿黄地区推出一批港口重点投资项目,吸引产业关联度高、拥有市场和货源、实力雄厚的国内外大船公司、大货主、大集团,采取共建共用模式投资开发建设港口。

2.实施"北客南货"工程,实现石臼港区铁路"南进南出"

争取国家铁路集团的支持,降低运营成本,调整日照火车站至安李铁路计费路径,满足河南安阳周边地区等下游市场客户的运输需求;在石臼港区内新设"日照港火车站"(日照火车站的虚拟站),将原来经由新菏兖日铁路运输的部分货物调整至瓦日铁路运输,先期探索推进实施"北客南货"工程。建设铁路专用线。加快建设岚山疏港铁路、坪岚铁路扩能改造、石臼港区南区煤炭进港铁路(二期)、山钢日照精钢基地铁路专用线、日照港岚山港区南区铁路专用线、岚山港区北区进港铁路专用线、莒县铁路港智慧物流园专用线、临沂临港疏港铁路等8条专用线,畅通内循环,提升铁路运输疏港能力。

3.进一步发挥瓦日铁路的功能

围绕提升日照港的集疏运能力,加强与神瓦铁路(冯红铁路)项目公司的对接,及时了解和掌握项目进展。深化与晋豫鲁公司的合作,大力支持推进铁路兼并重组工作,加快打通瓦日铁路—神瓦铁路—甘其毛都、瓦日铁路—二连浩特连接线,把日照市打造成蒙古国煤炭资源外运出海口(利用甘其毛都陆路口岸运输蒙古国的煤炭)、中蒙俄欧跨境铁路运输货运新通道(瓦日铁路—二连浩特—乌兰巴托—莫斯科—东中欧)。

4.统筹谋划立体、融合的集疏运体系

统筹城市、港口、交通、物流、货场、园区建设发展,规划建设石臼港区、岚山港区城区段专用疏港主干通道,实行封闭运行管理。改建、扩建、新建国省道、疏港铁路、城市道路,进一步优化路网结构,加强与市外、省外重点通道的连接能力。结合港口局部用地与城市用地的功能调整,科学优化集疏港通道和城市道路线位选择,加快港城运输资源整合,发挥港口后方集疏运线路资源及城市综合交通运输系统的最大效能。充分发挥公路在中短途运输中的优势,加快推进岚山疏港公路、瓦日铁路南疏港路等疏港公路建设,推进疏港交通与城市交通的分离,从根本上解决港城客货运输混行、环境污染严重等现实问题,打造港口货运畅通、城市运行高效、生产生活生态舒适的集疏运体系。

(二)以建设国家港口型物流枢纽为契机大力发展物流产业,拓宽"西挺进"通道

1.大力推进"陆海双向"协同发展大通道,打造覆盖沿黄区域、辐射全球的物流网络

以建设日照港口型国家物流枢纽为契机和核心,以"一单制"多式联运和物流大通道建设为载体,以内陆重要枢纽节点和园区为支点,加快形成日照陆海统筹、双向开放、多边延伸的物流通道网络和节点服务体系。以沿黄内陆港城市为节点,进一步畅通国内物流通道,加强与通道沿线政府和企业的深度合作,发挥多式联运协同优势,推动海关通关"一体化"改革。企业可以自主选择申报口岸和查验地点,在一个地方注册,区域内任何一个海关都能报关,货物也可实现就地集拼、分拨、包装、分拆等,真正打造高效、安全、低成本的物流。开通日照与沿黄省市之间"定点、定线、定时、定价、定车次"的快速外贸货运班列,实现沿黄地区无水港、多式联运中心和日照多式联运中心之间的无缝衔接、资源共享。促进各种生产要素向通道和节点汇集,推动物流通道向贸易通道和经济走廊转变,不断提升日照的竞争力和辐射力。积极应对全球经贸环境变化,巩固现有的航线优势,支持港口企业进一步调整优化航线,大力推广组合港模式,拓展内贸驳船航线,拓展面向全球的国际交通运输网络。

2.开放共享,构筑物流资源要素集聚新平台

按照"开放共享、互利共融"原则,不断完善物流交易、联运组织、区域分

拨、库存管理、保税通关、交易结算、金融保险等综合服务功能,吸引大型船运公司、货代企业、综合物流服务商、金融保险机构、融资租赁企业等不同类型的市场主体在日照港口型国家物流枢纽及周边汇集,打造物流服务生态圈和综合服务平台。整合基础设施、服务网络、信息平台、政策等各类要素,充分利用港口、铁路、综合保税区等资源集聚优势,提升日照港口型国家物流枢纽的资源集聚能力。不断改善区域物流服务环境,加快产业要素汇聚,吸引航运企业、货代企业、物流平台企业、供应链管理企业、城市配送企业、快递企业、国际贸易企业、跨境电商等集聚,打造物流资源要素集聚平台,提升日照市在沿黄地区的辐射带动能级。

3.以物流需求为导向加快物流园区建设

紧密结合日照临港产业、现代服务业等发展实际,规划布局一批产业集聚、功能集成、经营集约的物流园区。同时,寻求与沿黄地区的物流需求"交汇点",组建沿黄物流联盟,共建物流园区。岚山区重点布局能源物流产业园、木材物流产业园、钢铁物流产业园、冷链物流产业园等。经济技术开发区重点发展保税物流产业园、大宗商品物流产业园、汽车整车及零部件物流产业园。高新区重点发展日照国家级医疗器械应急产业园及冷链物流产业园。东港区依托石臼港区、空港经济开发区和主城区商贸企业等重点布局综合物流、商贸物流、城市配送、冷链物流等园区。莒县依托农副产品种植基地、浩宇能源、刘官庄塑料产业重点布局农副产品冷链物流产业园、能源及化工产品物流产业园。五莲县依托五征集团、街头石材产业园、林果种植基地重点布局汽车整车及零部件物流产业园、石材物流产业园、农副产品冷链物流产业园等。

(三)打造要素组织平台,提升聚集能力

1.用好现有港口联运组织力,提升港口物流战略资源配置能力

对接国内国际航线和港口集疏运网络,充分利用日照港口型国家物流枢纽网络,实现水陆联运、水水中转有机衔接。紧抓山东港口集团整合契机,依托集团优势,推动日照港与青岛港合理分工、错位发展,集中家战略物资进口港核心优势,建好国家原油、铁矿石储备基地。建设施,提升能源储备能力;增管网,提升能源运输能力。在现有的中石化日照—仪征原油管道、中石油日照—东明原油管道、中石化日照—濮阳—洛阳原油管道的基础上重点推动日照港—京博(滨州)原油和成品油管道建设。届时,油品外送

将辐射中原地区和鲁北地区,原油外输能力将扩展至 8000 万吨每年。搭平台,提升能源交易能力。依托山东大宗商品交易中心能源交易平台成功上线原油、燃料油、天然气等 11 个大类交易品种,形成"矿—煤—焦—钢"黑色冶金产业链、临港化工产业链等板块,实现日照"北方能源枢纽"交易能力新突破。强合作,提升能源转化能力。广泛开展能源合作,大力发展能源经济。推动日照交通能源与中石油、中石化的合资合作,全方位运营全市上游的天然气业务。加强与中国煤炭工业协会、车主邦公司等能源机构的合作,推动发展能源会展经济。依托上海油气交易中心、日照港、中石化等能源企业开展以商招商,推动后方与黄河流域的交通联系,做好能源保障、生产物资保障。

2.用好舟道网信息平台组织力,完善日照港口型国家物流枢纽综合物流信息服务平台

以日照港集团舟道网公共信息平台为核心载体进一步提升日照港口型国家物流枢纽信息服务水平,打造智慧物流平台。平台将进一步覆盖通关、航运服务、中介服务、金融与咨询等业务范畴,注重智慧港口、物联网技术的全方位应用。平台通过对共用数据的采集为联盟内企业的信息系统提供基础支撑信息,满足企业信息系统对公共信息的需求,支撑企业信息系统实现各种功能。通过共享信息支撑政府部门之间在行业管理和市场规范化管理方面建立协同工作机制。平台通过协调与港口物流相关的各个方面提升各环节的服务效能,为打造黄河流域陆海联动转换枢纽创造良好的运作环境。

3.用好大宗商品交易平台组织力,提升日照港口型国家物流枢纽资源要素集聚能力

依托以日照港为核心构建的山东大宗商品交易中心和日照港铁矿石、焦炭、原油、粮食、木材等货种规模优势提升枢纽综合物流信息服务平台的全链条综合贸易服务功能,建设优势货种分销中心和保税期现结合贸易中心。依托枢纽发展能源会展经济,与中国煤炭工业协会、车主邦公司等能源机构合作,继续争办全国煤炭交易会、全球能源新基础设施峰会。加强与山东港口集团的合作,争办国际油品大会。加强与上海油气交易中心的合作,争办 LNG 罐箱储运业务发展大会暨罐箱多式联运发展论坛,并争取在日照设立常态化的能源发展论坛举办地。与各类能源协会保持密切合作,争取在日照举办更多的能源峰会,促进能源人才、信息、资金等要素集聚,打造日照能源品牌形象。

（四）拓展物流通道经济产业链、价值链,构建沿黄腹地协同联动新格局

1.加快构建支撑高质量发展的临港产业体系及产业园区建设

充分发挥国家物流枢纽的资源优势、服务优势,支撑构建比较优势突出、新动能主导、以港口为纽带的特色优势产业体系,加快推进产业结构优化升级,促进临港现代服务业壮大,促使港口贸易走在全国前列。培养壮大优势产业和特色经济,培育产业集群。建立区域产业分工体系,注重发展与港口前向和后向联系密切的各种产业,如商贸业、海运业、仓储业、造船业以及相关的高端服务业,纵向延伸产业链,横向推动产业整合重组、分工协作、专业化生产,逐步形成以大型临港产业为基础、以先进制造业为主体、以生产性服务业为支撑的产业协调发展新格局。积极推进园区建设,促进沿黄地区的合作企业围绕港口共建物流园区,同时促进工业、商业、贸易、金融业向港口靠拢,使临港区域发展成为各种产业俱全的综合经济区域,以实现港口、城市、产业的融合发展。

2.促进港口、产业园区和城市之间的良性互动

日照港后方临港产业产生大量的物流需求,促进港口物流业不断发展。同时,港口物流业的发展又为临港产业提供了保障,吸引临港产业不断围绕港口集聚,形成产业集群。当前,日照港石臼港区、岚山港区后方临港钢铁、粮油、浆纸、能源、汽车、机械、木材加工产业园区聚集。紧邻石臼港区的国家级日照经济技术开发区目前已经形成一定的规模,地区生产总值近 300 亿元,先后成功争创国家生态工业示范园区、国家级低碳工业示范园区、国家级循环化改造示范园区、国家新型工业化汽车产业(零部件)示范基地、国家级海洋经济发展示范区等。以日照港口型国家物流枢纽为核心纽带,充分发挥日照港及日照经济技术开发区的港口、产业双重优势,满足临港产业的实际需求,促进研发、生产、贸易、物流等各个产业环节之间的良性互动,搭建沿黄地区产、供、需有效对接,产业上、中、下游协同配合,产业链、创新链、供应链紧密衔接的产业合作平台。例如积极争取在日照打造全国性再生钢铁原料进口和集散交易中心,促进沿黄城市钢铁产业绿色发展。积极争取在日照布局建设国家区域煤炭储备和交易中心,进一步提升市场配置资源的效率,着力畅通"煤炭循环"等。

中共日照市委党校课题组负责人:孙明燕

课题组成员:李宏　郑世来

济宁市构建立体交通网、打造全国性综合交通枢纽的调查报告

交通是兴国之要、强国之基。以习近平同志为核心的党中央高度重视交通运输工作,作出一系列重要论述,确立了交通运输作为经济社会发展的"先行官"的历史新定位。济宁市委、市政府审时度势,抢抓机遇,提出"构建立体交通网、打造全国性综合交通枢纽"的战略构想,对推动济宁市交通基础设施建设大提升、大跨越,建设新时代现代化强市具有重要意义。2021 年11 月,中共济宁市委党校联合其他部门的同志组成调研课题组到市发改委、交通局等有关部门针对该问题进行专题调研和实地调查,调查情况如下。

一、构建立体交通网、打造全国性综合交通枢纽的战略考量

济宁下辖 11 个县(市、区)、4 个功能区,是"公铁水空"交通运输全要素城市,多种运输方式立体成网、高效便捷,有力地支撑了经济社会持续健康发展。调研中,市发改委和交通局的同志说明了济宁市构建立体交通网、打造全国性综合交通枢纽的战略考量。

(一)济宁市发展立体交通具有良好的基础和前景

1.区位优势明显

济宁市位于山东省西南部,处于苏、鲁、豫、皖四省交汇处,南邻长三角、北接省会经济圈、西连中原城市群、东通胶东经济圈,京沪通道纵贯南北、陆桥走廊横穿东西,是淮海经济区和鲁南经济圈重要的交通枢纽城市。同时,济宁位于鲁西南腹地,东接临沂,西连菏泽,北依泰安、聊城,南临枣庄和江

苏徐州,是鲁南地区经济强市、全省交通强省建设的"领头羊"。近年来,济宁综合立体交通网络初步形成,综合交通运输效能持续提升。高速铁路实现北京 2 小时通达、上海 3 小时通达,高速公路网络覆盖全市所有区县。京杭大运河纵贯全境(济宁境内主航道 210 公里,其中二级航道 140.8 公里,三级航道 69.2 公里),占京杭运河通航里程的 24%,千吨级船队可直达长江。济宁机场稳居全国百强,有力地支撑了经济社会的持续稳定发展。

2.交通方式齐全

一是济宁市公路密织成网。济宁市现在已形成市域"三纵(京台高速、济广高速、济徐高速)、三横(日兰高速、董梁高速、岚菏高速)"高速交通网,建成全长 106 公里的济宁主城区"大二环"绕城大通道,"九纵六横六联"国省道全域覆盖,实现了县县通高速、交通网格化,基本实现了乡乡通干线、村村通油路、户户硬化路。

二是铁路交织成型。济宁市域内现有"一纵(京沪高铁)一横(鲁南高铁)"高速铁路网和"两纵(京沪铁路、京九铁路)两横(新石铁路、瓦日铁路)"普通铁路网。京沪高铁、鲁南高铁"十字"枢纽位于曲阜,京沪(津浦)线、新石线两大干线在兖州交汇,全市旅游交通舒适快捷、货物运输普惠顺畅,成为畅通南北、连接东西的铁路新城。

三是水运枢纽凸显。济宁港既是京杭大运河重点建设港口、省内最大的内河港口,也是全国内河 28 个主要港口之一。千吨级轮船、万吨级船队可跨越长江直达杭州,沿江而下直出长江口,逆流而上可达武汉、重庆,形成全市经济新通道。

四是空中走廊形成。济宁曲阜机场跨入全国百强,通航城市 26 个、航线数量 23 条,连接国内热线城市,济宁交通发展达到新高度。

3.政策机遇叠加

近年来,以国内大循环为主体、国内国际双循环相互促进的新发展格局加快构建,黄河流域生态保护和高质量发展、淮河生态经济带、国家大运河文化带等新一轮政策机遇叠加,《山东省南四湖生态保护和高质量发展规划》《山东省贯彻〈交通强国建设纲要〉实施意见》的出台,为济宁市的发展提供了大舞台、新空间。济宁市委、市政府确立了"奋战十四五、跨入全省第一方阵、争当鲁南经济圈排头兵"的奋斗目标,确定打造全国性综合交通枢纽,为济宁市交通运输发展指明航向、定准坐标,构建济宁全市大开放、大辐射、大通道的立体交通格局。

（二）打造全国性综合交通枢纽、构建内畅外联的立体交通网是济宁市高质量发展的战略选择

山东在全省新一轮区域经济布局中比较重视半岛经济圈和省会经济圈，济宁市有被"边缘化"的风险。同样在鲁南，临沂快速赶超济宁，菏泽也奋起直追，济宁发展的危机感强烈。造成这一困局的原因固然很多，但其中最重要的原因之一就是济宁交通发展滞后，交通基础设施建设不能满足经济社会发展的需要。例如，国家铁路干线运用不足，南北快速通道未达一流。受南四湖自然保护区的影响，南部东西向通道偏少。"公铁水空"等各种运输方式联结不够，尚需深度融合等。在全国百舸争流、竞相发展的新形势下，打造全国性综合交通枢纽，构建内畅外联的立体交通网，跻身交通优先级、抢占发展制高点已成为济宁市实现争先进位和高质量发展的必然选择。

二、济宁市构建立体交通网、打造全国性综合交通枢纽的规划和实施情况

在座谈中，相关负责同志详细介绍了济宁市在构建立体交通网、打造全国性综合交通枢纽方面的规划和实施情况，并围绕存在的问题和困难进行了探讨。

（一）超前谋划、精心运筹，做好立体交通发展规划

"十四五"时期是我国全面开启交通强国新征程的历史性窗口期和战略机遇期，也是济宁市全面开创新时代现代化交通强市建设新局面的关键期。济宁市委、市政府高瞻远瞩、超前谋划，根据济宁市交通发展的条件和现实需要提出"十四五"总体发展目标：建成"强核心、优网络、立体互联、城乡协调、一体高效"的独具鲁南特色的现代化、高质量综合交通运输体系。大幅提升综合交通基础设施水平、交通运输服务品质、交通运输治理能力，全面服务济宁市经济社会发展需要，有力支撑各类生产要素合理流动和高效集聚，为构建淮海经济区重要中心城市、打造制造强市提供强有力的交通运输保障。

1.打造"五纵五横"高速公路网

根据"十四五"规划，济宁市将在"三纵三横"的基础上，再新增两条东西

向、两条南北向高速公路。到 2025 年末,高速公路新增通车里程 300 公里,形成主城区绕城高速环线和"五纵五横"高速公路网,进一步提升济宁交通枢纽的地位。东西方向有:平邑至郓城高速(兖州至梁山),连接兖州、汶上、梁山,快速连通新机场;潍坊至商丘高速(潍坊至邹城、济宁、金乡、商丘),途经邹城、微山、太白湖、任城、嘉祥、金乡,是连接济徐高速、岚菏高速、京台高速的快速走廊。南北方向有:济南至微山高速(济宁新机场高速),将成为主城区和沿线通往新机场和省会济南的最便捷的高速;东阿至郓城高速,将助力梁山县进一步完善综合立体交通网络。

2.打造轨道上的济宁

"十四五"期间,鲁南高铁、雄商高铁、济枣高铁将先后建成,与现在的京沪高铁形成"三纵一横"(三纵指京沪高铁、济枣高铁、雄商高铁,一横指鲁南高铁)高速铁路网。继曲阜、泗水之后,济宁主城区、兖州、嘉祥、梁山、邹城要通高铁,在济宁全市将有 8 个高铁站。鲁南高铁与已建成运营的南北向京沪高铁大动脉互联互通,形成济宁市向东连接沿海胶东经济圈、向西对接中原腹地的重要的快速通道,加快鲁南经济圈交通基础设施互联互通。雄商高铁在梁山设站,将加强其与京、津、冀、豫的联系,促进梁山县域经济发展。济枣高铁途经曲阜、邹城,沿线串联了"一山一水一圣人"传统旅游目的地,即将成为一条铁路线玩转山东各大主要名胜的旅游通道。另外,济宁市还将规划建设济南至济宁、济宁至徐州、济宁至商丘的高速铁路,进一步完善高铁网。规划建设济宁至曲阜高铁站、新机场的市域铁路,实现主城区至主要交通枢纽的快速通达。规划建设连接任城、高新、太白湖、兖州、曲阜、邹城、嘉祥的都市区城市轨道交通系统,强化铁路枢纽"四网融合"(干线铁路、城际铁路、市域郊铁路、城市轨道)。

3.打造北方内河航运中心

济宁被誉为"江北苏州""运河之都",大运河见证着济宁的变迁和兴衰。为了让这条历史上的黄金航道焕发新机,加快融入国内国际双循环,济宁市委、市政府明确提出将济宁打造成山东对内陆和国际开放的桥头堡。作为内陆城市通道,济宁市通过公水联运、铁水联运等方式向西连接陕西、山西等煤炭生产主要城市,往南打通连接重庆、湖南、湖北、江西、江浙沪的通道。而作为国际港口通道,济宁市开辟济宁港直达上海港和江苏太仓等国际港的货运通道,进而通达全球。为此,济宁市提出建设"一干双线、十二支"高等级内河航道网。"一干"就是京杭运河主航道,"双线"是(微山湖)湖东、湖西两条航道,"十二支"是连通运河主航道的支流河道。推进京杭运河主航道"三改二"、微山三线船闸等工程建设,实现水运网通江、达海、进京。

4.打造民用航空升级版

济宁机场原来设在嘉祥,为军民两用机场。为实现济宁市经济社会的高质量发展,经多方争取,国家批准在济宁市建设一座新机场。济宁新机场位于兖州漕河镇,服务能级全面提升,航站楼面积是原有机场的3倍,停机坪达到16个。预计到2025年,实现航线数量、旅客吞吐量、货邮吞吐量"三个倍增",建成"平安、绿色、智慧、人文"的四型机场,成为衔接鲁南、京沪等综合交通运输通道和京杭运河航道的区域航空枢纽,吸引人流、物流、资金流等要素加速汇集,形成济宁市开放发展新优势。

济宁市委、市政府提出,通过决战"十四五",至2035年在济宁全市实现"六纵六横"高速公路网互联互通,加速形成"米"字形高铁网,达到现代内河航运全国一流,济宁国家干线飞抵全球,交通网络相互连接配套、支撑互补,建成全国性综合交通枢纽,实现"1小时到济南、2小时进京、3小时抵沪、4小时通达全国",对内服务高质量发展、对外服务高水平开放。

(二)把牢关键、重点突破,协力推进战略实施

交通是经济运行的大动脉。济宁市委、市政府坚持发展第一要务,始终把交通项目建设作为推动经济发展的主引擎,以高质量项目建设推动全市高质量发展。济宁市发改委、交通、财政等部门坚守政治担当,扛牢主体责任,紧盯任务目标和完成时限,倒排工期挂图作战,奋力实现"十四五"交通规划目标。

1.创新工作推进体系

推进项目建设需要完善工作机制、创新思路办法,让力量更集中、职能更聚焦、管理更高效。

一是挂图作战精准发力。2018年6月,为抓好项目落实情况,济宁市委、市政府创新建立了重点项目挂图作战指挥部体系:在市级层面成立总指挥部,书记、市长任总指挥,全市30多个重要部门单位主要负责人任成员,下设推进保障办公室和各作战指挥部,合力推进全市重点项目建设。各作战指挥部和保障部门按照总指挥部的部署和要求,逢山开路、遇水搭桥,齐心协力夺取了一系列项目建设的重大胜利。2020年1月,济宁市重点项目挂图作战总指挥部荣获省委、省政府"勇于创新奖"先进集体称号。

二是持续推进促工作。围绕 2021 年的 22 个大交通项目建设,济宁市继续落实挂图作战指挥部推进体系,分别成立项目建设指挥部,由分管副市长任指挥长,坚持天天"一线工作法",靠上指导解决项目中的难点问题。

三是明确责任抓落实,坚持一个项目一个专班、一张清单、一抓到底,挂图上墙、按图推进,确保项目如期完成。

四是党建引领争创先锋。充分发挥党员先锋模范作用,在指挥部、各重点工程项目部均成立临时党支部,引导每名党员成为一面鲜红的旗帜、每个支部成为坚强的战斗堡垒。

五是科学管理增动力。强化"蓝、黄、红"三色管理,通过科学考核考出动力、考出干劲。加大一线考察推荐干部力度,让更多的干部特别是年轻干部锻炼在基层、提拔在一线,凝聚起广大党员干部和建设者奋勇向前的磅礴力量。

2.齐心协力攻坚克难

济宁市交通环建设指挥部组织开展"百日攻坚擂台赛",各施工单位你追我赶、奋勇当先,比速度、比质量、比干劲,市级领导和各级党员干部、一线工作人员苦干巧干,"把不可能变可能"。其中,新机场在最短时间内开工建设,国道 327 改建工程提前完工,环湖大道东线工程 2022 年 8 月已通车,创造了济宁交通建设新速度。国道 327 改建工程、济宁新机场、内环高架等项目在 2021 年全市提升干部执行力大会上受到市委、市政府的隆重表彰。鲁南高铁在济宁市设有泗水南、曲阜东、曲阜南、兖州南、济宁北、嘉祥北 6 个站点,目标定位高、建设任务重,被众人关注。该工程开工以来,各施工方科学制订施工计划,不断优化工艺流程,严格保证施工质量,曲阜至菏泽段已于2021 年 9 月 13 日正式送电、联调联试,提前完成了任务。2021 年底开通运营后,结束了济宁市没有东西向高铁的历史,与京沪高铁、京九高铁、青连铁路、郑徐客运专线等国家干线铁路互联互通,极大地便利了人民出行。泗河综合开发道路工程是济宁市重点项目挂图作战一级星标项目,其途经泗水、曲阜、兖州、邹城、高新、太白湖、微山 7 个县(市、区)和功能区,是一条集防洪、旅游交通以及服务沿线村镇 86 万人民群众为一体的惠民之路。面对错综复杂的施工环境,交通环建设指挥部坚持"问题在一线发现、措施在一线制定、责任在一线落实",将工作重心下沉到施工现场,紧盯项目进展,比预定的工期提前 1 年时间竣工通车。目前该工程已与京台高速、日兰高速、岚菏高速和建设中的济微高速以及国省道串联,不仅有利于沿线群众的出行及交流,还能促进当地经济发展。济宁内环高架因"超大体量、极高难度、工期极短",堪称济宁市政项目发展史上的重大工程之最。主城区城建重点项目建设指挥部成立服务专班,13个标段各施工单位克服疫情带来的种种困难,昼夜不停地压茬施工抢抓进度,一个节点紧接一个节点全力推进,只用1年半就提前建成通车,构建起内联外达的衔接通道,有力地缓解了城区交通拥堵问题。从城北到城南、从城东到城西仅需15分钟,极大地节约了出行时间。以上重大工程项目的实施使济宁交通拥堵指数降到全国百名之后,交通健康指数进入全省第一方阵。

3.坚守初心服务民生

围绕人民群众对美好出行的向往,济宁市加快建设人民满意交通,持续推进交通运输城乡基本公共服务均等化,办好各项交通民生实事。

一是"四好农村路"建设深入推进。以县城为中心、以乡镇为节点、以村组为网点的农村公路交通网络已经形成,农民群众"出门硬化路、抬脚上公交"的梦想基本实现。"交通+特色农业+电商""交通+文化+旅游"等发展模式以及农村特产、乡村旅游资源得到有效开发和利用,架起城乡流通、乡村振兴的快捷通道。

二是大物流建设生机勃勃。山东京杭多式联运(梁山港)运营,瓦日铁路与京杭运河实现联运,梁山港的煤炭、钢材、铁矿石等大宗货物可以沿运河入长江,辐射江浙沪,连接西部煤源产地和长三角经济区。兖州国际陆港物流园建设高效推进,"齐鲁号"中欧班列(兖州—华沙)成功开行,济宁和兖州成为"一带一路"的重要枢纽。

三是大公交建设高歌猛进。全市具备条件的建制村公交覆盖率达100%,济宁主城区至所有县(市、区)全部开通城际公交,在全省率先实现"县县通城际公交"。在全国地级市中率先实现全域城乡公交一体化,市、县、乡、村四级公交网络已经形成。出台一系列公交优惠政策,如60周岁以上老年人、退役军人免费乘坐公交,主城区早晚高峰期免费乘坐公交等。积极发展特色公交线路,开通中学助学公交线路50条、机场公交线路5条,开通夜间公交、大站快线、观光旅游公交等特色公交线路。

三、济宁市构建立体交通网、打造全国性综合交通枢纽急需解决的问题和困难

优势和困难共生,机遇和挑战并存。我们在调研中发现,济宁市在充分

利用有利条件、构建立体交通网、建设现代化物流体系的过程中也面临一系列问题和困难。

(一)对外通道能力不足,枢纽地位有待进一步提升

1.通道间能力不均衡,部分通道存在明显的短板

南北向京沪通道已形成了由京杭运河、京沪铁路、京沪高铁、G3 京台高速、G35 济广高速、S33 济徐高速等线路构成的多方式、多路径、高等级综合运输大通道。受到微山湖阻隔,东西向鲁南通道能力相对薄弱,目前仅有两条普速铁路和 G1511 日兰高速、董梁高速、枣菏高速具备通道功能,在跨南四湖南北 120 余公里的范围内陆路快速通道也仅有枣菏高速和 G518 两条。东西向通道薄弱,弱化了山东半岛城市群、中原城市群之间的快速联系能力,也使得大量东西向交通线路向北绕行至济宁主城区,增加了核心区的交通压力。

2.集装箱、件杂货泊位缺乏,港口枢纽亟待整合和集约化发展

目前济宁港小、散、弱,码头能力过剩和规模化、集约化港区缺乏的现象同时存在。除了主城港区、邹城港区具备较高的机械化装卸工艺水平外,其余码头大多设施简陋,布局过于分散,规模小,装卸工艺落后,只具备简单的装卸、中转功能,缺乏规模较大、集约化程度相对较高的公用码头。目前济宁港吞吐能力可达 6400 万吨,但是港口企业多达 55 家,规模层次少、码头吨级偏低且以散货泊位为主,大型专业化码头泊位数量少,集装箱、件杂货泊位更是缺乏,港口资源整合工作有待深入推进。济宁港吞吐量在京杭运河沿线 12 个港口中居第 7 位。济宁港是京杭运河沿线 4 个尚无集装箱运输的港口之一,而扬州港、淮安港集装箱运输均已形成较大规模。

3.机场发展瓶颈制约明显

济宁既有机场的容量较小,近年旅客吞吐量已达到 148.8 万人次,是2020 年设计能力的 1.4 倍。济宁曲阜机场距中心城区 50 公里以上,与《济宁市城市总体规划(2014~2030 年)》规划的城市发展方向相背离,对地方经济的拉动作用难以有效发挥。随着民航航线增多,军民航飞行矛盾增加,军民航飞行的矛盾日益突出。与此同时,现机场受制于地理条件,既有机场不具备飞行区扩建或建设第二条跑道的条件,制约了济宁市民航的进一步发展。

（二）骨干网络密度偏低，网络效能未得到有效发挥

1.干线公路路网密度位次与城市地位不匹配

2020年末，济宁市国省道公路密度为11.92公里/百平方公里，而2019年底山东省全省普通国省道平均公路密度为16.41公里/百平方公里。梁山、微山、金乡、泗水等多个县城居民上高速的距离超过15公里，降低了公路交通的服务品质。高速公路布局缺少放射线，任城与梁山、微山两县之间缺少短直高速连接，需多绕行10公里以上，降低了通行效率。高速、国道等高等级公路网密度偏低制约了区域公路快速客货运输的发展，同时也增加了既有干线路网的交通量压力。根据国家干线公路交通量统计数据，目前济宁市国道当量交通量高于山东省平均水平10个百分点以上。

2.铁路服务缺口较大，与人民群众的要求尚有一定的差距

济宁市位于国家"八纵八横"高速铁路网中京沪、京港（台）两条通道上，但铁路枢纽资源主要集中于市域东侧和西侧的曲阜、兖州和梁山，与城市发展中心存在一定的错位，存在一定程度的中部塌陷情况，铁路枢纽对济宁全域特别是中心城区首位度的提升作用不明显。此外济宁铁路资源南北方向强、东西联通弱的布局较为突出，横向辐射联通水平和能力相对不足。在市域层面上，汶上、金乡、鱼台、微山4县仍无铁路服务，已建成的运营线路中高铁班次数量偏少、普速铁路班次撤并速度偏快、曲阜东站能力紧张等问题也开始凸显，难以满足新时期区域客货需求。

3.高等级航道网尚未建成，支流航道等级偏低

济宁内河水运通航里程达1100公里，而高等级航道只有329公里，尚未建成高等级航道网，高等级航道也没有完全达标。支线航道等级更是偏低，除洙水河、白马河外，其他河流仍未按规划标准治理，千吨级以上船舶难以实现干支直达运输，严重制约了内河水运的快速发展。

（三）城市都市区通勤交通圈发展相对滞后，交通引导经济发展的潜力有待进一步挖掘

目前济宁市"1+4"都市区组团间的经济和社会活动交流日益频繁，但主要交通干道频繁交通拥堵、城市交通和对外交通之间衔接与协调不畅、城区过境干线公路和城市道路相互交织影响等问题较为突出。港口与产业、城市融合度不高。随着济宁经济社会发展、城市规模扩张以及打造旅游城市

的要求,港口的布局和结构性发展问题也逐步凸显。部分港口岸线已与城市功能相冲突,其港口功能被置换为城市功能,个别港口需要调整和迁移。例如主城港区郭庄作业区和微山港区、金乡港区、嘉祥港区的个别作业区与城市总体规划相冲突,亟待调整和疏解相关功能需求。济宁港航从业人员有20余万人,年上缴税费12亿多元,但水运行业生产总值仅占全市GDP的4.5%。与江浙等内河水运发达的地区相比,济宁水运经济的贡献度偏低,产业结构不合理,港口与产业融合度不足,临港产业、物流园区在运河沿线集聚度不高,水运对经济的拉动能力不强,与港产城一体化发展的要求不相适应。

(四)外部因素的约束日益突出

国家国土空间和环保管控政策逐步收紧,交通运输基础设施项目建设遇到的约束增多,项目建设周期趋长、项目建设难度增大。一是建设用地紧张。以公路建设为例,2020年底"三区三线"生态红线划定,目前来看全国和山东省生态红线内总面积均有所增加,与交通运输项目特别是线性工程产生冲突的概率加大,项目选址难度将进一步加大,与红线冲突的项目的建设周期将大幅拉长。二是受环境治理影响,大部分砂石料加工企业被迫关停,由于原材料短缺、供需矛盾突出,原材料的价格也随之暴涨,工程施工成本大大增加。债务风险管控总体趋严,交通基础设施建设养护的资金压力进一步放大。例如省列普通国省道投资计划项目中除安全风险路段整治提升和危桥改造项目当年足额下达投资计划外,路网新改建和养护大中修项目计划资金一般均分年度下达。一般建设项目为保证路网尽早恢复交通以及出于社会、经济效益等方面的原因多为当年完工通车,造成当年省部级投资计划资金缺口较大。三是地方配套资金压力大、融资难。由于这三条高速公路建设跨省、市,涉及建设用地、资金协调筹集,并且规模大,仅靠济宁市自身是难以解决的,需要国家和省级层面统筹才能有效解决。

四、济宁市构建立体交通网、打造全国性综合交通枢纽的对策建议

根据《山东省贯彻〈交通强国建设纲要〉实施意见》和《济宁市"十四五"综合交通运输发展规划》以及在规划和实施过程中需要面对的困难和问题,我们认为应该从以下方面着手解决。

（一）主动融入国家交通体系

济宁市有关部门应根据济宁市所处的区位和具有的综合交通优势条件以及在国家经济社会发展格局中的潜在辐射能力和影响,争取在国家交通发展规划中树立综合交通枢纽的定位。同时,依托国家综合运输大通道,主动融入"一带一路"和"长三角区域一体化"等国家战略,服务山东新旧动能转换综合试验区和鲁南经济圈一体化建设,支撑鲁南经济圈门户综合交通枢纽城市建设,构建便利连接京津冀和雄安新区、长三角城市群、山东半岛城市群核心城市、淮河生态经济带核心城市、中原城市群的区域综合运输通道。借助国家和区域政策提升区域内重要的政治、经济、人口节点的交通覆盖水平,按照发挥综合立体效能、集约化利用土地、实现生态绿色发展的理念优先推动通道内交通项目建设,尽快形成区域交通一体化网络的主骨架。通过建设全国性综合交通枢纽促进济宁市经济社会发展,带动鲁西南经济发展,辐射河南、山西等中西部地区发展。

据估计,到2025年初步形成以鲁南都市圈和淮海经济区门户功能为核心的现代化区域交通枢纽和快速连接周边主要城市群、都市圈的运输通道,基本形成"一圈六放射"综合交通运输通道布局体系,形成对鲁南经济圈内城市、济宁市域主要组团和城镇发展轴、重要产业带有机衔接,对外沟通国内、省内主要城市群(都市圈),畅通国内国际双循环的综合运输大通道。

（二）统筹建设重点综合交通枢纽

济宁市应进一步确立铁路和轨道交通在济宁交通运输体系中的骨干地位,以高速铁路、城市轨道交通为重点加快区域多层次轨道交通网络体系建设。通过完善多层次铁路网络和枢纽体系形成区域对外和内部组团间综合化、集约化、可靠化、便利化的轨道交通运输体系,有效集聚都市圈资源,提升都市圈核心城市在鲁南都市圈和淮海经济区的交通运输竞争力。

济宁主城区应建成集高铁、高速公路、普通铁路、国道、航运、轨道等于一体及公铁水空联运的分布式综合性交通枢纽。曲阜建设高铁、高速、国道、地铁等一体化交通设施,兖州建立机场、轨道、高速公路、铁路综合枢纽,梁山建立高铁、高速和航运枢纽。其他县区也要根据本地实际规划建设交通基础设施。要做到统筹规划、一体建设,各种交通方式有机联结,实现交通的便利性、快捷性、安全性和经济性。以此为依托发展经济园区,建立现代物流业,使人民的生活更便利。

(三)依法合理解决建设用地问题

济宁市东部和北部主要是泰莱山脉的余脉和丘陵地区,保护和开发都很困难。中西部地区主要是黄淮海冲积平原,是主要农业区,也是基本农田保护区。南部是微山湖以及纵贯济宁中西部的大运河,是南水北调东线工程的主要通道,也是国家环境保护和治理的重点区域。而且,济宁市全境储煤,是华东地区的煤炭主产区,采煤塌陷区面广量大,土地修复和环境保护的任务很重。这些都限制了济宁市的开发建设用地。根据《中共中央国务院关于建立国土空间规划体系并监督实施的若干意见》的相关要求,不得突破土地利用总体规划确定的耕地保有量等约束性指标,不得突破已经确定的生态保护红线和永久基本农田控制线,不得突破城市、镇的总体规划所确定的禁止建设区等规划强制性内容,不得突破新的国土空间规划提出的一些新的管理要求①,济宁市解决大规模交通建设用地问题的困难极大。在国家实行的土地用途管制制度下,结合国家和山东省现行政策,在交通建设项目报批时通常可以通过以下几个途径获取用地指标。一是国家和省立项的项目通过国家和省专项指标解决。因为国家和省立项的项目或重点建设项目立项,其用地需求将通过国家和省专项指标解决,不占用项目所在地的年度指标。但是,申报国家和省重点项目的具体条件在相关重点项目计划编制原则中有明确要求,每年根据具体情况予以调整。在现阶段工作中"农转用""规划用途调整"等用地报批相关的工作仍按照目前已发布的工作流程推进。建设单位应当对单独选址建设项目是否位于地质灾害易发区、是否压覆重要矿产资源进行查询和核实。位于地质灾害易发区或者压覆重要矿产资源的,应当依据相关法律法规的规定,在办理用地预审手续后完成地质灾害危险性评估、压覆矿产资源登记等。二是单独选址的交通建设项目并不适用于工业项目、商业项目、住宅项目、物流园项目。另外,由当地市级政府或县区政府立项的单独选址项目会占用当地的年度用地指标。在实际工作中,济宁市地方政府应该在不违反国家相关法规政策的前提下创造性地解决问题。

---

① 参见朱隽:《国土空间规划体系"四梁八柱"基本形成:强化规划实施监管的权威性,保证"一张蓝图绘到底"》,《人民日报》2019年5月28日。

(四)多方合力筹集建设资金

列入国家和省规划立项的交通建设项目以国家和省级资金为主,济宁地方政府提供适当的配套支持。地方单独选址的项目以地方政府资金为主,积极争取上级资金支持。对于能够闭环建设运行的项目,多争取企业投资、商业运营。开放式交通基础设施以财政资金为主,积极协调金融机构融资,不足的部分通过申请发行交通专项债解决。

济宁市立足本地区位优势和有利条件构建立体交通网、打造全国性综合交通枢纽,贯彻了新发展理念,有利于济宁市主动参与国内国际双循环、促进经济社会全面发展、带动鲁西南地区发展,有利于山东省实现区域协调均衡发展,有利于带动河南、山西等中西部内陆地区的发展。经过济宁全市上下的共同努力和顽强拼搏,立体交通格局初见雏形,也涌现出许多感人的人物和事迹。但是,面对建设需要解决的问题和困难以及需要完成的艰巨任务,仍然需要在市委、市政府的领导下,各部门通力协作,全市人民共同努力,为早日实现构建立体交通网、打造全国性综合交通枢纽的宏大目标以及实现济宁市经济社会全面发展而不懈奋斗。

中共济宁市委党校课题组负责人:陈绪民

课题组成员:李爱霞　管馨　周锋　张荣营

生态优先、绿色发展理念下
构建国土空间规划新格局
——以青岛市即墨区为例

本课题组通过对制约即墨区高质量发展的因素与问题进行分析,了解即墨区自然资源和城市建设相关情况,找准破解难题的关键所在。从构建国土空间规划新格局方面,具体比如集约节约利用土地、区域协同发展、在生态优先理念下强化生态保护红线、保障城镇开发边界等入手,准确把握习近平总书记重要讲话精神,力求完美打造先行样板,统筹利用好即墨山、海、河、岛、泉、湾、滩等丰富的自然资源,谋划好即墨东部、北部、西部与周边区域的协调发展,构建起全面融入青岛都市区发展大框架,积极探索城镇集约高效发展路径,为全面高质量发展做好引领。根据案例的效果启示,对即墨区未来更好地实现高质量发展提出了新一轮构建国土空间规划新格局的建议。

一、即墨区构建国土空间规划新格局的背景

习近平总书记在深入推动黄河流域生态保护和高质量发展座谈会上发表重要讲话:"加快构建国土空间保护利用新格局。要提高对流域重点生态功能区转移支付水平,让这些地区一心一意谋保护,适度发展生态特色产业。农业现代化发展要向节水要效益,向科技要效益,发展旱作农业,推进

高标准农田建设。城市群和都市圈要集约高效发展,不能盲目扩张。"①这不仅对黄河流域生态保护和高质量发展提出了新的思路和要求,也为即墨的高质量发展及国土空间规划工作指明了方向。当然,即墨区存在制约高质量发展的现实困境,近年来即墨区围绕这一困境不断开拓创新、打破思维约束,以构建国土空间规划新格局为突破点推动高质量发展。

(一)制约即墨区高质量发展的因素分析

农业生产用地:即墨区农业生产用地占比较大,耕地、园地超过即墨区土地面积的一半以上,仅次于平度市和莱西市。其中耕地面积863.6平方公里,占即墨区总面积的46.8%,人均拥有量70.5平方米。

森林资源:即墨区面积超过1600平方米的大片森林面积共计148.7平方公里,占即墨区总面积的8.1%,在青岛市10个区市中排名第8,低于青岛市平均水平。

水资源:即墨区的水资源总量在青岛市10个区市中排名第2,仅次于黄岛区,资源较为丰沛,但是折合年径流深不高,低于青岛市平均水平。

海岸线资源:即墨区海岸线占青岛市海岸线总长的20%,但是其自然岸线保有率仅为15.2%,低于青岛市平均水平(22%),更低于国家(35%)和山东省(40%)的标准。

土地开发潜力:即墨区未开发利用土地面积有221平方公里,在青岛市10个区市中排第3位。

城市空间扩张:即墨区中心城区建成区面积80.18平方公里,占即墨区面积的4.4%,排名仅比平度市和莱西市高,边界复杂程度在青岛市10个区市中排最后一位。

公共交通:即墨区的公交路线长度在青岛市10个区市中排名第3,网络密度排名第8;公交站点数量排名第3,密度排名倒数第2;公交站点对村庄/社区的覆盖率排名第7。

即墨区自然资源各项指标在青岛市各区市中的排名如表1所示。

---

① 《习近平在深入推动黄河流域生态保护和高质量发展座谈会上强调 咬定目标脚踏实地埋头苦干久久为功 为黄河永远造福中华民族而不懈奋斗 韩正出席并讲话》,2021年10月22日,http://www.news.cn/politics/2021-10/22/c_1127986188.htm。

表1　即墨区自然资源各项指标在青岛市各区市中的排名

类别	综合排名	指标	排名
自然资源	3	农业生产用地占比	3
		水资源总量	2
		海岸线长度	2
		自然岸线保有率	3
		人工岸线长度	2
		自然岸线长度	3
		露天矿产开采面积	3
		未开发利用土地面积	3
		面积大于1600平方米的森林面积	8

注:本表及前文数据截至2021年1月。

综合以上内容可以得出结论:即墨区的自然禀赋较好,在青岛市各区市中处于上游水平,但是城市建设、基本公共服务水平较低,城市扩张模式较粗放,土地开发强度不高,道路交通运输能力较弱。这些都严重制约了即墨的高质量发展。因此,即墨急需在宏观规划上找寻破解制约城市高质量发展难题的方法,以推动高效、可持续发展。

(二)制约即墨区高质量发展的具体问题分析

耕地保有量不足。截至2021年7月底,耕地面积774.74平方公里(不包括即可恢复、工程恢复地类),比2020年耕地保护目标(991.06平方公里,约合148.66万亩)少216.32平方公里。如果即可恢复地类(130.07平方公里)按耕地计算,仍比保护目标面积少86.25平方公里,主要为工程恢复地类。现有的永久基本农田中,现状仍为耕地的有666.04平方公里,比永久基本农田保护任务(861.99平方公里,约合129.30万亩)少195.95平方公里。如将其中的即可恢复地类(101.86平方公里)继续保留为永久基本农田,则和保护目标相比仍存在94.09平方公里的缺口,主要为工程恢复园林地及少量农村道路、沟渠等。

土地集约节约利用水平有待提升。根据统一时点更新成果,现有建设用地总面积为387.01平方公里。从青岛各区市人均建设用地对比来看(见图1),即墨人均建设用地为295.81 m²/人,高于青岛平均水平(234.82 m²/人)。建设用地整体集约节约利用水平有待提升。从青岛各区市建设用地地均GDP对比来看(见图2),即墨区地均GDP低于青岛市平均水平,远低于市南区、市北区等区。

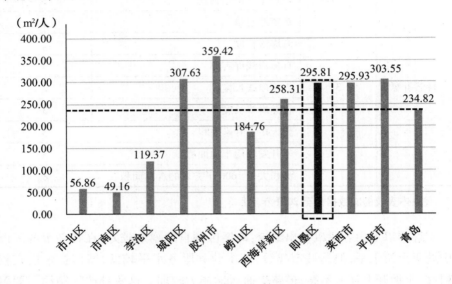

图1　青岛市各区市人均建设用地对比

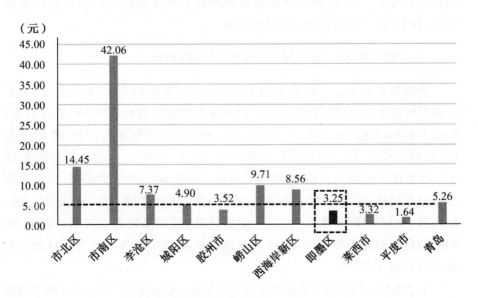

图2　青岛市各区市人均建设用地地均GDP对比

交通体系支撑不足。目前即墨缺少区域性交通枢纽,融青缺乏快速通道,公共交通形式单一,缺乏大运量轨道交通,区域交通趋向边缘化态势。融青衔接面临严峻的交通时间成本挑战,其中驾驶小汽车入青时间成本为1小时,公交车入青时间成本为2小时。即墨与城阳联系紧密,与市内四区联系较弱:与城阳交换量2.0万人次/天,与市内四区交换量为2.8万人次/天。

服务设施短板明显。目前即墨公共服务设施配置与市辖区的标准仍有一定的差距。即墨开发区体育中心、青岛国际博览中心等在用地规模和建设标准方面处于国内先进水平,但是文化馆、科技馆等高等级公共服务设施仍很缺乏。

土地利用总体规划村庄建设用地遗留问题有待解决。现行土地利用总体规划将68.04%的村庄建设用地规划为一般农地区(村庄建设用地为122.87平方公里,其中规划为一般农地区的有83.60平方公里)。现行土地利用总体规划村庄复垦腾退规模过大,在国土空间规划中需要将部分复垦腾退规模返还,加剧了城乡建设用地的供需矛盾。

部分批供用地难以使用。部分已批未建用地不符合土地利用总体规划建设用地条件,影响过渡期内的开工建设。将梳理的批供未建数据与土地利用总体规划进行套合分析,其中符合现行土地利用总体规划用途的有37.87平方公里,不符合的有13.43平方公里。按照青岛市"两规"一致性处理规定,在过渡期内不符合土地利用总体规划的如果开工建设,需要按法定程序调整土地利用总体规划。

二、即墨区构建国土空间规划新格局的发展策略

现有的推动即墨高质量发展的具体策略如下。这些策略是围绕构建国土空间规划新格局而展开的,在推动即墨区高质量发展方面有较好的效果。

(一)集约节约利用土地

针对即墨用地相对粗放、布局零散、耕地保护形势严峻等问题,按照国家要求盘活存量现状建设用地,改变"项目+地产"的捆绑开发模式。同时,努力向青岛市争取新增建设用地规模,全面推进即墨区国土空间分区规划编制工作,建立覆盖全域、海陆统筹的国土空间用途管控体系,打造即墨各类开发保护建设活动的基本依据。重点关注以下几个方面。第一,落实上级严控总量、盘活存量的相关要求,优化土地利用结构和布局,提高土地利

用效率。按照节约集约土地的理念,深化、细化"三线"(生态保护红线、永久基本农田、城镇开发边界)划定工作,将其纳入全国统一的国土空间基础信息平台,实行严格管控。第二,全区统筹,确保重点功能区的建设用地。深入开展城市空间发展格局研究,在上级建设用地规模明确后,汽车产业新城、蓝村及陆港区域、职教城、青岛蓝谷等作为建设用地规模的增量优先投放区。第三,实施区、镇两级国土空间规划联动编制,同步开展镇级国土空间规划编制。以第三次国土调查为工作底图,以镇、街道、功能区为规划单元,对零散用地、批而未供土地、村庄用地进行深化研究,对建设用地进行优化调整,按照增减挂钩思路逐步向城镇集聚。

(二)区域协同发展

即墨区具备成为联络枢纽、加强区域协作的优势,但目前区域协同方面缺少省级以上的政策支持,应积极争取。首先,即墨在区域协同发展中要承担更多责任,推动青岛蓝谷提升为国家级战略区域,建设国家海洋经济发展示范区,打造海洋经济高质量发展典范,支撑青岛全球海洋中心城市建设。其次,将田横、金口区域建设为山东省胶东经济圈一体化发展先导区。建议将该区域纳入青岛本轮国土空间规划,适当增加建设用地规模,以发挥即墨位于青烟威潍核心位置的区位优势,实现即墨区和莱阳市、海阳市设施共建共享、产业分工协作、生态共治共管。再次,将蓝村区域纳入胶东临空经济区、将陆港区域纳入轨道交通产业示范区统筹规划,促进产业协同发展、基础设施统筹规划建设。最后,推动即墨北部和莱西南部区域建设半岛先进制造业基地、青岛市先进制造业中心,形成"千亿元级"汽车、通航产业集群,进一步引导先进制造业企业落位,支撑青岛打造北部高端制造业走廊。

(三)在生态优先理念下强化生态保护红线

采取省级划定、区市校核的方式,经过与上级部门的多轮举证、反馈形成目前的划定方案,在本次规划中优先落实,实施严格的保护。其中陆域生态保护红线 56.52 平方公里(即墨全域占比约 3%,青岛全市占比约 7%),海洋生态保护红线 82.07 平方公里(即墨全海域占比约 4%,青岛全市占比约 9%)。

(四)保障城镇开发边界

在青岛市初步划定的方案中,即墨区城镇开发边界为 340.59 平方公里,其中集中建设区 259.54 平方公里、弹性发展区 28.58 平方公里、特别用途区 52.47 平方公里。因为边界范围较小,所以部分现状建成区、部分已批用地及近期重点项目未纳入城镇开发边界内,需要进行校核优化。即墨区多次与青岛市自然资源和规划局进行专题对接,反馈发展诉求。在青岛市方案的基础上进行校核优化,仍然无法包括部分近期重点项目、现状建成区、已办理农转用用地、重点功能区,导致后期发展空间受限,而且弹性发展区规模相对较大。

即墨区推荐方案统筹考虑汽车产业新城、蓝村及陆港区域、职教城、青岛蓝谷等重点发展区域的发展诉求,保障重点项目建设空间,在为未来发展尽可能预留空间的基础上进行"三线"协调划定。划定城镇开发边界 406.07 平方公里,其中集中建设区 324.68 平方公里、弹性发展区 40.24 平方公里、特别用途区 41.15 平方公里。即墨区在青岛市方案的基础上,主要优化战略功能区内的"三区"布局,尽量涵盖 2010~2019 年已批用地、现状保留用地,同时保障"十四五"及近期重点项目。目前的方案中空间增量与市局存在较大差距,本次规划增量空间十分有限,流量和存量的合理利用是本次规划的重点。下一步需与青岛市持续对接,不断优化城镇开发边界。

三、即墨区构建国土空间规划新格局取得的成效和启示

(一)取得的成效

在生态优先、绿色发展理念的指导下构建国土空间规划新格局,现阶段即墨取得如下成效。

1.形成全域发展新格局

青岛新一轮国土空间规划确立了"一主三副两城"的都市区空间结构,即墨、胶州、原胶南(现划入黄岛区)打造青岛都市区副中心城市,承担都市区专业化高端功能。即墨国土空间规划落实国家战略和青岛攻势要求,构建"一城两翼、一脉双轴、多组团"的城市发展新格局。一城是指以古城为核心的即墨主城。两翼包括东翼和西翼。东翼指以蓝谷为核心的环鳌山湾区域,打造胶东经济圈发展示范区,西翼指以国际陆港为核心形成以枢纽经济为特色的战略承载区。一脉指生态绿脉(崂山余脉)。双轴包括东西轴和南北轴。东西港湾创新轴联系并开放智港、即墨主城、蓝色东湾,作为城市创新驱动发展的轴线;南北城市拓展轴南向加强与青岛的融合发展,北向注重

与莱西等区域的协同发展,形成产业集群。多组团是指重要功能区和产业园区。

2.形成"一带两环多园多廊"绿地网络体系

借鉴波士顿"翡翠项链式"绿廊系统和新加坡城市公园绿道系统,利用区域性城市绿道、城市水系等,有机串联起城市绿色空间,并与滨海休闲空间进行贯通,规划形成"一带两环多园多廊"的公园城市结构。"一带"指沿鹤山路、蓝鳌路形成的通陆达海城市绿带。"两环"指在中心城区和青岛蓝谷区域利用区域绿廊、水系等联系各公园绿地节点的区域绿环。"多园"指多个大型公园绿地节点,如墨河公园、汽车城公园、环秀湖公园、龙泉湖公园、滨海公园、马山公园等。"多廊"指多条沿河、沿路、沿带状公园塑造的生态廊道。形成"以山起势、以路串景、山海联动"的即墨公园城市绿地网络体系,营造出"300 米见绿、500 米见园"的宜居宜人环境,助推即墨公园城市建设进程,"把城市建在公园里",让城市融入大自然。

3.以水定城保障城市供水安全

为充分支撑即墨国土空间规划成果,根据青岛市、即墨国土空间规划编制要求,即墨区共开展了 8 项一般技术支撑专题。通过强化用水总量管控、优化水资源配置促进水资源供需平衡。贯彻落实"节水优先、空间均衡"的治水方针,合理划定"三区三线",推进节约用水,以满足城市发展用水的需求,保障城市供水安全。

(二)启示:扎实推进新一轮国土空间规划编制工作

习近平总书记指出:"考察一个城市首先看规划,规划科学是最大的效益,规划失误是最大的浪费,规划折腾是最大的忌讳。"[1]因此,扎实推进新一轮国土空间规划是推动即墨高质量发展的重要条件。

新一轮国土空间规划编制必须将生态、安全放在首要位置,突出以人为本。一是强调底线思维,强化底线约束。把生态最根本的东西——生态保护红线,把农业生产、粮食安全的底线要求——永久基本农田等划定出来,严格保护起来,守住自然生态安全边界。二是由资源消耗型发展全面转向绿色可持续发展。规划要更加关注资源要素的节约利用,关注发展的高质量。三是贯彻对全域、全要素的管控。由城市发展引导单一要素转变为自

---

① 李斌:《人民日报时评:城市发展中规划失误是最大的浪费》,2014 年 5 月 21 日,http://www. gov.cn/xinwen/2014-05/21/content_2683397.htm。

然、人工全要素管控,将城市发展空间与山、水、林、田、草等视为一个整体来进行统筹,把海洋也纳入其中。四是从侧重规模扩张向注重集约高效转变。以往的规划主要靠做大城市预期发展规模来增加城市建设用地,而新一轮国土空间规划更强调土地的集约节约利用,研究存量用地挖潜、低效用地高效利用,探讨城市发展由外延式向内涵式转变、空间利用由粗放式向集约式转变的思路和方式。

即墨以习近平总书记的重要指示要求举旗定向,深入贯彻新发展理念,全面落实规划纲要,加强顶层设计和系统谋划,在推进落实黄河国家战略的认识上不断深化、思路上不断拓展、实践上不断丰富。从坚持规划引领、构建形成完整的规划政策体系到划定生态红线、稳步提升水安全保障能力,保持绿色高质量发展的良好势头,即墨把大势、抓大事、干实事,推动全区高质量发展空间不断拓展。黄河国家战略在即墨落实落地、取得明显成效。站上新起点,为了更好地服务黄河国家战略,我们必须切实增强"四个意识"、坚定"四个自信"、做到"两个维护",始终心怀"国之大者",保持历史耐心和战略定力,奋力激发黄河流域生态保护和高质量发展的劲头,全面提升城市整体竞争力、辐射引领力。

中共青岛市即墨区委党校课题组负责人:潘琳

济南市全面提升黄河文化影响力的战略路径研究

保护、传承、弘扬黄河文化是黄河流域生态保护和高质量发展的主要目标任务之一,立足实际提升黄河文化的影响力则成为济南城市高质量发展的重要要求,也成为济南推进新时代社会主义现代化强省会建设的题中之义。因此,本课题将聚焦济南市在黄河文化保护、传承、弘扬中的区位优势和特色资源禀赋,准确把握济南市提升黄河文化影响力的现状与问题,在前期对济南市委宣传部、济南市文化和旅游局、济南市文旅发展集团等10余个有关单位进行深入系统调研的基础上着力对济南市提升文化影响力的战略定位和路径选择进行探讨分析,形成具有理论指导性和实践参考性的研究成果。

一、济南市全面提升黄河文化影响力的可能性、必然性和重要性

深刻把握济南市全面提升黄河文化影响力的重大意义,系统分析济南在保护、传承、弘扬黄河文化中的区位优势和资源禀赋,科学把握提升黄河文化影响力对济南发展的战略意义,不仅有助于理解黄河文化的重要时代价值,而且是科学谋划黄河文化影响力提升战略路径的认识论基础。

(一)优越的区位优势和良好的资源禀赋构成济南市全面提升黄河文化影响力的可能性

济南是国家历史文化名城,有9000多年人类活动史、4600多年文明史和2600多年建城史。地处中华文明两大标志性山水——泰山北麓与黄河之滨,作为齐文化与鲁文化的交汇融合之地、龙山文化的发现之地、黄河文化

的代表之地、泉水文化的象征之地,济南是山东省的经济、政治、文化中心,承载和蕴含着龙山文化、大舜文化、泉水文化、名士文化、考古文化、饮食文化、扁鹊文化等一批独一无二的"文化"符号,文物古迹众多,历史名人荟萃,文化底蕴丰厚。进入新时代,济南作为黄河流域中心城市、东亚文化交融互通城市、中国非遗博览会永久举办地、山东半岛城市群核心城市、省会副省级城市、黄河流域与京沪经济走廊交汇枢纽型城市,经济总量实现万亿元历史性突破,城市能级和核心竞争力明显提升,城市的国际影响力稳步提升。济南作为黄河流域唯一沿海省份的省会,位于黄河流域与京沪经济走廊的交汇点,是东西发展、南北交通的重要支撑点,在保护、传承、弘扬黄河文化上具有独特的文化和地域优势。

丰富的文化资源遗产为全面提升济南黄河文化的影响力奠定了良好的基础。在城市格局方面,黄河横穿济南,两岸鹊山、华山对立,夹卫大河,气魄万千,为济南注入了阳刚大气、雄浑豪迈的气质,与"家家泉水、户户垂杨"的秀美恬静互相补充、互相对应,形成了济南独特的城市魅力。在历史文化方面,丁宝桢、张曜、刘鹗、陈恩寿等晚清名臣名士治理黄河,留下了"勇于任事""张公柳"等诸多佳话。在红色文化方面,黄河周边的泺口九烈士纪念碑、王士栋烈士纪念碑、鹊山惨案纪念碑等均已成为传承革命精神、开展爱国主义教育的重要基地。除此之外,泺口、崔寨等码头文化,华阳宫等代表性建筑,黄河鲤鱼、泺口醋、黄河大米、崔寨香瓜等特色名产以及德兰柳编、黑陶制作技艺、黄河泥塑等众多非物质文化遗产,都是黄河给予济南的宝贵的文化遗产。自1855年黄河北夺大清河入海以来,济南的城市发展变革就始终与黄河息息相关。1952年,毛泽东同志出京考察黄河,第一站就来到济南,视察黄河泺口大坝。中华人民共和国成立70多年来,济南人民积极参与治理黄河、开发黄河,城市的景观风貌、人文气息里都留下了深深的黄河烙印。

(二)重大战略机遇和城市战略目标构成济南市全面提升黄河文化影响力的必然性

文化是城市发展的核心要素内容。进入新时代,济南作为省会城市迎来重大战略机遇,黄河流域生态保护和高质量发展重大国家战略、"强省会"战略、新旧动能转换机遇、自由贸易区山东片区建设、"一带一路"国际重要门户城市建设等构成了济南城市发展的战略机遇期。"十四五"时期,济南市将基本建成"文化济南"作为战略任务,努力将济南建设成为全国重要的区域文化中心。"文化兴,则城市兴"。这些重大战略机遇与城市发展的长远目标势必都要求将文化建设摆在极其重要的位置。黄河文化作为济南城市的重要的文化禀赋,打造全国乃至世界范围内黄河文化新高地,扩大城市的影响力和竞争力,内在契合当前济南市发展面临的重大机遇,是济南城市高质量发展的重要举措。其符合重大战略机遇和城市发展目标的内在要求,更适应济南加快构筑全国重要的区域文化高地、世界文明交流互鉴重要门户和国际知名文化旅游目的地的内在战略要求。

(三)扩大城市影响力和深化城市内涵构成济南市全面提升黄河文化影响力的重要性

城市品牌的价值挖掘、形象推介、品牌传承,实质就是展现城市特色与魅力,扩大城市的知名度和美誉度,以此提升城市的对外吸引力、影响力和辐射力。在现代城市发展过程中,在世界范围内已经形成了诸多具有代表性的城市品牌形象,比如"人间天堂"杭州、"世界时尚之都"米兰、"花园城市"新加坡、"水上都市"威尼斯、"骑士之城"普罗旺斯等。这些城市品牌形象的塑造不仅极大地增强了城市对旅游观光者、人才、企业的聚合力,也极大地提升了城市的对外影响力和知名度。黄河文化作为中华民族的根与魂,势必成为济南城市对外交往最宝贵的文化财富。持续挖掘黄河文化资源,把黄河文化作为济南的重要标识,有助于扩大济南对外的知名度和美誉度。

同时,加快建设大气秀美、清新靓丽、古今交融、品质上乘的时尚之城是济南城市更新和城市治理的重要目标。城市文化品质不仅赋予了城市内涵,而且还蕴含着城市的精神纽带与文化依托,更体现为城市特有的文化品格。黄河文化内在蕴含着无私奉献、包容开放、勤奋进取、厚德朴实的优秀品质。深度挖掘黄河文化的精神品质,传承、弘扬黄河文化的精神品格,使黄河文化浸润整个城市,成为济南的重要文化名片,有助于滋养城市的文化精神,有助于促进城市更加均衡全面发展,有助于优化提升济南城市市民的精神文化风貌。

二、济南市全面提升黄河文化影响力的经验做法和问题分析

近年来,为深入贯彻落实习近平总书记关于黄河流域生态保护和高质

量发展系列重要讲话精神,济南市持续聚焦学习郑州、西安在推动黄河流域生态保护和高质量发展方面的好经验、好做法,全力推动黄河文化保护、传承、弘扬,形成了诸多有益的经验做法。在明确济南市提升黄河文化影响力的现状的基础上,深刻把握济南市全面提升黄河文化影响力面临的问题并分析其内在的原因,对科学谋划全面提升黄河文化影响力的战略路径具有重要意义。

(一)济南市全面提升黄河文化影响力的经验做法

1.认真梳理黄河文化资源

加大对古济水、黄河文化的研究力度,积极开展与黄河文化有关的文物资源、非物质文化遗产资源、旅游资源普查,逐步建立黄河文化资源数据库。目前,通过启动黄河旅游资源普查,系统搜集和整理沿黄包括全国重点文物保护单位在内的各文物保护单位、各级非遗项目等,形成了较为全面的黄河文化资源。精心谋划黄河生态风貌带建设,组织编制《济南市黄河生态风貌带规划文旅专题研究》,加快推进明水古城、乐华城、丁太鲁文旅城等一批大型文旅项目,打造黄河文化旅游新高地。

2.强调区域战略协作

牵头成立山东黄河流域城市文化旅游联盟,强化与省内其他沿黄城市的合作,举办召开山东黄河流域城市文化旅游联盟成立大会,起草完成《山东黄河流域城市文化旅游联盟合作协议》。联合发起成立"黄河流域省会城市文化旅游联盟""黄河流域省会城市阅读推广联盟+",打造沿黄省际文化交流合作品牌。

3.策划打造具有影响力的节会活动和项目

举办中华文化枢轴文旅协同发展座谈会,签订《中华文化枢轴文旅协同发展战略合作协议》,搭建起文旅行业先行先试平台,努力推动济南市与中华文化枢轴相关城市广泛开展文旅合作,建立一体化合作机制、实施一体化战略规划、强化一体化品牌打造、推动节庆一体化联动、构建一体化开放市场、编织一体化监管网络,加快济南、泰安、济宁文旅一体化发展,打造国内文化旅游新高地和世界文明交流互鉴高地,拓展黄河文化的影响力。积极承办中国黄河文化经济发展研究会工作会议,联合黄河九省(区)在博览会上设立"沿黄九省(区)黄河文化非遗展示专区",集中展示黄河流域丰富的非物质文化遗产,促进黄河文化的交流传播。举办"千里走黄河文化节"系列活动,推出黄河沙雕展、黄河绘画摄影展、黄河文化市集、跑游黄河等活动,努力讲好"黄河故事"、弘扬黄河文化。

(二)济南市全面提升黄河文化影响力面临的主要问题

1.文化资源研究整合不够好

当前关于黄河文化的界定尚未形成体系,人们对于黄河文化的理解多停留在非物质文化遗产、红色革命文化、自然生态风貌、名士文化等层面,呈现出碎片化的零散状态,难以有效整合。对黄河文化的研究认识也不够深,党员干部中仍然存在对黄河文化的内涵认识不清的问题,造成了在实践层面对黄河文化的挖掘、整理不够好。

2.文化知名度和影响力不够高

当前对于济南在黄河文化中的地位的认识仍然不清,造成了济南黄河文化影响力体现在理念而非实践层面。与郑州、西安等城市相比,郑州早已提出打造黄河文化主地标城市。理念不够新与举措不够实造成了济南市在黄河文化的影响力上已经跟其他城市形成了一定的差距。济南黄河文化的对外影响力不强,仅从中国旅游城市的吸引力来看,济南市与黄河流域副省级城市、省会城市存在一定的差距,各项指标排名靠后。在中国旅游城市吸引力排行榜中,济南仅列第30位左右,而西安位于前10,郑州则居第15位左右。

3.文化经济发展不充分

调研发现,当前围绕保护、传承、弘扬黄河文化的举措更多地聚焦于公共服务文化设施,围绕黄河文化形成的文化产业总体规模偏小、企业数量质量不高,没有形成自身的特色和品牌,存在特色不突出和竞争力不强的问题。尤其是对丰富的黄河文化资源的产业化开发仍然存在着对历史文化资源的挖掘和整合提升不力的问题,这已经成为影响济南提升黄河文化影响力的重要因素。

4.文化宣传推介方式不够新

对黄河文化的宣传推介力度还不够,总体上规模偏小、参与度不高、知名度不高,至今没有形成固定的主会场和随时可参与的核心项目,应有的带动作用尚未发挥出来。缺乏核心文化品牌,品牌效应没有发挥。对黄河文化资源的挖掘目前主要集中于与黄河相关的历史典故和诗词文本,尚未深入挖掘黄河文化的内涵。

5.文化保障要素不充分

缺乏关于保护、传承、弘扬黄河文化的中长期规划体系,近期内进行的对黄河文化的开发保护也缺少前瞻性的科学规划引领,造成黄河文化的开发不成体系、不成品牌。公共文化设施建设不够完善,虽然已经布局黄河文化展览馆、黄河文化公园等项目,但是从整个济南黄河段沿线看仍然存在交通、医疗、卫生、文化场所不够多的突出问题。另外,关于黄河文化发展的人才、资金、政策的专项支持也没有。

(三)济南市提升黄河文化影响力面临问题的原因分析

马克思主义哲学深刻揭示了客观世界特别是人类社会发展的一般规律,在当今时代依然有着强大的生命力,依然是指导我们前进的强大的思想武器。深刻分析当前济南提升黄河文化影响力面临的复杂问题,坚持通过哲学思维探究问题的根源,对复杂的问题简单化理解,有助于我们弄清楚问题的根源,进而提出有针对性的对策建议。

1.品牌化思维不强

文化品牌是城市文化发展的灵魂。当前济南提升黄河文化影响力仍然缺乏品牌意识和品牌观念,尚未形成明确的品牌战略,限制了黄河文化知名度和美誉度的提升。

2.市场化思维缺乏

从城市文化资源的开发理念看,济南缺乏市场化思维和资本观念,思维仍然局限于旅游层面,没有从市场的角度发掘黄河文化资源深层次的商业价值,开发思路上也缺乏创新性与开拓性,没有很好地运用现代市场经济手段包装开发黄河文化资源。从城市文化的相关产业层次看,文化产品的品质档次较低、质量较差,没有让人耳目一新的品质特色文化创意产品。从产业链看,对黄河文化资源的开发也没有形成更具特色的新兴业态和产业形式,产业开发仍然局限于景点旅游层面,既没有形成高品质的产业品牌,也没有与康养产业、绿色产业、文创产业、休闲产业等新兴业态融合。

3.数字化思维滞后

从黄河文化宣传推介的理念看,对黄河文化的宣传缺乏用户思维、简约思维、跨界思维等新兴互联网理念,仍然采取政府主导、跨地区宣传、主流媒体推介的传统推介方式,导致宣传推介不能产生最大的效果。从文化内涵的挖掘看,当前对黄河文化的推介内容单一,仍然主要以黄河文化资源本身来展现,缺乏对深层文化内涵的挖掘。推介宣传力度不够,对于网络新媒体、短视频、微信、微博等的运用不够新颖与有效,在形式上仍然采取传统宣传片的方式。产生较好的影响力的宣传推介较少,尤其是针对年轻人的宣传推介方式相对落后。宣传策划的口径也较为狭窄,对国际会议、文化艺术活动、学术活动等形式的运用不够,宣传策划仍然聚焦于传统的宏大叙事方式,没有在"小""新""深"等方面下功夫。

4."肢解型"思维限制

缺乏整体性的管理开发,缺乏从济南全市整体的角度进行谋划设计,缺乏融合全省乃至全国的同质文化资源"为我所用"的眼界,造成济南黄河文化局域于一个景点、一个产业、一个文化企业,而没有形成整体性开发。从市域内看,济南历史文化资源丰富,但是地理位置较为分散,缺乏整体性的规划,造成黄河文化资源的开发保护利用各自为战的现象,没有形成"大旅游"的格局,没有整体性的工作机制。同时,忽视了与齐鲁文化、泉水文化、名士文化、非物质文化遗产、红色文化、地域饮食文化的共同性开发,导致城市文化的持久吸引力不强。

三、济南市全面提升黄河文化影响力的战略路径

立足济南市的实际,结合调研情况,明确济南全面提升黄河文化影响力的战略定位,进而提出全面提升济南黄河文化影响力的路径选择,对明确工作方向与实践重点有重要价值。

(一)实施黄河文化品牌战略,做优世界级文化品牌,打造具有国际知名度的中华优秀传统文化"城市名片"

目前,黄河流域各重要城市都结合自身的特点提出提升黄河影响力的战略目标。郑州市立足黄河文化遗存提出建设黄河文化的主地标市,银川市提出要建设保护、传承、弘扬黄河文化的先行区示范市,兰州更是立足于黄河穿城而过的文化特点提出建设黄河之都。从战略规划看,郑州市最新出台制定的《郑州建设黄河流域生态保护和高质量发展核心示范区总体发展规划(2020~2035年)》和《郑州建设黄河流域生态保护和高质量发展核心示范区起步区建设方案(2020~2035年)》推动建构黄河文化大遗产廊道。各城市保护、传承、弘扬黄河文化呈现出百花齐放、百家争鸣的景象,科学谋划济南市保护、传承、弘扬黄河文化的战略目标也显得尤为重要。

目前,《济南市黄河流域生态保护和高质量发展规划》《济南市"十四五"文化和旅游发展规划》也都将济南的发展目标定位于黄河文化保护、传承、弘扬样板区,着重从儒家文化、泉水文化、红色文化、龙山文化、齐鲁文化的融合上做文章,从打造中华优秀传统文化创造性转化、创新性发展示范城市上下功夫,从规划建设黄河国家文化公园等基础设施上谋新篇,让黄河文化在新时代更具影响力。

实际上,济南市保护、传承、弘扬黄河文化应该聚焦于"山水圣人"中华文化枢轴建设,联动孔子、泰山等世界级文化资源,联动沿黄九省区,引领黄河沿线城市文化交流,倡导世界文明之间的发展对话,打造世界文明交流互鉴高地,向世界输出"黄河故事"文化品牌,推动济南跻身"世界历史都市联盟",让济南成为中华优秀传统文化创造性转化、创新性发展的对外展示的国际门户城市,全面打造具有国际知名度的中华优秀传统文化"城市名片",不断打造具有世界级影响力的黄河文化品牌。

(二)立足黄河文化遗产保护打造城市文化深度挖掘区,高标准建设黄河文化景观带

黄河文化景观带是保护、传承、弘扬黄河文化的载体与呈现。因此,高要求打造以黄河文化为主体的城市文化深度挖掘区,组织挖掘开发黄河各类型自然、人文、历史等资源,梳理形成景观错落有致、内涵丰富的黄河文化景观带,是夯实济南黄河文化影响力的基础性条件。

因此,高标准建设黄河文化景观带,就要高标准夯实黄河流域的生态环境基础,以黄河国家湿地公园建设为突破口打造形成"山、泉、湖、河、城"相互融合的独特的综合生态体系,注重黄河流域生态环境的恢复。就要积极开展对黄河文化资源的全面普查,建立健全黄河文化资源数据库,打造黄河文化资源公共数据平台。就要深度实施黄河文化遗产保护工程,建立健全实物保存、技艺保存、数字保存等三大保护体系,积极建立高层次的黄河文化研究平台,打造具有济南特色和学术影响力的黄河文化研究高地。就要夯实黄河文化景观带打造的研究基础,积极组织各单位开展黄河文化遗产保护利用的专题性研究,形成具有权威性和指导性的研究成果。就要不断挖掘黄河文化的深刻内涵,厘清其内在包含的中华优秀传统文化、革命文化、社会主义先进文化精髓,提炼济南黄河文化时代精神。就要积极开展黄河文化遗址保护、抢救和修复工程,加快城子崖国家考古遗址公园和大辛庄

考古遗址公园建设,强化对黄河沿线传统古村、传统民居、古树名木保护等物质文化遗产的保护。就要积极挖掘非物质文化遗产,系统整理以黄河民间文学、传统工艺、地方戏曲、风土人情、神话传说、民间故事、红色事迹等为主要内容的非物质文化遗产,建立黄河非物质文化遗产资源库,加大黄河非遗项目扶持力度,打造黄河演艺、黄河技艺等特色品牌项目。

(三)聚焦世界产业前沿,做大、做强、做响优质文化产业,推动黄河文化经济高质量发展

文化经济发展水平是衡量城市文化竞争力的重要标准,也是不断提升黄河文化影响力的重要基础。因此,聚焦世界文化产业发展前沿,结合济南的黄河文化资源禀赋和区位优势,制定产业发展规划,引导形成优质的黄河文化特色产业集群就显得尤为重要。

推动黄河文化经济高质量发展,就要积极打造黄河文化"城市会客厅",集中布局博物馆等综合性文化馆群,打造展现黄河文化、齐鲁文化的重要地标,夯实黄河文化产业发展的区域环境基础。就要立足于中华优秀传统文化、红色文化、泉水文化等资源大力发展文化创意设计、工艺美术、游戏游艺、影视、动漫、出版等产业,培育数字艺术、网络视听、文化电商等新型业态,形成黄河文化相关特色产业集群,打造中华优秀传统文化"双创"的产业高地。就要不断推进老旧工业厂房再利用,引导布局集艺术创作、创意设计、影视制作、广告策划、休闲娱乐等为一体的多业态文化产业园区。就要引导企业创新,加大扶持力度,支持重点文化企业做大、做强,中小微企业做特、做优。

推动黄河文化经济高质量发展,务必要打造精品黄河文化旅游带,推动黄河文化旅游高质量、高品质发展。这就要依托新旧动能转换起步区,规划建设泺口古镇、黄河文化展览馆、百里黄河风景带、鹊华秋色园等重点项目,推动黄河国家文化公园建设,打造济南黄河文化主地标。就要积极鼓励黄河沿线景区创建国家级旅游景区,建设一批特色化、品牌化主题酒店、精品民宿,培育一批特色美食街区、特色餐饮企业。就要不断推动黄河文化旅游与工业、体育、医疗康养等融合发展,打造一批工业旅游示范点,鼓励发展水上运动、房车露营等旅游项目,建设一批温泉康养、森林康养、田园养生等康养旅游基地。就要认真策划黄河文化旅游精品线路,统筹整合黄河文旅资源,构建"春赏花、夏休闲、秋采摘、冬康养"的黄河文旅产品体系。就要不断

策划举办黄河文化旅游主题活动,坚持"一区一主题,一季一特色,一月一活动",策划举办黄河文化博览会、黄河大堤骑行节、黄河沙雕、黄河文物展、黄河摄影艺术节、"大美黄河"书画展、黄河消夏露营节、黄河研学旅游节、黄河文化音乐周、金秋丰收节、黄河精品美食节、鼓子秧歌非遗展演、黄河温泉康养节和黄河古村非遗节等黄河文化旅游节事活动,构建全方位、全领域、贯穿全年的黄河文化旅游主题活动。

（四）讲好黄河故事,创新文化传播方式,打造黄河文化交流传播的新高地

新时代,创新文化交流传播方式、讲好黄河故事成为济南提升黄河文化影响力、打造黄河文化交流传播的新高地的必然选择。

打造黄河文化交流传播的新高地,就要在活动上下功夫,积极开展沿黄群众性文化活动,提升黄河文化的对内吸引力和影响力。要深入发掘和盘活优秀的民间文化艺术资源,鼓励创建一批"中国民间文化艺术之乡"。就要充分发挥群众文艺团体、文化和旅游志愿者的积极性,激发广大群众参与文化活动的热情。依托各类公共文化服务设施和旅游景区提供更多内容健康、形式活泼,群众乐于参与、便于参与的活动载体,助力黄河文化传承、弘扬。就要牢固树立以人民为中心的创作导向,推出一批黄河文化、泉水文化题材的文化艺术精品,培育一批热爱黄河文化、扎根乡土基层的群众文艺人才队伍。就要扶持庄户剧团、民间艺术团体发展,将黄河题材戏曲纳入"一村一年一场戏"活动。通过以上举措,全面实现黄河文化在济南市的繁荣发展。

打造黄河文化交流传播的新高地,就要创新文化交流传播机制,要更新城市文化资源的宣传推介理念,培育互联网用户思维、简约思维、跨界思维,按照用户需求与信息传播规律探索适应网络空间和青年群体需要的传播方式。要培育宣传推介精品,借助互联网短视频、新媒体、微博、微信等平台,采取形式新颖、内容富有感染力、具有活力与创意的短视频、纪录片等形式,在网络空间、主流媒体层面大力推介泉水文化品牌,提升济南的知名度和美誉度。要善于搭建宣传推介的平台。

打造黄河文化交流传播的新高地,就要积极搭建黄河文化对外展示传播的平台,积极借助新业态、新产品、新技术拓展黄河文化传承的载体和传播渠道,扩大传播范围,提升传播效果。就要积极塑造文化品牌,不断塑造

"大河之畔·天下泉城"品牌形象,完善品牌标识体系,完善宣传体系,积极参与"中国黄河"国家形象宣传推广活动。就要不断促进黄河文化对外交流,加强同黄河流域其他城市的文化互动,携手策划打造有影响力的黄河文化文旅活动,加快构建文化旅游长效合作机制,策划打造国际黄河文化交流平台,积极开展国际文化交流活动,共同打造黄河文化保护、传承、弘扬示范和样板。

中共济南市委党校课题组负责人:魏建国

课题组成员:张　讯　史书铄　张爱军　冯　波

闫玉忠　段西蓉　陈　静　刘　潇

沂蒙精神是黄河文化的齐鲁篇章

——关于沂蒙老区对接黄河文化的研究报告

黄河是中华民族的母亲河,黄河流域一直是华夏民族繁衍生息的重要家园。黄河文化根基深厚,孕育了河湟文化、关中文化、河洛文化、齐鲁文化等特色鲜明的地域文化。体现黄河文化和齐鲁文化基本价值的沂蒙精神是中国革命精神谱系的重要组成部分。临沂作为沂蒙老区的主要部分和沂蒙精神的主要诞生地,对接沿黄文化遗产资源,延续历史文脉和民族根脉,深入挖掘黄河文化的时代价值,大力弘扬沂蒙精神,可以更好地满足沂蒙老区人民群众精神文化生活需要,厚植沂蒙老区发展的精神力量。

一、沂蒙精神对接黄河文化的背景动因

黄河在山东入海,黄河文化是中华文化的源头,齐鲁文化是中华文化和黄河文化的代表,而沂蒙精神是中华文化、黄河文化、齐鲁文化在沂蒙的当代体现,是中国精神和中国革命精神谱系的重要组成部分。体现齐鲁文化现代价值的沂蒙精神既是黄河文化的地域体现,也是中华文化和黄河文化的本质表达。

(一)光大沂蒙精神和弘扬黄河文化都是习近平总书记的嘱托

党的十八大以来,习近平总书记多次实地考察黄河流域生态保护和经济社会发展情况,就黄河流域经济发展和区域生态保护作出重要指示批示。习近平总书记强调黄河流域生态保护和高质量发展是重大国家战略,要共同抓好大保护,协同推进大治理,着力加强生态保护治理、保障黄河长治久

安、促进全流域高质量发展、改善人民群众生活、保护传承弘扬黄河文化,让黄河成为造福人民的幸福河。①

2013 年 11 月,习近平总书记在山东考察时对沂蒙精神有高度肯定和系统论述。在临沂华东革命烈士陵园参观沂蒙精神展后,他表示,"历史不能忘记,回想当年峥嵘岁月,我们很受教育。""革命胜利来之不易,主要是党和人民水乳交融,党把人民利益放在第一位,为人民谋解放,人民跟党走,无私奉献,可歌可泣啊!沂蒙精神要大力弘扬。"②关于沂蒙精神,习近平总书记指出:"沂蒙精神与延安精神、井冈山精神、西柏坡精神一样,是党和国家的宝贵精神财富,要不断结合新的时代条件发扬光大。"③

(二)光大沂蒙精神是弘扬黄河文化的地域体现

黄河发源于青藏高原巴颜喀拉山北麓,呈"几"字形流经青海、四川、甘肃、宁夏、内蒙古、山西、陕西、河南、山东 9 省区,全长 5464 公里。黄河流域西接昆仑、北抵阴山、南倚秦岭、东临渤海,横跨西、中、东部,流域面积近 80 万平方公里,是我国仅次于长江的第二大河。根据《黄河流域生态保护和高质量发展规划纲要》规划范围,黄河干支流流经 9 省区相关县级行政区,2019 年末流域内总人口约 1.6 亿,面积约 130 万平方公里。黄河流域是经济发展的重要区域,是生态保护的重点区域,也是国家经济高质量发展大局的重要组成部分。

沂河古称沂水,古代为泗水的支流。沂河纵穿临沂城区,是山东第二大河,被临沂人民誉为"母亲河",获评全国十大"最美家乡河",是淮河流域水质最好的地区。在历史上的多次改道中,黄河夺淮、泗入海后,沂水成为黄河支流。1604 年,开河运航道成,沂水又为新开运河所截,不得入黄河,因而改道南流。沂水和蒙山并称沂蒙山区。蒙山是山东第二高峰,孔子登东山而小鲁的东山就是蒙山。沂蒙山区曾经生存条件恶劣,"四塞之崮、舟车不通、土货不出、外货不入",沂蒙人民在与艰难困苦的斗争中逐渐形成了坚韧不拔、艰苦奋斗的品格。

---

① 参见《中共中央国务院印发〈黄河流域生态保护和高质量发展规划纲要〉》,2021 年 10 月 8 日,http://www.gov.cn/xinwen/2021-10/08/content_5641438.htm。

② 《习近平:沂蒙精神要大力弘扬》,2013 年 11 月 25 日,http://www.xinhuanet.com//politics/2013-11/25/c_118286985.htm。

③ 《习近平讲党史故事》编写组编:《习近平讲党史故事》,人民出版社 2021 年版,第 145 页。

二、沂蒙精神与黄河文化的契合性和共通性

黄河是中华民族的母亲河,数千年来人们繁衍生息形成了独特的黄河文化。关于黄河文化的内涵,李立新教授从考古学文化、区域文化和文化属性三个方面进行了论述。他认为黄河文化记录了中华民族迈向文明的历史进程,它把流经区域的各种文化融合串联,形成了历史厚重、博大精深的黄河文化。黄河文化具有连续性、根源性、正统性、包容性、创新性等特征。[①]作为黄河入海口的山东从远古时期就是文化兴盛的地方,大汶口文化、龙山文化和以这二者为代表的东夷文化在同时代处于领先的地位。随着文化的发展和更迭,齐文化和鲁文化互相交流影响,形成了齐鲁文化。汉武帝后,齐鲁文化已经逐渐在政治上和文化上占据了支配地位,成为黄河文化在相当长的历史时期内的代表。沂蒙精神的形成受到黄河文化和齐鲁文化的影响,是黄河文化与沂蒙地域结合的产物。具体来看,黄河文化和沂蒙精神都具有海纳百川、革旧鼎新、艰苦奋斗和与时俱进的特质。

(一)黄河文化和沂蒙精神都具有海纳百川的特质

黄河文化在发展过程中北顾草原、南融长江,兼收并蓄,形成了多元一体的文化综合体。受到黄河文化影响的沂蒙精神明显具有包容性的特征。沂蒙精神的形成基础之一是黄河文化的代表儒家思想。《论语》中讲到"四海之内,皆兄弟也",在沂蒙地区演化为朴素的"来者是客"的思想。战争年代,沂蒙人民积极响应党的号召参军支前,沂蒙山成为我党最重要的一块根据地。中华人民共和国成立以后,党带领沂蒙人民披荆斩棘、艰苦创业,面对艰苦的生产生活条件,不向困难低头,谱写了一曲又一曲开拓奋进的新战歌。改革开放时期,党引导沂蒙人民抓住改革开放和市场经济的发展带来的千载难逢的机遇,解放思想,奋发进取开创了改革和发展的新天地。如今,临沂商贸城连续20余年商品成交额居全国批发市场前三位,成为中国北方最大的商品集散地。

(二)黄河文化和沂蒙精神都具有革旧鼎新的特质

黄河文明的发展史是中华民族创新史的生动画卷。生产工具从石制到铜制再到铁器时代,汉字文明从甲骨文到小篆再到书同文,中华民族伟大的

[①]　参见李立新:《深刻理解黄河文化的内涵与特征》,《中国社会科学报》2020年9月21日。

四大发明都诞生在黄河流域。沂蒙文化源远流长,沂蒙革命感天动地,沂蒙精神博大精深。沂蒙精神的内涵随着时代的发展和人们认识的深入逐渐演变,直观地体现了沂蒙精神创新性的特质。习近平总书记来临沂视察作出重要指示,精准地把握了沂蒙精神的核心和实质,也为我们重新审视沂蒙精神提供了崭新的视角。沂蒙精神是党和沂蒙革命老区的人民共同创造的;沂蒙精神是中国民族精神的区域化和中国共产党革命精神的地方化;沂蒙精神是革命战争年代产生的,是一种光荣的传统;沂蒙精神是中国共产党人精神谱系的组成部分,是党和国家的宝贵精神财富;沂蒙精神对我们今天抓党的建设仍然具有十分重要的启示作用;沂蒙精神要不断结合新的时代条件发扬光大。在全面把握习近平总书记关于沂蒙精神重要指示的思想精髓的基础上,我们可以试着给"沂蒙精神"这个概念下一个定义:沂蒙精神是沂蒙革命根据地在中国共产党的领导下军民水乳交融、生死与共铸就的革命精神。

(三)黄河文化和沂蒙精神都具有艰苦奋斗的特质

黄河哺育了中华民族,但是同时也给人们带来了深重的苦难。据资料统计,历史上黄河决口达到 1500 余次。从大禹治水开始,历朝历代都把治理黄河水患作为定国安邦的大计,可以说黄河治理的历史就是流域人民努力拼搏、艰苦奋斗的历史。而艰苦奋斗正是沂蒙精神的特质之一。沂蒙山区自古穷山恶水,匪盗横行,人民生活非常艰苦。战争年代,沂蒙人民"最后一口粮做军粮、最后一块布做军装、最后一个儿子送战场",将全部身家性命都奉献给了解放事业。在社会主义建设时期,沂蒙人民战天斗地、整山治水,改善生存环境,涌现出以厉家寨为代表的一大批艰苦创业的典型。改革开放以后,沂蒙人民抓住时机、艰苦奋斗,1995 年在全国 18 个连片贫困地区中一举率先实现整体脱贫,涌现出以九间棚为代表的一批脱贫致富的典型。

(四)黄河文化和沂蒙精神都具有与时俱进的特质

黄河文化与时俱进的特质体现在不同阶段文化的更迭,都是与当时的社会生产水平和时代背景相关联的。不同的时代有不同的任务。沂蒙精神的根本特质在不同的时代体现出不同的内涵。沂蒙精神的产生和发展贯穿沂蒙革命老区这片红色热土革命、建设和改革发展的全过程。革命战争年代,沂蒙儿女"爱党爱军、无私奉献",积极响应党的号召,为革命的胜利前赴后继、无怨无悔。在社会主义革命和建设年代,沂蒙儿女"吃苦耐劳、艰苦创业",无惧恶劣的自然条件,为社会主义建设整山治水、改造自然。在改革开放时期,沂蒙儿女"永不服输、勇往直前",抓住改革开放的有利时机,为摆脱贫困和实现经济迅速发展大胆开拓、干事创业。沂蒙精神在新时代体现出更为丰富的时代价值,沂蒙儿女"开拓奋进、敢于胜利",为建设社会主义现代化强国、实现中华民族伟大复兴的中国梦继续贡献自己的智慧和力量。沂蒙精神在不同的历史时期有不同的侧重点和表现形式,但这正说明沂蒙精神是具有生命力的,是一个开放的理论体系,紧扣各个时代的发展脉搏,与时代发展同频共振、一脉相承。

三、赓续黄河文化的精神气质,滋养新时代沂蒙精神

新时代传承、弘扬沂蒙精神,对接黄河文化,进行创造性转化和创新性发展,需要以新的精神状态和奋斗姿态把中国特色社会主义推向前进。在充满炮火硝烟的战争年代,沂蒙革命老区的党组织扎根于沂蒙大地,向群众宣传、组织群众、服务群众,与人民水乳交融、生死与共,为夺取新民主主义革命的胜利、实现人民解放进行了艰苦卓绝的斗争,付出了难以想象的代价,无数共产党人将鲜血洒在了沂蒙这片热土上。正是中国共产党对人民的高度忠诚和为人民幸福不懈奋斗的精神,赢得了沂蒙老区人民的衷心爱戴和自觉认同,人民才会坚定不移地跟党走。这种爱戴和认同在社会主义革命和建设年代、在改革开放和现代化建设新时期继续发扬光大,沂蒙精神成为沂蒙人民艰苦奋斗、锐意改革的坚强的精神支柱。党群血肉相连、军民水乳交融的沂蒙精神在中国特色社会主义新时代也具有特别的现实意义和时代价值,必将成为不断推进改革开放和经济社会发展、向着全面建设社会主义现代化国家和实现中华民族伟大复兴的中国梦奋进的强大精神动力。今天的临沂必须在广大党员干部中大力弘扬"人民至上、勇于担当、敢为人先"的新时代沂蒙精神。

(一)要有人民至上的思想境界

传承、弘扬沂蒙精神,真正做到一心为民在新的历史发展条件下具有更加重要而深远的现实意义。一心为民的前提是对人民充满感情,必须坚定"人民至上"的理念,培养对人民群众的深厚感情。只有真心热爱人民,对人民充满感情,才能真正得到老百姓的拥护和支持,事业才能取得成功。这是

干事创业的基础和根本。要服务人民,为人民办真事、实事。始终把加快科学发展作为第一要务,科学发展、跨越发展是解决临沂一切问题的基础和关键,要努力在确保质量效益的前提下发展得更好、更快,为在全面建设社会主义现代化国家新征程中"走在前列"奠定坚实的基础。把改善民生、实现共同富裕作为工作的根本出发点,让老区人民过上更加美好的生活。把作风建设不断引向深入,使新时代沂蒙精神代代相传,使党群、干群永远保持水乳交融、生死与共。

(二)要有勇于担当的英雄气魄

要强化责任意识和奉献精神。每一名领导干部都必须认清自己承担的历史责任和工作担子,进一步增强责任意识、使命意识、忧患意识,把担当精神转化为爱岗敬业、无私奉献的精神,转化为埋头苦干、服务群众的实际行动。要提高担当的能力和水平。要着力提高科学思维能力,努力掌握科学的工作方法,不断总结实践经验。要有敢于担当的胸怀。摒弃私心,正确对待失误和挫折,相信群众、相信组织,真心实意地保护好、任用好那些勇挑重担、抢挑重担、勇于担当的好干部。要有绝对忠诚的优秀品质。坚定对马克思主义的信仰、坚定对中国特色社会主义的信念,深刻学习领会习近平新时代中国特色社会主义思想,常补精神之"钙",树立"四个意识",做到"两个维护",使对党绝对忠诚的政治品格在思想上、行动上坚如磐石、毫不动摇。

(三)要有敢为人先的拼搏意志

全面深化改革、不断创新是沂蒙党员干部、沂蒙人民义不容辞的责任。要昂扬奋进、奋勇争先。临沂虽然经济总量大,但人均低,与发达地区的差距很大,加快发展的任务繁重。要想赶超甚至实现跨越式发展,唯有时刻保持昂扬奋进的干劲和奋勇争先的勇气,付出十倍甚至百倍于别人的心血和汗水,才能不辱使命、不负重托。全市广大党员干部要继续发扬沂蒙人民敢为人先的精神,不等、不靠,实干、苦干、拼命干,再创辉煌。

四、实现沂蒙精神对黄河文化的创造性转化

沂蒙精神对接黄河文化,通过对黄河文化的创造性转化和创新性发展,深度融合中华优秀传统文化的深厚底蕴、革命文化的丰富内涵、社会主义先进文化的时代价值,增强黄河文化的软实力和影响力,建设厚植家国情怀、

传承道德观念、各民族同根共有的精神家园。

（一）深入传承黄河文化基因

沂蒙精神要大力弘扬，这是习近平总书记对沂蒙老区人民的嘱托，是对全体党员的号召，是对各级干部的期望。在新时代弘扬沂蒙精神既是坚持人民至上、践行群众路线的现实需要，又是沂蒙老区各级党组织的重大历史责任。我们要深入学习习近平新时代中国特色社会主义思想，吸取党百年奋斗的历史经验，继续发扬沂蒙精神水乳交融、生死与共的特质，谱写新时代党群关系的新篇章。

（二）讲好黄河故事的沂蒙篇章

黄河文化的亲和力、历史厚重感很强，在黄河文化对外传播的过程中、在开展面向海内外的寻根祭祖和中华文明探源活动中、在黄河文化海外推广工程中都要融入沂蒙精神元素。临沂与沿黄城市加强合作交流、深度融合，弘扬"水乳交融、生死与共"的沂蒙精神，扎实推进临沂文化与旅游的宣传与建设，保护、传承、弘扬黄河文化，讲好"黄河故事"，延续历史文脉。在文化旅游融合上，借力鲁南经济圈红色文旅大会、第二届淮河生态经济带文化旅游嘉年华等活动，积极融入黄河文化旅游带，积极开发融合民俗文化、红色文化的文化旅游项目，开发具有沂蒙特色的文创产品、旅游产品，着力打造生态之旅、红色之旅、研学之旅、互鉴之旅。

（三）积极对接黄河文化旅游带

临沂市是革命老区，自然资源丰富、人文历史厚重、区位优势明显，文化旅游产业的发展基础较好。近几年特别是新旧动能转换以来，临沂更加注重旅游业的发展，把发展旅游业作为优化产业结构、促进经济高质量发展的重要抓手。临沂旅游的美誉度不断提高、旅游经济效益持续增长，形成了以全域旅游为统领、以乡村旅游和红色旅游为支撑、以"绿色沂蒙、红色风情、文韬武略、地质奇观、水城商都、温泉养生、乡村休闲、研学旅游"为代表的八大板块精品旅游产品体系，被评为"全国重点红色旅游城市""山东省乡村旅游示范市"。下一步，沂蒙革命老区积极对接陕甘宁革命老区、红军长征路线、西路军西征路线、吕梁山革命根据地、南梁革命根据地等，打造红色旅游走廊。加强配套基础设施建设，增加高品质旅游服务供给。对接泰山、孔庙等世界著名文化遗产,推动弘扬中华优秀传统文化。推动文化和旅游融合发展,把文化旅游产业打造成为支柱产业。强化区域间资源整合和协作,推进全域旅游发展,建设一批展现黄河文化的标志性旅游目的地。在生态旅游上,将突出蒙山旅游区龙头地位,深化蒙山生态文明实践区建设,积极探索打造乡村生态、文化、产业振兴的重要实践基地、样板区,努力将生态优势转化为发展优势。在红色旅游方面,将借助临沂红色旅游资源富集这个优势,将沂蒙精神作为内核和底蕴,积极打造具有红色沂蒙旅游品牌、沂蒙地域特色、绿色沂蒙旅游产品"三位一体"的红色文化旅游胜地,促进旅游产业高质量发展。

(四)继续推动生态保护和高质量发展

2021年10月22日习近平总书记在济南主持召开座谈会时强调,要咬定目标、脚踏实地,埋头苦干、久久为功,确保"十四五"时期黄河流域生态保护和高质量发展取得明显成效。[①] 黄河流域生态保护和高质量发展已经上升为重大国家战略,对于黄河流域九省区来说,其今后很多工作都要围绕这一战略展开。2019年,临沂开展新旧动能转换工程,促进了全市经济结构和产业层级的优化与升级,提升了政策创新能力和政府服务水平,经济逐渐走入高质量发展轨道。在生态保护方面,临沂积极践行"绿水青山就是金山银山"的发展理念,实施环保突出问题治理攻坚行动,开展"四减四增"三年行动,打响蓝天保卫战、碧水保卫战等9场战役,推动了全市环境质量的提升。在下一步工作中需要围绕黄河流域生态保护和高质量发展国家战略,在生态环境保护方面下功夫,继续进行新旧动能转换工程,继续进行产业升级、技术革新、政策创新以及流程优化,同时加强与黄河流域其他省市的沟通协调,共同打造生态良好、经济发展的黄河流域,为黄河永远造福中华民族而不懈奋斗。

中共临沂市委党校高新区分校课题组负责人:乔征峰

课题组成员:顾顺晓　焦华英　徐淑伟

---

① 参见《习近平在深入推动黄河流域生态保护和高质量发展座谈会上强调 咬定目标脚踏实地埋头苦干久久为功 为黄河永远造福中华民族而不懈奋斗 韩正出席并讲话》,2021年10月22日,http://www.news.cn/politics/2021-10/22/c_1127986188.htm。